D1641139

Einführung in die Nachrichtentechnik

Im Zeitalter der Kommunikation ist die ELEKTRISCHE NACHRICHTENTECHNIK eine vielschichtige Wissenschaft: Ihre rasche Entwicklung und Auffächerung zwingt Studenten, Fachleute und Spezialisten immer wieder, sich erneut mit sehr unterschiedlichen physikalischen Erscheinungen, mathematischen Hilfsmitteln, nachrichtentechnischen Theorien und ihren breiten oder sehr speziellen praktischen Anwendungen zu befassen.

EINFÜHRUNG IN DIE NACHRICHTENTECHNIK ist daher eine ebenso vielfältige Aufgabe. Dieser Vielfalt wollen unsere Autoren gerecht werden: Aus ihrer fachlichen und pädagogischen Erfahrung wollen sie in einer REIHE verschiedenartiger Darstellungen verschiedener Schwierigkeitsgrade EINFÜHRUNG IN DIE NACHRICHTENTECHNIK vermitteln.

Entwurf und Realisierung digitaler Filter

von
Dr.-Ing. Seyed Ali Azizi

5., verbesserte und erweiterte Auflage

Mit 134 Bildern, 3 Tabellen und 75 Beispielen

R. Oldenbourg Verlag München Wien 1990

CIP-Titelaufnahme der Deutschen Bibliothek

Azizi, Seyed Ali:
Entwurf und Realisierung digitaler Filter / von Seyed Ali Azizi.
– 5., verb. u. erw. Aufl. – München ; Wien : Oldenbourg, 1990
(Einführung in die Nachrichtentechnik)
ISBN 3-486-21708-9

Gesamtherstellung: Huber KG, Dießen

ISBN 3-486-21708-9

Inhalt

Abkürzungen und Formelzeichen

DFT	-	diskrete FOURIER-Transformation
DSV	-	digitale Signalverarbeitung
FFT	-	fast FOURIER-Transform (schnelle FOURIER-Transformation)
IDFT	-	inverse diskrete FOURIER-Transformation
LSB	-	least significant bit (Bit mit niedrigster Wertigkeit)
LTI	-	linear time invariant (linear zeitinvariant)
MSB	-	most significant bit (Bit mit höchster Wertigkeit)
VBD	-	Vorzeichen-Betrag-Darstellung
ZKD	-	Zweierkomplement-Darstellung

c_n	FOURIER-Koeffizient
$e(n)$	Rundungsrauschen
E_x	Energie von $x(n)$
f_a	Abtastfrequenz
f_D	Durchlaßgrenzfrequenz
f_g	Grenzfrequenz
f_N	NYQUIST-Frequenz
f_S	Sperrgrenzfrequenz
$F\{\ \}$	FOURIER-Transformierte
$h(n)$	Einheitsimpulsantwort
$H(f)$	Übertragungsfunktion
$\lvert H(f)\rvert$	Betrag von $H(f)$
$\measuredangle H(f)$	Phase von $H(f)$
$H(z)$	Systemfunktion
m_x	Mittelwert von $x(n)$
$N(z^{-1})$	Nennerpolynom einer Systemfunktion
p	Variable der p-Ebene
$p(x)$	Verteilungsdichtefunktion von $x(n)$
q	Quantisierungsstufe (LSB-Wertigkeit)
$\mathrm{sgn}(x)$	Signumfunktion
$\mathrm{si}(x)$	Si-Funktion
$s(n)$	Sprungfolge
$S\{\ \}$	Systemoperator
T	Abtastintervall
$\{x_n\}$	Folge
$x(n)$	diskretes Signal, Eingangssignal
$X(z)$	Z-Transformierte des Eingangssignals
$X(n)$	DFT-Koeffizient von $x(n)$
$y(n)$	Ausgangssignal
$Y(z)$	Z-Transformierte des Ausgangssignals
w	Wortlänge

z	Variable der z-Ebene
$Z\{\ \}$	Z-Transformierte
z_0	Nullstelle
z_∞	Polstelle
$Z(z^{-1})$	Zählerpolynom der Systemfunktion
$\epsilon(n)$	Ausgangsrauschen
$\delta(t)$	Deltafunktion (Diracstoß)
$\delta(n)$	Einheitsimpuls
δ_D	Durchlaßdämpfung
δ_S	Sperrdämpfung
σ_x^2	Varianz von x(n)
ω	Kreisfrequenz
[ ]	Wortlängenreduktion, Quantisierung
a^*	konjugiert Komplexe von a
$. * .$	lineare Faltung
$. \circledast .$	zyklische Faltung
$\oint$	Umlaufsintegral
$\circ\!\!-\!\!\bullet$	FOURIER-Transformation
$\leftrightarrow$	z-Transformation

Vorwort

Signale sind physikalische Träger von Informationen. Ihre mathematischen Abstraktionen sind Funktionen und Folgen. In der Analogtechnik werden Signale mit Hilfe von Bauelementen (Elementarsystemen) verarbeitet, die aufgrund ihrer besonderen physikalischen Eigenschaften die ankommenden Signale in einer spezifischen Weise verarbeiten. Den Möglichkeiten der Analogtechnik sind Grenzen gesetzt durch den Mangel an Flexibilität und Variabilität bereits realisierter Systeme und durch die Abhängigkeit der Systemspezifikationen von äußeren und inneren Einflußgrößen wie Umgebungstemperatur, Alterung, Versorgungsspannung etc.. Beide Nachteile kennt die digitale Signalverarbeitung (DSV) nicht.

In der DSV wird ein zu verarbeitendes Signal in eine entsprechende Zahlenfolge umgewandelt, zu deren Verarbeitung das gesamte Instrumentarium der Mathematik, insbesondere der Numerik, zur Verfügung steht. Signalverarbeitende Systeme werden hierbei als mathematische Algorithmen definiert und mit Hilfe digitaler Baueinheiten realisiert. Eine Variation der Systemeigenschaften erreicht man mit Hilfe einer entsprechenden, auch nach der Realisierung relativ leicht durchführbaren Änderung des Systemalgorithmus. Ferner sind Systemspezifikationen in der DSV weitgehend unabhängig von Temperaturänderungen, Alterung etc..

Historisch gesehen ist die analoge Signalverarbeitung der digitalen vorausgegangen, da die für die digitale Signalverarbeitung notwendigen technischen Mittel, nämlich die digitalen Schaltkreise, erst später entwickelt wurden. Mit der rasch fortschreitenden Entwicklung der Mikroelektronik, insbesondere der signalverarbeitenden Mikroprozessoren, erlangt die DSV in Forschung und Industrie zunehmende Bedeutung. Aufgaben, die mit der Analogtechnik bisher kaum lösbar erschienen, können in der DSV mit vertretbarem Aufwand bewältigt werden. Ein markantes Beispiel hierfür ist die Sprachsynthese, die aufgrund der der DSV inhärenten Eigenschaften der Flexibilität und Variabilität ermöglicht wurde.

Ein großes Teilgebiet der DSV ist das Gebiet der digitalen Filterung. Digitalfilter gehören aus der Sicht der Systemtheorie zur Klasse der diskreten Systeme; sie wandeln das zu verarbeitende kontinuierliche Signal durch Abtastung und Analog-Digital-Umsetzung in eine binäre Zahlenfolge um und verarbeiten diese so zu einer Ausgangszahlenfolge, daß eine gewünschte Manipulation des Eingangssignalspektrums erreicht wird. Der Systemalgorithmus digitaler Filter besteht i.a. aus einer linearen Differenzengleichung mit konstanten Koeffizienten.

Digitale Filter können sowohl hardware- als auch softwaremäßig realisiert werden. Die hardwaremäßige Ausführung bietet den Vorteil der hohen Verarbeitungsgeschwindigkeit, die softwaremäßige den der Flexibilität. Wenn der Systemalgorithmus eines Digitalfilters während eines Abtastintervalls durchgeführt wird, spricht man von Echtzeitverarbeitung.

Die Genauigkeit eines Digitalfilters hängt im wesentlichen von den Bitzahlen (Wortlängen) ab, mit denen das Filter die Signalabtastwerte in Binärzahlen umsetzt bzw. intern verarbeitet.

Ein Problem der digitalen Filterung liegt darin, daß die zu ihrer Realisierung erforderlichen technischen Baueinheiten für die Durchführung arithmetischer Operationen und des Datentransfers endliche Verarbeitungszeiten benötigen und sich deswegen für den Echtzeitbetrieb eine technologisch bedingte Grenze herausstellt. Der Echtzeitbetrieb erfordert bei Annäherung an diese Grenze eine überproportionale Aufwandssteigerung.

Ein weiteres Problem besteht darin, daß man durch Vergrößerung der Wortlängen eines Digitalfilters zwar eine höhere Verarbeitungsgenauigkeit erzielen kann, die Wortlängenvergrößerung erfordert jedoch a) eine Erhöhung des Realisierungsaufwands und b) eine entsprechende Verlängerung der Rechen- und Datentransferzeit, was sich auf den Echtzeitbetrieb nachteilig auswirkt.

Digitale Filter finden in unterschiedlichen Gebieten Anwendung: Audio, Seismologie, Medizin, Radartechnik, Sprachsynthese, Bildverarbeitung, Meßtechnik etc.. Der Einsatz digitaler Filter oder anderer signalverarbeitender Systeme ist insbesondere vorteilhaft, wenn a) das Signal bereits digitalisiert vorliegt, e.g. in der PCM-Übertragungstechnik, und b) die Forderung nach Flexibilität und Variabilität im Vordergrund steht, e.g. bei adaptiver Filterung.

Über den umfangreichen Themenkreis der DSV und über digitale Filter im speziellen gibt es zahlreiche Veröffentlichungen. In [1] findet sich eine Liste der wichtigsten Publikationen dieses Gebiets bis 1975 mit kurzen Inhaltsangaben. Als Grundlagen- bzw. Standardwerke der DSV seien hier hervorgehoben: [2], [3], [4], [5].

Das Ziel der vorliegenden Schrift besteht darin, für Studierende und Ingenieure a) die wichtigsten mathematischen Verfahren zur Beschreibung und zum Entwurf digitaler Filter (Systeme) anhand einfacher Beispiele möglichst anschaulich und leicht verständlich darzustellen, b) auf die Probleme nachdrücklich hinzuweisen, die bei der praktischen Realisierung digitaler Filter auftreten, e.g. die Effekte der endlichen Wortlängen, und c) verschiedene technische Realisierungsmöglichkeiten digitaler Filter in Grundzügen zu erläutern.

Allen, die zum Gelingen dieser Schrift beigetragen haben, danke ich sehr herzlich. Besonderer Dank gilt Herrn Prof. Dr. A. GOTTWALD für die Aufnahme des Buches in die Reihe "Einführung in die Nachrichtentechnik" sowie Herrn Dipl.-Ing. M. JOHN für die freundliche und unermüdliche Zusammenarbeit bei der Klärung drucktechnischer Fragen.

Eningen u.A., im Herbst 1980 S. A. Azizi

Vorwort zur fünften Auflage

Die fünfte Auflage bot mir Gelegenheit, das Literaturverzeichnis gründlich zu überarbeiten. Dabei habe ich rund 90 neue Literaturstellen hinzugefügt und so den Anschluß zum aktuellen Stand hergestellt.
Die rasche Aufeinanderfolge der Neuauflagen spiegelt zum einen die unvermindert anhaltende Aktualität des Themas wider und zeigt zum anderen, daß die Art der Darstellung bei den Lesern Zustimmung gefunden hat.

München, im Frühjahr 1990 S.A. Azizi

1. Allgemeines

1.1 Was ist ein digitales Filter (System)?

Ein System verarbeitet ein Eingangssignal nach einer bestimmten Vorschrift in einer eindeutigen Weise zu einem Ausgangssignal. Filter wie Tief-, Hoch-, Bandpässe und Bandsperren sind spezielle Systeme, deren Aufgabe darin besteht, die spektralen Komponenten eines Signals in bestimmten Intervallen des Frequenzbereichs möglichst unverfälscht durchzulassen und in anderen möglichst vollständig zu sperren. Um allgemeinere Aufgaben zu erfassen, wird im weiteren statt Filter der Begriff System verwendet.

Signale sind Träger von Informationen und treten als Funktionen der Zeit, des Raumes oder einer anderen physikalischen Größe auf. In dieser Schrift werden hauptsächlich Zeitsignale betrachtet. In bezug auf die unabhängige Variable (Zeit) unterscheidet man zwischen *(zeit)kontinuierlichen* Signalen, die allgemein mit x(t) bezeichnet werden, und *(zeit)diskreten* Signalen, also Funktionen von diskreten Zeitpunkten, die allgemein mit x(nT) bezeichnet werden, wobei T den Abstand der Zeitpunkte voneinander bedeutet. Der Einfachheit halber wird T oft gleich eins gesetzt. Da zeitdiskrete Signale im mathematischen Sinne *Folgen* sind, werden sie anstatt mit x(nT) in manchen Werken mit dem Symbol $\{x_n\}$ dargestellt. Ein diskretes Signal wird *Abtastsignal* genannt, wenn es durch Abtasten aus einem kontinuierlichen Signal entsteht. Hinsichtlich des Wertebereichs teilt man diskrete Signale in *wertkontinuierliche (analoge)* und *wertdiskrete (digitale)*.

Ein System kann, wie Bild 1.1 andeutet, nach zwei grundsätzlich verschiedenen Arten technisch realisiert werden:

a) In der Analogtechnik mit Hilfe von analogen Bauelementen, e.g. Widerständen, Kondensatoren, Spulen etc., sowie analogen Baueinheiten, e.g. Verzögerungsgliedern, Summierern, Multiplizierern etc., die jeweils für sich Elementarsysteme darstellen. Mit der Analogtechnik können Systeme zur Verarbeitung von sowohl zeitkontinuierlichen Signalen (kontinuierliche Systeme) als auch zeitdiskreten wertkontinuierlichen Signale (diskrete Systeme oder Abtastsysteme) realisiert werden.

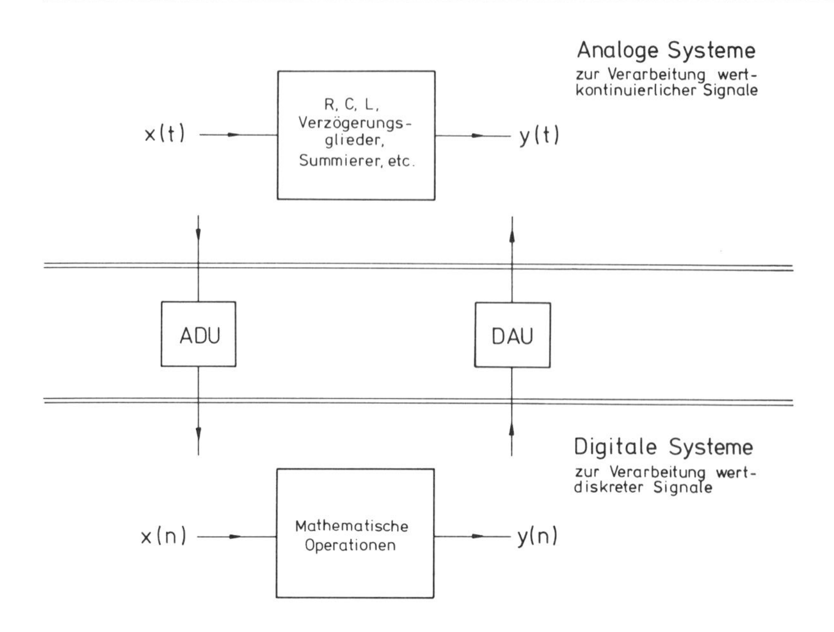

Bild 1.1: Einteilung signalverarbeitender Systeme in analoge und digitale Systeme.

b) Nach den Methoden der digitalen Signalverarbeitung (DSV) mit Hilfe mathematischer Operationen (Algorithmen). Voraussetzung hierfür ist, daß das Signal in Form einer Zahlenfolge vorliegt. Ein digitales System verarbeitet - cf. Bild 1.1 - eine Eingangszahlenfolge $x(n)$ nach einem bestimmten Systemalgorithmus zu einer Ausgangszahlenfolge $y(n)$.

Beispiel:

$$y(n) = \frac{1}{3}\left[x(n) + x(n-1) + x(n-2)\right] .$$

Der Systemalgorithmus dieses einfachen Systems besteht aus der Mittelwertbildung von jeweils drei benachbarten Werten der Eingangsfolge $x(n)$. Bild 1.2a zeigt als Beispiel die Eingangsfolge

$$x(n) = \cos(0{,}16\pi n) + 0{,}5\cos(1{,}2\pi n + 0{,}2\pi) ,$$

die aus zwei diskreten Cosinusfunktionen unterschiedlicher Frequenzen, Amplituden und Phasen besteht. Für die Ausgangsfolge $y(n)$ ergibt sich der in Bild 1.2b dargestellte Verlauf. $y(n)$ enthält im wesentlichen die Cosinusfunktion mit der niedrigeren Frequenz. Die Tiefpaßwirkung des oben angegebenen Systems ist deutlich erkennbar.

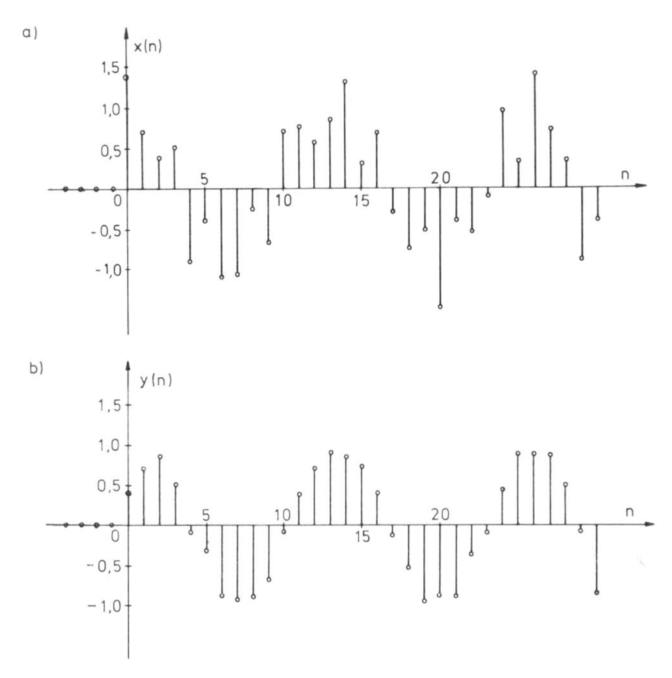

Bild 1.2: a) Eingangssignal, b) zugehöriges Ausgangssignal eines digitalen Systems mit der Systemgleichung $y(n) = 1/3\ [x(n) + x(n-1) + x(n-2)]$.

In vielen Anwendungsfällen besteht das zu verarbeitende Signal nicht aus einer Zahlenfolge, sondern aus einer kontinuierlichen Größe. In diesen Fällen muß das Signal erst in eine Zahlenfolge umgewandelt werden, damit es von einem DSV-System verarbeitet werden kann. Dazu wird es i.a. zu äquidistanten Zeitpunkten abgetastet. Die Abtastwerte werden dann mit Hilfe eines Analog-Digital-Umsetzers (ADU) in eine Zahlenfolge $x(n)$ umgesetzt. Die Ausgangsfolge $y(n)$ kann mit Hilfe eines Digital-Analog-Umsetzers (DAU) wieder in eine analoge Größe umgewandelt werden (Bild 1.1).

Digitale Systeme verarbeiten Zahlenfolgen unabhängig davon, aus welchen physikalischen Signalen sie gewonnen werden. In dieser Schrift werden ausschließlich eindimensionale Probleme, und zwar im wesentlichen die Verarbeitung von Zeitsignalen, behandelt. Signale können aber auch als Funktionen mehrerer Variablen auftreten. Beispielsweise stellt eine Bildvorlage ein zweidimensionales Raumsignal dar. Durch Erweiterung auf Funktionen zweier unabhängiger Variablen können DSV-Methoden zur Verarbeitung von Bildvorlagen angewandt werden [6].

Historisch gesehen ist die analoge Systemrealisierung der digitalen vorausgegangen. Durch die Fortschritte der digitalen Mikroelektronik und insbesondere der Mikroprozessorentechnik gewinnt jedoch die digitale Signalverarbeitung, die essentielle Vorteile gegenüber der Analogtechnik aufweist, zunehmend an Bedeutung.

1.2 Schema eines digitalen Systems

Bild 1.3 zeigt das Schema eines digitalen Systems zur Verarbeitung kontinuierlicher Zeitsignale. Das Eingangssignal x(t) wird vor der Abtastung vom Eingangstiefpaßfilter (TPe), auch Antialiasingfilter genannt, bandbegrenzt. Die Notwendigkeit dieses Tiefpaßfilters wird weiter unten erläutert.

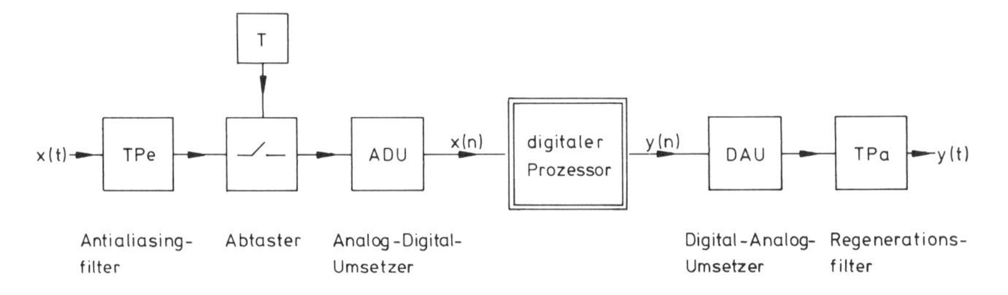

Bild 1.3: Schema eines digitalen Systems (Digitalfilters).

Die Ausgangsgröße des TPe wird vom Abtaster, bestehend aus dem Taktgeber (T) und dem Abtast-Halte-Glied, abgetastet bzw. zeitdiskretisiert. Die Abtastwerte werden vom ADU in binäre Zahlen umgesetzt. Der digitale Prozessor verarbeitet die so entstehende Zahlenfolge nach einem vorgegebenen Systemalgorithmus. Der Systemalgorithmus wird entweder hardwaremäßig, im Falle eines programmierbaren Prozessors softwaremäßig oder in gemischter Form realisiert. Der DAU wandelt die Ausgangszahlenfolge des Prozessors in eine treppenförmige Zeitfunktion um. Das Ausgangstiefpaßfilter (TPa), auch Regenerationsfilter genannt, unterdrückt die höherfrequenten Anteile der Treppenfunktion und filtert aus ihr eine kontinuierliche Zeitfunktion heraus, die im wesentlichen den informativen Inhalt der Ausgangszahlenfolge des Prozessors wiedergibt.

Das kontinuierliche Signal wird nach obigem Schema von mehreren Funktionsblöcken nacheinander verarbeitet. Hierbei stellt sich die Frage, welche erwünschten und unerwünschten Veränderungen das Eingangssignal in seinem Informationsgehalt im Laufe der dargestellten Verarbeitungskette erfährt. Dieser Themenkreis wird in den nächsten Kapiteln ausführlich behandelt. Vorab werden die Prozesse, die den informativen Inhalt des Eingangssignals wesentlich beeinflussen können, kurz beschrieben und die Kapitel angegeben, in denen sie ausführlich behandelt werden.

Bandüberlappung (Aliasing): Eine erste Veränderung erfährt das Signal durch die Abtastung. Das zeitdiskretisierte Signal stimmt nur zu den Abtastzeitpunkten mit dem kontinuierlichen überein. Die zwischen den Abtastzeitpunkten liegenden Signalwerte werden nicht erfaßt. Die Frage, welche Veränderungen der Informationsgehalt des kontinuierlichen Signals durch die Abtastung erfährt, kann mit Hilfe des SHANNONschen Abtasttheorems beantwortet werden. Nach diesem Theorem trägt das Abtastsignal dieselbe Informationsmenge wie das kontinuierliche Signal, falls die Abtastfrequenz größer ist als das Zweifache der größten Frequenz, die das Spektrum des kontinuierlichen Signals enthält. Ein Abtastsystem mit der Abtastfrequenz f_a besitzt somit das Nutzfrequenzband $0 \leq f < 0,5\ f_a$.

Bei einer vorgegebenen Abtastfrequenz f_a können sich Spektralanteile des kontinuierlichen Signals, die im Frequenzbereich höher als die halbe Abtastfrequenz liegen, störend auswirken, weil sie in das Nutzband des Systems $0 \leq f < 0,5\ f_a$ verlegt werden. Die in dieser Weise entstehende Veränderung des Signals wird als Aliasings- oder Bandüberlappungsfehler bezeichnet. Um die störende Wirkung der außerhalb des Nutzbands liegenden Spektralanteile zu unterdrücken, muß das Signal vor der Abtastung durch ein kontinuierliches Tiefpaßfilter auf das Nutzband des jeweiligen digitalen Systems bandbegrenzt werden. Dieses Filter wird in der DSV als Antialiasing-filter bezeichnet.

Quantitative Aussagen über den Bandüberlappungsfehler lassen sich mit Hilfe der FOURIER-Transformation gewinnen, die eine Darstellung von Signalen im Frequenzbereich ermöglicht. In Kap. 2 werden die FOURIER-Transformation und mit ihrer Hilfe das Abtasttheorem sowie der Bandüberlappungseffekt erklärt.

Quantisierung: Eine weitere Veränderung erfährt das zu verarbeitende Signal bei der Analog-Digital-Umsetzung. ADU wandeln analoge Größen in binär kodierte Zahlen mit einer endlichen Anzahl von Binärstellen (bits) um, e.g. mit 8, 12 oder 16 bits. Die Anzahl der jeweils zur Verfügung stehenden bits wird als Wortlänge bezeichnet. Aufgrund der begrenzten Wortlänge kann die Ausgangsgröße eines ADU nur endlich viele diskrete Werte annehmen. Das Eingangssignal, das einen kontinuierlichen Wertebereich besitzt, wird somit in seinem Wertebereich diskretisiert. Dieser Vorgang wird als Quantisierung bezeichnet. Signalwerte, die zwischen zwei diskreten Werten liegen, werden entweder zum oberen oder zum unteren diskreten Wert auf- oder abgerundet. Es entsteht somit ein Quantisierungsfehler.

Systemalgorithmus: Systemalgorithmen sind mathematische Operationen, die die Eingangszahlenfolge jeweils so verarbeiten, daß ein bestimmtes Systemverhalten erzielt wird. Der Prozessor führt den Algorithmus auf die Menge der digitalisierten Abtastwerte des Signals durch und ruft so eine erwünschte Veränderung des informativen Inhalts des Signals herbei. Wenn der Prozessor bei der Verarbeitung von Zeitsignalen den Systemalgorithmus innerhalb eines Abtastintervalls durchführt, spricht man von Echtzeitverarbeitung.

Für die Realisierung von Systemen, die für die praktische Anwendung interessant sind, haben sich lineare Differenzengleichungen mit konstanten Koeffizienten als geeignete Systemalgorithmen erwiesen. In diesem Buch werden hauptsächlich DSV-Systeme mit derartigen Differenzengleichungen behandelt. Für diese läßt sich eine Einteilung in zwei Klassen vornehmen:

a) die nichtrekursiven Differenzengleichungen, bei denen zur Bildung eines Ausgangswerts ausschließlich eine Untermenge der Eingangswerte herangezogen wird,

   Beispiel:

   $y(n) = x(n) - x(n-4)$. (Kammfilter, Abschnitt 4.3)

b) die rekursiven, bei denen zur Bildung eines Ausgangswerts auch frühere Ausgangswerte herangezogen werden.

   Beispiel:

   $y(n) = x(n) + 0{,}8\,y(n-1) - 0{,}64\,y(n-2)$. (Resonator, Abschnitt 4.3)

Differenzengleichungen werden in Kap. 3 näher behandelt.

Bekanntlich lassen sich analoge kontinuierliche, lineare und zeitinvariante Systeme im Frequenzbereich durch ihre Übertragungsfunktionen in anschaulicher Weise charakterisieren. Dies ist ebensogut für diskrete bzw. digitale, lineare und zeitinvariante Systeme möglich. Zu diesem Zweck transformiert man die Differenzengleichung des Systems mit Hilfe der sog. Z-Transformation in den z-Bereich, der den Frequenzbereich enthält, und beschreibt das System im Frequenzbereich durch seine Übertragungsfunktion. Die Z-Transformation wird in Kap. 4 besprochen.

Zum Entwurf eines speziellen Systems geht man in der Praxis meistens von einem vorgegebenen Toleranzschema für den Betrag und/oder die Phase der Übertragungsfunktion aus. Mittels eines geeigneten Approximationsverfahrens versucht man eine entsprechende Frequenzfunktion zu finden, die das Toleranzschema erfüllt. Spezielle Entwurfsverfahren für rekursive und nichtrekursive Systeme werden in Kap. 5 und 6 erläutert. Kap. 7 beschäftigt sich mit den Fragen der verschiedenen Ausführungsformen digitaler Systeme.

Effekte der begrenzten Wortlänge: In einem technisch realisierten digitalen Prozessor stehen wie bei einem ADU stets nur endliche Wortlängen, i.e. begrenzte Anzahlen von bits, zur Zahlendarstellung zur Verfügung. Operanden und Ergebnisse arithmetischer Operationen müssen auf die jeweils zugehörigen Wortlängen auf- oder abgerundet werden, was zwangsläufig zu Ungenauigkeiten bei der Durchführung des Systemalgorithmus führt. Abweichungen vom idealen Fall der unendlich großen Wortlänge treten auf

a) durch Rundung der Konstanten des Systemalgorithmus, was eine entsprechende Abweichung des Systemverhaltens zur Folge haben kann (Fehler der Übertragungsfunktion),

b) durch Rundung von Multiplikationsergebnissen, was zu Effekten wie Rundungsrauschen und Grenzzyklen führen kann, sowie

c) durch Zahlenbereichsüberschreitungen von Ergebnissen arithmetischer Operationen, was Begrenzungserscheinungen und Überlaufsschwingungen verursachen kann.

Effekte und Probleme, die aufgrund der endlichen Prozessorwortlängen entstehen, spielen insbesondere bei der praktischen Ausführung digitaler Systeme eine wichtige Rolle. Sie bestimmen das Kosten-Leistungs-Verhältnis eines digitalen Systems entscheidend mit. Die Behandlung dieser Thematik wird wegen ihres Umfangs und ihrer Relevanz in mehrere Kapitel einbezogen.

Regenerative Filterung: Der digitale Prozessor liefert eine Ausgangszahlenfolge, die, falls erforderlich, mit Hilfe eines DAU und eines Regenerationsfilters wieder in eine kontinuierliche Größe umgewandelt werden kann. Das Filter wird so ausgelegt, daß sein kontinuierliches Ausgangssignal möglichst die gleiche Information wiedergibt wie die Ausgangsfolge des Prozessors. Zu einer vollständigen Analyse eines digitalen Systems mit Zeitsignalen als Ein- und Ausgangsgrößen müssen demzufolge außer den früher erwähnten Einflußgrößen auch die Einflüsse des DAU und des Regenerationsfilters berücksichtigt werden. Auf die Probleme der regenerativen Filterung wird in dieser Schrift nicht weiter eingegangen [7].

Bei der praktischen Ausführung eines digitalen Systems können außer den oben erwähnten Prozessen verschiedenartige Fehler realer ADU, DAU und Abtaster, e.g. Taktstörungen, Linearitätsfehler etc., das Systemverhalten beeinflussen. Dieser Themenkreis wird hier nicht behandelt [7].

1.3 Vergleich mit analogen Systemen

Analoge kontinuierliche Systeme sowie analoge Abtastsysteme werden durch Zusammenschaltung von analogen Elementarsystemen realisiert. Diese Elementarsysteme sind e.g. Bauelemente wie Widerstände, Kondensatoren, Induktivitäten sowie Baueinheiten wie Summierer, Integrierer, Differenzierer und Verzögerungsglieder. Das Systemverhalten dieser Elementarsysteme wird direkt von den Kennwerten der verwendeten Bauelemente bestimmt. Diese Bauelemente und Baueinheiten zeigen Schwankungen ihrer Kennwerte, die beispielsweise durch Temperaturänderungen oder Alterung verursacht werden. Im Falle des Einsatzes aktiver Bauelemente kommt noch die Versorgungsspannungsabhängigkeit hinzu. Aus diesem Grund zeigen aus jenen Elementarsystemen zusammengesetzte analoge Systeme eine Abhängigkeit ihrer Eigenschaften von der Temperatur, Zeit, Versorgungsspannung etc..

Digitale Systeme unterscheiden sich von den analogen dadurch, daß sie die Differenzengleichungen, durch die sie beschrieben werden, numerisch auswerten. Bauelemente werden hier nicht als Elementarsysteme eingesetzt, sondern als Mittel zur Durchführung verschiedener Operationen bei der Auswertung der Differenzengleichungen. Hierzu werden in erster Linie digitale arithmetische Baueinheiten, e.g. digitale Addierer und Multiplizierer, und digitale Speichereinheiten, e.g. Schreib-Lese-Speicher (RAM), Festwertspeicher (ROM) und Schieberegister, benötigt.

Zur Realisierung eines digitalen Systems bieten sich folgende Möglichkeiten an:

a) Wenn das zu verarbeitende Signal in einem digitalen Speichermedium abgespeichert ist und eine Echtzeitverarbeitung nicht unbedingt erfordert wird, kann das digitale System beispielsweise in Form eines Programms für einen Universalrechner realisiert werden (off-line-Betrieb). Universalrechner können ferner zur Simultation und Untersuchung von digitalen Systemen benutzt werden, bevor diese in einer der folgenden Ausführungsformen realisiert werden. In seltenen Fällen eignet sich ein Universalrechner zur Echtzeitverarbeitung.

b) Als Mittel zur softwaremäßigen Systemrealisierung in Fällen, in denen kein Großrechner eingesetzt werden kann, e.g. in Meßgeräten, tragbaren Geräten etc., eignen sich die auf die Erfordernisse der digitalen Signalverarbeitung zugeschnittenen monolithischen Rechnerbausteine, die als Signalprozessoren bezeichnet werden und in vielen praktischen Anwendungsfällen eine Echtzeitverarbeitung ermöglichen. Ein schneller Signalprozessor läßt sich auch aus mikroprogrammierbaren Mikroprozessoren (bit-slice-Mikroprozessoren) aufbauen. Diese haben den Vorteil, daß man die interne

Wortlänge des Systems frei wählen kann. Ferner können zur softwaremäßigen Systemrealisierung byteweise organisierte Mikroprozessoren eingesetzt werden. Wegen ihrer generell gehaltenen Architektur sind sie allerdings für die Echtzeitverarbeitung oft zu langsam.

Die softwaremäßige Systemrealisierung bietet einen hohen Grad an Flexibilität und Variabilität: Gleiches Hardware kann allein durch Variation von Programmparametern sowie durch Einsatz neuer Programme zur Realisierung einer Vielzahl unterschiedlicher Systeme verwendet werden.

c) Hohe Verarbeitungsgeschwindigkeiten erreicht man, wenn man ein digitales System vollständig hardwaremäßig aus digitalen Baueinheiten wie Addierern, Multiplizierern, Schieberegistern etc. und aus einer ebenfalls hardwaremäßig ausgeführten Steuereinheit realisiert. Die Steuereinheit überwacht und steuert den Ablauf der zu einem Systemalgorithmus gehörenden Folge der arithmetischen Operationen und Speicherzugriffe. In dieser Realisierungsart liegt die Struktur eines digitalen Systems nach der Realisierung fest und kann nicht mehr in einfacher Weise variiert werden. Der Realisierungsaufwand ist hier i.a. größer als bei der Softwarerealisierung.

Für die Hardwarerealisierung digitaler Systeme hat sich, insbesondere bezüglich der schnellen Signalverarbeitung, außer der konventionellen Art, bei der die arithmetischen Operationen einzeln mit Hilfe von schnellen arithmetischen Bausteinen ausgeführt werden, die Realisierungsart mit *verteilter Arithmetik* als geeignet erwiesen.

Auf die verschiedenen Realisierungsarten digitaler Systeme wird in Kap. 7 ausführlich eingegangen.

Digitale Systeme zeichnen sich gegenüber analogen durch folgende Eigenschaften aus:

Geringe Empfindlichkeit, Reproduzierbarkeit: Im Gegensatz zu analogen Systemen sind digitale Systeme weitgehend unabhängig von beispielsweise durch Toleranzen, Alterung und Temperaturschwankungen bedingten Kennwertänderungen der verwendeten Bauelemente. Dies liegt an der geringen Empfindlichkeit der digitalen Baueinheiten gegenüber den genannten Einflußgrößen. Digitale Systeme weisen daher einen höheren Grad an Reproduzierbarkeit auf als analoge.

Genauigkeit: Die Genauigkeit eines digitalen Systems hängt in erster Linie von der Anzahl der Binärstellen (Wortlänge) ab, mit der Zahlen im Prozessor dargestellt und verarbeitet werden. Da die Wortlänge wählbar ist, kann man theoretisch beliebig hohe Verarbeitungsgenauigkeiten erreichen. Die Forderung nach möglichst niedrigem Realisierungsaufwand und möglichst hoher Verarbeitungsgeschwindigkeit setzt hier jedoch eine Grenze.

F l e x i b i l i t ä t , M e h r f a c h a u s n u t z u n g : Das Systemverhalten eines digitalen Systems wird sowohl von der Art des gewählten Systemalgorithmus als auch von dessen Koeffizienten bestimmt. Durch Änderung der Koeffizienten eines bereits als Programm oder hardwaremäßig realisierten Systems lassen sich Systeme mit unterschiedlichen Eigenschaften in relativ einfacher Weise realisieren. Die digitale Systemrealisierung bietet eine weitere Möglichkeit der Mehrfachausnutzung (Multiplexbetrieb), indem man mit gleichbleibendem Hardware unterschiedliche Systeme durch Einsatz neuer Programme realisiert (S y s t e m - m u l t i p l e x). Ferner läßt sich dasselbe System für mehrere Signalkanäle ausnutzen, indem man beim Wechsel von einem Signalkanal auf einen anderen jeweils die zum ersten Kanal gehörenden Zwischenergebnisse des Systemlogrithmus in einem RAM ablegt und die zum nächsten Kanal gehörenden von dort einliest (K a n a l m u l t i p l e x). Die digitalen Systemen inhärenten Eigenschaften der Flexibilität und Mehrfachausnutzbarkeit sind für analoge Systeme schwer erreichbar.

I n t e g r i e r b a r k e i t : Digitale Systeme sind weitgehend integrierbar, da sie im wesentlichen digitale Baueinheiten benötigen. Wegen dieser Eigenschaft läßt sich bei digitalen Systemen ein hohes Maß an Zuverlässigkeit erreichen. Aus gleichem Grund hängen ihre Realisierungskosten in erster Linie von ihren Produktionsvolumina und weniger von der Systemkomplexibilität ab. Daher hat die digitale Systemrealisierung gute Zukunftsaussichten.

Ein Problem, das gegenwärtig den Anwendungsbereich digitaler Systeme einschränkt, ist die begrenzte Verarbeitungsgeschwindigkeit. Diese hängt von der jeweiligen Schaltgeschwindigkeit der verwendeten Baueinheiten, vom Umfang des Systemalgorithmus und vor allem von der Wortlänge des zu verarbeitenden Signals sowie von der internen Wortlänge des Systems ab. Je größer diese Wortlängen gewählt werden, desto höher wird die erreichbare Verarbeitungsgenauigkeit, desto geringer jedoch die Verarbeitungsgeschwindigkeit, da die arithmetischen Baueinheiten zur Durchführung arithmetischer Operationen bei größeren Wortlängen entsprechend längere Rechenzeiten benötigen. Außerdem erhöht sich der Realisierungsaufwand entsprechend. Der Verarbeitungsgeschwindigkeit eines digitalen Systems sind also hierdurch Grenzen gesetzt, die im wesentlichen vom technologischen Entwicklungsstand digitaler Baueinheiten abhängen.

1.4 Binäre Zahlendarstellung

Die technische Realisierung digitaler Systeme mit gegenwärtig üblichen Mitteln erfordert eine binäre Darstellung der in den jeweiligen Systemalgorithmus eingehenden Größen. Beispielsweise müssen zur Realisierung des Systems

$$y(n) = \frac{1}{3}\,[x(n) + x(n-1) + x(n-2)]$$

das Eingangssignal x(n) und der Koeffizient $\frac{1}{3}$ als Binärzahlen dargestellt werden.

Die binäre Darstellung eines wertkontinuierlichen Signals erfolgt mit Hilfe eines ADU. Auf die verschiedenen technischen Verfahren der Umsetzung wird hier nicht weiter eingegangen [8]. Die Koeffizienten eines Systemalgorithmus sind üblicherweise Resultate eines Approximationsverfahrens. Sie liegen in der Regel als Dezimalzahlen vor und müssen zur Systemrealisierung erst in binäre Zahlen umkodiert werden.

Sowohl zur Analog-Digital-Umsetzung als auch zur binären Darstellung von Dezimalzahlen stehen bei einer technischen Systemrealisierung stets endliche Anzahlen von Binärstellen zur Verfügung, was i.a. nur eine angenäherte Binärdarstellung eines Signalwerts bzw. einer Dezimalzahl gestattet.

Zur Analog-Digital-Umsetzung sowie zur Umwandlung von Dezimalzahlen in binäre Zahlen gibt es eine Reihe von Kodierungsarten. Sie unterscheiden sich hinsichtlich der Darstellung negativer Zahlen, des maximal darstellbaren Zahlenbereichs etc.. In der DSV sind zwei Arten der binären Zahlendarstellung üblich: die Festkomma- und die Gleitkommadarstellung [9], [10]. Erstere weist bezüglich der Verarbeitungsgeschwindigkeit wesentliche Vorteile auf.

1.4.1 Festkommazahlen

Die Festkommadarstellung binärer Zahlen wird anhand der bekannten Festkommadarstellung von Dezimalzahlen erklärt. Im dezimalen Zahlensystem wird eine Zahl durch eine Folge von Ziffern dargestellt. Jeder Stelle in der Ziffernfolge wird eine ganzzahlige, von links nach rechts abfallende Potenz der Basiszahl 10 zugeordnet, die man als Stellenwertigkeit bezeichnet. Der allgemeine Ausdruck einer w-stelligen Zahl a lautet:

$$a = \sum_{n}^{m} x_k \cdot 10^k \quad , \qquad m \geq 0 \quad , \qquad n = m - w + 1 \quad .$$

Die einzelnen Ziffern x_k, auch Stellenwert genannt, können wegen der Basiszahl 10 nur einen der Werte {0, 1, 2, ... 9} annehmen. Das Komma trennt die Stellen mit positiven von jenen mit negativen Zehnerpotenzen. Beispielsweise läßt sich die Dezimalzahl 304,15 wie folgt ausschreiben:

$$304{,}15 = 3 \cdot 10^2 + 0 \cdot 10^1 + 4 \cdot 10^0 + 1 \cdot 10^{-1} + 5 \cdot 10^{-2} \quad .$$

Da das Komma stets zwischen den Stellen mit der Wertigkeit $10^0 = 1$ und $10^{-1} = 0{,}1$ steht und jede Stelle stets dieselbe Wertigkeit besitzt, wird diese Darstellung als Festkommadarstellung bezeichnet.

In ähnlicher Weise läßt sich die Festkommadarstellung binärer Zahlen erklären, der das duale Zahlensystem zugrunde liegt. Im dualen Zahlensystem ist die Basiszahl 2. Eine positive Dualzahl wird durch eine Folge von Ziffern dargestellt, die jeweils einen der Werte {0,1} annimmt. Die binären Stellen besitzen als Wertigkeit eine von links nach rechts abfallende Zweierpotenz. Der allgemeine Ausdruck für eine w-stellige positive Dualzahl a lautet:

$$a = \sum_{k=n}^{m} x_k \cdot 2^k \quad , \qquad m = n + w - 1 \quad , \qquad x_k \in \{0,1\} \quad .$$

Das Komma trennt auch hier die Stellen mit positiven von denen mit negativen Zweierpotenzen. Beispielsweise läßt sich die positive Dualzahl 1110,01 wie folgt ausschreiben:

$$1110{,}01 \;\hat{=}\; 1 \cdot 2^3 + 1 \cdot 2^2 + 1 \cdot 2^1 + 0 \cdot 2^0 + 0 \cdot 2^{-1} + 1 \cdot 2^{-2} = 14{,}25 \quad .$$

Die nächsten zwei Beispiele dienen zur Verdeutlichung der Rolle des Kommas. Die Zahlen seien positiv.

$$1101, \;\hat{=}\; 1 \cdot 2^3 + 1 \cdot 2^2 + 0 \cdot 2^1 + 1 \cdot 2^0 = 13 \quad ,$$

$$,1101 \;\hat{=}\; 1 \cdot 2^{-1} + 1 \cdot 2^{-2} + 0 \cdot 2^{-3} + 1 \cdot 2^{-4} = 0{,}8125 \quad .$$

Die kleinste Wertigkeit ist, wie durch das Komma angedeutet, bei der ersten Zahl 1 und bei der zweiten 2^{-4}.

Das bit mit der niedrigsten Wertigkeit wird als LSB (least significant bit) und das mit der höchsten Wertigkeit als MSB (most significant bit) bezeichnet. Bei binären Zahlen, bei denen kein Komma eingetragen ist, wird meistens die Wertigkeit $2^0 = 1$ für das LSB angenommen. Um Mehrdeutigkeiten in diesen Fällen zu vermeiden, ist es angebracht, die Wertigkeit des LSB oder des MSB gesondert anzugeben.

Ein wichtiger Gesichtspunkt bei der binären Zahlendarstellung ist die Art der Kodierung negativer Zahlen. Diese Frage hat, wie später gezeigt wird, Konsequenzen insbesondere hinsichtlich des Rechen- bzw. Realisierungsaufwands eines digitalen Systems. In der DSV werden vorwiegend zwei bezüglich negativer Zahlen unterschiedliche Festkommadarstellungen angewandt: die Vorzeichen-Betrag-Darstellung (VBD) und die Zweierkomplement-Darstellung (ZKD).

Vorzeichen-Betrag-Darstellung: Das Vorzeichen einer Zahl nimmt zwei Zustände an und kann daher durch ein bit angegeben werden. Hierauf basiert die VBD. Bei ihr werden das äußerst links stehende bit zur Angabe des Vorzeichens und die restlichen bits zur Darstellung des Betrags im Dualsystem verwendet. Die Zuordnung des positiven bzw. des negativen Vorzeichens zu den zwei Zuständen des Vorzeichenbits ist willkürlich. Meistens wird - wie auch hier - der Zustand 0 dem positiven Vorzeichen zugeordnet und der Zustand 1 dem negativen.

Zur Addition zweier in der VBD angegebener positiver Zahlen der Wortlänge w ist ein Addierwerk erforderlich, das im wesentlichen aus Volladdierern besteht. Eine Subtraktion erfordert ein zusätzliches Subtrahierwerk. Die Multiplikation zweier Zahlen beliebigen Vorzeichens in der VBD kann mit Hilfe eines Multiplizierers für positive Zahlen, nämlich für die Beträge, und einer relativ einfachen Logik zur Feststellung des Produktvorzeichens ausgeführt werden.

Zweierkomplementdarstellung: Jenen Nachteil des zusätzlichen Aufwands für die Subtraktion kennt die ZKD nicht. Deswegen wird sie in der DSV bevorzugt angewendet. Positive Zahlen gibt man bei der ZKD in der gleichen Weise an wie bei der VBD. Die Besonderheit der ZKD liegt darin, daß hierbei negative Zahlen in der Weise kodiert werden, daß eine Addition zweier Zahlen beliebigen Vorzeichens stets auf eine Addition zweier positiver Zahlen zurückgeführt wird. Zur Erläuterung nehme man eine binäre Zahlendarstellung der Wortlänge w an, wobei positive Zahlen im Dualsystem dargestellt werden und das Komma rechts vom LSB steht. Damit erhält das LSB die Wertigkeit 1 und das MSB die Wertigkeit 2^{w-1}. Eine negative Zahl $a = -|a|$ wird ersetzt durch ihr Zweierkomplement $a_2 = 2^w - |a|$. In der binären Darstellung erhält man das Zweierkomplement a_2, indem man sämtliche bits von $|a|$ invertiert und anschließend die Zahl 1 hinzuaddiert. Dies folgt aus der Definitionsgleichung einer Zweierkomplementzahl, indem man sie um ± 1 erweitert:

$$a_2 = 2^w - |a| \pm 1 = (2^w - 1) - |a| + 1 \quad .$$

Der Term $(2^w - 1) - |a|$ entspricht der Negierten von $|a|$. Damit folgt:

$$a_2 = \overline{|a|} + 1 \quad .$$

Beispiel: Vorzeichenbit

$$w = 8 \quad , \quad a = -35 \mathrel{\hat{=}} 10100011 \quad ;$$

$$a_2 = 2^8 - 35 = 221 \mathrel{\hat{=}} 11011101 \quad \text{oder}$$

$$a_2 = \overline{|a|} + 1 = \overline{00100011} + 1 = 11011101 \quad .$$

Nach gleicher Vorschrift läßt sich aus einer Zweierkomplementzahl a_2 deren Betrag $|a|$ ermitteln: $|a| = \overline{a_2} + 1$.

Beispiel:

$$a_2 = 11011101 \quad , \quad |a| = \overline{11011101} + 1 = 00100011 \quad .$$

Damit das Zweierkomplement einer negativen Zahl nicht die gleiche Bitkonfiguration wie irgendeine positive Zahl erhält, wird der Bereich der positiven Zahlen auf $0 \leq a \leq 2^{w-1} - 1$ eingeschränkt. Das MSB der positiven Zahlen ist folglich stets 0. Die negativen Zahlen überstreichen dann den Bereich $2^{w-1} \leq a_2 \leq 2^w - 1$. Für sie ist das MSB stets 1.

Mit einer derartigen Kodierung negativer Zahlen läßt sich eine Addition $c = a + b$ mit beliebigen Vorzeichen der Summanden, also auch eine Subtraktion, stets auf eine Addition $c_2 = a_2 + b_2$ zurückführen, wenn die Summanden a und b sowie die Summe c jeweils durch das zugehörige Zweierkomplement a_2, b_2 und c_2 ersetzt und ein etwaiger Überlauf bei dieser Addition außer acht gelassen werden. Hierzu einige Beispiele, bei denen die Wortlänge $w = 4$ angenommen wird:

Beispiel 1: $a = 2$, $b = -5$, $c = a + b = -3$.
In der VBD mit $a = 0010$, $b = 1101$ ergibt sich die algebraische Summe c durch eine Subtraktion: $c = 0010 - (0101) = -(0011) = 1011$.
In der ZKD erhält man mit den Zweierkomplementzahlen $a_2 = 0010$, $b_2 = \overline{|b|} + 1 = 1011$ das Zweierkomplement ihrer Summe c_2 durch Addition $c_2 = a_2 + b_2 = 0010 + 1011 = 1101 = \overline{|c|} + 1$.

Beispiel 2: $a = -2$, $b = 5$, $c = a + b = 3$.
In der VBD mit $a = 1010$, $b = 0101$ ergibt sich die Summe $c = -(0010) + 0101 = 0011$ durch eine Subtraktion. In der ZKD mit $a_2 = \overline{|a|} + 1 = 1110$, $b_2 = 0101$ erhält man aus der Addition $a_2 + b_2 = 1110 + 0101 = 10011 = 10000 + 0011$ die exakte Summe $c_2 = c = 0011$, wenn man den Überlauf außer acht läßt.

Diese Beispiele verdeutlichen die für praktische Anwendungen vorteilhafte Eigenschaft der ZKD gegenüber der VBD, nämlich daß bei der Durchführung arithmetischer Operationen ein Subtrahierwerk nicht erforderlich ist. Diese Eigenschaft gilt auch für gebrochene Zweierkomplementzahlen.

Die Multiplikation zweier Zahlen in der ZKD ist aufwendiger als in der VBD, weil man hier der besonderen Kodierung negativer Zahlen Rechnung tragen muß. Der BOOTHsche Multiplikationsalgorithmus bietet hiefür einen effektiven Lösungsweg an [10]. Er findet Anwendung in vielen handelsüblichen Multiplizierern.

Überlaufscharakteristiken der VBD und der ZKD: Bei einer binären Zahlendarstellung mit endlicher Wortlänge ist der darstellbare Zahlenbereich begrenzt. Mit der Wortlänge w und der LSB-Wertigkeit $q = 2^n$, wobei n eine positive oder negative ganze Zahl sein kann, erhält man in der ZKD die größte darstellbare positive Zahl

$$a_{max} = (2^{w-1} - 1)\, q$$

und die betragsmäßig größte darstellbare negative Zahl

$$a_{min} = -2^{w-1}\, q \quad .$$

<u>Beispiel:</u> Für w = 8 und n = 0 ergeben sich

$$a_{max} = 01111111 \mathrel{\hat{=}} 127 \quad \text{und} \quad a_{min} = 10000000 \mathrel{\hat{=}} -128 \quad .$$

Für die gleiche Wortlänge w = 8, jedoch n = -2 folgen entsprechend:

$$a_{max} = 01111{,}11 \mathrel{\hat{=}} 31{,}75 \quad \text{und} \quad a_{min} = 100000{,}00 \mathrel{\hat{=}} -32 \quad .$$

Eine für die DSV relevante Frage lautet: Welchen Wert nimmt das Ergebnis einer arithmetischen Operation an, wenn dabei der darstellbare Zahlenbereich überschritten wird?

Bei der Addition zweier positiver Zahlen in der ZKD, deren Summe den positiven Zahlenbereich überschreitet, wird das MSB des Additionsergebnisses zu 1; es ergibt sich folglich das Zweierkomplement einer negativen Zahl.

<u>Beispiel:</u> $w = 4$, $a = 7 \mathrel{\hat{=}} 0111$, $b = 5 \mathrel{\hat{=}} 0101$;
$c = a + b \mathrel{\hat{=}} 0111 + 0101 = 1100$.

Das Ergebnis entspricht der negativen Zahl -4.

Bei der Addition zweier negativer Zahlen in der ZKD, deren Summe die negative Grenze des darstellbaren Zahlenbereichs unterschreitet, entsteht eine positive Zahl.

Beispiel: $w = 4$, $a = -7 \mathrel{\hat{=}} 1001$, $b = -5 \mathrel{\hat{=}} 1011$;
$c = a + b \mathrel{\hat{=}} 1001 + 1011 = 10100$.

Der Übertrag 10000 wird nicht berücksichtigt. Die Summe entspricht daher der positiven Zahl 4.

Das oben angedeutete Verhalten der ZKD bei Zahlenbereichsüberschreitungen läßt sich anhand ihrer Überlaufskennlinie (Bild 1.4a) schematisch darstellen. a steht für den tatsächlichen Wert des Ergebnisses einer arithmetischen Operation, und a_2 gibt den Wert des Ergebnisses an, falls die arithmetische Operation in der ZKD mit einer endlichen Wortlänge ausgeführt wird. Bild 1.4b zeigt die entsprechende Kennlinie für die VBD. Die Sprünge in der Überlaufskennlinie rufen in der DSV, wie später gezeigt wird, störende Effekte hervor.

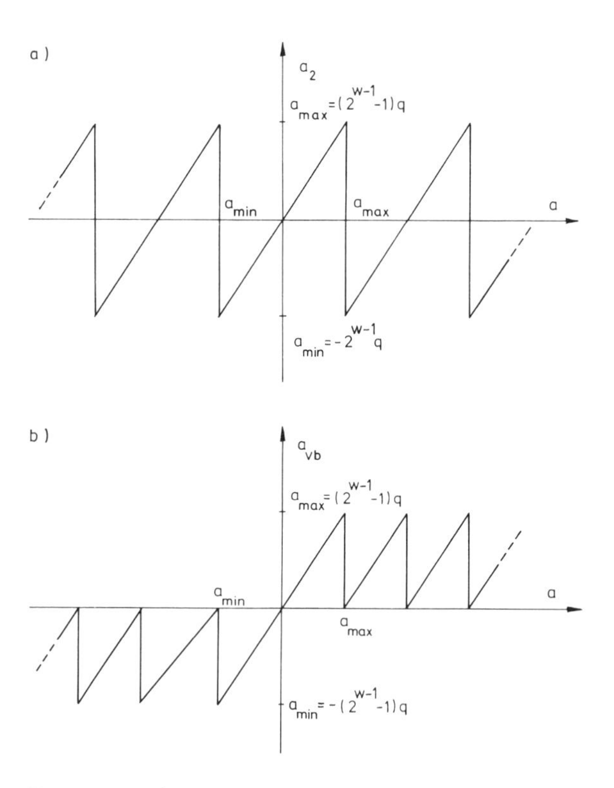

Bild 1.4: a) Überlaufskennlinie der ZKD, b) Überlaufskennlinie der VBD.

Eine weitere wichtige Eigenschaft sei hier ohne Beweis erwähnt [4]: Bei einer Addition mehrerer Zweierkomplementzahlen kann in den einzelnen Teilsummen jeweils ein Überlauf vorkommen. Wenn der Wert der Gesamtsumme im darstellbaren Zahlenbereich liegt, führt die Addition trotz etwaiger Teilsummenüberläufe stets zum richtigen Summenendwert.

Rundung und Abschneiden bei der VBD und ZKD: In der binären Festkommadarstellung muß in zwei Fällen, nämlich bei der Umwandlung von Dezimalzahlen in Binärzahlen und bei der Multiplikation zweier gebrochener Binärzahlen, die Wortlänge der sich jeweils ergebenden Binärzahl auf die vorgeschriebene Wortlänge reduziert werden. Beispielsweise können bei einer vorgegebenen Wortlänge von 4 bits (ohne Vorzeichenbit) die Dezimalzahl 0,6015625 ≙ 0,1001101 und das Produkt $p = 0{,}1101 \times 0{,}1011 = 0{,}10001111$ nicht exakt dargestellt werden. Abhilfe schafft hier eine Wortlängenreduktion durch Rundung oder Abschneiden. Im folgenden werden die Verfahren der Rundung und des Abschneidens einer Binärzahl auf eine vorgegebene Wortlänge anhand eines Zahlenbeispiels erläutert. Hierbei sei eine Zahl nach der Wortlängenreduktion durch eckige Klammern gekennzeichnet.

Beispiel:

Man stelle die gebrochene Dezimalzahl $a = 0{,}6015625$ durch Rundung oder Abschneiden als eine Binärzahl mit einer Wortlänge von 4 bits (ohne Vorzeichenbit) dar.

Runden: Die Dezimalzahl a läßt sich als eine Binärzahl mit einer Wortlänge von 7 bits exakt darstellen:

$$a = 0{,}6015625 = 1 \cdot 2^{-1} + 1 \cdot 2^{-4} + 1 \cdot 2^{-5} + 1 \cdot 2^{-7} \mathrel{\widehat{=}} 0{,}1001101 \quad .$$

Um a auf 4 bits zu runden, ist nachzuprüfen, ob der nach Abstrich des Vorzeichenbits und der vier höherwertigen bits noch verbleibende Rest 0,0000101 größer, gleich oder kleiner als die Hälfte der LSB-Wertigkeit von [a], nämlich $0{,}00001 \mathrel{\widehat{=}} 2^{-5}$ ist. [a] symbolisiere a mit der verkürzten Wortlänge. In den ersten beiden Fällen rundet man die Zahl auf, i.e. man behält die vier höherwertigen bits bei und addiert eine LSB-Wertigkeit von [a], nämlich $0{,}0001 \mathrel{\widehat{=}} 0{,}0625$, hinzu. Im dritten Fall wird die Zahl abgerundet, i.e. man läßt die vier niederwertigen bits fort. Im angegebenen Beispiel trifft der erste Fall zu; a wird aufgerundet:

$$[a] = 0{,}1001 + 0{,}0001 = 0{,}1010 \mathrel{\widehat{=}} 0{,}625 \quad .$$

Ohne Durchführung der erwähnten Fallunterscheidung erhält man das gleiche Ergebnis, wenn man zur ungerundeten Zahl a die halbe LSB-Wertigkeit der gerundeten Zahl [a], also hier 0,00001, addiert und anschließend den niederwertigen Rest, hier die drei niederwertigen bits, wegläßt:

$$[a] = [0{,}1001101 + 0{,}0000100] = [0{,}1010001] = 0{,}1010 \mathrel{\widehat{=}} 0{,}625 \quad .$$

Der hier durch die Rundung entstandene Fehler $e = [a] - a$ beträgt: $e = -0{,}0234375$. Allgemein gilt für den Rundungsfehler e, der durch Rundung einer gebrochenen Binärzahl auf die Wortlänge w (ohne Vorzeichenbit) entsteht: $-0{,}5\,q \leq e \leq 0{,}5\,q$ mit $q = 2^{-w}$ als die LSB-Wertigkeit der gerundeten Zahl [a].

Während eine zu rundende gebrochene Zahl a $(|a| < 1)$ der Wortlänge w_1 Werte annehmen kann, die jeweils ein ganzzahliges Vielfaches ihrer LSB-Wertigkeit $q_1 = 2^{-w_1}$ ist, nimmt die auf die Wortlänge $w_2 < w_1$ gerundete Zahl [a] einen Wert an, der jeweils ein ganzzahliges Vielfaches von $q_2 = 2^{-w_2}$ beträgt. Der bereits diskretisierte Wertebereich von a wird also durch die Wortlängenreduktion abermals diskretisiert. Der Zusammenhang zwischen einer zu rundenden Zahl a und der gerundeten Zahl [a] läßt sich anhand der in Bild 1.5a angegebenen Rundungskennlinie darstellen. Bild 1.5a zeigt ferner den Verlauf des Rundungsfehlers e(a). Hierbei wird für die zu rundende Zahl a wegen ihres i.a. viel feiner diskretisierten Wertebereichs als der von [a] der Einfachheit halber ein kontinuierlicher Wertebereich angenommen. Da das Verfahren der Rundung sich stets auf den Betrag einer Zahl bezieht, gilt die Rundungskennlinie unabhängig von der binären Kodierungsart.

Abschneiden: Man kann die Wortlänge einer Zahl reduzieren, indem man sie auf die gewünschte Wortlänge abschneidet. Dazu werden, ungeachtet der speziellen binären Kodierung, eine vorgeschriebene Anzahl von höherwertigen bits beibehalten und die restlichen weggelassen. Im obigen Beispiel ergibt sich nach diesem Verfahren für die auf 4 bits abgeschnittene Zahl $[a] = 0{,}1001 \mathrel{\hat{=}} 0{,}5625$ Der Zahlenwert einer abgeschnittenen Zahl [a] hängt von ihrer Kodierungsart ab. Im Falle der VBD wird eine Zahl nach dem Abschneiden stets betragsmäßig kleiner. Für den Abschneidefehler $e = [a] - a$ folgt $-q \leqq e \leqq 0$ für $a \geqq 0$ und $0 \leqq e \leqq q$ für $a < 0$ mit $q = 2^{-w}$ als LSB-Wertigkeit und w als Wortlänge von [a].

In der ZKD wirkt sich das Abschneiden bei positiven Zahlen wie in der VBD, bei negativen Zahlen jedoch unterschiedlich aus: a_2 sei das Zweierkomplement einer negativen gebrochenen Zahl des Betrags $|a|$ und der Wortlänge w (ohne Vorzeichenbit) sowie der LSB-Wertigkeit $q = 2^{-w}$. Es gilt also $a_2 = 1 - |a|$. Durch Abschneiden einiger niederwertiger bits erhält man die Dualzahl $[a_2]$, für die gilt: $[a_2] < a_2$. $[a_2]$ ist das Zweierkomplement einer negativen Zahl: $[a_2] = 1 - |a'|$. Wenn man die rechten Seiten der Gleichungen für a_2 und $[a_2]$ in die Ungleichung $[a_2] < a_2$ einsetzt, folgt: $|a'| > |a|$. Eine negative Zahl in der ZKD wird also durch das Abschneiden negativer. Hier gilt für den Abschneidefehler: $-q \leqq e \leqq 0$. Bilder 1.5b,c zeigen die Abschneidekennlinien für die VBD und ZKD sowie die entsprechenden Verläufe des Abschneidefehlers. Oft wird der Fehler, der bei der Wortlängenreduktion durch Rundung oder durch Abschneiden entsteht, schlechthin als Rundungsfehler bezeichnet. Auch der Begriff Quantisierungsfehler wird gelegentlich hierfür gebraucht.

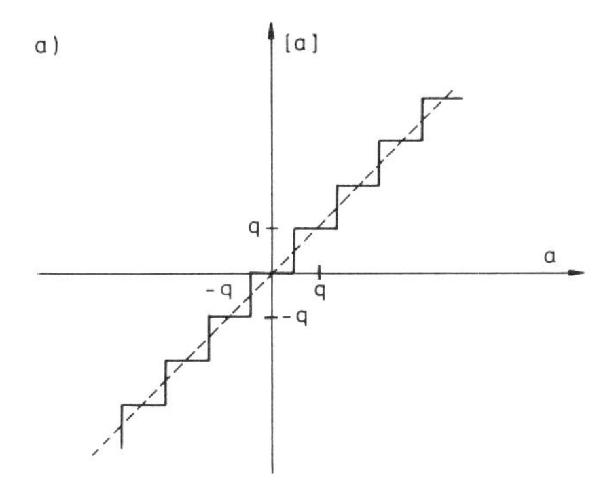

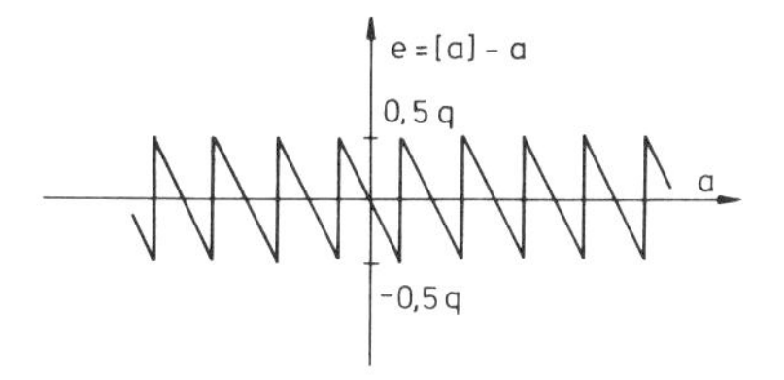

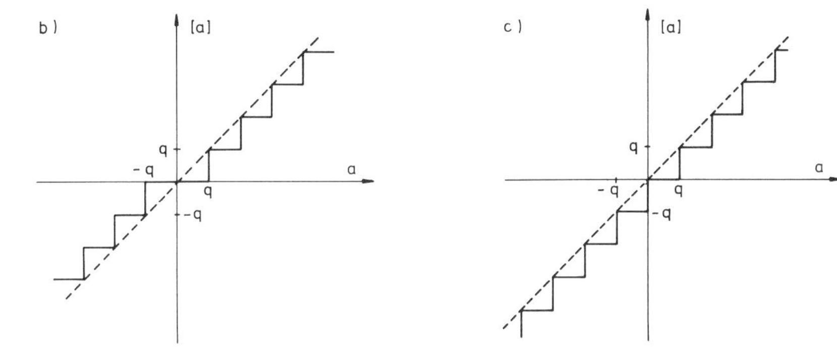

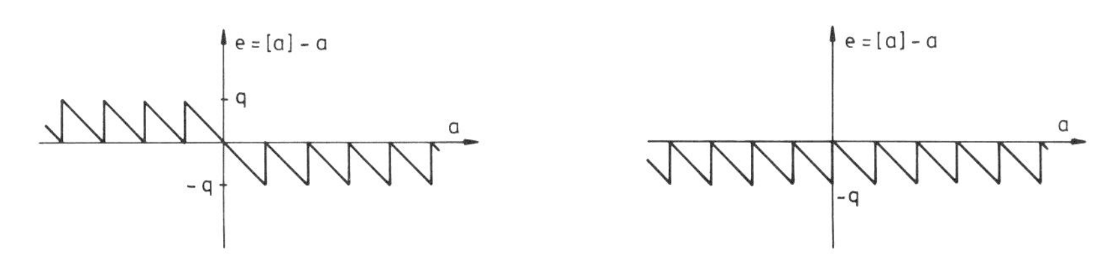

Bild 1.5: a) Rundungskennlinie und Verlauf des Rundungsfehlers, b) Abschneidekennlinie und Verlauf des Abschneidefehlers für die VBD, c) Abschneidekennlinie und Verlauf des Abschneidefehlers für die ZKD.

1.4.2 Gleitkommazahlen

Ein Problem bei allen Kodierungsarten der Festkommadarstellung ist die von der Wortlänge abhängige Begrenzung des darstellbaren Zahlenbereichs. Hierdurch wird e.g. der Spielraum des Entwurfs eines digitalen Systems eingeengt. Ferner kann die Funktion des Systems dadurch stark beeinträchtigt werden (Überlaufsschwingungen). Es stellt sich nun die Frage, ob mit einer gegebenen Wortlänge durch eine andere Art der Zahlendarstellung ein größerer Zahlenbereich zu erzielen ist. Dies ist mit der Gleitkommadarstellung möglich.

Der Einfachheit halber wird die Gleitkommadarstellung zunächt für Dezimalzahlen erläutert: Jede Dezimalzahl ist als Produkt einer Zehnerpotenz mit einer gebrochenen Dezimalzahl darstellbar.

Beispiele:

$$a = 1020 = 0{,}1020 \cdot 10^4 \quad , \quad b = 0{,}0035 = 0{,}3500 \cdot 10^{-2} \quad .$$

Da die Basiszahl, hier 10, für alle Dezimalzahlen dieselbe ist, reicht zur Darstellung der Dezimalzahlen in der angegebenen Form die Angabe des Exponenten und des gebrochenen Teils aus. Die Zahlen a und b erhalten danach die Form

$$a = 0{,}1020\ \mathrm{E}\ {+4} \quad , \quad b = 0{,}3500\ \mathrm{E}\ {-2} \quad .$$

Der Buchstabe E ist nur symbolisch eingefügt worden, um den gebrochenen Teil, der auch als Mantisse bezeichnet wird, vom Exponenten deutlich zu trennen. Der Exponent und die Mantisse können positive oder negative Zahlen sein und werden ihrerseits als Festkommazahlen dargestellt.

Der Vorteil der Gleitkommadarstellung gegenüber der Festkommadarstellung wird aus folgender Gegenüberstellung ersichtlich: Wenn beispielsweise drei Dezimalstellen für den Betrag der Mantisse und eine für den Exponenten zur Verfügung stehen, ist der darstellbare Zahlenbereich in der Gleitkommadarstellung

$$-0{,}999 \cdot 10^9 \leqq a \leqq +0{,}999 \cdot 10^9 \quad .$$

Mit der gleichen Wortlänge, also $w = 5$ (einschließlich des Vorzeichenbits) erreicht man in der Festkommadarstellung den Zahlenbereich

$$-9{,}999 \leqq a \leqq +9{,}999 \quad ,$$

wobei sowohl in der Gleitkomma- als auch in der Festkommadarstellung die betragsmäßig kleinsten darstellbaren Zahlen, von Null abgesehen, gleich sind, nämlich $\pm 0{,}001$.

Mit der Gleitkommadarstellung wird also eine Erweiterung des darstellbaren Zahlenbereichs erzielt, die von der Wortlänge und ihrer Aufteilung in Mantisse und Exponent abhängt. Im Gegensatz zur Festkommadarstellung treten die darstellbaren Zahlen in der Gleitkommadarstellung nicht alle in gleichen Abständen voneinander auf, sondern der Abstand zweier benachbarter darstellbarer Zahlen vergrößert sich treppenförmig mit Erhöhung der Zahlenwerte.

Die Gleitkommadarstellung binärer Zahlen hat ein ähnliches Format wie die der Dezimalzahlen. Man stellt eine binäre Zahl a als Produkt einer Zweierpotenz 2^E und einer gebrochenen Dualzahl, der Mantisse M, dar: $a = M \cdot 2^E$. Eine gegebene Wortlänge w wird in einen Teil w_E zur Darstellung des Exponenten und einen Teil w_M zur Darstellung der Mantisse aufgeteilt. Da sowohl positive als auch negative Exponenten und Mantissen auftreten können, sind E und M vorzeichenbehaftete Festkommazahlen.

Beispiel:
Für $w = 12$, $w_E = 6$, $w_M = 6$ sowie E und M als Zweierkomplementzahlen seien einige Gleitkommazahlen angegeben:

$$0{,}10100 \text{ E } 000010 \mathrel{\hat{=}} 0{,}625 \cdot 2^2 = 2{,}5 \quad ,$$

$$1{,}01010 \text{ E } 111101 \mathrel{\hat{=}} -0{,}6875 \cdot 2^{-3} = -0{,}0859375 \quad .$$

In diesem Beispiel ist die größte darstellbare positive Zahl

$$a_{max} = 0{,}11111 \text{ E } 011111 \mathrel{\hat{=}} 0{,}96875 \cdot 2^{31}$$

und die betragsmäßig größte darstellbare negative Zahl

$$a_{min} = 1{,}00000 \text{ E } 011111 \mathrel{\hat{=}} -2^{31} \quad .$$

Um die gleichen Grenzen des Zahlenbereichs mit Festkommazahlen, e.g. in der Zweierkomplementdarstellung, zu erreichen, wäre eine Wortlänge von 32 bits erforderlich.

Für eine Gleitkommazahl erhält man durch eine Verschiebung des Kommas der Mantisse und eine entsprechende Änderung des Exponenten eine weitere Gleitkommadarstellung mit gleichem Zahlenwert.

Beispiel:

$$0{,}0110 \text{ E } 0100 = 0{,}0011 \text{ E } 0101 = 0{,}1100 \text{ E } 0011 \quad .$$

Mit einer normierten Darstellung kann diese Mehrdeutigkeit vermieden werden. Man wählt den Exponenten so, daß die Mantisse M stets in einen definierten Bereich, e.g. in den Bereich $0{,}5 \leq |M| < 1$, fällt.

Falls die Mantisse einer nicht normierten Gleitkommazahl als Vorzeichen-Betrag-Zahl dargestellt ist, kann die Normierung durch Verschiebung der Mantisse um einige bits nach rechts bzw. links und durch eine entsprechende Erniedrigung bzw. Erhöhung des Exponenten erreicht werden. Ist für die Mantisse eine begrenzte Wortlänge vorgegeben, können bei der Verschiebung wegen der erforderlichen Wortlängenreduktion Fehler entstehen.

Beispiel:

die Zahl a = 0,0110 E 0101 ist wegen M = 0,375 < 0,5 nach obiger Normierungsvorschrift nicht normiert. Sie erhält durch die Verschiebung von M um ein bit nach links die normierte Darstellung a = 0,1100 E 0100 .

Zur Addition zweier Gleitkommazahlen müssen diese derart umgeformt werden, daß sie gleiche Exponenten erhalten. Dies geschieht, indem man die Mantisse der betragsmäßig kleineren Zahl um so viele bits nach rechts verschiebt (was einer Entnormierung gleichkommt), bis die Exponenten beider Zahlen gleich sind. Anschließend werden die beiden Mantissen addiert und das Ergebnis, falls erforderlich, normiert.

Beispiel:

a = 14 ≙ 0,111 E 0100 , b = 5 ≙ 0,101 E 0011 .

Die Exponenten und Mantissen der normierten Gleitkommazahlen a und b sind positiv und haben jeweils eine Wortlänge von 4 bits einschließlich des Vorzeichenbits. Der Exponent von a ist 4 und der von b ist 3. Um für b den gleichen Exponenten wie für a zu erhalten, wird die Mantisse von b um ein bit nach rechts geschoben, i.e. um den Faktor 2 verkleinert, und der Exponent um 1 erhöht: b' = 0,010 E 0100 ≙ 4 . Da für die Mantisse nur 4 bits zur Verfügung stehen, geht bei b durch Verschiebung und nachfolgendes Abschneiden ein bit verloren. Deswegen wird die daraus entstehende Zahl mit b' gekennzeichnet. Nun kann man die Summe bilden: c = a + b' = 1,001 E 0100 ≙ 18 . Die Summe der Mantisse ergibt einen Überlauf, i.e. sie überschreitet den normierten Bereich. Die deswegen erforderliche Normierung von c ergibt: c' = 0,100 E 0101 ≙ 16 . c' ist aufgrund des entstandenen Abschneidefehlers ungleich c.

Das Produkt zweier Gleitkommazahlen $a_1 = M_1 \cdot 2^{E_1}$ und $a_2 = M_2 \cdot 2^{E_2}$ erhält man, indem man die Exponenten addiert und die Mantissen miteinander multipliziert:

$$p = a_1 \cdot a_2 = M_1 \cdot M_2 \cdot 2^{E_1+E_2} = M_p \cdot 2^{E_p} .$$

Die für die exakte Darstellung der Mantissen des Produkts $M_p = M_1 \cdot M_2$ erforderliche Wortlänge ist i.a. größer als die Mantissenwortlängen der Multiplikanden. M_p muß daher auf die jeweils vorgegebene Mantissenwortlänge gerundet oder abgeschnitten werden.

Die Gleitkommadarstellung bietet gegenüber der Festkommadarstellung den Vorteil des erheblich größeren Zahlenbereichs, weist jedoch folgende Nachteile auf:

a) Die Durchführung der arithmetischen Operationen ist aufwendiger und erfordert daher vergleichsweise längere Rechenzeiten.

b) Sowohl bei der Addition als auch bei der Multiplikation treten aufgrund der erforderlichen Wortlängenreduzierung bei der Normierung und Entnormierung Fehler auf.

In der Festkommadarstellung lassen sich Additionen und Subtraktionen auf Additionen zurückführen (ZKD). Solange der darstellbare Zahlenbereich nicht überschritten wird, ist das Ergebnis im Gegensatz zur Addition und Subtraktion in der Gleitkommadarstellung stets exakt. Andererseits liegt die Wahrscheinlichkeit der Zahlenbereichsüberschreitung in der Festkommadarstellung i.a. beträchtlich höher als bei der Gleitkommadarstellung. Bei Multiplikationen werden in beiden Zahlendarstellungen durch die eventuell erforderliche Reduktion der Produktwortlängen Rechenfehler hervorgerufen.

Gegenwärtig wird die Gleitkommadarstellung hauptsächlich in Universalrechnern verwendet. Für die Echtzeitverarbeitung ist die Gleitkommadarstellung außer zur Realisierung spezieller Systeme, e.g. Filter mit besonders hoher Güte, wegen des relativ hohen Rechenaufwands nur bedingt zu empfehlen. Mit Fortschritten auf dem Gebiet der integrierten Rechenbausteine bestehen auch in der Echtzeitverarbeitung zukünftig gute Chancen für die Gleitkommadarstellung. Da gegenwärtig aber fast ausschließlich Festkommadarstellungen zur Echtzeitverarbeitung eingesetzt werden, wird im weiteren Verlauf dieser Schrift nicht mehr auf die Gleitkommadarstellung eingegangen. Für diesbezüglich Interessierte sei auf [11] verwiesen.

2. FOURIER-Transformation

In diesem Kapitel wird ein analytisches Hilfsmittel, nämlich die FOURIER-Transformation, in ihren verschiedenen Variationen beschrieben, mit dessen Hilfe man verschiedenartige Vorgänge in der DSV besser verstehen und erklären kann.

Bei den verschiedenen Prozessen der Signalverarbeitung werden informationstragende Signale in ihrem informativen Inhalt in erwünschter oder unerwünschter Weise verändert, was nicht in allen Fällen aus dem Signalverlauf direkt erkennbar ist. Der informative Inhalt eines Signals läßt sich nämlich i.a. kaum durch bloße Inspektion des Signalverlaufs ablesen. Folglich stellt sich die Frage, ob die zur Informationsübertragung verwendeten Signale sich in einer eindeutigen Weise in bekannte und einfach zu handhabende "Elementarsignale" zerlegen lassen, so daß die Analyse eines Signals auf die einfache und übersichtliche Analyse ihrer Komponenten zurückgeführt werden kann. Man sucht also nach einer alternativen Art der Repräsentation von Signalen, die eine leicht durchführbare Analyse gestattet.

In der Mathematik sind Elementarfunktionen, wie e.g. Kreisfunktionen (Cosinus- und Sinusfunktionen), Rechteckfunktionen etc., bekannt, die sich durch einige wenige Parameter vollständig beschreiben lassen. Im Falle der Kreisfunktionen sind diese Parameter e.g. Frequenz, Amplitude und Phase.

Eine effiziente Möglichkeit der Signalrepräsentation bietet die FOURIER-Transformation mit ihren verschiedenen Varianten. Die Elementarsignale sind in diesem Fall die Kreisfunktionen. Die in der Nachrichtentechnik verwendeten Signale lassen sich i.a. über die FOURIER-Reihe oder das FOURIER-Integral durch Kreisfunktionen repräsentieren. Signalrepräsentationen sind ebensogut mit anderen Elementarsignalen möglich. Die Kreisfunktionen sind jedoch deswegen besonders geeignet, weil sich ihre Verarbeitung durch eine große Klasse von Systemen, nämlich den linearen und zeitinvarianten (cf. Kap. 3), relativ leicht analytisch beschreiben läßt.

Die FOURIER-Transformation hat sich in der Technik als außerordentlich nützlich erwiesen und daher eine breite Anwendung gefunden. Es gibt je nach Art des Signals folgende Varianten der FOURIER-Transformation:

F O U R I E R - R e i h e : Sie wird auf kontinuierliche und periodische Signale angewendet. Diese Signale gehören zur Klasse der L e i s t u n g s s i g n a l e . Ein Leistungssignal $x(t)$ besitzt eine unendlich große Energie

$$E = \int_{-\infty}^{\infty} x^2(t)\, dt = \infty \quad ,$$

jedoch eine endliche Leistung

$$P = \lim_{T \to \infty} \frac{1}{2T} \int_{-T}^{T} x^2(t)\, dt < \infty \quad .$$

F O U R I E R - I n t e g r a l : Es bezieht sich seinem Ursprung nach auf aperiodische Signale, e.g. auf E n e r g i e s i g n a l e , i.e. Signale mit endlichen Energien. Unter Zuhilfenahme der D e l t a f u n k t i o n $\delta(t)$ läßt sich das FOURIER-Integral auch auf andere Signalarten, e.g. auf periodische Signale, anwenden. Eine Deltafunktion entsteht, wie in Bild 2.1a angedeutet, aus einem symmetrischen Rechteckimpuls mit der Fläche 1 durch einen Grenzübergang, indem man die Breite des Impulses gegen Null und seine Höhe gegen unendlich derart streben läßt, daß seine Fläche konstant bleibt. Es gilt

$$\int_{-\infty}^{\infty} \delta(t)\, dt = 1 \quad .$$

Auch aus anderen impulsartigen Funktionen mit endlichen Flächen, wie e.g. aus der si-Funktion (Bild 2.1b) oder der Gaußfunktion, entsteht durch einen ähnlichen Grenzübergang eine Deltafunktion [12]. Diese besitzt folgende wichtige Eigenschaft, die als S i e b - oder A u s b l e n d e i g e n s c h a f t der Deltafunktion bezeichnet wird:

$$x(t_0) = \int_{-\infty}^{\infty} x(t)\;\delta(t - t_0)\, dt \quad .$$

Bild 2.1c verdeutlicht diesen Sachverhalt. $\delta(t)$ wird gelegentlich auch D i r a c s t o ß genannt.

F O U R I E R - T r a n s f o r m a t i o n d i s k r e t e r S i g n a l e : Diese Variante der FOURIER-Transformation bezieht sich auf Signale, die aus Folgen von diskreten Werten bestehen. Diskrete Signale entstehen entweder als Folge der Abtastung eines kontinuierlichen Signals, oder sie treten als selbständige Informationsträger auf.

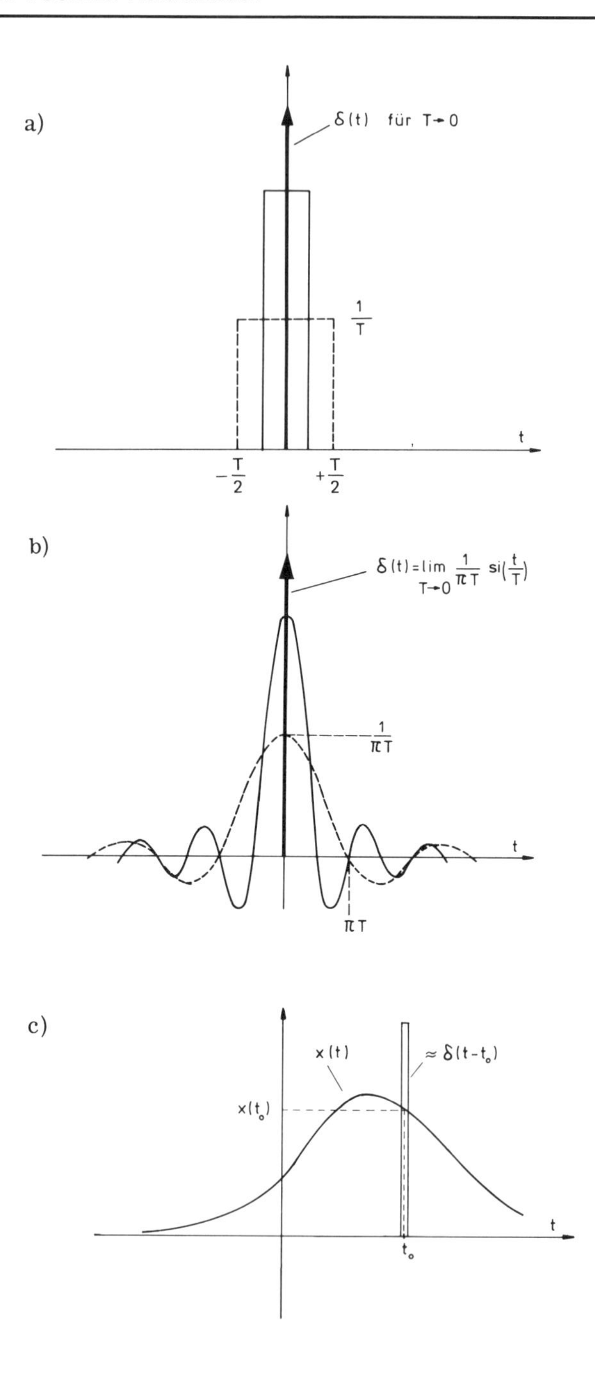

Bild 2.1: Zur Bildung der Deltafunktion $\delta(t)$ aus a) einer Rechteckfunktion, b) einer si-Funktion und c) zur Ausblendeigenschaft der Deltafunktion.

Diskrete FOURIER-Transformation (DFT): Die FOURIER-Transformation eines diskreten Signals x(n) mit endlichem Definitionsbereich $0 \leq n \leq N$ wird als diskrete FOURIER-Transformation (DFT) bezeichnet. Zur Durchführung der Transformation wird das Signal periodisch fortgesetzt. In der DSV spielt die DFT eine besondere Rolle.

Ein fundiertes Wissen über FOURIER-Transformationen ist für die Arbeit auf dem Gebiet der Signalverarbeitung unentbehrlich. In den folgenden Abschnitten wird eine kurze und anschauliche Darstellung der Theorie der FOURIER-Transformation unter besonderer Betonung ihrer für die DSV wichtigen Varianten gegeben. Für eine streng mathematische Behandlung dieser Materie sei auf [13], [14] verwiesen.

2.1 FOURIER-Transformation periodischer Signale (FOURIER-Reihe)

In diesem Abschnitt wird die Repräsentation kontinuierlicher und periodischer Signale durch Kreisfunktionen betrachtet. Nach dem Theorem der FOURIER-Reihe läßt sich jede periodische, endliche und stetige Funktion x(t) der Periode T_0 bzw. der Grundfrequenz $f_0 = \frac{1}{T_0}$ durch eine gewichtete Summe von Sinus- und Cosinusfunktionen der Grundfrequenz f_0 und aller ihrer Vielfachen $f_n = nf_0$ darstellen:

$$x(t) = \sum_{n=0}^{\infty} [a_n \cos(2\pi n f_0 t) + b_n \sin(2\pi n f_0 t)] \quad . \tag{2.1}$$

Zur Bestimmung eines Koeffizienten a_m multipliziere man beide Seiten der Gleichung (2.1) mit $\cos(2\pi m f_0 t)$ und integriere das Produkt über eine Periode des Signals:

$$\int_0^{T_0} x(t) \cos(2\pi m f_0 t)\, dt =$$

$$\int_0^{T_0} \cos(2\pi m f_0 t) \left(\sum_{n=0}^{\infty} [a_n \cos(2\pi n f_0 t) + b_n \sin(2\pi n f_0 t)] \right) dt \ .$$

Nach der Umkehrung der Reihenfolge der Integration und der Summation auf der rechten Seite erhält man

$$\int_0^{T_0} x(t)\cos(2\pi m f_0 t)\,dt = \qquad (2.2)$$

$$\sum_{n=0}^{\infty}\left(a_n\int_0^{T_0}\cos(2\pi n f_0 t)\cos(2\pi m f_0 t)\,dt + b_n\int_0^{T_0}\sin(2\pi n f_0 t)\cos(2\pi m f_0 t)\,dt\right).$$

Es ist leicht nachprüfbar, daß gilt:

$$\int_0^{T_0}\cos(2\pi m f_0 t)\cos(2\pi n f_0 t)\,dt = \begin{cases} 0{,}5\,T_0 & \text{für } n = m \neq 0 \\ 0 & \text{für } n \neq m \\ T_0 & \text{für } n = m = 0 \end{cases} \qquad \text{und}$$

$$\int_0^{T_0}\cos(2\pi m f_0 t)\sin(2\pi n f_0 t)\,dt = 0 \qquad \text{für alle } n,\ m\ .$$

Wenn man auf der rechten Seite von (2.2) die Integrale durch die rechten Seiten der letzten beiden Gleichungen entsprechend ersetzt, erhält man für a_m und mit einer ähnlichen Überlegung für b_m die Bestimmungsgleichungen

$$a_m = \frac{2}{T_0}\int_0^{T_0} x(t)\cos(2\pi m f_0 t)\,dt \qquad \text{für} \quad m \neq 0\ , \qquad (2.3a)$$

$$b_m = \frac{2}{T_0}\int_0^{T_0} x(t)\sin(2\pi m f_0 t)\,dt \qquad \text{für} \quad m \neq 0\ , \qquad (2.3b)$$

$$a_0 = \frac{1}{T_0}\int_0^{T_0} x(t)\,dt \qquad \text{und} \quad b_0 = 0\ . \qquad (2.3c)$$

In der Beziehung (2.1) treten Cosinus- und Sinusfunktionen als zwei unabhängige Elementarfunktionen auf. Da beide Funktionen jedoch über die Phasenbeziehung $\sin(x) = \cos(x - 0{,}5\pi)$ ineinander übergeführt werden können, läßt sich die

Beziehung (2.1) in eine Form bringen, bei der lediglich eine der beiden Kreisfunktionen in Erscheinung tritt. Mit der Umformung

$$a_n \cos(2\pi n f_o t) + b_n \sin(2\pi n f_o t) =$$

$$\sqrt{a_n^2 + b_n^2}\left(\frac{a_n \cos(2\pi n f_o t)}{\sqrt{a_n^2 + b_n^2}} + \frac{b_n \sin(2\pi n f_o t)}{\sqrt{a_n^2 + b_n^2}}\right)$$

und den Vereinbarungen

$$d_n = \sqrt{a_n^2 + b_n^2}\ , \quad \cos(\varphi_n) = \frac{a_n}{d_n}\ , \quad \sin(\varphi_n) = -\frac{b_n}{d_n} \qquad (2.4)$$

erhält man unmittelbar aus (2.1) die angestrebte Alternativform der FOURIER-Reihe

$$x(t) = \sum_{n=0}^{\infty} d_n \cos(2\pi n f_o t + \varphi_n)\ . \qquad (2.5)$$

Nach (2.5) wird x(t) allein aus phasenverschobenen Cosinusfunktionen zusammengesetzt. Mit den Vereinbarungen

$$\sin(\varphi_n) = \frac{a_n}{d_n}\ , \quad \cos(\varphi_n) = \frac{b_n}{d_n}$$

würden in (2.5) anstelle der Cosinusfunktionen phasenverschobene Sinusfunktionen auftreten.

Die Folgen $\{d_n\}$ und $\{\varphi_n\}$ sind für die periodische Funktion x(t) spezifisch. Die Menge der Cosinusfunktionen $\{d_n \cos(2\pi n f_o t + \varphi_n)\}$ repräsentieren das Signal x(t) im Frequenzbereich eindeutig. Man nennt die Cosinusfunktion $d_n \cos(2\pi n f_o t + \varphi_n)$ für $n = 1$ die Grundschwingung, für $n > 1$ die n-te harmonische Oberschwingung. Die Folge $\{d_n\}$ bildet den Amplitudenverlauf und $\{\varphi_n\}$ den Phasenverlauf des reellen FOURIER-Spektrums von x(t). Die Repräsentation eines periodischen Signals durch die FOURIER-Reihe wird als *harmonische Analyse* und jede Repräsentation eines Signals durch Kreisfunktionen allgemein als Transformation des Signals in den Frequenzbereich bezeichnet. Die Repräsentation im Frequenzbereich bietet, verglichen mit der im Zeitbereich, eine einfachere Möglichkeit der Analyse eines Signals bzw. des Vergleichs mehrerer Signale.

Das FOURIER-Spektrum wird oft graphisch als Linien über die Frequenzachse angegeben, einmal für dessen Amplitude d_n und zum anderen für dessen Phase φ_n.

Die Annahme der Stetigkeit einer periodischen Funktion für die Gültigkeit des Theorems der FOURIER-Reihe kann, wie das folgende Beispiel zeigt, unter Beachtung des GIBBschen Phänomens fallengelassen werden.

Beispiel:

Bestimme das Spektrum der in Bild 2.2a dargestellten periodischen Rechteckimpulsfolge x(t) der Periode T

$$x(t) = \begin{cases} A & \text{für} \quad 0 \leq t < \alpha T \\ 0 & \text{für} \quad \alpha T \leq t < T \end{cases},$$

$$\alpha < 1 \quad , \quad x(t + nT) = x(t) \quad \text{für} \quad -\infty < n < \infty \; .$$

Lösung: Aus (2.3) folgt für a_n bzw. b_n

$$a_n = \frac{A}{n\pi} \sin(2\pi\alpha n) \quad , \quad b_n = \frac{A}{n\pi} [1 - \cos(2\pi\alpha n)] \quad , \quad a_0 = \alpha A \quad , \quad b_0 = 0 \; .$$

Für den Amplitudenverlauf d_n bzw. den Phasenverlauf φ_n des Spektrums von x(t) ergibt sich aus (2.4)

$$d_n = \frac{2A}{n\pi} \cdot \left|\sin(n\alpha\pi)\right| \quad , \quad \varphi_n = \arctan\left(-\frac{1 - \cos(2\pi\alpha n)}{\sin(2\pi\alpha n)}\right) .$$

Bei der Berechnung von φ_n muß die Mehrdeutigkeit der Arctan-Funktion beachtet werden. Diese Mehrdeutigkeit läßt sich unter Berücksichtigung der Vorzeichen von a_n und b_n beheben.

Für $\alpha = \frac{1}{3}$ zeigen die Bilder 2.2b,c den aus den Beziehungen für d_n und φ_n folgenden Amplituden- und Phasenverlauf.

Für sehr viele in der Praxis vorkommende periodische Signale bestehen die FOURIER-Reihe aus einer unendlichen Reihe und das Spektrum entsprechend aus einer unendlichen Folge von Spektrallinien. Der Amplitudenverlauf des Spektrums fällt in den meisten Fällen für wachsende Ordnungen mehr oder weniger stark ab, so daß man die Spektralanteile ab einer bestimmten Ordnung n = N vernachlässigen kann. Die abgebrochene FOURIER-Reihe

$$\tilde{x}(t) = \sum_{n=0}^{N} d_n \cos(2\pi n f_0 t + \varphi_n)$$

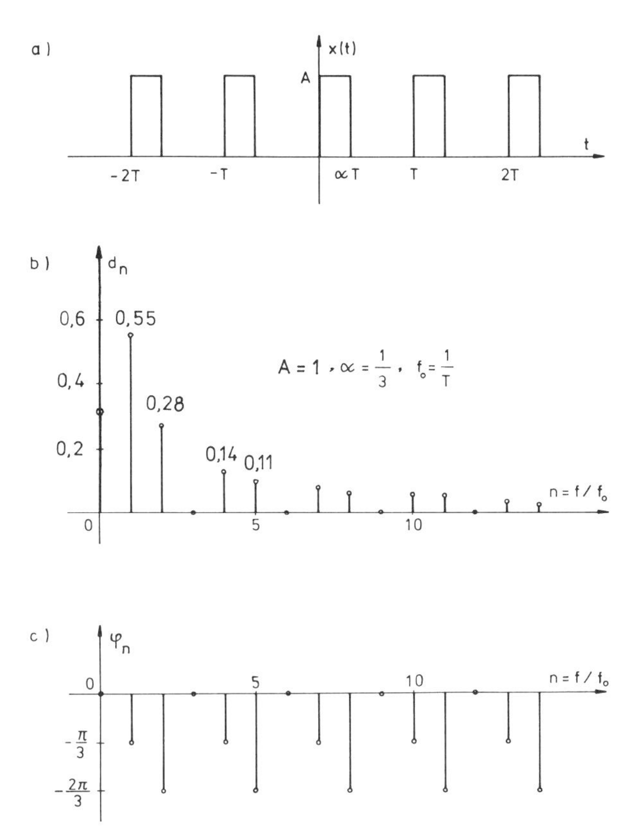

Bild 2.2: a) Eine periodische Rechteckimpulsfolge, b) Amplitudenverlauf d_n, c) Phasenverlauf φ_n des FOURIER-Spektrums der Rechteckimpulsfolge.

repräsentiert eine periodische Funktion $\tilde{x}(t)$, die von der ursprünglichen Funktion mehr oder weniger stark abweicht. Für die Anwendung der FOURIER-Reihe sollte man wissen, wie sich der Abbruch der Reihe im Zeitbereich auswirkt. Bild 2.3 zeigt $\tilde{x}(t)$ im Falle einer symmetrischen Rechteckimpulsfolge, deren FOURIER-Reihe bei N = 7 und N = 17 abgebrochen wurde. Durch den Abbruch entstehen um die Sprungstellen Überschwingungen. An jeder Sprungstelle nimmt $\tilde{x}(t)$ den arithmetischen Mittelwert der Werte von x(t) an den beiden Seiten der Sprungstelle an. Mit steigendem N, i.e. mit Hinzunahme von immer mehr Termen in die Reihe, nähert sich $\tilde{x}(t)$, insbesondere in einiger Entfernung von den Sprungstellen, zunehmend der rechteckförmigen Impulsfolge x(t). Die Überschwingungen konzentrieren sich in einem immer kleiner werdenden Bereich um die Sprungstellen.

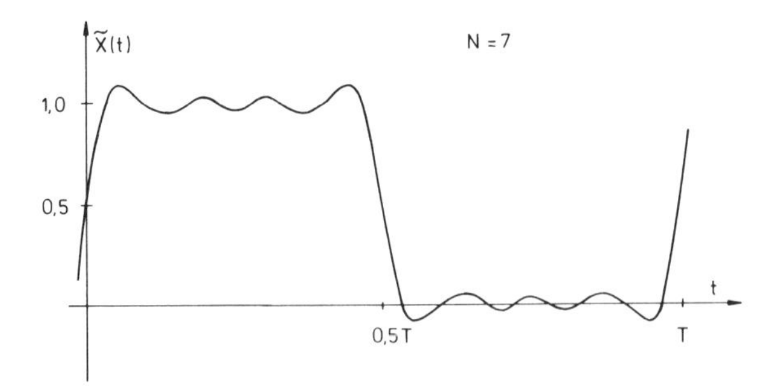

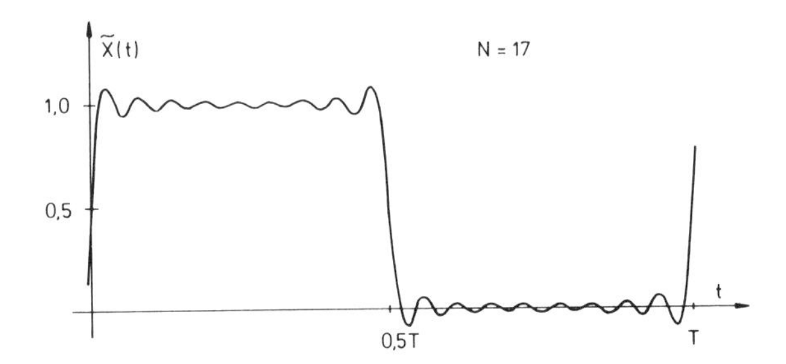

Bild 2.3: GIBBsches Phänomen bei einer symmetrischen Rechteckimpulsfolge, das durch Abbruch der FOURIER-Reihe bei $N = 7$ und $N = 17$ entstanden ist.

Das Verhältnis der Amplitude des ersten Überschwingers zur jeweiligen Sprunghöhe von x(t) strebt mit steigendem N gegen $\approx 9\ \%$. Die Überschwingungen verschwinden also nicht mit Hinzunahme weiterer Terme. Dieser Effekt, der in der DSV eine besondere Rolle spielt, ist als GIBBsches Phänomen bekannt. Bei Funktionen, die keine Sprungstellen aufweisen, strebt die rekonstruierte Funktion $\tilde{x}(t)$ mit steigendem N an allen Stellen gegen x(t).

Zur Darstellung der FOURIER-Reihe nach (2.1) bzw. (2.5) werden jeweils zwei reelle Folgen $\{a_n\}$, $\{b_n\}$ bzw. $\{d_n\}$, $\{\varphi_n\}$ benötigt. Es gibt, wie im folgenden erläutert, eine weitere Darstellungsart der FOURIER-Reihe, die lediglich eine komplexe Folge erfordert und bevorzugt angewandt wird. Mit der EULERschen Beziehung

$$\cos(x) = \frac{1}{2}\,(e^{jx} + e^{-jx})$$

läßt sich die Beziehung (2.5) in folgender Weise umformen:

$$x(t) = \sum_{n=0}^{\infty} \frac{1}{2}\, d_n \left(e^{j(2\pi n f_0 t + \varphi_n)} + e^{-j(2\pi n f_0 t + \varphi_n)} \right)$$

$$= \sum_{n=0}^{\infty} \frac{1}{2} d_n e^{j\varphi_n} e^{j2\pi n f_0 t} + \sum_{n=0}^{\infty} \frac{1}{2} d_n e^{-j\varphi_n} e^{-j2\pi n f_0 t} .$$

Mit den Vereinbarungen a) n nehme sowohl positive als auch negative ganzzahlige Werte an und b) $d_{-n} = d_n$, $\varphi_{-n} = -\varphi_n$ lassen sich beide Summen zu einer einzigen zusammenfassen:

$$x(t) = \sum_{n=-\infty}^{\infty} \frac{1}{2} d_n e^{j\varphi_n} e^{j2\pi n f_0 t} .$$

Mit $c_n = 0{,}5\, d_n e^{j\varphi_n}$ erhält man die komplexe FOURIER-Reihe

$$x(t) = \sum_{n=-\infty}^{\infty} c_n e^{j2\pi n f_0 t} . \tag{2.6a}$$

Aus (2.3) und (2.4) folgt für c_n die Bestimmungsgleichung

$$c_n = \frac{1}{2} (a_n - jb_n) = \frac{1}{T_0} \int_0^{T_0} x(t)\, e^{-j2\pi n f_0 t}\, dt . \tag{2.6b}$$

Der Koeffizient c_n ist i.a. eine komplexe Zahl und enthält die Informationen über Betrag und Phase der n-ten (cosinusförmigen) Harmonischen von x(t). Die Folge dieser Koeffizienten $\{c_n\}$ wird als **komplexes Amplitudenspektrum** von x(t) bezeichnet, das graphisch als Linienfolge für den Betrag $|c_n|$ und für die Phase $\measuredangle c_n$ an den Stellen $f_n = n f_0$, $-\infty < n < \infty$ dargestellt wird. Es treten hier negative Frequenzen auf, die - wie im folgenden gezeigt - rein formalen Charakter besitzen.

Aufgrund der getroffenen Vereinbarungen besitzen der Betrag des komplexen Amplitudenspektrums $|c_n| = 0{,}5\, d_n$ stets einen geraden Verlauf: $|c_n| = |c_{-n}|$ und dessen Phase $\measuredangle c_n = \varphi_n$ einen ungeraden: $\measuredangle c_n = -\measuredangle c_{-n}$. Beide Eigenschaften lassen sich durch die Gleichung $c_{-n} = c_n^*$ zusammenfassen, wobei * das konjugiert Komplexe einer komplexen Zahl symbolisiert. Die Hinzunahme negativer Frequenzen bringt also keine weiteren Informationen und dient lediglich zur Vereinfachung der mathematischen Behandlung des Problems. Sie bietet außerdem einen gedanklichen Übergang zur FOURIER-Transformation aperiodischer Signale.

2.2 FOURIER-Transformation aperiodischer Signale (FOURIER-Integral)

In diesem Abschnitt wird die Repräsentation aperiodischer Signale im Frequenzbereich behandelt. Aperiodische Signale lassen sich unter bestimmten Voraussetzungen, die i.a. bei in praktischen Anwendungen auftretenden Signalen, e.g. bei Energiesignalen, erfüllt sind, durch das FOURIER-Integral in den Frequenzbereich transformieren. Das FOURIER-Integral läßt sich, wie im folgenden gezeigt, aus der FOURIER-Reihe durch einen Grenzübergang und geeignete Modifikationen ermitteln.

Gegeben sei ein aperiodisches und absolut integrierbares Signal x(t):

$$\int_{-\infty}^{\infty} |x(t)| \, dt < \infty \, .$$

Man nehme einen Ausschnitt von x(t) im Bereich $-0{,}5\,T_0 < t < 0{,}5\,T_0$ und stelle damit eine periodische Funktion $x_p(t)$ mit der Periode T_0 her, die durch Wiederholung dieses Ausschnitts im gesamten Zeitbereich entsteht. Für $x_p(t)$ läßt sich nach (2.6a) und (2.6b) eine FOURIER-Reihe bzw. ein komplexes Amplitudenspektrum angeben:

$$x_p(t) = \sum_{n=-\infty}^{\infty} c_n \, e^{j2\pi n f_0 t} \, , \quad f_0 = \frac{1}{T_0} \, , \tag{2.7a}$$

$$c_n = \frac{1}{T_0} \int_{-0{,}5\,T_0}^{0{,}5\,T_0} x_p(t) \, e^{-j2\pi n f_0 t} \, dt \, . \tag{2.7b}$$

Wenn man nun den Zeitbereich mit der Breite T_0 beidseitig vergrößert, erfaßt $x_p(t)$ im Bereich $-0{,}5\,T_0 < t < 0{,}5\,T_0$ immer mehr die aperiodische Funktion x(t). Für $T_0 \rightarrow \infty$ wird x(t) von $x_p(t)$ vollständig erfaßt. Der Grenzübergang $T_0 \rightarrow \infty$ erfordert bei den oben angegebenen Beziehungen konsequenterweise folgende Modifikationen:

a) Für die absolut integrierbare Funktion x(t) nimmt der Integralteil von c_n einen endlichen Wert an:

$$\left| \int_{-0{,}5\,T_0}^{0{,}5\,T_0} x_p(t) \, e^{-j2\pi n f_0 t} \, dt \right| \leq \int_{-\infty}^{\infty} |x(t)| \, dt < \infty \, .$$

c_n strebt folglich mit $T_0 \longrightarrow \infty$ für alle n gegen Null. Dieser Grenzübergang würde somit keine brauchbaren Informationen liefern. Betrachtet man dagegen anstelle von c_n das Produkt

$$S_n = T_0\, c_n = \int_{-0,5\,T_0}^{0,5\,T_0} x(t)\, e^{-j2\pi n f_0 t}\, dt \quad , \tag{2.8a}$$

dann nimmt S_n auch im Grenzfall $T_0 \longrightarrow \infty$ i.a. einen von Null verschiedenen Wert an. Man ersetze in (2.7a) c_n durch S_n und multipliziere die rechte Seite der Gleichung (2.7a) mit $\Delta f = f_0 = \frac{1}{T_0}$, damit die Gleichung ihre Gültigkeit beibehält:

$$x_p(t) = \sum_{n=-\infty}^{\infty} S_n\, e^{-j\pi n f_0 t}\, \Delta f \quad . \tag{2.8b}$$

b) Mit $T_0 \longrightarrow \infty$ streben f_0 bzw. Δf gegen Null. Das Produkt $f_n = nf_0$ im Exponenten von $e^{-j2\pi n f_0 t}$ stellt wegen $-\infty < n < +\infty$ ein mit der Vergrößerung von T_0 immer dichter werdendes Frequenzraster dar. Für $T_0 \longrightarrow \infty$ erfaßt es den gesamten Frequenzbereich und kann daher durch die kontinuierliche Frequenzvariable f ersetzt werden.

Man erhält schließlich mit den bereits erwähnten Modifikationen und nach dem Grenzübergang $T_0 \longrightarrow \infty$ aus (2.8a) das FOURIER-Integral für aperiodische und absolut integrierbare Signale:

$$S(f) = \int_{-\infty}^{\infty} x(t)\, e^{-j2\pi f t}\, dt \quad . \tag{2.9a}$$

Ferner gehen für $T_0 \longrightarrow \infty$ $(\Delta f \longrightarrow 0)$ bei (2.8b) $x_p(t)$ in $x(t)$ und die Reihe in ein Integral über:

$$x(t) = \int_{-\infty}^{\infty} S(f)\, e^{j2\pi f t}\, df \quad . \tag{2.9b}$$

Die Eigenschaft der absoluten Integrierbarkeit von x(t) ist zwar für die Konvergenz des unendlichen Integrals in (2.9a) hinreichend, nicht jedoch notwendig. Das FOURIER-Integral existiert beispielsweise auch für Energiesignale, die nicht in jedem Fall absolut integrierbar sind [13].

Analog zu den FOURIER-Koeffizienten c_n im Falle periodischer Signale repräsentiert S(f) das aperiodische Signal x(t) im Frequenzbereich. S(f) wird *FOURIER-Transformierte* von x(t) genannt und die Beziehung (2.9b) wird als *inverse FOURIER-Transformation* bezeichnet. Die FOURIER-Transformierte eines aperiodischen Signals ist i.a. eine kontinuierliche und aperiodische komplexe Funktion von f. Für die FOURIER-Transformation wird sehr oft das Symbol $S(f) = F\{x(t)\}$ oder $S(f) \bullet\!\!-\!\!\circ\; x(t)$ verwendet.

Was stellt S(f) eigentlich dar? Um die Bedeutung von S(f) zu veranschaulichen, wird die inverse FOURIER-Transformation (2.9b) durch die Summe

$$\tilde{x}(t) = \sum_{k=-\infty}^{\infty} S(f_k)\, e^{j2\pi f_k t}\, \Delta f_k$$

angenähert. Dabei wird die Frequenzachse in Intervalle Δf_k aufgeteilt und in jedem Intervall jeweils eine Frequenz f_k mit $f_{-k} = -f_k$ gewählt. Diese Summe hat einen ähnlichen Aufbau wie die FOURIER-Reihe und kann daher in der gleichen Weise interpretiert werden: $\tilde{x}(t)$ entsteht durch Überlagerung von Cosinusfunktionen der Frequenz f_k, der Amplitude $|S(f_k)|\,\Delta f_k$ und der Phase $\measuredangle S(f_k)$. Mit immer kleiner werdenden Frequenzintervallen Δf_k kommen umso mehr Elemente in die Reihe hinzu, und umso mehr nähert sich die Nährungsfunktion $\tilde{x}(t)$ der ursprünglichen x(t). Die Amplitude der k-ten cosinusförmigen Komponenten des Signals setzt sich aus dem Produkt von $|S(f_k)|$ mit einem um f_k gewählten Frequenzintervall Δf_k zusammen. $|S(f)|$ stellt also eine Amplitudendichte dar. Aus diesem Grund wird die FOURIER-Transformierte S(f) eines aperiodischen Signals auch als *komplexes Amplitudendichtespektrum* bezeichnet. Solche Signale können prinzipiell nicht aus Überlagerung einzelner Kreisfunktionen zusammengesetzt werden.

Beispiel:

Bestimme die FOURIER-Transformierte (das komplexe Amplitudendichtespektrum) des in Bild 2.4a dargestellten einmaliges Rechteckimpulses:

$$x(t) = \begin{cases} 1 & \text{für} \quad 0 < t < T_0 \\ 0 & \text{sonst} \end{cases} .$$

Lösung:

$$S(f) = \int_{-\infty}^{\infty} x(t)\, e^{-j2\pi ft}\, dt = \int_{0}^{T_0} e^{-j2\pi ft}\, dt = -\frac{1}{j2\pi f}\left(e^{-j2\pi fT_0} - 1\right)$$

$$= \frac{1}{j2\pi f}\left(e^{j\pi f T_0} - e^{-j\pi f T_0}\right) e^{-j\pi f T_0} = \frac{\sin(\pi f T_0)}{\pi f}\, e^{-j\pi f T_0}$$

$$= T_0\, si(\pi f T_0)\, e^{-j\pi f T_0}$$

mit der Spaltfunktion $si(x) = \frac{\sin(x)}{x}$.

Für den Betrag und die Phase von S(f) folgen:

$$|S(f)| = T_0\,|si(\pi f T_0)|, \qquad \measuredangle S(f) = -\pi T_0 f - \frac{\pi}{2}\left[\operatorname{sgn}(si(\pi f T_0)) - 1\right]$$

mit der Signumfunktion

$$\operatorname{sgn}(x) = \begin{cases} 1 & \text{für} \quad x \geq 0 \\ -1 & \text{für} \quad x < 0 \end{cases}.$$

$|S(f)|$ und $\measuredangle S(f)$ sind in den Bildern 2.4b,c dargestellt.

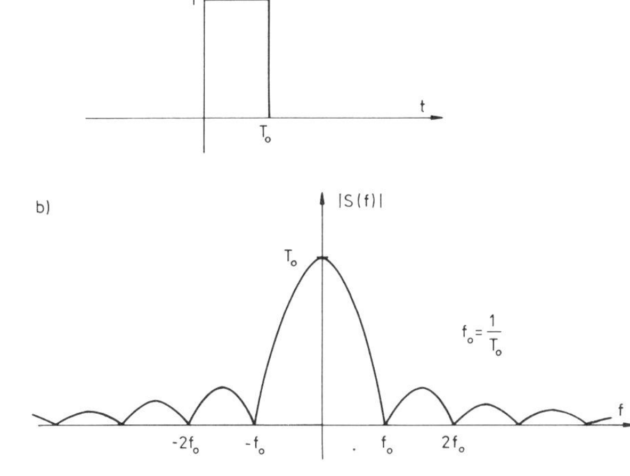

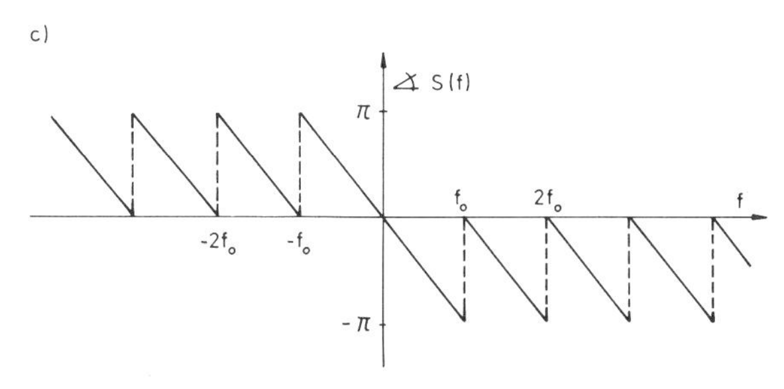

Bild 2.4: a) Rechteckimpuls, b) Betrags- und c) Phasenverlauf seines Amplitudendichtespektrums.

Periodische Signale lassen sich durch die FOURIER-Reihe bzw. durch ein diskretes Amplitudenspektrum beschreiben und aperiodische durch das FOURIER-Integral bzw. durch ein kontinuierliches Amplitudendichtespektrum. In der Praxis kommen oft Signale vor, die gleichzeitig periodische und aperiodische Anteile enthalten. Es ist daher wünschenswert, für beide Signalarten eine einheitliche Darstellung im Frequenzbereich zu finden. Da aperiodische Signale nur eine Darstellung durch das Amplitudendichtespektrum zulassen, liegt die Frage nahe, ob für periodische Signale ebenfalls Amplitudendichtespektren angegeben werden können. Mit Hilfe der Deltafunktion (Diracstoß) ist dies in der Tat möglich. Danach lassen sich die Beziehungen der FOURIER-Transformation (2.9a) und ihrer inversen (2.9b) für aperiodische Signale auf periodische Signale anwenden.

Im folgenden wird der Übergang von der FOURIER-Reihe zum FOURIER-Integral für periodische Signale in anschaulicher Weise erläutert: Man betrachte die FOURIER-Reihe eines periodischen Signals x(t) der Grundfrequenz f_0 :

$$x(t) = \sum_{n=-\infty}^{\infty} c_n \, e^{j2\pi n f_0 t} \quad .$$

Nach der Ausblendeigenschaft der Deltafunktion kann man $e^{j2\pi n f_0 t}$ durch die Beziehung

$$e^{j2\pi n f_0 t} = \int_{-\infty}^{\infty} e^{j2\pi f t} \, \delta(f - n f_0) \, df$$

darstellen. Damit folgt für die oben angegebene FOURIER-Reihe:

$$x(t) = \sum_{n=-\infty}^{\infty} c_n \left(\int_{-\infty}^{\infty} e^{j2\pi f t} \, \delta(f - n f_0) \, df \right) .$$

Nun wird die Reihenfolge der Summation und der Integration vertauscht:

$$x(t) = \int_{-\infty}^{\infty} e^{j2\pi f t} \left(\sum_{n=-\infty}^{\infty} c_n \, \delta(f - n f_0) \right) df \; .$$

Durch Vergleich mit (2.9b) erhält man hieraus die FOURIER-Transformierte bzw. das komplexe Amplitudendichtspektrum S(f) des periodischen Signals x(t):

$$S(f) = \sum_{n=-\infty}^{\infty} c_n \, \delta(f - nf_0) \quad . \tag{2.10}$$

Das Amplitudendichtespektrum eines periodischen Signals der Grundfrequenz f_0 und des komplexen Amplitudenspektrums c_n besteht also aus einer Folge von jeweils mit c_n bewerteten Diracstößen bei den Frequenzen $f_n = nf_0$, $-\infty < n < \infty$.

Graphisch stellt man den Betragsverlauf von S(f) an den Stellen nf_0 durch Pfeile dar, deren jeweilige Höhen dem Betrag $|c_n|$ proportional sind. Als Beispiel zeigt Bild 2.5 das Amplitudendichtespektrum der Cosinusfunktion $x(t) = A\cos(2\pi f_0 t)$. x(t) besitzt das Amplitudenspektrum

$$c_n = \begin{cases} 0{,}5\,A & \text{für} \quad n = \pm 1 \\ 0 & \text{sonst} \end{cases} \quad .$$

Für das Amplitudendichtespektrum von x(t) erhält man hieraus unmittelbar:

$$S(f) = 0{,}5\,A\;\delta(f - f_0) + 0{,}5\,A\;\delta(f + f_0) \; .$$

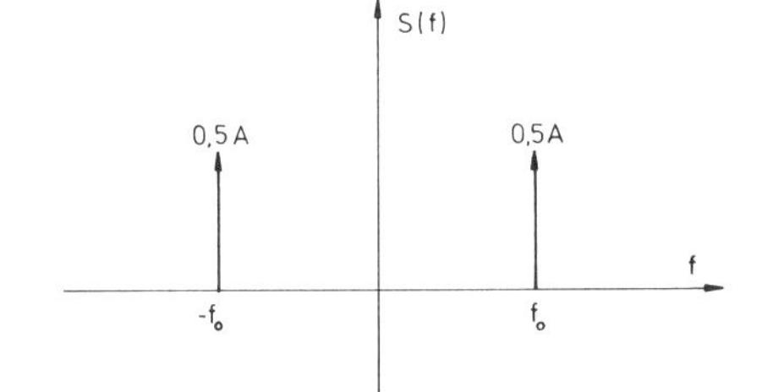

Bild 2.5: Amplitudendichtespektrum der Funktion $x(t) = A\cos(2\pi f_0 t)$.

2.3 FOURIER-Transformation diskreter Signale

Eine Repräsentation diskreter Signale im Frequenzbereich ist aus den gleichen Gründen wie für kontinuierliche Signale sehr wünschenswert. Die Theorie der FOURIER-Transformation liefert auch hierzu eine Lösung. Die Beziehung der FOURIER-Tranformation für diskrete Signale und die entsprechende inverse Beziehung können, wie im folgenden gezeigt, aus der allgemeinen Beziehung der FOURIER-Reihe mit geeigneten Modifikationen abgeleitet werden. Man betrachte die FOURIER-Reihe eines kontinuierlichen und periodischen Signals s(t) der Periode $T_0 = \frac{1}{f_0}$:

$$s(t) = \sum_{n=-\infty}^{\infty} c_n \, e^{j2\pi n f_0 t} \tag{2.11a}$$

mit

$$c_n = \frac{1}{T_0} \int_0^{T_0} s(t) \, e^{-j2\pi n f_0 t} \, dt \quad . \tag{2.11b}$$

Das Spektrum von $s(t)$ besteht aus der Folge $\{c_n\}$, die als diskrete Funktion $x(nf_0) = c_n$ aufgefaßt werden kann. Wenn man zunächst einmal von der physikalischen Bedeutung der Variablen t und f absieht, kann man sagen, daß durch die beiden obigen Gleichungen eine kontinuierliche und periodische Funktion $s(t)$ in eine diskrete Funktion $x(nf_0)$ transformiert wird. Man kann nun diese Aussage umkehren und sagen, daß eine diskrete Funktion $x(nf_0)$ (in diesem Fall komplex) einer Variablen sich nach (2.11a) in eine kontinuierliche und periodische Funktion $s(t)$ (in diesem Fall reell) einer anderen Variablen transformieren läßt. In diesem Fall bildet (2.11b) die entsprechende inverse Beziehung. Es sei angemerkt, daß obige Transformationsbeziehungen unabhängig davon gelten, ob die zu transformierende Funktion reell- oder komplexwertig ist.

Nun können in (2.11a) statt der komplexen diskreten Funktion der Frequenz $x(nf_0) = c_n$ als zu transformierende Funktion eine reelle diskrete Funktion der Zeit $x(nT)$ und statt f_0 folgerichtig ein Zeitintervall T eingesetzt werden. Als Spektrum erhält man nach (2.11a) eine kontinuierliche, periodische und i.a. komplexe Funktion der Frequenz mit der Periode $F = \frac{1}{T}$.

Basierend auf den vorangegangenen Überlegungen lautet die FOURIER-Transformation eines diskreten Signals $x(nT)$

$$S(f) = \sum_{n=-\infty}^{\infty} x(nT) \, e^{-j2\pi nTf} \tag{2.12a}$$

mit der inversen Beziehung

$$x(nT) = \frac{1}{F} \int_0^{F} S(f) \, e^{j2\pi nTf} \, df \qquad \text{mit} \qquad F = \frac{1}{T} \tag{2.12b}$$

Wegen $e^{-j2\pi nT(f+kF)} = e^{-j2\pi nTf}$ für ganzzahlige Werte von k folgt aus (2.12a) die erwartete Periodizität von $S(f)$

$$S(f + kF) = S(f) \quad , \quad -\infty < k < \infty \; .$$

Wenn $x(nT)$ ein Abtastsignal darstellt, ist sein Spektrum $S(f)$ periodisch mit der Abtastfrequenz $f_a = \frac{1}{T}$ als Periode. Das Spektrum eines diskreten Signals mit der Bezeichnung $x(n)$ ist stets periodisch mit der Periode $F = 1$.

Aus (2.12a) erkennt man außerdem, daß $S(f)$ wegen der Reellwertigkeit von $x(nT)$ konjugiert symmetrisch ist: $S(-f) = S^*(f)$. Das bedeutet, daß der Betrag $|S(f)|$ des Spektrums gerade und seine Phase $\measuredangle S(f)$ ungerade sind.

Aus (2.12b) geht hervor, daß die FOURIER-Transformierte $S(f)$ eines diskreten Signals stets eine periodische Amplitudendichtefunktion darstellt. Ist $x(nT)$ ein aperiodisches diskretes Signal, dann ist sein Spektrum eine periodische, kontinuierliche und komplexe Funktion von f. Ist $x(nT)$ dagegen periodisch, besteht sein Spektrum aus einer periodischen Folge von Deltafunktionen von f mit komplexen Beiwerten.

Beispiel 1:
Bestimme das FOURIER-Spektrum folgender diskreter Signale:

1) Rechteckfolge

$$x(nT) = \begin{cases} 1 & \text{für} \quad 0 \leqq n \leqq N-1 \\ 0 & \text{sonst} \end{cases} ,$$

2) Einheitsfolge

$$x(nT) = 1 \qquad \text{für} \qquad -\infty < n < \infty ,$$

3) Ausschnitt einer Cosinusfolge

$$x(nT) = \begin{cases} \cos(2\pi f_0 nT) & \text{für} \quad -N \leq n \leq N \\ 0 & \text{sonst} \end{cases} .$$

Lösung:

ad 1) $$S(f) = \sum_{n=-\infty}^{\infty} x(nT)\, e^{-j2\pi nTf} = \sum_{n=0}^{N-1} e^{-j2\pi nTf} .$$

Die Summe besteht aus einer geometrischen Reihe von $e^{-j2\pi Tf}$ mit dem Grenzwert

$$S(f) = \frac{1 - e^{-j2\pi NTf}}{1 - e^{-j2\pi Tf}} = \frac{e^{-j\pi NTf}}{e^{-j\pi Tf}} \cdot \frac{e^{j\pi NTf} - e^{-j\pi NTf}}{e^{j\pi Tf} - e^{-j\pi Tf}}$$

$$= e^{-j\pi(N-1)Tf} \frac{\sin(\pi NTf)}{\sin(\pi Tf)} .$$

Bilder 2.6a,b,c zeigen x(n), |S(f)|, ∡S(f) für N = 8 .

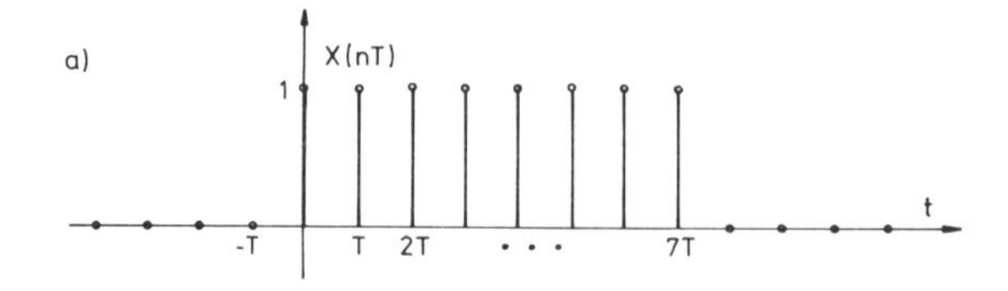

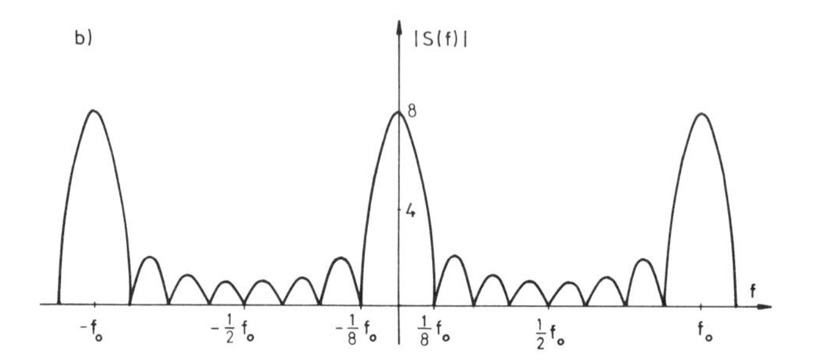

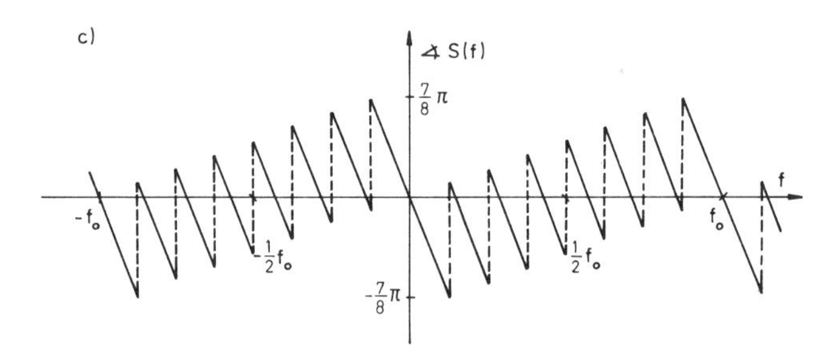

Bild 2.6: a) Rechteckfolge, b) Betrags- und c) Phasenverlauf ihres Amplitudendichtespektrums.

ad 2) x(nT) ist ein periodisches diskretes Signal mit der Periode T (cf. Bild 2.7a). Das Spektrum dieses Signals läßt sich durch einen Grenzübergang aus dem Spektrum der symmetrischen Rechteckfolge

$$\tilde{x}(nT) = \begin{cases} 1 & \text{für} \quad -N \leq n \leq N \\ 0 & \text{sonst} \end{cases}$$

gewinnen. Für x(nT) ergibt sich in einer ähnlichen Weise wie im Beispiel 1) das reelle Spektrum

$$\tilde{S}(f) = \frac{\sin\,[(2N+1)\pi\,Tf]}{\sin(\pi\,Tf)} \quad .$$

Bild 2.7b zeigt $\tilde{S}(f)$ für $N = 3$. Der Verlauf von S(f) ist einer Impulsfolge ähnlich. $\tilde{S}(f)$ besitzt folgende Eigenschaften:

a) $\tilde{S}(f)$ ist periodisch mit der Periode $f_0 = \frac{1}{T}$.

b) Die Maxima der einzelnen impulsförmigen Anteile von $\tilde{S}(f)$ sind gleich $2N+1$.

c) Der Abstand zwischen den Maximalstellen von $\tilde{S}(f)$ und ihren jeweils benachbarten Nullstellen ist gleich $\frac{1}{2N+1} f_0$.

d) Es gilt ferner:

$$\int_{-0,5\,f_0}^{0,5\,f_0} \tilde{S}(f)\,df = \int_{-0,5\,f_0}^{0,5\,f_0} \left(\sum_{n=-N}^{N} e^{-j2\pi nTf} \right) df = f_0 .$$

Die Fläche der impulsartigen Anteile von $\tilde{S}(f)$ ist somit, unabhängig von N, gleich f_0.

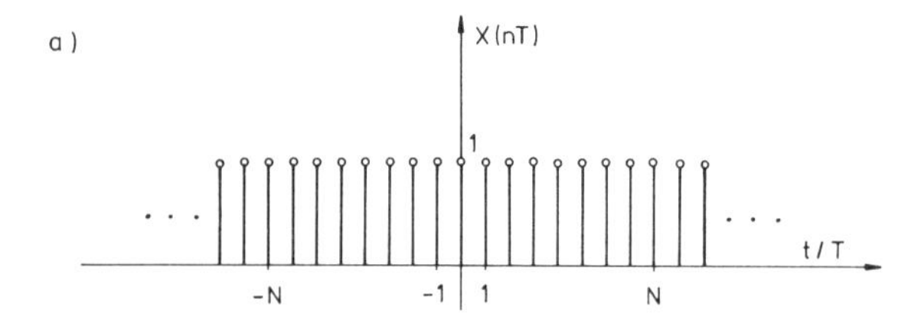

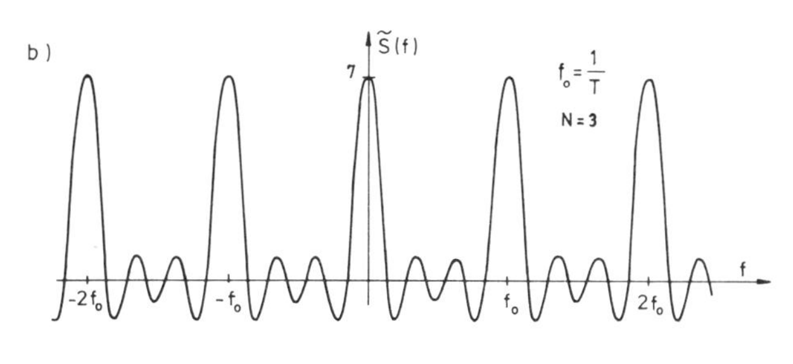

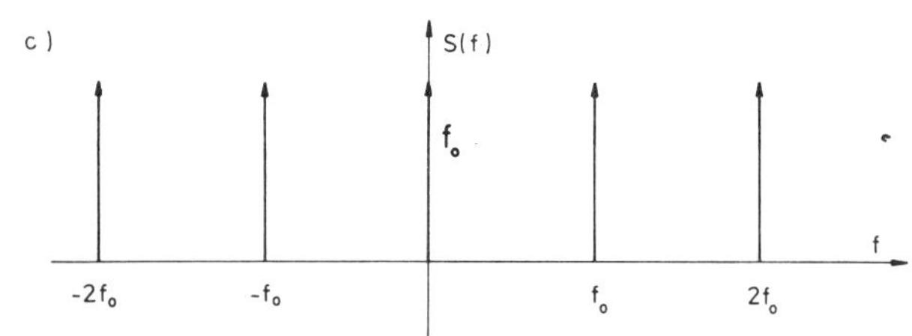

Bild 2.7: a) Einheitsfolge, b) Amplitudendichtespektrum einer symmetrischen Rechteckfolge der Länge $2N+1$, aus der die Einheitsfolge für $N \rightarrow \infty$ hervorgeht, c) Amplitudendichtespektrum der Einheitsfolge.

Mit Vergrößerung von N werden die Maxima der Impulse größer und deren Breiten entsprechend kleiner, ihre Flächen bleiben jedoch unverändert. Es ist leicht einzusehen, daß für $N \to \infty$ $\tilde{S}(f)$ in eine Folge von unendlich vielen im Abstand f_0 voneinander versetzten äquidistanten Deltafunktionen von f mit dem Beiwert f_0 übergeht (Bild 2.7c).

$$S(f) = \lim_{N \to \infty} \tilde{S}(f) = \lim_{N \to \infty} \sum_{n=-N}^{N} e^{-j2\pi nTf} = f_0 \sum_{n=-\infty}^{\infty} \delta(f - nf_0) \quad .$$

ad 3) Unter Benutzung der EULERschen Formel erhält man

$$x(nT) = \begin{cases} 0{,}5\,(e^{j2\pi f_0 nT} + e^{-j2\pi f_0 nT}) & \text{für} \quad -N \leq n \leq N \\ 0 & \text{sonst} \end{cases} ,$$

$$S(f) = \sum_{n=-N}^{N} 0{,}5\,(e^{j2\pi f_0 nT} + e^{-j2\pi f_0 nT})\, e^{-j2\pi nfT}$$

$$= 0{,}5 \sum_{n=-N}^{N} e^{-j2\pi nT\,(f-f_0)} + 0{,}5 \sum_{n=-N}^{N} e^{-j2\pi nT\,(f+f_0)}$$

$$= 0{,}5\, \frac{\sin[(2N+1)\pi T\,(f-f_0)]}{\sin[\pi T\,(f-f_0)]} + 0{,}5\, \frac{\sin[(2N+1)\pi T\,(f+f_0)]}{\sin[\pi T\,(f+f_0)]}$$

Bilder 2.8a,b zeigen x(nT) und S(f) für $N = 9$ und $f_0 = 0{,}05\, f_a$.

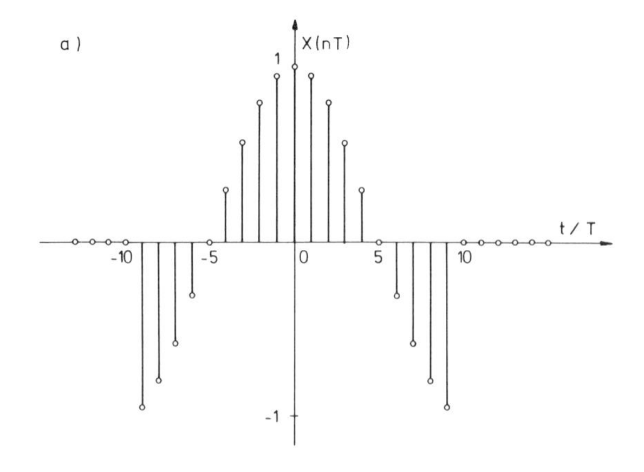

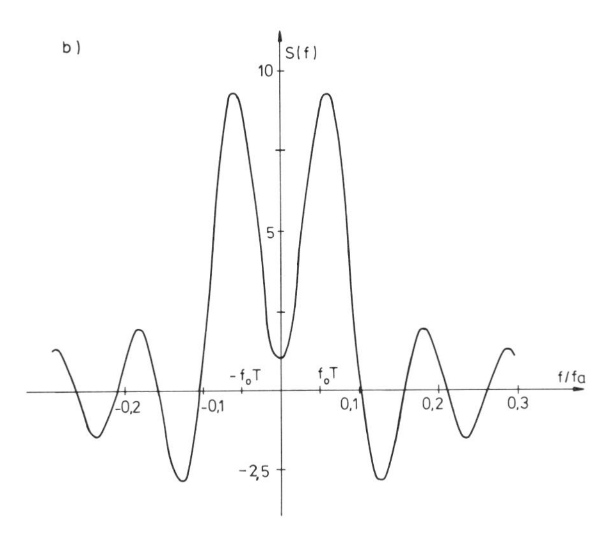

Bild 2.8: a) Ausschnitt einer Cosinusfolge der Frequenz f_0, b) zugehöriges Amplitudendichtespektrum.

2.4 Abtasttheorem

Abtastsignale können - cf. die Ausführungen des letzten Abschnitts - durch ihre periodischen Amplitudendichtespektren im Frequenzbereich eindeutig repräsentiert werden. Wenn ein Abtastsignal x(nT) mit dem Spektrum

$$S_a(f) = \sum_{n=-\infty}^{\infty} x(nT)\, e^{-j2\pi nTf} \quad . \tag{2.13}$$

durch eine äquidistante Abtastung mit dem Abtastintervall T aus einem kontinuierlichen Signal x(t) mit dem Spektrum

$$S_k(f) = \int_{-\infty}^{\infty} x(t)\, e^{-j2\pi ft}\, dt$$

gebildet wird, läßt sich ein Zusammenhang zwischen den beiden Spektren erwarten. In diesem Abschnitt wird dieser Zusammenhang erläutert und das hierauf basierende Abtasttheorem erklärt.

Man betrachte die inverse FOURIER-Transformation

$$x(t) = \int_{-\infty}^{\infty} S_k(f)\, e^{j2\pi tf}\, df$$

und setze sie für $t = nT$ in die Beziehung (2.13) ein:

$$S_a(f) = \sum_{n=-\infty}^{\infty} \left(\int_{-\infty}^{\infty} S_k(\upsilon)\, e^{j2\pi nT\upsilon}\, d\upsilon \right) e^{-j2\pi\, nTf} .$$

Nach Vertauschung der Summation mit der Integration folgt

$$S_a(f) = \int_{-\infty}^{\infty} S_k(\upsilon) \sum_{n=-\infty}^{\infty} e^{-j2\pi nT\,(f-\upsilon)}\, d\upsilon \quad .$$

Mit der Substitution $\mu = f - \upsilon$ erhält man

$$S_a(f) = \int_{-\infty}^{\infty} \left(S_k\,(f-\mu) \sum_{n=-\infty}^{\infty} e^{-j2\pi nT\mu} \right) d\mu \quad .$$

Die unendliche Summe unter dem Integral ist - cf. Abschnitt 2.3, Beisiel 2 - gleich der Summe von unendlich vielen, im Abstand $f_a = \frac{1}{T}$ voneinander auftretenden Deltafunktionen der Variablen μ mit dem Beiwert $f_a = \frac{1}{T}$:

$$S_a(f) = \int_{-\infty}^{\infty} \left(S_k(f-\mu) \quad f_a \sum_{n=-\infty}^{\infty} \delta\,(\mu-nf_a) \right) d\mu \; .$$

Nach der Ausblendeigenschaft der Deltafunktion

$$\int_{-\infty}^{\infty} x(\mu)\;\delta\,(\mu-\mu_0)\; d\mu \;=\; x(\mu_0)$$

ergibt sich schließlich mit $\mu_0 = nf_a$ der gesuchte Zusammenhang zwischen $S_k(f)$ und $S_a(f)$:

$$S_a(f) = f_a \sum_{n=-\infty}^{\infty} S_k(f-nf_a) \quad . \tag{2.14}$$

Der Term $S_k(f-nf_a)$ bedeutet eine Verschiebung des Spektrums $S_k(f)$ um nf_a auf der Frequenzachse. Nach (2.14) erhält man das Spektrum eines Abtastsignals, das durch äquidistante Abtastung aus einem kontinuierlichen Signal gewonnen wird, bis auf den Faktor f_a dadurch, daß man das Spektrum des kontinuierlichen Signals um alle positiven und negativen Vielfachen der Abtastfrequenz wiederholt.

Beispiel 1:

Bild 2.9a zeigt das der Einfachheit halber als reell angenommene Spektrum $S_k(f)$ eines kontinuierlichen Signals. $S_k(f)$ ist auf den Bereich $-f_g \leq f \leq f_g$ bandbegrenzt. Das zugehörige kontinuierliche Signal werde mit der Abtastfrequenz $f_a = \frac{1}{T}$ abgetastet. Das Spektrum $S_a(f)$ des Abtastsignals nimmt für

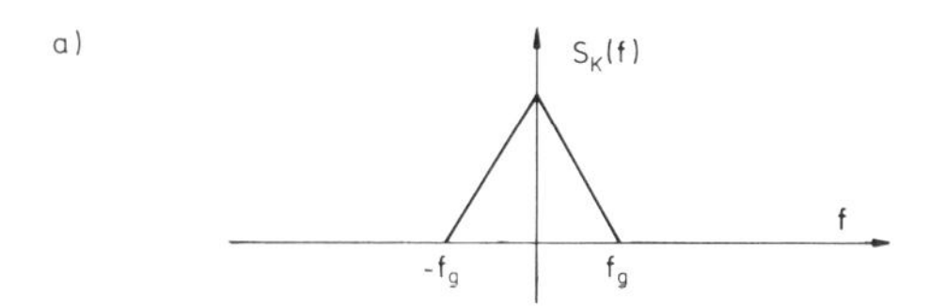

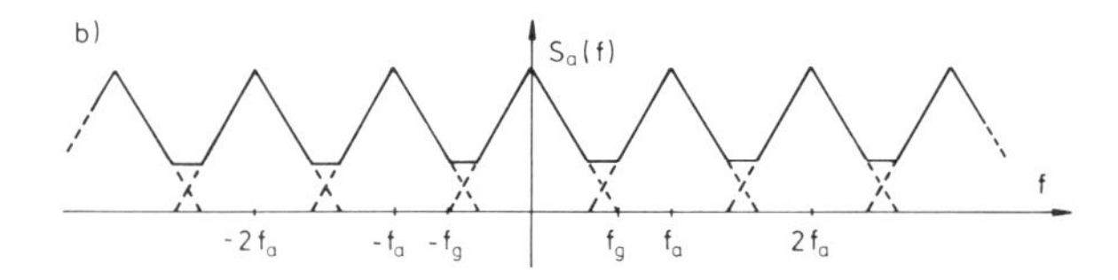

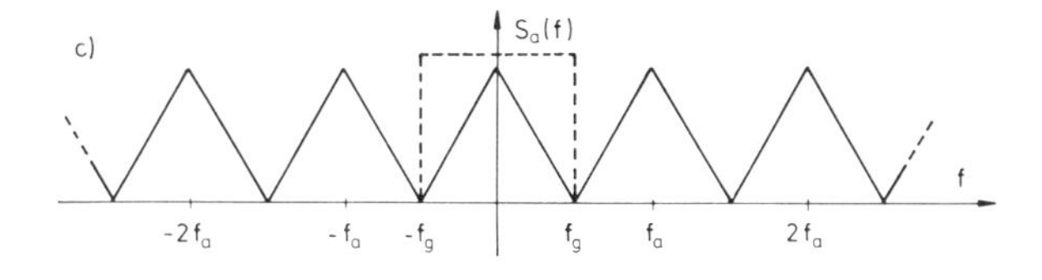

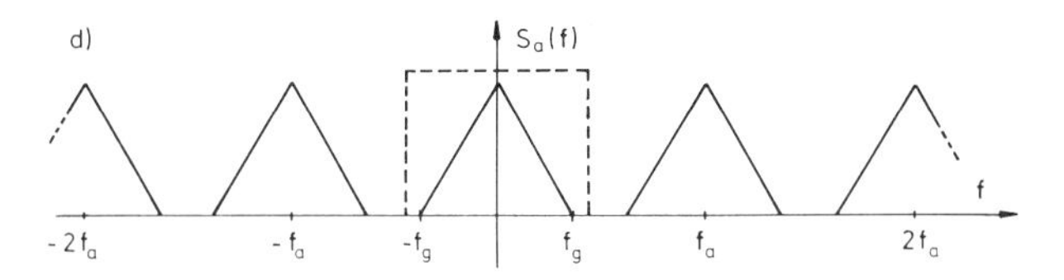

Bild 2.9: Zum Abtasttheorem: a) Spektrum eines kontinuierlichen Signals. Spektrum eines Abtastsignals, das aus dem kontinuierlichen Signal durch eine äquidistante Abtastung mit der Abtastfrequenz b) $f_a < 2\,f_g$, c) $f_a = 2\,f_g$, d) $f_a > 2\,f_g$ entsteht.

die Fälle $f_a < 2 f_g$, $f_a = 2 \cdot f_g$ und $f_a > 2 f_g$ die in den Bildern 2.9b,c,d dargestellten Verläufe an.

Das Beispiel veranschaulicht eine bemerkenswerte Eigenschaft der Abtastung: Das Spektrum $S_k(f)$ des kontinuierlichen Signals ist, wie Bilder 2.9c,d zeigen, im Spektrum des Abtastsignals $S_a(f)$ für $f_a \geqq 2 f_g$ unverzerrt enthalten. Das kontinuierliche Signal kann in diesem Fall theoretisch durch ein ideales Tiefpaßfilter, dessen Übertragungsfunktion in den Bildern 2.9c,d gestrichelt eingezeichnet ist, aus dem Abtastsignal rekonstruiert werden.

Im Falle $f_a < 2f_g$ kommt es, wie in Bild 2.9b verdeutlicht, zu einer Überlappung der benachbarten, periodisch um die Vielfachen der Abtastfrequenz versetzten Spektren $S_k(f-nf_a)$. Durch diese Überlappung wird der informative Inhalt des kontinuierlichen Signals nach der Abtastung teilweise verfälscht. Das kontinuierliche Signal ist aus dem Abtastsignal prinzipiell nicht mehr exakt rekonstruierbar. Diesen Fall nennt man Unterabtastung und der Überlappungseffekt ist als Aliasing bekannt.

In Bild 2.9b wurden die sich überlappenden Spektren als reelle Zahlen addiert, weil $S_k(f)$ reell angenommen wurde. Im allgemeinen Fall ist $S_k(f)$ jedoch eine komplexe Funktion; die sich überlappenden Spektren müssen dann als komplexe Zahlen addiert werden.

In Beispiel 1 wurde die Abtastung eines aperiodischen Signals betrachtet (kontinuierliches Spektrum), im nächsten wird die Wirkung der Abtastung auf ein periodisches Signal untersucht (Linienspektrum).

Beispiel 2:

Bestimme das Spektrum eines Abtastsignals, das durch eine Abtastung des kontinuierlichen Signals $x(t) = \cos(2\pi f_0 t + \varphi)$ mit der Abtastfrequenz f_a entsteht.

Lösung: Die FOURIER-Transformierte von x(t) lautet (cf. Abschnitt 2.2):

$$S_k(f) = 0{,}5\, e^{-j\varphi} \cdot \delta(f+f_0) + 0{,}5\, e^{j\varphi} \cdot \delta(f-f_0) \quad .$$

$S_k(f)$ ist in Bild 2.10a dargestellt. Da $S_k(f)$ komplex ist, wird $S_k(f)$ als Betrag $|S_k(f)|$ und Phase $\measuredangle S_k(f)$ angegeben. Nach der Abtastung wiederholt sich $S_k(f)$ um alle Vielfachen von f_a. Bilder 2.10b,c zeigen das Spektrum $S_a(f)$ des Abtastsignals für $f_a < 2 f_0$ bzw. $f_a > 2 f_0$. Im Bereich $-f_a \leqq f \leqq f_a$ tritt außer dem ursprünglichen Linienpaar ein weiteres bei den sog. Spiegelfrequenzen $f_s = \pm (f_a - f_0)$ auf. Für $f_a > 2 f_0$ läßt sich das Signal x(t) aus dem Abtastsignal mit Hilfe eines idealen Tiefpasses rekonstruieren (Bild 2.10c). für $f_a = 2 f_0$ fallen die beiden Linienpaare zusammen. Das resultierende Spektrum hängt dann von den Phasen der Linienpaare zueinander ab; e.g. heben sich die Linienpaare im Falle $\varphi = \pi$ und einer Abtastung der Nulldurchgänge der Cosinusfunktion auf. Für $f_a < 2\,f_o$ tritt ein Linienpaar bei einer niedrigeren Frequenz als f_o auf. Dieser Fall wird als Unterabtastung bezeichnet und in der Meßtechnik zur Verarbeitung von hochfrequenten Bandpaßsignalen mit niedrigen Abtastfrequenzen ausgenutzt (Sampling-Verfahren).

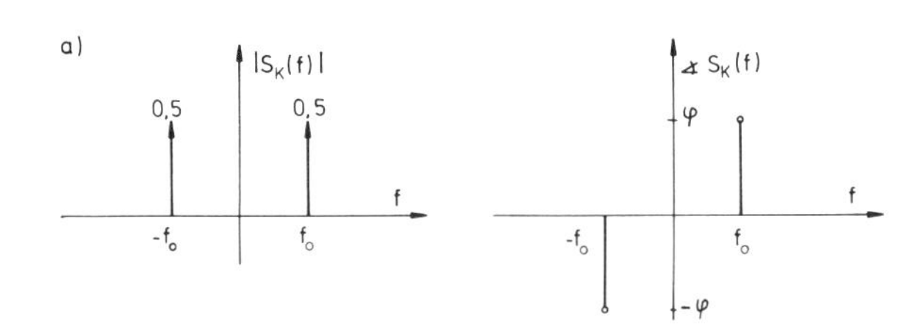

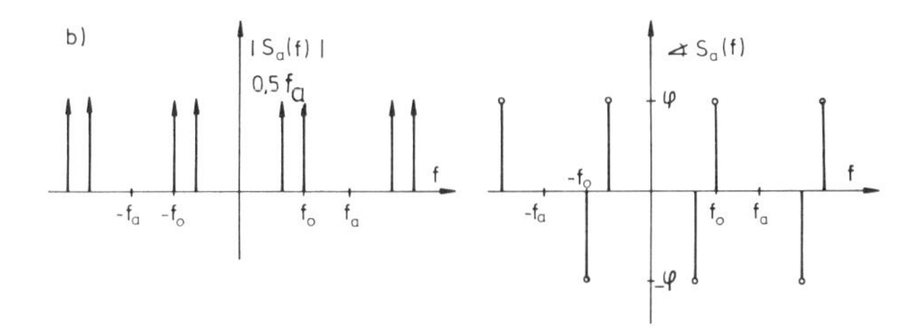

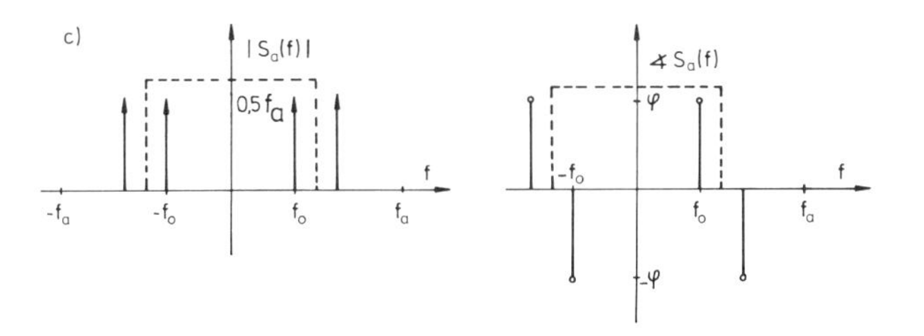

Bild 2.10: a) Spektrum des kontinuierlichen Signals $x(t) = \cos(2\pi f_o t + \varphi)$. Spektrum des Abtastsignals $x(nT) = \cos(2\pi f_o nT + \varphi)$ mit $f_a = 1/T$ für b) $f_a < 2\,f_o$ und c) für $f_a > 2\,f_o$.

Die Ergebnisse der vorangestellten Überlegungen lassen sich im bekannten S H A N N O N s c h e n A b t a s t t h e o r e m zusammenfassen [15]: Ein kontinuierliches Signal x(t) mit dem Amplitudendichtespektrum S(f) kann aus einem durch äquidistante Abtastung von x(t) entstandenen Abtastsignal theoretisch mit Hilfe eines idealen Tiefpasses wiedergewonnen werden, falls

a) x(t) bandbegrenzt ist: $S(f) = 0$ für $-f_g \leq f \leq f_g$ und

b) für die Abtastfrequenz f_a gilt: $f_a > 2\,f_g$.

Das Abtasttheorem spielt in der DSV eine fundamentale Rolle. Zur Verarbeitung eines Signals von bestimmter Bandbreite schreibt das Theorem eine Mindestgröße der Abtastfrequenz vor. Das Bestreben, die zu verarbeitende Bandbreite zu erweitern, verlangt folglich eine entsprechende Erhöhung der Abtastfrequenzen, die ihrerseits bei gleichbleibenden Genauigkeitsanforderungen oft überproportionale Aufwandssteigerungen erfordert.

Mit einer vorgegebenen Abtastfrequenz steht das Nutzband des zu verarbeitenden Signals nach dem SHANNONschen Theorem im Tiefpaßbereich bis zur halben Abtastfrequenz fest. Falls das abzutastende Signal Spektralanteile außerhalb des Nutzbands besitzt, kann der Überlappungseffekt zu Verfälschungen des Spektrums des zu verarbeitenden Signals führen. Um störende Wirkungen der außerhalb des Nutzbands liegenden Spektralanteile (Rauschen, Klirrprodukte etc.) zu unterdrücken, muß das kontinuierliche Signal vor einer Abtastung durch einen geeigneten Tiefpaß mit möglichst hoher Dämpfung im Sperrbereich bandbegrenzt werden. Dieser Tiefpaß wird - cf. Bild 1.3 - als Antialiasingfilter bezeichnet. Mit der Kenntnis seiner Übertragungsfunktion, des Spektrums des zu verarbeitenden Signals sowie der Abtastfrequenz kann der noch bleibende Aliasingfehler nach (2.14) abgeschätzt werden. Umgekehrt lassen sich nach (2.14) aus dem erwarteten Spektrums des Signals und dem zulässigen Aliasingfehler die Anforderungen an die Übertragungsfunktion des Antialiasingfilters bestimmen.

2.5 Diskrete FOURIER-Transformation (DFT)

In Abschnitt 2.3 wurden die Beziehungen der FOURIER-Transformation diskreter Signale erläutert. Die Dauer bzw. der Definitionsbereich eines solchen Signals $x(n)$ wurden allgemein als unbegrenzt angenommen, i.e. $-\infty < n < \infty$. In der DSV werden oft Ausschnitte von Signalen verarbeitet. Man hat dann eine endliche Anzahl von Abtastwerten zu berücksichtigen. Im folgenden werden Signale $x(n)$ mit endlichem Definitionsbereich $0 \leq n \leq N-1$ betrachtet und die Beziehungen der FOURIER-Transformation für solche Signale angegeben. Außerhalb des Definitionsbereichs wird über das jeweilige Signal keine Aussage gemacht.

Man betrachte ein diskretes Signal $x(n)$ des endlichen Definitionsbereichs $0 \leq n \leq N-1$ und bilde ein periodisches diskretes Signal $x_p(n)$ der Periode N, indem man $x(n)$ im gesamten Bereich $-\infty < n < \infty$ periodisch fortsetzt. Es gilt somit $x(n) = x_p(n)$ für $0 \leq n \leq N-1$. Außerdem führe man ein periodisches kontinuierliches Signal $x(t)$ der Periode T_0 und ein Abtastintervall T derart ein, daß $T_0 = NT$ und $x_p(n) = x(nT)$ gilt. $x_p(n)$ entsteht somit durch eine Abtastung aus $x(t)$, und $x(n)$ entspricht einem Ausschnitt der Länge N aus $x_p(n)$.

Da x(t) ein periodisches Signal ist, kann es durch seine FOURIER-Reihe

$$x(t) = \sum_{n=-\infty}^{\infty} c_n e^{j2\pi n f_0 t} , \quad f_0 = \frac{1}{T_0}$$

dargestellt werden. Für $x_p(k)$ folgt hieraus mit $t = kT$:

$$x_p(k) = x(kT) = \sum_{n=-\infty}^{\infty} c_n e^{j2\pi n \frac{1}{NT} kT} = \sum_{n=-\infty}^{\infty} c_n e^{j2\pi \frac{nk}{N}} .$$

Die Folge $e^{j2\pi \frac{nk}{N}}$ ist in n periodisch mit der Periode N:

$$e^{j2\pi \frac{(n+N)k}{N}} = e^{j\left(2\pi \frac{nk}{N} + 2\pi k\right)} = e^{j2\pi \frac{nk}{N}} .$$

In der unendlichen Summe kommen die Faktoren

$$e^{j2\pi \frac{k}{N}} , \quad e^{j2\pi \frac{2k}{N}} , \quad \ldots , \quad e^{j2\pi \frac{(N-1)k}{N}}$$

periodisch vor und können deshalb ausgeklammert werden:

$$x_p(k) = \sum_{n=0}^{N-1} e^{j2\pi \frac{nk}{N}} \left(\sum_{i=-\infty}^{\infty} c_{n+iN} \right) .$$

Konvergenz der FOURIER-Reihe vorausgesetzt, konvergiert auch die innere Summe. Mit der Abkürzung S(n) für diese Summe erhält man

$$x_p(k) = \sum_{n=0}^{N-1} S(n) e^{j2\pi \frac{nk}{N}} . \qquad (2.15)$$

Das periodische diskrete Signal $x_p(n)$ kann hiernach aus N diskreten Signalen

$$S(n) e^{j2\pi \frac{nk}{N}} , \quad n = 0, 1, \ldots , N-1$$

zusammengesetzt werden. Es ergibt sich somit eine modifizierte Form der FOURIER-Reihe für diskrete und periodische Signale.

Zur Bestimmung eines Terms S(m) multipliziere man beide Seiten aus (2.15) mit $e^{-j2\pi \frac{mk}{N}}$ und summiere sie über k:

$$\sum_{k=0}^{N-1} x_p(k)\, e^{-j\pi \frac{mk}{N}} = \sum_{k=0}^{N-1} \sum_{n=0}^{N-1} S(n)\, e^{j2\pi \frac{k}{N}(n-m)}$$

$$= \sum_{n=0}^{N-1} S(n) \left(\sum_{k=0}^{N-1} e^{j2\pi \frac{k}{N}(n-m)} \right) .$$

Es ist leicht nachweisbar, daß gilt:

$$\sum_{k=0}^{N-1} e^{j2\pi \frac{k}{N}(n-m)} = \begin{cases} N & \text{für} \quad n=m \\ 0 & \text{sonst} \end{cases} .$$

Damit folgt:

$$S(m) = \frac{1}{N} \sum_{k=0}^{N-1} x_p(k)\, e^{-j2\pi \frac{mk}{N}} , \quad m = 0, 1, \dots , N-1 .$$

Die komplexe Folge $\{S(n)\}$, $n = 0, 1, \dots , N-1$ stellt das Amplitudenspektrum von $x_p(n)$ dar.

Da das Signal $x(n)$ dem Ausschnitt aus $x_p(n)$ für $0 \leq n \leq N-1$ entspricht, kann die Folge $S(n)$ auch als Amplitudenspektrum von $x(n)$ angenommen werden. In diesem Sinne lassen sich die Beziehungen der FOURIER-Transformation für ein diskretes Signal endlichen Definitionsbereichs angeben:

$$S(n) = \frac{1}{N} \sum_{k=0}^{N-1} x(k)\, e^{-j2\pi \frac{nk}{N}} , \quad n = 0, 1, \dots , N-1 , \tag{2.16a}$$

$$x(n) = \sum_{k=0}^{N-1} S(k)\, e^{j2\pi \frac{nk}{n}} , \quad n = 0, 1, \dots , N-1 . \tag{2.16b}$$

Die Beziehung (2.16a) wird diskrete FOURIER-Transformation (DFT) und (2.16b) inverse diskrete FOURIER-Transformation (IDFT) genannt. $S(n)$ wird als n-ter DFT-Koeffizient von $x(n)$ bezeichnet. Da die DFT und die IDFT wegen der endlichen Anzahl von Summationstermen eine endliche Anzahl von Rechenoperationen , erfordern, eignen sie sich insbesondere für die numerische Auswertung. Sie spielen in der DSV, wie später gezeigt, eine besondere Rolle.

Beispiel:

Bestimme die DFT-Koeffizienten des in Bild 2.11a dargestellten diskreten Signals

$$x(n) = \begin{cases} 1 & \text{für} \quad 0 \leq n \leq 6 \\ 0 & \text{für} \quad 7 \leq n \leq 13 \end{cases} .$$

Lösung: Aus (2.16a) folgt

$$S(n) = \frac{1}{N} \sum_{k=0}^{N-1} x(n)\, e^{-j2\pi \frac{nk}{N}} = \frac{1}{14} \sum_{k=0}^{6} e^{-j2\pi \frac{nk}{14}}$$

$$= \frac{\sin \frac{\pi n}{2}}{14 \sin \frac{\pi n}{14}}\, e^{-j\frac{3\pi n}{7}} \quad , \qquad n = 0, 1, \ldots , 13 \; .$$

Bilder 2.11b,c zeigen den Verlauf $|S(n)|$ und $\measuredangle S(n)$ des Spektrums von $x(n)$.

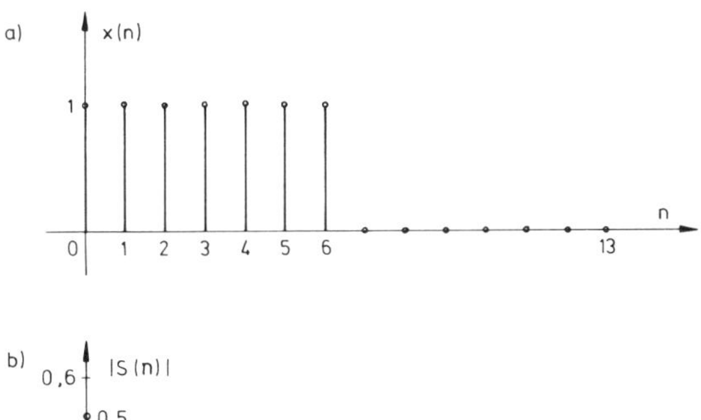

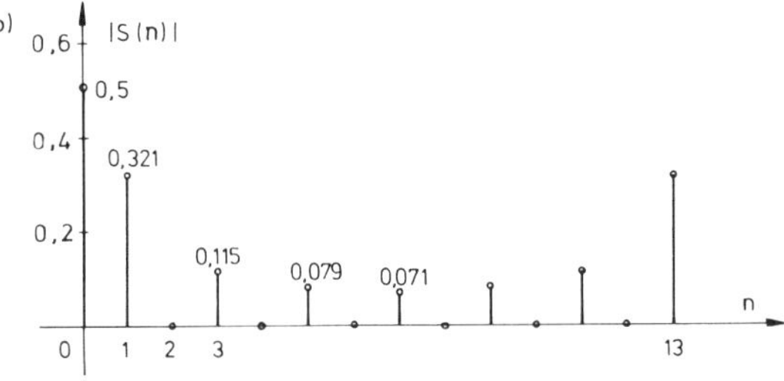

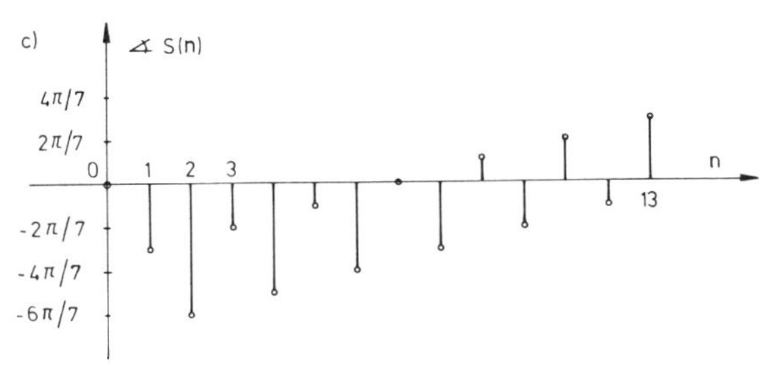

Bild 2.11: a) Rechteckfolge mit endlichem Definitionsbereich, b) Betrags- und c) Phasenverlauf ihrer DFT-Koeffizienten.

Die DFT-Koeffizienten S(n) besitzen folgende Eigenschaft: Wenn man in (2.16a) n durch N-n ersetzt, folgt für den Koeffizienten

$$S(N-n) = \frac{1}{N} \sum_{k=0}^{N-1} x(k)\, e^{-j2\pi \frac{k(N-n)}{N}}$$

$$= \frac{1}{N} \sum_{k=0}^{N-1} x(k)\, e^{j2\pi \frac{kn}{N}} = S^*(n) \quad .$$

S(N-n) ist das konjugiert Komplexe von S(n). Von den N DFT-Koeffizienten sind daher lediglich 0,5 N für geradzahliges N bzw. 0,5(N-1) für ungeradzahliges N relevante Größen.

Die Auswertung der Beziehung (2.16a) zur Ermittlung eines DFT-Koeffizienten erfordert i.a. N (für N DFT-Koeffizienten also N^2) komplexe Multiplikationen, die jeweils aus maximal vier reellen Multiplikationen bestehen. Für wachsendes N steigt die Zahl der Multiplikationen erheblich an. Beispielsweise sind 10^6 komplexe Multiplikationen für $N = 10^3$ erforderlich.

Ein Verfahren der numerischen Auswertung der DFT ist als schnelle FOURIER-Transformation (fast fourier transform, FFT) bekannt, die die Anzahl der Multiplikationen beträchtlich reduziert [16], [17]. Für $N = 2^m$ benötigt die FFT zur Berechnung von N Spektrallinien lediglich 0,5 N m komplexe Multiplikationen. Es werden hier beispielsweise für $N = 2^{10} = 1024$ nur $5 \cdot 2^{10}$ komplexe Multiplikationen benötigt, was gegenüber der direkten Auswertung der N DFT-Koeffizienten eine Reduzierung um ca. 1/200 bedeutet.

Der zur FFT inverse Algorithmus wird als IFFT bezeichnet. Aus N Werten von x(n) erhält man mit Hilfe der FFT N Spektrallinien S(n) , n = 0, 1, ... , N-1 und umgekehrt aus N Spektrallinien S(n) mit Hilfe der IFFT die N Werte der zugehörigen Folge x(n).

3. Systembeschreibung im Zeitbereich

In diesem Kapitel werden zunächst der Begriff des linearen und zeitinvarianten digitalen Systems definiert und gezeigt, daß sich das Eingang-Ausgang-Verhalten eines derartigen Systems durch die sog. diskrete Faltung beschreiben läßt. Es folgen Kriterien der Stabilität und Kausalität. Weiterhin werden lineare Differenzengleichungen mit konstanten Koeffizienten behandelt, welche sich als nützliches mathematisches Mittel zur Beschreibung vieler für die Praxis interessanter Systeme erweisen. Schließlich werden die Effekte und Probleme kurz beschrieben, die bei der technischen Realisierung eines digitalen Systems mit endlichen Wortlängen auftreten können.

3.1 Linearität und Zeitinvarianz

Ein digitales System wird durch eine mathematische Operation definiert, die einer Eingangszahlenfolge $x(n)$ nach einer bestimmten mathematischen Vorschrift (Systemalgorithmus), symbolisiert durch den Operator S, eine Ausgangszahlenfolge $y(n)$ zuordnet: $y(n) = S\{x(n)\}$. Bild 3.1 zeigt die Blockdarstellung eines digitalen Systems sowie ein graphisches Beispiel der Eingangsfolge $x(n)$ und der Ausgangsfolge $y(n)$.

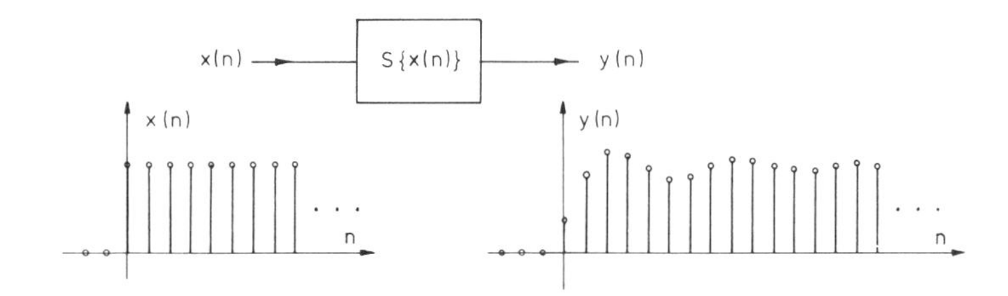

Bild 3.1: Schematische Darstellung eines digitalen Systems.

Welche physikalischen Größen die diskreten Funktionen $x(n)$, $y(n)$ und die Variable n vertreten, ist für die angegebene Systemdefinition unerheblich. Um diese Definition jedoch etwas zu konkretisieren, werden im weiteren stets diskrete Zeitsignale $x(nT)$, $y(nT)$ betrachtet. Dies sind Signale, die lediglich an diskreten äquidistanten Zeitpunkten $t_n = nT$ definiert sind. Der Zeitabstand T wird oft als Taktperiode bezeichnet. Der Einfachheit halber wird er gelegentlich gleich 1 gesetzt.

Der Systemalgorithmus erzeugt den Ausgangswert $y(n_0)$ zum Zeitpunkt n_0 durch Verknüpfung von Elementen der Eingangs- und Ausgangsfolge verschiedener Zeitpunkte. Theoretisch können hierzu sowohl frühere Zeitpunkte $n < n_0$ als auch spätere $n > n_0$ in Betracht gezogen werden. Aus physikalischen Gründen sind jedoch bei der Bildung von $y(n_0)$ Elemente der Eingangsfolge $x(n)$ und der Ausgangsfolge $y(n)$ für $n > n_0$ auszuschließen. Die Beziehung zwischen der Ein- und Ausgangsgröße wird durch eine Differenzengleichung zum Ausdruck gebracht. Die Art der Differenzengleichung und ihre Parameter bestimmen das Systemverhalten.

Beispiele:

1) $y(n) = \frac{1}{4}\,[x(n) + x(n-1) + x(n-2) + x(n-3)]$.

Bei diesem System wird der Ausgangswert $y(n)$ zum Zeitpunkt n durch Mittelwertbildung von Elementen der Eingangsfolge desselben Zeitpunkts und dreier unmittelbar früherer Zeitpunkte gebildet.

2) $y(n) = x(n) + 1{,}5\,y(n-1) - 0{,}9\,y(n-2)$.

Die Ausgangsfolge zum Zeitpunkt n setzt sich zusammen aus der Eingangsfolge desselben Zeitpunkts und einer gewichteten Summe der Ausgangswerte zweier unmittelbar früherer Zeitpunkte. Da $y(n-1)$ und $y(n-2)$ ihrerseits der gleichen Differenzengleichung unterliegen wie $y(n)$, sind bei der Bildung des Ausgangswerts zu einem bestimmten Zeitpunkt sämtliche frühere Werte der Eingangsfolge in einer gewichteten Weise implizit beteiligt.

In den Differenzengleichungen der beiden obigen Beispiele erscheinen die Elemente der Eingangs- bzw. der Ausgangsfolge in erster Potenz und die Koeffizienten sind unabhängig von n. Systeme können im weitesten Sinne von allgemeinen Differenzengleichungen beschrieben werden, die beliebige mathematische Verknüpfungsarten enthalten. Doch mit steigendem Komplexitätsgrad der Differenzengleichungen wird ihre mathematische Analyse für die praktische Anwendung unzumutbar erschwert.

Durch Annahme einschränkender Eigenschaften erfaßt man Systeme, die eine einfachere analytische Behandlung erlauben. In der Praxis hat sich die Klasse der linearen und zeitinvarianten Systeme als nützliches Modell für viele praktischen Probleme erwiesen. Eine Klasse der Differenzengleichungen, nämlich die lineare Differenzengleichung mit konstanten Koeffizienten, für die es bereits eine ausgereifte Theorie gibt [18], beschreibt lineare und zeitinvariante Systeme. In der vorliegenden Schrift werden ausschließlich derartige Systeme behandelt.

Linearität: Ein System wird als linear bezeichnet, wenn aus

$$y_1(n) = S\{x_1(n)\} \quad \text{und} \quad y_2(n) = S\{x_2(n)\}$$

stets die Beziehung

$$y_3(n) = S\{a_1x_1(n) + a_2x_2(n)\} = a_1y_1(n) + a_2y_2(n)$$

folgt, wobei a_1 und a_2 beliebige Konstanten sind. Mit anderen Worten, die Antwort eines linearen Systems auf eine Linearkombination von mehreren Signalen besteht aus der entsprechenden Linearkombination der Antworten des Systems auf die einzelnen Signale.

Beispiele linearer Systeme:

1) $y(n) = 0{,}5\,[x(n) + x(n-1)]$.

Linearitätsbeweis: Mit $x_3(n) = a_1x_1(n) + a_2x_2(n)$ folgt

$$y_3(n) = 0{,}5\,[a_1x_1(n) + a_2x_2(n) + a_1x_1(n-1) + a_2x_2(n-1)]$$

$$= 0{,}5\ a_1[x_1(n) + x_1(n-1)] + 0{,}5\ a_2[x_2(n) + x_2(n-1)] \quad .$$

2) $y(n) = n^2\,x(n)$.

Linearitätsbeweis:

$$y_3(n) = n^2\,[a_1x_1(n) + a_2x_2(n)] = a_1n^2x_1(n) + a_2n^2x_2(n) \quad .$$

Beispiele nichtlinearer Systeme:

1) $y(n) = |x(n)|$.

Nichtlinearitätsbeweis:

$$y_3(n) = |a_1x_1(n) + a_2x_2(n)| \overset{\text{i.a.}}{\neq} a_1|x_1(n)| + a_2|x_2(n)| \quad .$$

2) $y(n) = nx^2(n)$.

Nichtlinearitätsbeweis:

$$y_3(n) = n\,[a_1x_1(n) + a_2x_2(n)]^2 = na_1^2x_1^2(n) + na_2^2x_2^2(n) + 2na_1a_2x_1(n)x_2(n)$$

$$\overset{\text{i.a.}}{\neq} a_1nx_1^2(n) + a_2nx_2^2(n) \quad .$$

Zeitinvarianz: Ein System wird zeitinvariant genannt, wenn aus $y_1(n) = S\{x_1(n)\}$ und $x_2(n) = x_1(n+m)$ mit m als beliebige ganze Zahl die Beziehung $y_2(n) = S\{x_2(n)\} = y_1(n+m)$ folgt. Eine Verschiebung des Eingangssignals eines zeitinvarianten Systems um eine Anzahl von Takten hat somit eine Verschiebung seines Ausgangssignals um die gleiche Anzahl von Takten zur Folge.

Beispiele zeitinvarianter Systeme:

1) $y(n) = 0{,}5\ [x(n) + x(n-1)]$.

Beweis der Zeitinvarianz: Der Beweis erfolgt unmittelbar, indem man die um n verschobene Folge $x_1(n+m)$ in die obige Gleichung einsetzt:

$$y_2(n) = 0{,}5\ [x(n+m) + x(n+m-1)] = y_1(n+m) \quad .$$

2) $y(n) = x^2(n)$.

Beweis der Zeitinvarianz: Der Beweis erfolgt in gleicher Weise wie in 1). Das System ist zeitinvariant, jedoch nicht linear.

Beispiel eines zeitvarianten Systems:

$$y(n) = n\ x(n) \quad .$$

Beweis der Zeitvarianz: Wenn man die um m verschobene Folge $x_1(n+m)$ in die Gleichung einsetzt, folgt

$$y_2(n) = nx_1(n+m) \neq (n+m)x_1(n+m) \quad .$$

Aus den Eigenschaften der Linearität und Zeitinvarianz eines Systems folgt eine wichtige Beziehung zur Bestimmung der Antwort des Systems auf beliebige Eingangsfolgen, nämlich die diskrete Faltung. Diese Beziehung wird im nächsten Abschnitt ausführlich behandelt. Der Einfachheit halber werden im weiteren für den Begriff lineares und zeitinvariantes System die Abkürzung LTI-System (linear time-invariant system) oder schlicht das Wort System benutzt.

3.2 Diskrete Faltung

In diesem Abschnitt wird eine Beziehung erläutert, wonach man die Antwort eines LTI-Systems auf beliebige Eingangsfolgen ermitteln kann. Zunächst seien einige wichtige diskrete Elementarsignale angegeben, die zur Systemanalyse in der DSV benutzt werden.

1) Einheitsimpuls $\delta(n)$ (Bild 3.2a)

$$\delta(n) = \begin{cases} 1 & \text{für} \quad n = 0 \\ 0 & \text{sonst} \end{cases} .$$

2) Sprungfolge $s(n)$ (Bild 3.2b)

$$s(n) = \begin{cases} 1 & \text{für} \quad n \geqq 0 \\ 0 & \text{sonst} \end{cases} .$$

3) Cosinusfolge $\cos(2\pi fn + \varphi)$ (Bild 3.2c) .

Diese Funktion ist im Gegensatz zu ihrem kontinuierlichen Analogon nur für die Frequenzen $f = \frac{l}{k}$, $l,k = 1, 2, \ldots.$ eine periodische Funktion von n.

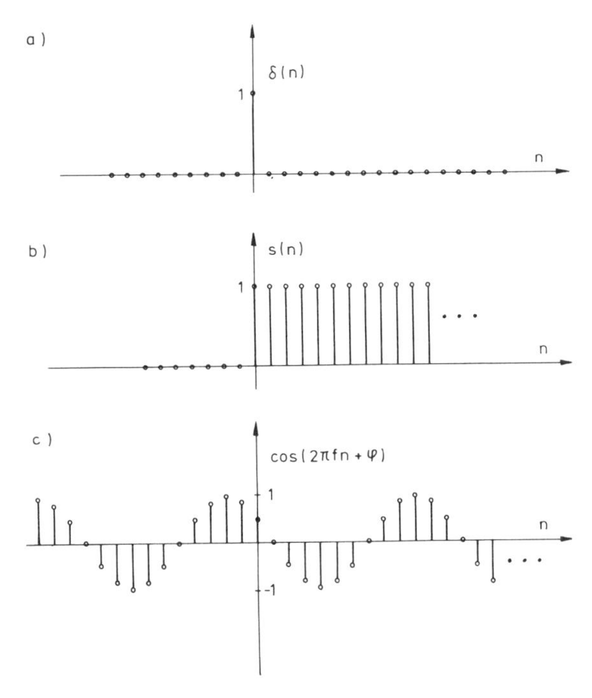

Bild 3.2: Einige diskrete Elementarsignale: a) Einheitsimpuls, b) Sprungfolge, c) Cosinusfolge.

Jedes beliebige diskrete Signal x(n) läßt sich nach der Beziehung

$$x(n) = \sum_{k=-\infty}^{\infty} x(k) \;\delta(n-k) \tag{3.1}$$

als eine Überlagerung gewichteter und zeitlich verschobener Einheitsimpulse darstellen. Bild 3.3 zeigt hierzu ein Beispiel. Auf x(n) antwortet ein LTI-

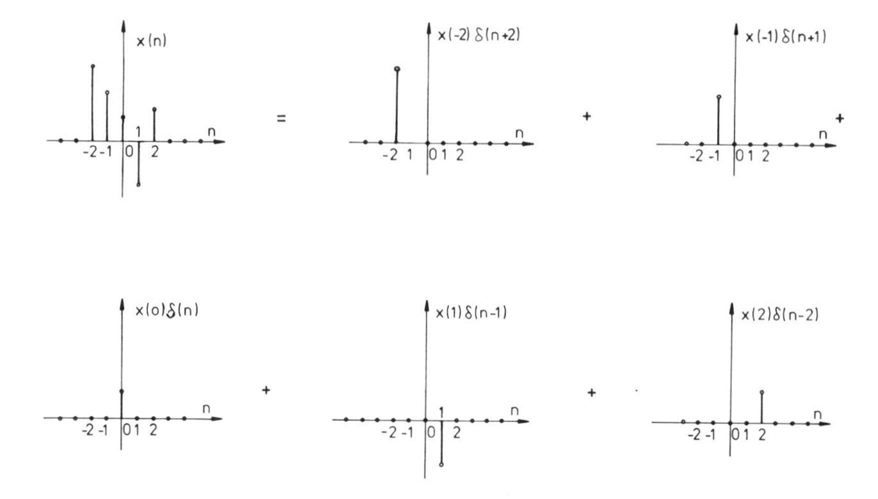

Bild 3.3: Zerlegung einer beliebigen Folge in verschobene und bewertete Einheitsimpulse.

System mit einer Ausgangsfolge y(n), die sich aufgrund der Linearität und Zeitinvarianz aus den Antworten des Systems auf die einzelnen zeitverschobenen und gewichteten Einheitsimpulse zusammensetzt:

$$y(n) = S\{x(n)\} = S\left\{\sum_{k=-\infty}^{\infty} x(k)\ \delta(n-k)\right\} = \sum_{k=-\infty}^{\infty} x(k)\ S\{\delta(n-k)\}\ .$$

Bezeichnet man die Antwort des Systems auf den Einheitsimpuls $\delta(n)$ mit $h(n) = S\{\delta(n)\}$, dann erhält man die wichtige Beziehung:

$$y(n) = \sum_{k=-\infty}^{\infty} x(k)\ h(n-k)\quad . \tag{3.2}$$

Nach (3.2) läßt sich mit Kenntnis der Antwort h(n) eines LTI-Systems auf den Einheitsimpuls die Systemantwort auf beliebige Eingangsfolgen bestimmen. Diese Beziehung wird als d i s k r e t e F a l t u n g bezeichnet und mit (∗) symbolisiert:

$$y(n) = x(n) * h(n)\ .$$

Wenn man in (3.2) die Substitution $m = n - k$ vornimmt, ergibt sich die Symmetrieeigenschaft der diskreten Faltung:

$$y(n) = \sum_{k=-\infty}^{\infty} h(k)\, x(n-k) = h(n) * x(n) \quad . \tag{3.3}$$

Die Beziehung (3.2) läßt sich wie folgt auswerten: Man spiegele $h(k)$ an der Ordinate. Somit erhält man $h(-k)$. Zur Bestimmung der Ausgangsfolge für den Zeitpunkt n mit $-\infty < n < \infty$ verschiebe man $h(-k)$ um n, multipliziere die sich hieraus ergebende Folge $h(n-k)$ elementenweise mit der Eingangsfolge $x(k)$ und summiere schließlich alle jene Produkte. Aufgrund der Symmetrieeigenschaft der diskreten Faltung gelangt man zu demselben Ergebnis, wenn man hierbei nach (3.3) $h(n)$ und $x(n)$ vertauscht.

Beispiel:
Bestimme die Antwort eines Systems mit der Einheitsimpulsantwort

$$h(n) = \begin{cases} a^n & \text{für} \quad n \geqq 0 , \quad 0 \leqq a < 1 \\ 0 & \text{sonst} \end{cases}$$

auf die Eingangsfolge

$$x(n) = \begin{cases} 1 & \text{für} \quad n \geqq 0 \\ 0 & \text{sonst} \end{cases} \quad .$$

Die Bilder 3,4a,b zeigen $x(n)$ und $h(n)$.

Lösung: Aus (3.3) folgt direkt:

$$y(n) = \begin{cases} 0 & \text{für} \quad n < 0 \\ \sum_{k=0}^{n} a^k = \dfrac{1 - a^{n+1}}{1 - a} & \text{für} \quad n \geqq 0 \end{cases} \quad .$$

Die an der Ordinate gespiegelte und um n verschobene Folge $x(n-k)$ für $n = -4$ und $n = 5$ ist in den Bildern 3.4c,d dargestellt. Bild 3.4e zeigt die Ausgangsfolge $y(n)$. Das System weist ein Tiefpaßverhalten auf.

Wie aus der diskreten Faltung hervorgeht, genügt zur Beschreibung eines LTI-Systems bezüglich seines Eingang-Ausgang-Verhaltens die Kenntnis seiner Einheitsimpulsantwort $h(n)$. Über die praktische Bedeutung der diskreten Faltung seien zwei Bemerkungen angebracht:

a) Die für die Auswertung der diskreten Faltung erforderliche Einheitsimpulsantwort $h(n)$ läßt sich analytisch oder numerisch aus der Differenzengleichung des Systems bestimmen. Falls die Differenzengleichung eines realen LTI-Systems unbekannt ist, läßt sich die Einheitsimpulsantwort experimen-

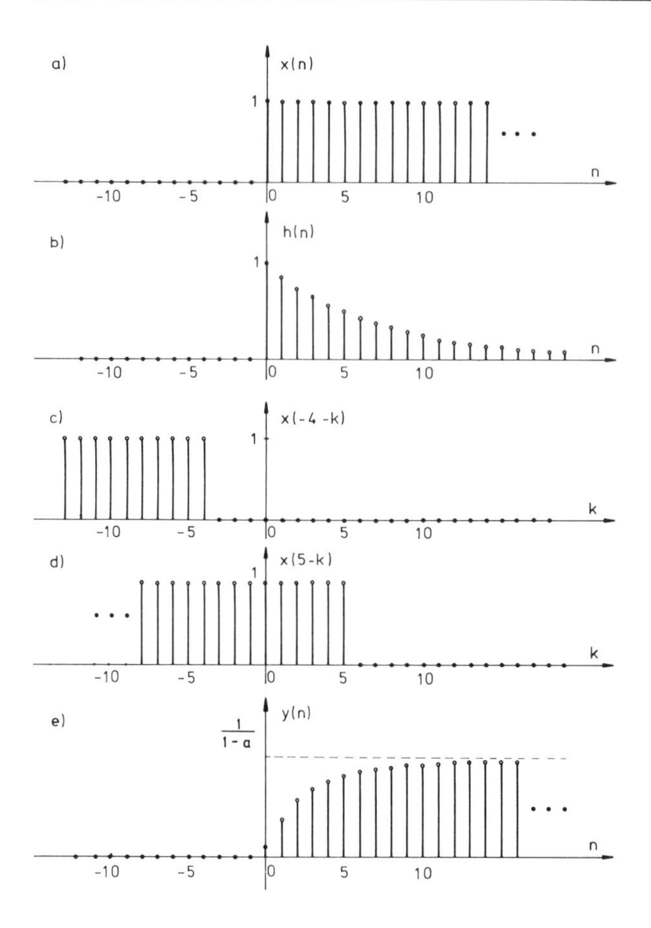

Bild 3.4: Beispiel für die diskrete Faltung zur Bestimmung der Antwort eines diskreten LTI-Systems auf ein beliebiges Eingangssignal: a) Eingangsfolge x(n), b) Einheitsimpulsantwort des Systems, c), d) an der Ordinate gespiegelte und um $n = -4$ bzw. $n = 5$ verschobene Eingangsfolge x(n-k), e) Ausgangsfolge.

h(n) durch Anregung des Systems mit dem Einheitsimpuls $\delta(n)$ ermitteln. Bei der Bestimmung von h(n) muß die Bedingung erfüllt sein, daß das System sich vor Einsetzen des Anregungssignals $\delta(n)$ in Ruhe befindet, i.e. alle Energiespeicher im System müssen zu diesem Zeitpunkt energielos sein.

b) Wenn h(n) aus unendlich vielen Elementen besteht, kann die diskrete Faltung in der Praxis nicht exakt numerisch ausgewertet werden. In solchen Fällen kann man die Summe wegen des erforderlichen Abbruchs nur nährungsweise berechnen, was zu einer Abweichung des Systemverhaltens führt.

Die diskrete Faltung wird praktisch dann bevorzugt angewandt, wenn $h(n)$ nur in einem endlichen Bereich von n von Null verschiedene Werte besitzt. In Kap. 6 wird auf die praktische Anwendung der diskreten Faltung näher eingegangen.

3.3 Kausalität und Stabilität

Der Begriff des LTI-Systems ist sehr allgemein. Je nach Art des Prozesses, den man durch ein LTI-System beschreiben bzw. realisieren will, sind noch weitere einschränkende Eigenschaften zu berücksichtigen. Diese Eigenschaften lassen sich u.a. als Forderungen an die Einheitsimpulsantwort des Systems formulieren. In diesem Abschnitt werden die Eigenschaften der Kausalität und Stabilität erläutert.

Kausalität: Kausalität ist eine Eigenschaft der Systeme, die Zeitsignale verarbeiten. Ein System wird dann kausal genannt, wenn seine Antwort auf jede Eingangsfolge, die bis zu einem gewissen Zeitpunkt identisch Null war, ebenfalls bis zum selben Zeitpunkt identisch Null ist. Da sich jedes diskrete Eingangssignal als Überlagerung zeitverschobener und gewichteter Einheitsimpulse darstellen läßt, kann man für ein LTI-System folgende Kausalitätsbedingung formulieren: Ein System ist dann kausal, wenn seine Einheitsimpulsantwort $h(n)$ die Bedingung $h(n) = 0$ für $n < 0$ erfüllt. Entsprechend wird jedes Signal $x(n)$ mit $x(n) = 0$ für $n < 0$ als kausal bezeichnet. Bei einem kausalen System mit einem kausalen Eingangssignal vereinfacht sich die diskrete Faltung wegen $h(n) = x(n) = 0$ für $n < 0$ zu

$$y(n) = \sum_{k=0}^{n} x(k)\, h(n-k) = \sum_{k=0}^{n} h(k)\, x(n-k) \quad . \tag{3.4}$$

Stabilität: Ein System ist dann stabil, wenn seine Antwort auf jedes Signal, das zu allen Zeitpunkten endliche Werte besitzt, ebenso zu allen Zeitpunkten endliche Werte annimmt. Die hinreichende und notwendige Bedingung hierfür lautet:

$$\sum_{n=-\infty}^{\infty} |h(n)| < \infty \quad . \tag{3.5}$$

Daß die Stabilitätsbedingung hinreichend ist, kann wie folgt nachgewiesen werden. Aus der diskreten Faltung (3.3) folgt die Ungleichung

$$|y(n)| \leq \sum_{k=-\infty}^{\infty} |h(k)||x(n-k)| \quad .$$

Mit der Voraussetzung $|x(n)| < M$ folgt hieraus:

$$|y(n)| \leq M \sum_{k=-\infty}^{\infty} |h(k)| \quad .$$

Mit der Bedingung

$$\sum_{k=-\infty}^{\infty} |h(k)| < \infty$$

bleibt $y(n)$ folglich für alle Zeiten endlich. Auf den Notwendigkeitsbeweis dieser Stabilitätsbedingung wird hier nicht weiter eingegangen [2]. Aus der angegebenen Stabilitätsbedingung folgt: $\lim_{n \to \infty} h(n) = 0$.

Ein derart stabiles System nennt man auch *asymptotisch stabil*.

Der Fall, bei dem $h(n)$ beschränkt: $|h(n)| < \infty$, die Stabilitätsbedingung jedoch nicht erfüllt ist, entspricht dem *Stabilitätsrand*.

3.4 Lineare Differenzengleichungen mit konstanten Koeffizienten

In diesem Abschnitt wird eine Klasse von LTI-Systemen behandelt, die sich durch lineare Differenzengleichungen mit konstanten Koeffizienten beschreiben lassen. Der allgemeine Ausdruck hierfür lautet:

$$y(n) = \sum_{k=1}^{N} a_k y(n-k) + \sum_{k=0}^{M} b_k x(n-k) \quad . \tag{3.6}$$

Die Koeffizienten a_k und b_k sind reelle Konstanten, N und M sind positive ganze Zahlen. Von den beiden Zahlen N und M wird die größere als *Ordnung* der Differenzengleichung bzw. des zugehörigen Systems bezeichnet. Der Ausgangswert $y(n)$ zu einem beliebigen Zeitpunkt n besteht aus einer Linearkombination des Wertes der Eingangsfolge zu demselben Zeitpunkt sowie einiger früherer Werte der Eingangs- und Ausgangsfolge. Aus diesem Grund sind Systeme, die durch (3.6) beschrieben werden, kausal.

Ohne Beweis sei angemerkt, daß die Beziehung (3.6) die Bedingungen der Linearität und Zeitinvarianz dadurch erfüllt, daß erstens die Elemente der Eingangs- und Ausgangsfolge in erster Potenz in die Gleichung eingehen und zweitens die Koeffizienten der Differenzengleichung unabhängig von n sind.

Im weiteren wird für den Begriff lineare Differenzengleichung mit konstanten Koeffizienten lediglich "Differenzengleichung" verwendet. Eine ausführliche Beschreibung der Differenzengleichungen findet sich in [18].

Beispiele:

Allgemeines System 1. Ordnung:

$$y(n) = b_0 x(n) + b_1 x(n-1) + a_1 y(n-1) \quad .$$

Allgemeines System 2. Ordnung:

$$y(n) = b_0 x(n) + b_1 x(n-1) + b_2 x(n-2) + a_1 y(n-1) + a_2 y(n-2) \quad .$$

Die Differenzengleichungen weisen in vielen Hinsichten analoge Eigenschaften zu den gewöhnlichen linearen Differentialgleichungen mit konstanten Koeffizienten auf. Sie besitzen für eine bestimmte Folge x(n) zunächst eine Schar von Lösungen. Erst durch Festlegung von Anfangswerten läßt sich hieraus eine eindeutige Lösung finden. Die Antwort eines Systems, das durch eine Differenzengleichung repräsentiert wird, auf eine Eingangsfolge, die erst zu einem Zeitpunkt n_0 einsetzt, läßt sich mit Kenntnis der Anfangswerte bei $n=n_0$, nämlich $y(n_0-1)$, $y(n_0-2)$, ... , $y(n_0-N)$, aus der allgemeinen Lösung ermitteln.

Falls die Eingangsfolge als mathematischer Ausdruck bekannt ist, läßt sich die Ausgangsfolge in vielen Fällen ebenfalls als geschlossener Ausdruck angeben [18].

Ein gravierender Unterschied zwischen den Differenzengleichungen und den Differentialgleichungen liegt darin, daß die Lösung einer Differenzengleichung sich exakt *iterativ* errechnen läßt: Ausgehend von gegebenen Anfangswerten kann man die Lösung schrittweise von einem Zeitpunkt zum nächsten aus (3.6) iterativ ermitteln.

Beispiel:

Bestimme die Ausgangsfolge des LTI-Systems

$$y(n) = x(n) + a y(n-1) \quad \text{mit} \quad x(n) = \begin{cases} 1 & \text{für} \quad n \geq 0 \\ 0 & \text{sonst} \end{cases}$$

und dem Anfangswert $y(-1) = 0$.

Lösung: Die Gleichung wird iterativ ausgewertet:

$$
\begin{array}{ll}
n < 0: & y(n) = 0 \\
n = 0: & y(0) = x(0) + ay(-1) = 1 \\
n = 1: & y(1) = x(1) + ay(0) = 1 + a \\
n = 2: & y(2) = x(2) + ay(1) = 1 + a + a^2 \\
n = 3: & y(3) = x(3) + ay(2) = 1 + a + a^2 + a^3 \\
\vdots & \\
n = m: & y(m) = x(m) + ay(m-1) = \sum_{k=0}^{m} a^k = \dfrac{1 - a^{m+1}}{1 - a} \quad .
\end{array}
$$

Anhand der Differenzengleichung eines LTI-Systems läßt sich seine Einheitsimpulsantwort entweder geschlossen oder iterativ bestimmen. Auf die geschlossene Bestimmung der Einheitsimpulsantwort wird in Abschnitt 4.4 eingegangen. Zur iterativen Bestimmung von $h(n)$ werden als Eingangsfolge der Einheitsimpuls $\delta(n)$ eingesetzt, zur Erfüllung der Kausalitätsbedingung die Anfangsbedingung $y(-1) = y(-2) = \ldots = y(-N) = 0$ gewählt und schließlich die Differenzengleichung schrittweise ausgewertet.

Beispiel 1:

Bestimme die Einheitsimpulsantwort von $h(n)$ des im vorangegangenen Beispiel angegebenen Systems.

Lösung: $h(n)$ ist die Lösung der Differenzengleichung $y(n) = \delta(n) + ay(n-1)$ mit dem Anfangswert $y(-1) = 0$ und läßt sich wie folgt iterativ ermitteln:

$$
\begin{array}{ll}
n < 0: & h(n) = 0 \\
n = 0: & h(0) = \delta(0) + ah(-1) = 1 \\
n = 1: & h(1) = \delta(1) + ah(0) = a \\
n = 2: & h(2) = \delta(2) + ah(1) = a^2 \\
\vdots & \\
n = m: & h(m) = (m) + ah(m-1) = a^m \quad .
\end{array}
$$

Die Einheitsimpulsantwort $h(n)$ ist für $0 < a < 1$ in Bild 3.5a schematisch dargestellt.

Die Einheitsimpulsantwort des in diesem Beispiel behandelten Systems ist mit der des Systems vom Beispiel in Abschnitt 3.2 identisch. Daher kann letzteres System, das durch seine Einheitsimpulsantwort spezifiziert war, alternativ durch die in diesem Beispiel angegebene Differenzengleichung beschrieben werden. Systeme gleicher Einheitsimpulsantworten werden als *äquivalent* bezeichnet.

Beispiel 2:

Bestimme die Einheitsimpulsantwort h(n) des Systems 3. Ordnung:

$$y(n) = b_o x(n) + b_1 x(n-1) + b_2 x(n-2) + b_3 x(n-3) \quad .$$

Lösung: Mit $x(n) = \delta(n)$ folgt $y(n) = 0$ für $n < 0$. Die Kausalitätsbedingung ist erfüllt; die Festlegung von Anfangswerten ist daher nicht erforderlich. Durch eine schrittweise Auswertung der Differenzengleichung folgt h(n) für $n \geqq 0$.

$$n = 0 : \quad h(0) = b_o\,\delta(0) + b_1\,\delta(-1) + b_2\,\delta(-2) + b_3\,\delta(-3) = b_o$$
$$n = 1 : \quad h(1) = b_o\,\delta(1) + b_1\,\delta(0) + b_2\,\delta(-1) + b_3\,\delta(-2) = b_1$$
$$n = 2 : \quad h(2) = b_o\,\delta(2) + b_1\,\delta(1) + b_2\,\delta(0) + b_3\,\delta(-1) = b_2$$
$$n = 3 : \quad h(3) = b_o\,\delta(3) + b_1\,\delta(2) + b_2\,\delta(1) + b_3\,\delta(0) = b_3$$
$$n = 4 : \quad h(4) = b_o\,\delta(4) + b_1\,\delta(3) + b_2\,\delta(2) + b_3\,\delta(1) = 0$$
$$n > 4 : \quad h(n) = 0 \quad .$$

Bild 3.5b zeigt die Einheitsimpulsantwort h(n) für $b_o = b_1 = b_2 = b_3 = 1$.

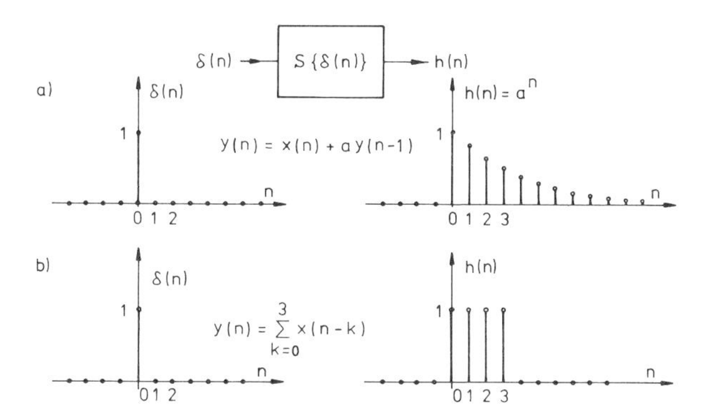

Bild 3.5: Einheitsimpulsantworten zweier Systeme mit den Differenzengleichungen a) $y(n) = x(n) + a\,y(n-1)$, $0 < a < 1$,

b) $y(n) = \sum_{k=0}^{3} x(n-k)$.

Viele für die praktische Anwendung interessante digitale LTI-Systeme lassen sich mit Hilfe der Differenzengleichung (3.6) mit entsprechend gewählten Koeffizienten realisieren. Im weiteren werden ausschließlich Systeme behandelt, die sich durch eine derartige Differenzengleichung beschreiben lassen.

3.5 Digitale Netzwerke

Eine Differenzengleichung ist nicht nur ein mathematisches Hilfsmittel der Systembeschreibung, sondern sie zeigt auch einen Weg zur technischen Realisierung des zugehörigen Systems auf. Mit ihrer Hilfe läßt sich nämlich unmittelbar ein *digitales Netzwerk* erstellen. Ein digitales Netzwerk wird üblicherweise in Form eines *Blockschaltbilds* oder eines *Signalflußgraphen* angegeben, welche die zur Auswertung einer Differenzengleichung erforderlichen arithmetischen Operationen und deren Reihenfolge symbolisch darstellen. Ein digitales Netzwerk setzt sich aus folgenden Komponenten (Elementarsystemen) zusammen:

Verzögerungsglied: Dieses Elementarsystem verzögert seine Eingangsfolge um einen Takt: $y(n) = x(n-1)$ und kann durch ein Speicherelement oder ein Register realisiert werden, in das ein Eingangswert einen Takt lang abgespeichert wird. Bild 3.6a zeigt das Symbol eines Verzögerungsglieds. Durch Kaskadierung dieser Elemente können Verzögerungen um mehrere Takte erzielt werden.

Multiplizierer: Er bildet das Produkt einer Eingangsfolge $x(n)$ mit einer Konstanten a: $y(n) = a\,x(n)$. Sein Symbol ist in Bild 3.6b dargestellt.

Addierer: Er bildet die algebraische Summe mehrerer Eingangsfolgen: $y(n) = x_1(n) + x_2(n) + \ldots + x_N(n)$. Bild 3.6c zeigt das Symbol eines Addierers. Die üblichen technischen Addierwerke können lediglich zwei Größen summieren. Der Funktionsblock steht daher für eine Zusammenschaltung mehrerer Addierwerke.

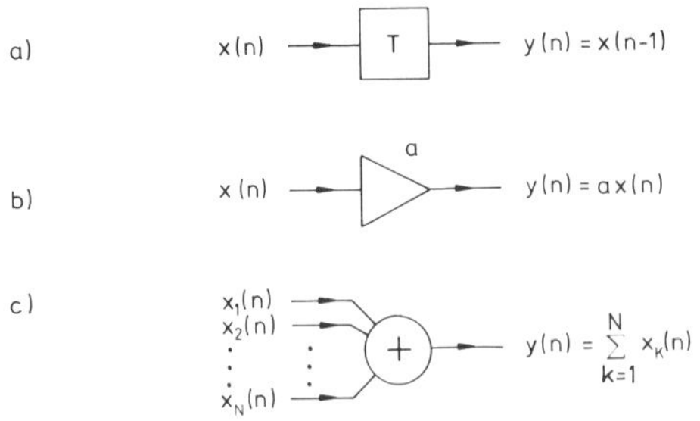

a) $x(n)$ → [T] → $y(n) = x(n-1)$

b) $x(n)$ → ▷ (a) → $y(n) = a\,x(n)$

c) $x_1(n)$, $x_2(n)$, …, $x_N(n)$ → (+) → $y(n) = \sum_{k=1}^{N} x_k(n)$

Bild 3.6: Symbole für die Elemente eines digitalen Netzwerks: a) Verzögerungsglied, b) Multiplizierer, c) Addierer.

Ein digitales Netzwerk zur Realisierung einer Differenzengleichung kommt zustande, indem man die angegebenen Elementarsysteme entsprechend der Differenzengleichung zusammenschaltet. Beispielsweise lassen sich für die Differenzengleichungen

$$y(n) = x(n) + a_1 y(n-1) + a_2 y(n-2) \quad \text{und} \quad y(n) = \sum_{k=0}^{3} b_k x(n-k)$$

unmittelbar die in Bilder 3.7a,b dargestellten Netzwerke angeben.

a)

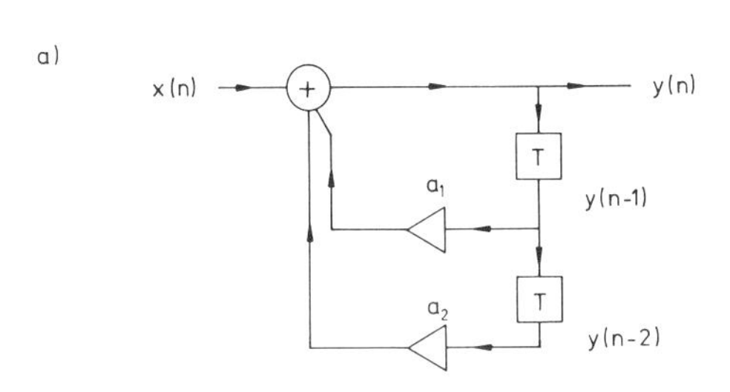

b)

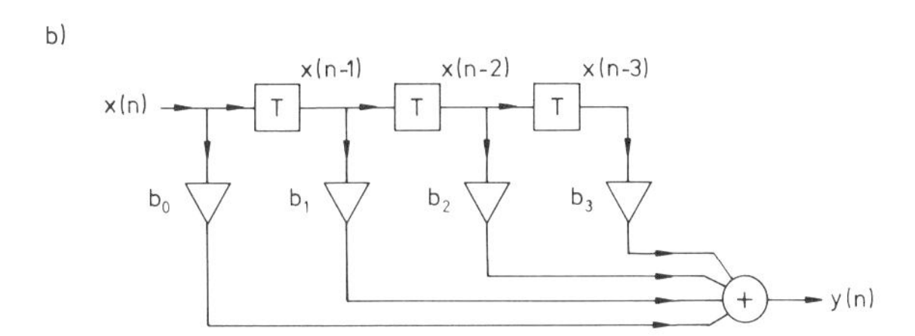

Bild 3.7: Zwei digitale Netzwerke mit den Systemgleichungen
a) $y(n) = x(n) + a_1 y(n-1) + a_2 y(n-2)$, b) $y(n) = \sum_{k=0}^{3} b_k x(n-k)$.

Das Blockschaltbild eines digitalen Netzwerks dient sowohl als Vorlage für die Hardware-Ausführung eines Systems, indem die einzelnen Funktionsblöcke als digitale Schaltkreise realisiert und von einer Steuereinheit angesteuert werden, als auch für dessen Software-Ausführung, indem es als Programm von einem Rechner sequentiell ausgeführt wird.

Ein Netzwerk zur Realisierung eines digitalen Systems läßt sich nicht nur aus seiner Differenzengleichung ableiten, sondern, wie in Kap. 4 gezeigt, auch aus anderen Überlegungen, e.g. anhand seiner Systemfunktion. Infolgedessen ergeben sich mehrere verschiedene Netzwerke zur Realisierung ein und desselben Systems.

S i g n a l f l u ß g r a p h e n : Digitale Netzwerke lassen sich außer mit Blockschaltbildern auch mit Hilfe von Signalflußgraphen beschreiben und darstellen [19]. Dabei werden Multiplizierer und Verzögerungsglieder als g e r i c h t e t e

Zweige, Addierer als Summationsknoten und die Stellen im Netzwerk, an denen ein ankommendes Signal in verschiedene Richtungen geleitet wird, als Verzweigungsknoten dargestellt. Bild 3.8a zeigt die genannten Elemente der Signalflußgraphen. Bilder 3.8b,c zeigen die Netzwerke von Bild 3.7 als Signalflußgraphen. Aus Gründen der Anschaulichkeit wird im weiteren lediglich die Funktionsblockdarstellung von Netzwerken verwendet.

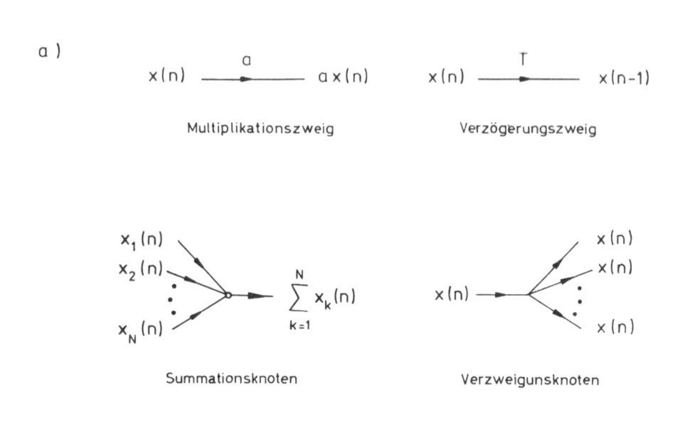

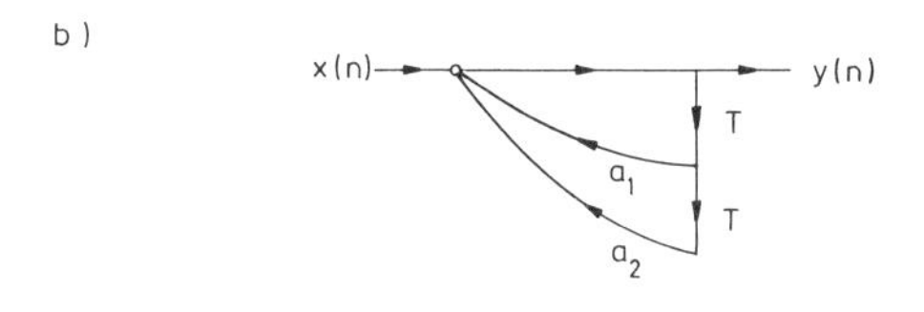

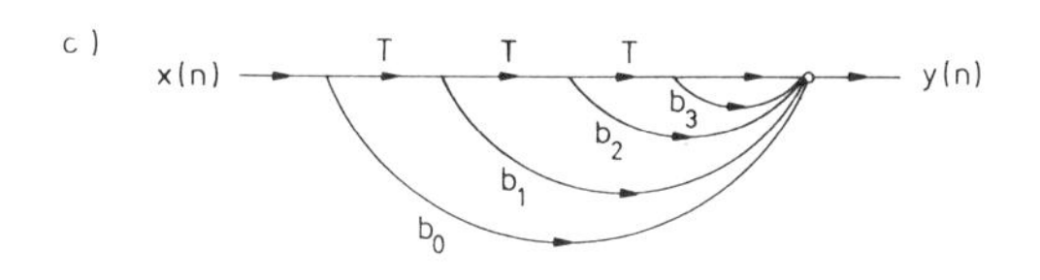

Bild 3.8: a) Elemente eines Signalflußgraphen, b), c) Signalflußgraphen der Netzwerke der Bilder 3.7a,b.

Zustandsgleichung: Ein digitales Netzwerk läßt sich außer durch eine Differenzengleichung (3.6) auch mit der sog. Zustandsgleichung beschreiben. Im Vergleich zu jener beschreibt eine Zustandsgleichung nicht nur das Eingang-Ausgang-Verhalten eines Systems, sondern auch den Signalfluß innerhalb des Systems.

In einem digitalen Netzwerk enthalten die Verzögerungsglieder zu jedem Zeitpunkt die zur Bildung des Ausgangswerts erforderlichen Informationen über den Zustand des Signalflusses im Netzwerk, i.e. sie halten zu jedem Zeitpunkt den

Zustand des Signalflusses im System fest. Der Inhalt eines Verzögerungsglieds wird daher als Zustandsvariable und das Verzögerungsglied selbst als Zustandsspeicher bezeichnet. Zur Bestimmung der Ausgangsfolge bei einer Eingangsfolge, die zu einem beliebigen Zeitpunkt einsetzt, enthalten die Zustandsspeicher zum Einsatzzeitpunkt des Signals die erforderlichen Anfangswerte. Insbesondere zur Bestimmung der Einheitsimpulsantwort des Systems h(n) müssen zum Zeitpunkt $n = 0$ alle Zustandsvariablen gleich Null gesetzt werden. Die Zustandsgleichung eines Netzwerks beschreibt, wie im folgenden erläutert, den Zusammenhang zwischen der Eingangsgröße, der Ausgangsgröße und den Zustandsvariablen des Netzwerks.

Ein Netzwerk, das N Zustandsspeicher enthält, besitzt zum Zeitpunkt n die Eingangsgröße x(n), die Ausgangsgröße y(n) und die Zustandsvariablen $u_k(n)$, $k = 1, 2, \dots, N$. Den Wert jeder Zustandsvariablen zum Zeitpunkt (n+1) erhält man durch eine Linearkombination der Eingangsgröße x(n) und aller Zustandsvariablen des Zeitpunkts n:

$$u_k(n+1) = \sum_{m=1}^{N} a_{mk}\, u_m(n) + b_k\, x(n) \quad , \quad k = 1, 2, \dots, N \; .$$

Die Ausgangsgröße y(n) entsteht durch eine Linearkombination der Eingangsgröße x(n) und der N Zustandsvariablen desselben Zeitpunkts:

$$y(n) = \sum_{m=1}^{N} c_m\, u_m(n) + d\, x(n) \; .$$

Mit den Vektoren $\underline{u}(n) = \{u_1(n), u_2(n), \dots, u_N(n)\}$, $\underline{b} = \{b_1, b_2, \dots, b_N\}$, $\underline{c} = \{c_1, c_2, \dots, c_N\}$ sowie der Matrix $\underline{A} = \{a_{mn};\ m, n = 1, 2, \dots, N\}$ erhält man

$$\underline{u}(n+1) = \underline{A}\,\underline{u}(n) + \underline{b}\,x(n) \; ,$$

$$y(n) = \underline{c}\,\underline{u}(n) + d\,x(n) \; .$$

Dieses Gleichungssystem wird als Zustandsgleichung bezeichnet. Als Beispiel sei die Zustandsgleichung des in Bild 3.7a dargestellten Netzwerks mit $u_1(n) = y(n-1)$ und $u_2(n) = y(n-2)$ angegeben:

$$\begin{pmatrix} u_1(n+1) \\ u_2(n+1) \end{pmatrix} = \begin{pmatrix} a_1 & a_2 \\ 1 & 0 \end{pmatrix} \begin{pmatrix} u_1(n) \\ u_2(n) \end{pmatrix} + \begin{pmatrix} 1 \\ 0 \end{pmatrix} x(n),$$

$$y(n) = \begin{pmatrix} a_1 \\ a_2 \end{pmatrix} \begin{pmatrix} u_1(n) \\ u_2(n) \end{pmatrix} + x(n) .$$

Die Differenzengleichung (3.6) eines Netzwerks läßt sich aus der Zustandsgleichung nach einigen Umformungen ermitteln. Die mathematische Behandlung der Zustandsgleichung ist im Vergleich zu der der Differenzengleichung oft aufwendiger. Im weiteren Verlauf dieser Schrift werden nur Differenzengleichungen behandelt. Für eine ausführliche Beschreibung der Zustandsgleichungen zur Analyse digitaler Netzwerke siehe [20], [21].

3.6 Rekursive und nichtrekursive Systeme

Die linearen Differenzengleichungen mit konstanten Koeffizienten bestehen in ihrer allgemeinen Form

$$y(n) = \sum_{k=1}^{N} a_k y(n-k) + \sum_{k=0}^{M} b_k x(n-k)$$

aus zwei gewichteten Summen: die erste erstreckt sich über einige vor dem Zeitpunkt n entstandenen Werte der Ausgangsfolge und die zweite über die Werte der Eingangsfolge zum Zeitpunkt n und einigen davorliegenden. Die erste Summe wird als *rekursiver* Teil der Differenzengleichungen bezeichnet und die zweite als *nichtrekursiver*. Je nachdem ob bei der Differenzengleichung ein rekursiver Teil vorhanden ist oder nicht, wird das dazugehörende System entsprechend als rekursiv oder nichtrekursiv bezeichnet. Diese grundsätzliche Unterteilung bringt in der DSV hinsichtlich des Systemverhaltens und des Realisierungsaufwands weitreichende Konsequenzen mit sich. Die rekursiven bzw. nichtrekursiven Systeme werden in diesem Abschnitt nur kurz beschrieben, ausführlich behandelt werden sie in Kap. 5 bzw. 6.

Rekursive Systeme: Rekursive Systeme entsprechen der allgemeinen Form (3.6) der linearen Differenzengleichungen mit konstanten Koeffizienten, wobei von den Koeffizienten a_k mindestens einer von Null verschieden sein muß. Für sie läßt sich hieraus unmittelbar das in Bild 3.9 dargestellte Netzwerk angeben. Sein rekursiver Teil spielt die Rolle eines Rückkopplungsnetzwerks. Aufgrund der vorhandenen Rückkopplung ist die Stabilitätsbedingung (3.5) bei rekursiven Systemen nicht a priori erfüllt, sondern erst für geeignete Werte der Koeffizienten a_k. Diese Bedingung schränkt den Wertebereich der Koeffizienten a_k ein.

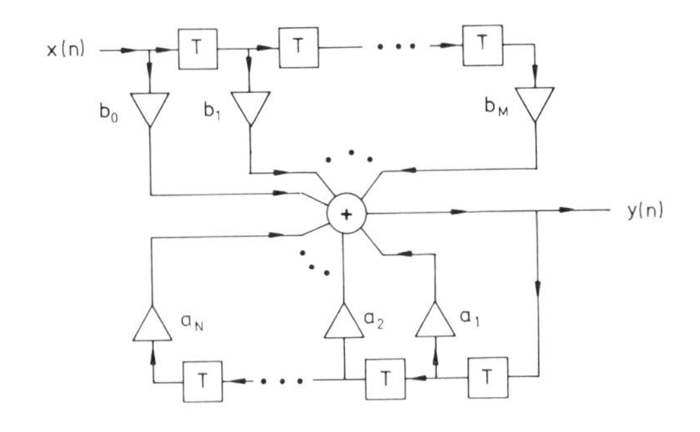

Bild 3.9: Netzwerk für rekursive Systeme mit der Differenzengleichung

$$y(n) = \sum_{k=0}^{M} b_k x(n-k) + \sum_{k=1}^{N} a_k y(n-k) .$$

Beispiel eines instabilen rekursiven Systems:

Die Differenzengleichung $y(n) = x(n) + ay(n-1)$ beschreibt ein rekursives System 1. Ordnung. Für seine Einheitsimpulsantwort erhält man (cf. Abschnitt 3.4):

$$h(n) = \begin{cases} a^n & \text{für} \quad n \geq 0 \\ 0 & \text{sonst} \end{cases} .$$

Für $|a| > 1$ besteht h(n) aus einer anwachsenden Exponentialfolge. Die Stabilitätsbedingung wird folglich nicht erfüllt. Für $|a| < 1$ ist das System stabil. Der Fall $|a| = 1$ entspricht dem Stabilitätsrand.

Nichtrekursive Systeme: Die Differenzengleichung eines nichtrekursiven Systems lautet:

$$y(n) = \sum_{k=0}^{M} b_k x(n-k) . \tag{3.7}$$

Die Ausgangsfolge hängt zu jedem Zeitpunkt lediglich von Werten der Eingangsfolge zu demselben Zeitpunkt und zu einigen früheren Zeitpunkten ab. Bei nichtrekursiven Systemen ist keine Rückkopplung vorhanden. Bild 3.10 zeigt ein Netzwerk zur Realisierung von (3.7). Es enthält kein Rückkopplungsnetzwerk.

Nichtrekursive Systeme besitzen die für die praktische Anwendung relevante Eigenschaft, daß sie wegen fehlender Rückkopplung stets die Stabilitätsbedingung erfüllen. Dies kann in folgender Weise nachgewiesen werden: Aus (3.7) wird zunächst der allgemeine Ausdruck der Einheitsimpulsantwort h(n) gebildet. Mit $x(n) = \delta(n)$ folgt

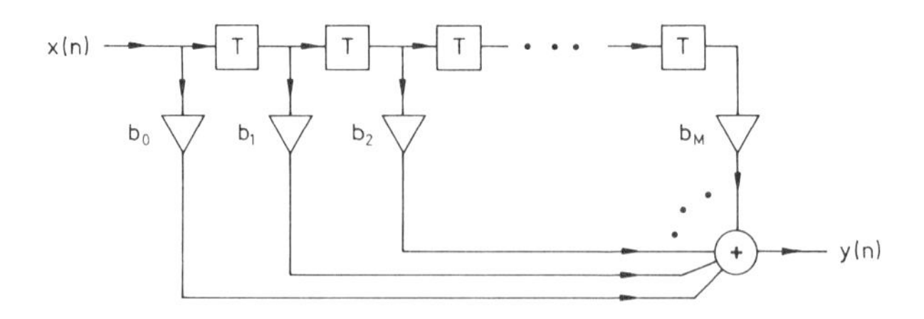

Bild 3.10: Netzwerk für nichtrekursive Systeme mit der Differenzengleichung $y(n) = \sum_{k=0}^{M} b_k x(n-k)$.

$$h(n) = \sum_{k=0}^{M} b_k \, \delta(n-k) \quad .$$

Wegen $\delta(n-k) = \begin{cases} 1 & \text{für} \quad k = n \\ 0 & \text{sonst} \end{cases}$ erhält man:

$$h(n) = \begin{cases} b_n & \text{für} \quad 0 \leq n \leq M \\ 0 & \text{für} \quad n < 0 \quad \text{und} \quad n > M \end{cases} \quad .$$

h(n) hat maximal M von Null verschiedene Werte. Damit ist ersichlich, daß die Stabilitätsbedingung stets erfüllt ist:

$$\sum_{n=-\infty}^{\infty} |h(n)| = \sum_{n=0}^{M} |b_n| < \infty \quad .$$

Die nichtrekursiven Systeme weisen somit gegenüber den rekursiven den gravierenden Vorteil der a b s o l u t e n S t a b i l i t ä t auf. Hinsichtlich des Realisierungsaufwands (Anzahl der Koeffizienten, der Zustandsspeicher und der arithmetischen Operationen etc.) fällt das Urteil jedoch, wie der folgende Vergleich zeigt, meist zugunsten der rekursiven Systeme aus.

Das rekursive System 1. Ordnung $y(n) = x(n) + ay(n-1)$ besitzt den einzigen Koeffizienten a und benötigt einen Zustandsspeicher für y(n-1). Seine Einheitsimpulsantwort lautet:

$$h(n) = \begin{cases} a^n & \text{für} \quad n \geq 0 \\ 0 & \text{sonst} \end{cases} \quad .$$

Da h(n) unendlich viele von Null verschiedene Werte hat, kann h(n) nicht die Einheitsimpulsantwort eines nichtrekursiven Systems mit einer endlichen Anzahl von Koeffizienten sein. Da h(n) für $|a| < 1$ jedoch exponentiell abnimmt, kann man h(n) von einem Zeitpunkt $n = M$ ab vernachlässigen. Die Folge

$$h_a(n) \stackrel{!}{=} \begin{cases} h(n) & \text{für} \quad 0 \leq n \leq M \\ 0 & \text{sonst} \end{cases}$$

kann nun als Einheitsimpulsantwort eines nichtrekursiven Systems mit den Koeffizienten $b_k = h(k)$, $0 \leq k \leq M$ angenommen werden. Abhängig von M weicht das Verhalten des zugehörigen nichtrekursiven Systems von dem des rekursiven mehr oder weniger ab. Das nichtrekursive System besitzt M Koeffizienten und benötigt M Zustandsspeicher. Mit Vergrößerung von M verringern sich die Unterschiede im Verhalten der beiden Systeme, der Realisierungsaufwand des nichtrekursiven Systems jedoch steigt entsprechend. In diesem Bespiel kann M je nach zu tolerierender Abweichung sehr große Werte erreichen.

Dieses Beispiel sollte lediglich einen prinzipiellen Vergleich des Realisierungsaufwands der beiden Systemarten demonstrieren. In vielen Anwendungsfällen benutzt man zum Entwurf eines nichtrekursiven Systems oft andere Verfahren als in diesem Beispiel, die sich hinsichtlich des Realisierungsaufwands günstiger auswirken. Auf jene Verfahren wird in Kap. 6 ausführlicher eingegangen.

Realisierbarkeit: Bei realen Netzwerken muß man die endlichen Rechenzeiten berücksichtigen, die die eingesetzten Recheneinheiten (Addierer, Multiplizierer) zur Durchführung arithmetischer Operationen benötigen. Beispielsweise erscheint die Ausgangsgröße eines Multiplizierers mit der Differenzengleichung $y(n) = a\,x(n)$ bei dessen realer Ausführung gegenüber der Eingangsgröße stets um die Multiplikationszeit T_M verzögert, was aus der Differenzengleichung nicht hervorgeht. Eine derartige Differenzengleichung ist also in diesem Sinne nicht exakt realisierbar. Dagegen ist die Differenzengleichung $y(n) = a\,x(n-1)$ (Multiplizierer mit einem Verzögerungsglied) exakt realisierbar, wenn T_M kleiner als die Verzögerungszeit (Taktperiode) ist. Die Erfüllung der Kausalitätsbedingung bei einer Differenzengleichung ist also nicht hinreichend für ihre Realisierbarkeit.

Das oben angedeutete Problem führt zu einer Realisierbarkeitsbedingung für ein Netzwerk, die wie folgt formuliert werden kann: Ein Netzwerk ist *realisierbar*, wenn es keine *verzögerungsfreie Schleifen* enthält [20]. Als Beispiel zeigt Bild 3.11 eine verzögerungsfreie Schleife.

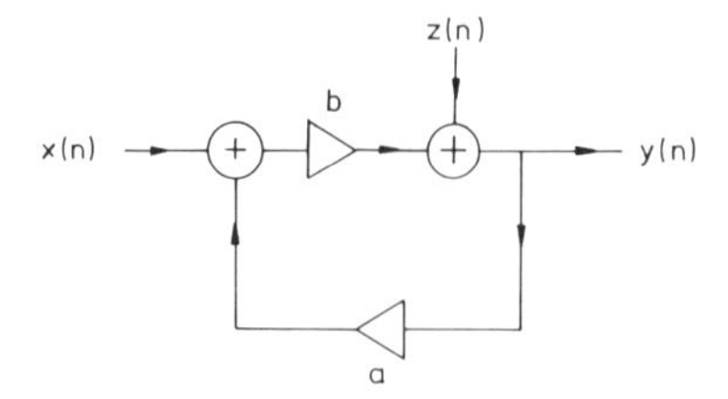

Bild 3.11: Beispiel einer verzögerungsfreien Schleife.

3.7 Auswirkungen der Wortlängenreduktion

Zur Realisierung eines digitalen Systems werden im wesentlichen Koeffizienten- und Zustandsspeicher, Addierer und Multiplizierer benötigt. Zur Verarbeitung kontinuierlicher Signale ist ferner ein ADU erforderlich. Bei den genannten Baueinheiten hat man mit binären Zahlen endlicher Wortlänge zu tun. In den Speicherelementen können jeweils eine endliche Anzahl von bits abgespeichert werden. Die arithmetischen Einheiten können nur mit Zahlen endlicher Wortlänge operieren, und der ADU setzt eine kontinuierliche Größe in eine digitale von ebenfalls endlicher Wortlänge um. Die Wortlängenbegrenzung hat für die Systemrealisierung weitreichende Konsequenzen.

Die auf die Wortlängenbegrenzung zurückzuführenden Abweichungen des Systemverhaltens vom Idealfall der unendlich großen Wortlänge werden durch folgende zur Realisierung digitaler Netzwerke erforderlichen Maßnahmen verursacht·

- Quantisierung des Eingangssignals (Quantisierungsrauschen),
- Wortlängenreduktion bei Koeffizienten (Abweichung der Übertragungsfunktion),
- Wortlängenreduktion bei Multiplikationen (Rundungsrauschen, Grenzzyklen),
- Zahlenbereichsbegrenzung (Überlaufsschwingungen) .

Eine fundierte Kenntnis dieses Problemkreises ist insbesondere für Entwickler digitaler Systeme von fundamentaler Bedeutung. In diesem Abschnitt wird auf die Effekte der begrenzten Wortlänge näher eingegangen. Da die Festkommadarstellung binärer Zahlen sich in der Praxis insbesondere bei der Realisierung echtzeitverarbeitender Systeme als geeignet erwiesen hat und deswegen gegenwärtig gegenüber der Gleitkommadarstellung bevorzugt angewendet wird, beschränkt sich die Diskussion über die Effekte der begrenzten Wortlänge auf diese Art der Zahlendarstellung.

3.7.1 Quantisierung des Eingangssignals

Ein ADU setzt eine analoge Eingangsgröße in eine binäre Zahl mit endlicher Wortlänge um. Während die Eingangsgröße innerhalb des Aussteuerbereichs jeden beliebigen Wert annehmen kann, lassen sich am Ausgang eines ADU mit der Wortlänge w (mit Vorzeichenbit) maximal $N = 2^w$ verschiedene Zahlen angeben. Der Aussteuerbereich wird daher in N Teilbereiche aufgeteilt, von denen jeder Teilbereich einer binären Zahl zugeordnet wird. Diese Operation wird als Quantisierung bezeichnet.

Die Art der Zuordnung der einzelnen Teilbereiche zu einer binären Zahl wird mit einer Quantisierungskennlinie graphisch angegeben. Die üblichen ADU besitzen die in Bild 3.12, hier für $w = 4$, dargestellte Quantisierungskennlinie. Auf der Abszisse sind die kontinuierliche Größe x_k mit dem Aussteuerbereich $|x_k| \leq A$ und auf der Ordinate die 16 möglichen, als Zweierkomplementzahlen kodierten Werte der Ausgangsgröße x_d aufgetragen. Die binären Zahlen können auch anders kodiert sein als in Bild 3.12, e.g. in der VBD oder Einerkomplementdarstellung.

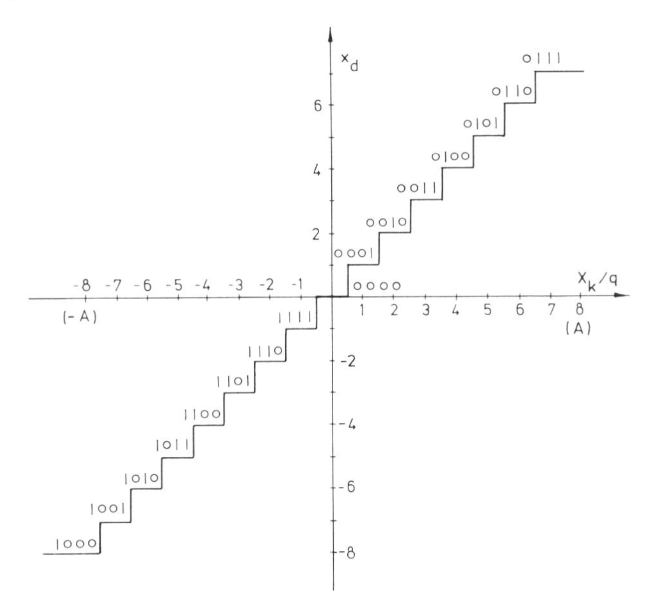

Bild 3.12: Quantisierungskennlinie eines ADU mit der Zweierkomplementdarstellung und einer Wortlänge von 4 bits.

Wie aus der Quantisierungskennlinie ersichtlich, wird jeder binären Zahl ein gleich großer Teilbereich zugeordnet. Die Größe dieser Teilbereiche wird Quantisierungsstufe q genannt. Mit der Wortlänge w und der Eingangsaussteuerbreite 2A des ADU folgt für die Quantisierungsstufe $q = 2^{-w+1} \cdot A$. Nach jedem ungeradzahligen Vielfachen von 0,5 q ändert sich die binäre Ausgangsgröße des ADU.

Die Differenz $e = x_k - x_d$ der kontinuierlichen Eingangsgröße x_k und der zugehörigen binär kodierten Größe x_d wird als Quantisierungsfehler bezeichnet. Da x_k entsprechend der Quantisierungskennlinie innerhalb eines Teilbereichs um dessen Mittelpunkt variieren kann, ohne daß x_d sich ändert, folgt für e: $-0{,}5\, q \le e \le 0{,}5\, q$. Ein binärer Ausgangswert x_d des ADU entspricht folglich einem kontinuierlichen Eingangswert x_k mit einer Unsicherheit von $\pm\, 0{,}5\, q$.

Für die DSV ist die Frage relevant, wie sich die Analog-Digital-Umsetzung auf den informativen Inhalt eines kontinuierlichen Signals auswirkt und in welcher Weise man sie in die Systemanalyse einbeziehen kann. Durch Einfügen eines nichtlinearen Teilsystems mit der gleichen Kennlinie wie die des ADU in die Verarbeitungsstrecke des digitalen Systems zwischen dem Abtaster und dem Prozessor - cf. Bild 3.13 - läßt sich die Auswirkung der Signalquantisierung in der Systemanalyse erfassen. Die Beziehung [Q] repräsentiert die Quantisierungskennlinie. Die exakte mathematische Analyse von Systemen mit solch starken Nichtlinearitäten ist für die praktische Anwendung zu aufwendig. Für viele in der Praxis vorkommende Signale läßt sich trotzdem die Wirkung der Quantisierung, wie im folgenden anhand eines Beispiels veranschaulicht, näherungsweise mit Hilfe eines relativ einfachen Rauschmodells beschreiben.

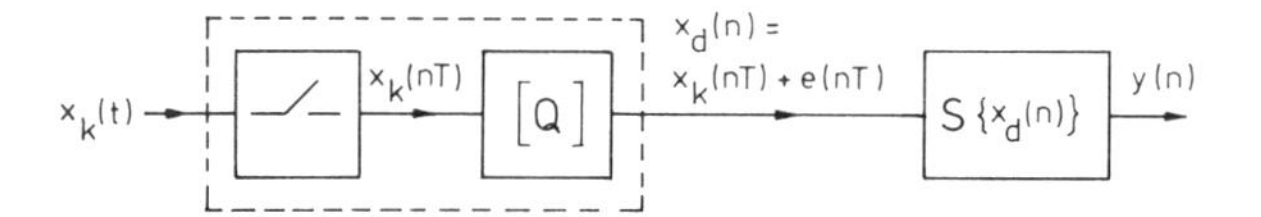

Bild 3.13: Nichtlineares Modell der Eingangssignalquantisierung. Das Teilsystem mit der Bezeichnung [Q] repräsentiert die nichtlineare Quantisierungskennlinie.

Der Quantisierungsfehler e erhält bei jeder Abtastung einen neuen Wert und stellt somit ein diskretes Signal e(n) dar. e(n) wird als Quantisierungsfehlersignal bezeichnet. Der Verlauf von e(n) hängt von dem des diskreten Signals $x_k(nT)$ sowie von der Quantisierungskennlinie ab. Um Eigenschaften des Quantisierungsfehlers besser zu erkennen, wird e(n) für zwei verschiedene Signale graphisch dargestellt. Bilder 3.14a,b zeigen e(n) für ein Rechtecksignal und für ein Signal mit einem stark ungleichmäßigen Verlauf. Die Wortlänge sei in beiden Fällen gleich. Für das Rechtecksignal hat e(n) einen deterministischen Verlauf, den man leicht aus dem Signal selbst ableiten kann. Das Quantisierungsfehlersignal e(n) korreliert, wie deutlich zu erkennen ist, mit dem zu quantisierenden Signal. Für das in Bild 3.14b dargestellte Signal, dessen

Wert von einem Abtastzeitpunkt zum nächsten mehr oder weniger stark variiert, zeigt e(n) einen regellosen Verlauf. Das Fehlersignal korreliert hier nicht mit dem zu quantisierenden Signal.

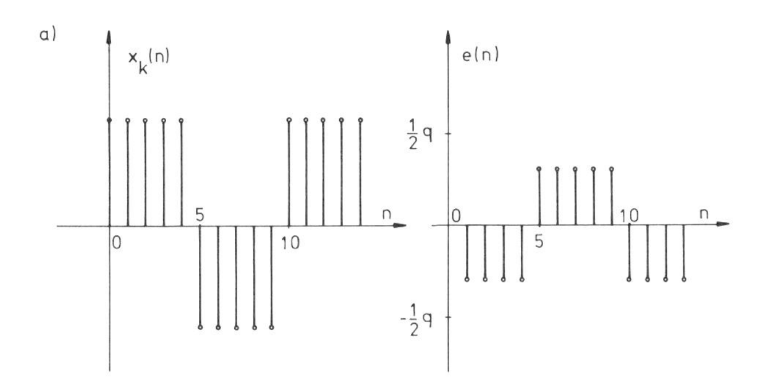

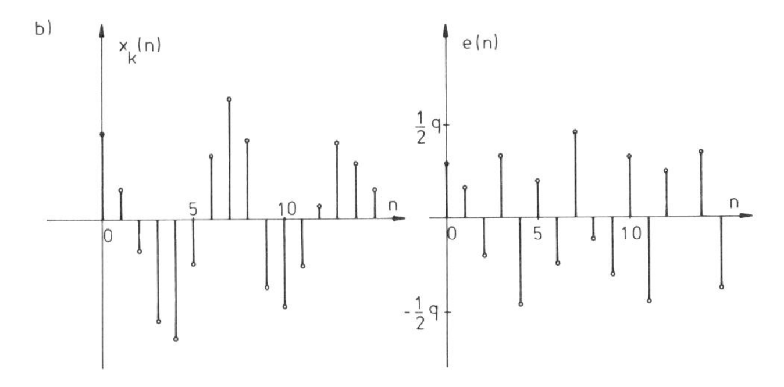

Bild 3.14: Quantisierungsfehlersignal e(n) bei a) einer Rechteckfolge, b) einem Signal mit unregelmäßigem Verlauf.

Es wurde nachgewiesen, daß das Quantisierungsfehlersignal in solchen Fällen die charakteristischen Eigenschaften eines diskreten, weißen Rauschens besitzt. Sein Leistungsdichtespektrum weist nämlich einen nahezu gleichmäßigen Verlauf auf [22]. Zur Analyse des Quantisierungsprozesses bietet sich daher ein Rauschmodell an. Man ersetzt in diesem Modell - cf. Bild 3.15 - in der Verarbeitungsstrecke des Systems das in Bild 3.13 dargestellte Teilsystem mit der nichtlinearen Quantisierungskennlinie durch eine additive Rauschquelle. In diesem Fall wird e(n) als Quantisierungsrauschen bezeichnet. Die Werte von e(n) sind erfahrungsgemäß im Bereich $-0{,}5\ q \leq e(n) \leq 0{,}5\ q$ gleichmäßig verteilt. Bild 3.16 zeigt die Verteilungsdichtefunktion p(e) von e(n).

Die Antwort des Systems auf ein quantisiertes Abtastsignal $x_d(n)$ läßt sich nun aufgrund der Linearität durch Überlagerung seiner Antworten auf das unquanti-

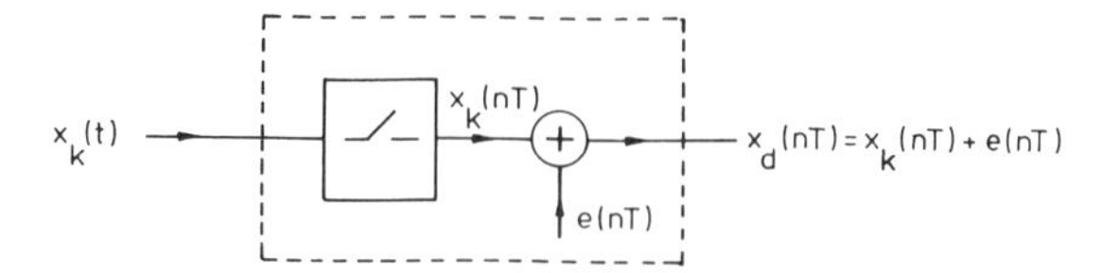

Bild 3.15: Rauschmodell der Eingangssignalquantisierung.

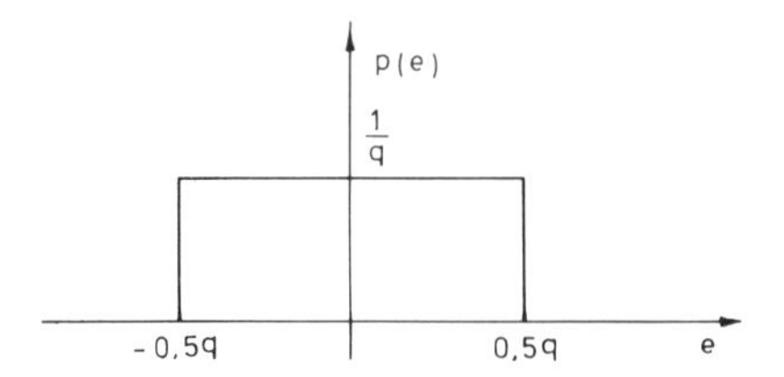

Bild 3.16: Verteilungsdichtefunktion des Quantisierungsrauschens mit q als Quantisierungsstufe.

sierte Abtastsignal $x_k(n)$ und auf das Quantisierungsrauschen e(n) ermitteln. Die Antwort eines LTI-Systems auf ein stochastisches Signal - wie hier e(n) - kann in der gleichen Weise wie bei einem deterministischen Signal mit Hilfe der diskreten Faltung ermittelt werden.

Aus der Verteilungsdichtefunktion p(e) des Rauschsignals e(n) folgt für den Mittelwert m_e und die Varianz σ_e^2 (Quadrat des Effektivwerts des Wechselanteils) des Quantisierungsrauschens

$$m_e = \int_{-0,5\,q}^{0,5\,q} p(e)\, e\, de = 0 \ ,$$

$$\sigma_e^2 = \int_{-0,5\,q}^{0,5\,q} p(e)\, e^2\, de = \frac{1}{12} q^2 = \frac{1}{3} 2^{-2w} A^2$$

mit w als ADU-Wortlänge und $\pm A$ als ADU-Aussteuergrenzen.

Anhand des Quantisierungsrauschmodells läßt sich das Signal-Rausch-Verhältnis (signal-noise-ratio , SNR) am Ausgang eines ADU in relativ einfacher Weise bestimmen. Das SNR ist definiert als das Verhältnis der Varianz σ_s^2 des Nutzsignals zur Varianz σ_e^2 des Rauschsignals. Im Falle eines sinusförmigen Eingangssignals mit der Amplitude A (Maximalaussteuerung) ergibt sich für das SNR am Ausgang eines ADU mit der Wortlänge w: SNR/dB = 6,02 w + 1,76 .

Die Voraussetzung für die Gültigkeit des Quantisierungsrauschmodells ist, daß das Abtastsignal x(n) und das Quantisierungsfehlersignal e(n) unkorreliert sind. Das Modell kann beispielsweise im Fall eines rechteckförmigen Eingangssignals nicht angewendet werden. Gleichmäßige Verteilung, konstantes Leistungsdichtespektrum und stationäres Verhalten sind weitere Annahmen, die die Rauschanalyse eines digitalen Systems wesentlich erleichtern.

3.7.2 Wortlängenreduktion bei Koeffizienten

Die Koeffizienten a_k und b_k der Differenzengleichung (3.6) eines digitalen Systems liegen nach Lösung einer entsprechenden Approximationsaufgabe i.a. als gebrochene Dezimalzahlen vor. Für die Realisierung des Systems müssen die Koeffizienten erst binär kodiert und dann in die entsprechenden Koeffizientenspeicher abgespeichert werden, die jedoch nur endliche Wortlängen besitzen. Gebrochene Dezimalzahlen können i.a. nicht als binäre Zahlen endlicher Wortlänge exakt wiedergegeben werden, oder sie benötigen hierzu sehr große Wortlängen. Aus diesem Grunde muß man die Wortlängen der Koeffizienten auf die der zur Verfügung stehenden Koeffizientenspeicher reduzieren. Dies erfolgt üblicherweise durch Rundung oder Abschneiden (cf. Abschnitt 1.4). Nach der Wortlängenreduktion weichen die Koeffizienten von den ursprünglichen mehr oder weniger ab. Dies entspricht einer wenn auch oft nur geringfügig veränderten Differenzengleichung und führt zwangsläufig zu einer Abweichung des Systemverhaltens. Diese Abweichung hängt von der Art und dem Grad der Wortlängenreduktion ab.

Folgendes Beispiel verdeutlicht die Auswirkung der Wortlängenreduktion bei Koeffizienten. Man betrachte das System

$$y(n) = x(n) + 1{,}5\ y(n-1) - 0{,}885\ y(n-2) \quad .$$

Die Koeffizienten besitzen folgende binäre Darstellungen in der VBD:

$$1{,}5 \mathrel{\hat=} 01{,}1000 \quad \text{und} \quad 0{,}885 \mathrel{\hat=} 00{,}11100010\ \ldots \quad .$$

Bild 3.17a zeigt die Einheitsimpulsantwort h(n) des Systems, die mit ungerundeten Koeffizienten iterativ berechnet wurde. h(n) entspricht einer gedämpften Schwingung. Das System ist stabil. Nach der Rundung auf eine Wortlänge von 4 bits folgt für die Koeffizienten:

$$[1{,}5] \mathrel{\hat=} 01{,}10 \quad \text{und} \quad [0{,}885] \mathrel{\hat=} 01{,}00 \quad .$$

Die Einheitsimpulsantwort des Systems mit den gerundeten Koeffizienten ist in Bild 3.17b dargestellt. h(n) besteht nun aus einer ungedämpften Schwingung; das System wird durch die Wortlängenreduktion bei seinen Koeffizienten instabil.

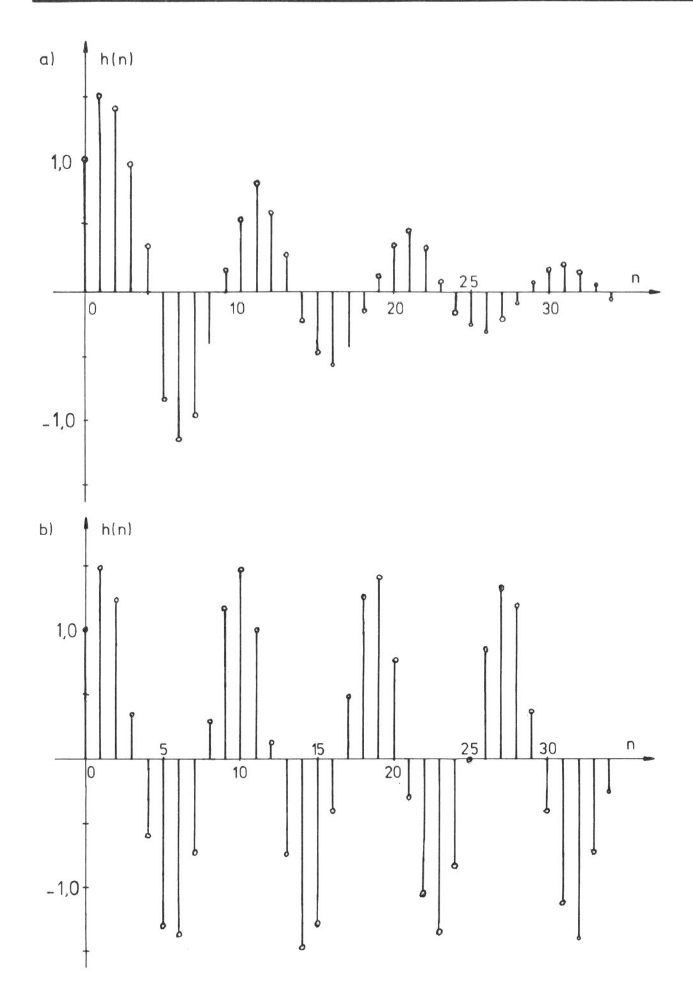

Bild 3.17: Einheitsimpulsantwort eines rekursiven Systems a) mit ungerundeten Koeffizienten (stabiles System), b) mit auf 4 bits gerundeten Koeffizienten (instabiles System).

Da ein Systemverhalten i.a. im Frequenzbereich beschrieben und analysiert wird und die meisten Entwurfsverfahren sich auf diesen Bereich beziehen, wird auf die Auswirkung der Wortlängenreduktion der Koeffizienten in den Kap. 5 und 6 bei der Beschreibung von Systemen im Frequenzbereich näher eingegangen.

3.7.3 Wortlängenreduktion bei Mulitplikationen

Der Ausgangswert eines digitalen Netzwerks besteht aus einer Summe von Produkten der Zustandsvariablen des Netzwerks mit entsprechenden Koeffizienten. Die Zustandsgrößen und die Koeffizienten erscheinen i.a. als gebrochene binäre Zah-

len. Das Produkt zweier binärer Zahlen der Wortlängen w_1 und w_2 (incl. Vorzeichenbits) benötigt eine größere Wortlänge als die Multiplikanden:
$w_p = w_1 + w_2 - 1$. Hierzu ein Beispiel:

$$0{,}1110 \times 0{,}1011 = 0{,}10011010 \quad .$$

Wenn man bei allen Multiplikationen in einem rekursiven System die Produkte jeweils mit ihren ganzen Wortlängen darstellt, wachsen die Wortlängen der Zustands- und Ausgangsgrößen von Zeitpunkt zu Zeitpunkt ständig an. Die Erfüllung dieser Forderung ist praktisch nicht realisierbar. Aus diesem Grund muß man während der Ausführung der Differenzengleichung eine Maßnahme zur Reduzierung der Wortlänge des Produkts treffen.

Bei nichtrekursiven Systemen bleiben die Wortlängen der Zustandsgrößen wegen der fehlenden Rekursion zwar auch ohne eine Wortlängenreduktion konstant, zur Aufwandsreduzierung jedoch werden Produktwortlängen auch hier oft gekürzt.

Eine Wortlängenreduktion ist gleichbedeutend mit der Vernachlässigung einiger niederwertiger bits. Dies führt zu Ungenauigkeiten des Produkts. Der Produktfehler wird nach seiner Entstehung vom Netzwerk übernommen und weiter verarbeitet. Die Ausgangsfolge des Netzwerks wird also von den einzelnen Produktfehlern mitbeeinflußt. Auf die Untersuchung der Auswirkungen der Wortlängenreduktion bei Multiplikationen darf deshalb beim Entwurf eines digitalen Systems nicht verzichtet werden.

Die Wortlängenreduktion einer gebrochenen binären Zahl erfolgt in der DSV üblicherweise nach einem der beiden in Abschnitt 1.4 besprochenen Verfahren, nämlich durch Rundung oder durch Abschneiden. Beispielsweise folgt für das im obigen Beispiel angegebene Produkt nach der Kürzung seiner Wortlänge auf 5 bits durch die Rundung: $[p] = 0{,}1010$ und durch das Abschneiden: $[p] = 0{,}1001$. Das an sich mit der Quantisierungsstufe $q_1 = 2^{-7}$ bereits quantisierte Produkt wird durch die Wortlängenreduktion mit einer gröberen Quantisierungsstufe $q_2 = 2^{-4}$ abermals quantisiert.

Wie wirkt sich die Wortlängenreduktion bei Multiplikationen innerhalb eines digitalen Systems auf dessen Eingang-Ausgang-Verhalten aus? Aus der Rundungs- bzw. Abschneidekennlinie geht hervor, daß die Wortlängenreduktion eine stark nichtlineare Operation ist. Um die Auswirkung dieser Operation bei einer Differenzengleichung bzw. derem zugehörigen digitalen Netzwerk exakt analysieren zu können, muß man prinzipiell im Netzwerk je nach der gewählten Zahlendarstellung hinter jedem Multiplizierer ein Teilsystem mit der entsprechenden nichtlinearen Kennlinie der Wortlängenreduktion einfügen. Als Beispiel zeigt Bild 3.18a ein rekursives System 2. Ordnung mit den eingefügten nichtlinearen

Teilsystemen. [R] symbolisiert die Operation der Wortlängenreduktion. Die Differenzengleichung des Systems lautet in diesem Fall:

$$y(n) = x(n) + [b_1x(n-1)] + [b_2x(n-2)] + [a_1y(n-1)] + [a_2y(n-2)] \quad ,$$

wobei die eckigen Klammern jeweils eine nichtlineare Operation der Wortlängenreduktion symbolisieren.

Die ursprünglich lineare Differenzengleichung geht also aufgrund der Wortlängenreduktion in eine nichtlineare Differenzengleichung über. Eine vollständige Theorie derartiger Differenzengleichungen existiert bisher nicht. Bereits vorhandene Ansätze dazu sind für praktische Zwecke oft zu aufwendig. In vielen Anwendungsfällen versucht man, die Behandlung nichtlinearer Operationen durch Einsatz einfacher und auf die spezifischen Eigenschaften des Anwendungsfalls basierender Modelle zu erleichtern. Diese Vorgehensweise bringt bei Untersuchungen über die Wortlängenreduktion wertvolle Ergebnisse.

Bei der Verarbeitung von Signalen mit starken Variationen von einem Zeitpunkt zum nächsten - was in den meisten Anwendungsfällen der Fall ist - weisen die an verschiedenen Stellen des Netzwerks durch Rundung von Produkten entstandenen Rundungsfehler stochastische Verläufe auf. Es stellt sich außerdem heraus, daß die Rundungsfehler in solchen Fällen mit dem Signal selbst sowie untereinander unkorreliert sind. Folglich bietet sich hier wie bei der Modellierung der Eingangssignalquantisierung ein R a u s c h m o d e l l an: Man entfernt in einem digitalen Netzwerk die Teilsysteme mit den nichtlinearen Kennlinien der Wortlängenreduktion und führt dem System an jenen Stellen jeweils ein additives Rauschsignal $e(n)$ zu, das man als R u n d u n g s r a u s c h e n bezeichnet. Für das Rauschmodell eines Systems kann man wieder die lineare Differenzengleichung in Betracht ziehen und zur Bestimmung der Ausgangsfolge den Überlagerungssatz anwenden, was eine erhebliche Erleichterung der mathematischen Analyse bedeutet. Bild 3.18b zeigt als Beispiel das Rauschmodell von Bild 3.18a. Die entsprechende Differenzengleichung lautet nun:

$$y(n) = x(n) + b_1x(n-1) + e_1(n) + b_2x(n-2) + e_2(n) + a_1y(n-1) + e_3(n) + a_2y(n-2) + e_4(n) \quad .$$

Zur Erleichterung der Analyse wird für die Rauschsignale in diesem Modell die gleiche Annahme gemacht wie für das Quantisierungsrauschen. Im Falle der Rundung nimmt man für das Rundungsrauschen die in Bild 3.19a dargestellte symmetrische und rechteckförmige Verteilungsdichtefunktion an. q entspricht hier der LSB-Wertigkeit des gerundeten Produkts. Mit der reduzierten Wortlänge w (ohne Vorzeichenbit) und dem Komma rechts vom Vorzeichenbit gilt: $q = 2^{-w}$.

a)

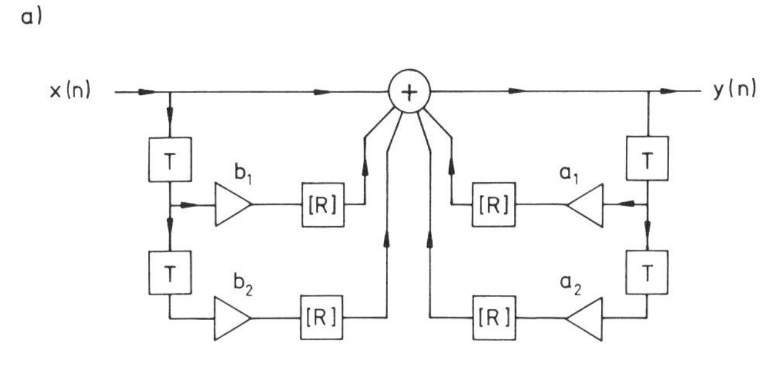

b)

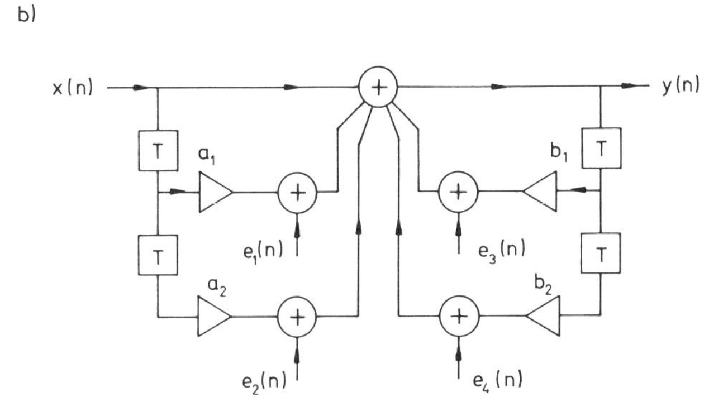

Bild 3.18: a) Berücksichtigung der nichtlinearen Operation der Wortlängenreduktion bei Multiplikationen in einem digitalen Netzwerk durch eingefügte nichtlineare Teilsysteme mit der Bezeichnung [R], b) Rauschmodell des gleichen Netzwerks.

Für den Mittelwert und die Varianz des Rundungsrauschens gelten in diesem Fall ähnliche Beziehungen wie für das Quantisierungsrauschen:

$$m_e = 0 \quad , \qquad \delta_e^2 = \frac{1}{12}\, q^2 = \frac{1}{12}\, 2^{-2w} \quad .$$

Im Falle des Abschneidens hängt das Abschneiderauschen e(n) von der Art der Zahlendarstellung ab. In der ZKD ist der Abschneidefehler stets negativ. Für die Verteilungsdichtefunktion ergibt sich somit der in Bild 3.19b dargestellte unsymmetrische Rechteckverlauf. Das Rundungsrauschen hat in diesem Fall den von Null verschiedenen Mittelwert $m_e = -0{,}5\, q$, jedoch die gleiche Varianz wie bei der Rundung.

In der VBD besteht eine gewisse Korrelation zwischen dem Abschneidefehler $e = [a] - a$ und der abzuschneidenden Zahl a insofern, als das Vorzeichen von e durch das Vorzeichen von a bestimmt wird. Dieser Umstand erschwert die Analyse erheblich. In der VBD ergibt sich für die Verteilungsdichtefunktion des Abschneidefehlers die rechte Hälfte ($e \geqq 0$) der in Bild 3.19c dargestellten Funktion, falls a negativ ist, und die linke Hälfte ($e \leqq 0$), falls a positiv ist. Entsprechend gilt der Mittelwert $m_e = -0{,}5\ q$ für $a \geqq 0$ und $m_e = 0{,}5\ q$ für $a \leqq 0$. Die Varianz bleibt jeweils die gleiche wie bei der Rundung.

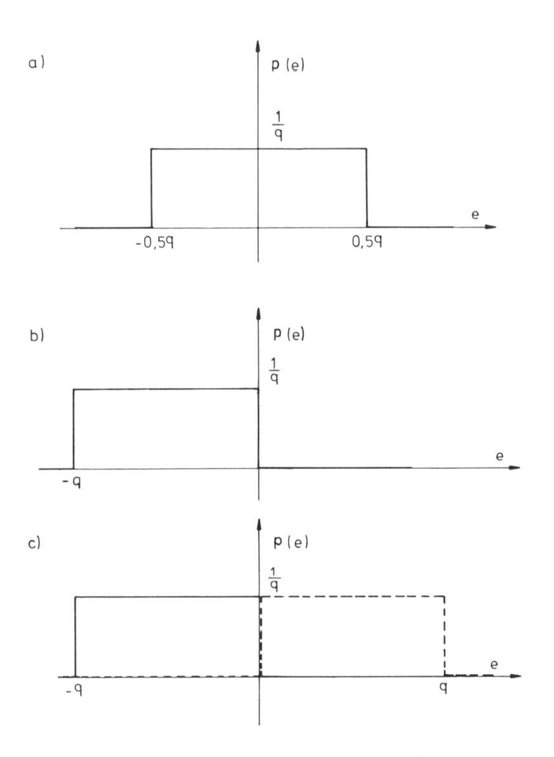

Bild 3.19: Verteilungsdichtefunktion a) des Rundungsrauschens, b) des Abschneiderauschens im Falle der ZKD, c) des Abschneiderauschens im Falle der VBD.

Wegen der Korrelation des Abschneidefehlers mit der abzuschneidenden Zahl kann das Rauschmodell nicht in gleich einfacher Weise wie bei der Rundung angewendet werden, da beim Abschneiden die bereits erwähnte Korrelation zu berücksichtigen ist [23].

Die Rauschmodelle eines Netzwerks und eines ADU können zur Bestimmung des auf die Beiträge der einzelnen Rundungsrauschen (Abschneiderauschen) und des Quantisierungsrauschens zurückzuführenden SNR am Ausgang des Netzwerks herangezogen werden. Dies geschieht in Kap. 5 und 6 bei der Rauschanalyse eines Systems im Frequenzbereich.

3.7.4 Instabilitätserscheinungen

Digitale Systeme sind wegen der nichtlinearen Operation der Wortlängenreduktion bei Multiplikationen und wegen der nichtlinearen Überlaufscharakteristiken binärer Zahlendarstellungen mit endlichen Wortlängen im Grunde nichtlineare Systeme, für die die Stabilitätskriterien von LTI-Systemen nicht mehr gelten. Es können daher bei rekursiven Systemen, die ursprünglich unter Beachtung der Stabilitätskriterien für LTI-Systeme - e.g. der Beziehung (3.5) - und mit der Annahme unendlich großer Wortlängen entworfen wurden, nach der Realisierung mit endlichen Wortlängen Instabilitätserscheinungen auftreten, die als Grenzzyklen und Überlaufsschwingungen bezeichnet werden. In der Literatur wird für Überlaufsschwingungen manchmal auch der Begriff Grenzzyklus verwendet.

G r e n z z y k l e n : Grenzzyklen sind periodische Ausgangssignale rekursiver Systeme, die beispielsweise bei verschwindendem oder einem von Null verschiedenen, jedoch konstanten Eingangssignal auftreten. Sie nehmen verschiedene Signalformen an, und ihre Momentanwerte bleiben meist weit unterhalb der Ausgangsaussteuergrenze. In vielen Anwendungsfällen wirken sie sich insbesondere bei fehlendem Eingangssignal als störend aus.

Das Auftreten von Instabilitätserscheinungen bei digitalen Systemen, die ursprünglich unter Beachtung von Stabilitätsbedingungen für LTI-Systeme entworfen wurden, rührt daher, daß die angewendeten Stabilitätskriterien Linearität als Voraussetzung verlangen. Bei realen Systemen werden jedoch aufgrund der Wortlängenreduktion bei Produkten die Eigenschaft der Linearität und folglich das Stabilitätskriterium verletzt. Hieraus resultieren Grenzzyklen. Zur Veranschaulichung zeigt Bild 3.20 einen Grenzzyklus, der bei der Differenzengleichung $y(n) = x(n) - 0{,}625\ y(n-1)$ mit verschwindendem Eingangssignal $x(n) = 0$ und der Anfangsbedingung $y(-1) = -0{,}875$ aufgrund der Rundung von Produkten auf 4 bits (ohne Vorzeichenbit) auftritt. Das Ausgangssignal schwingt nach einer gewissen Zeit zwischen $\pm q$ mit $q = 2^{-4}$ als die LSB-Wertigkeit eines Produkts nach der Rundung.

Grenzzyklen sind spezifische Instabilitätserscheinungen rekursiver Systeme und lassen sich durch geeignete Entwurfsmaßnahmen ganz unterbinden oder durch Vergrößerung der Produktwortlängen in ihrer Leistung gering halten. Grenzzyklen werden in Kap. 5 ausführlicher besprochen.

Ü b e r l a u f s s c h w i n g u n g e n : Eine weitere Instabilitätserscheinung, die in einem rekursiven digitalen System aufgrund der Darstellung von Zahlen mit endlichen Wortlängen auftreten kann, ist die Überlaufsschwingung. In einem rea-

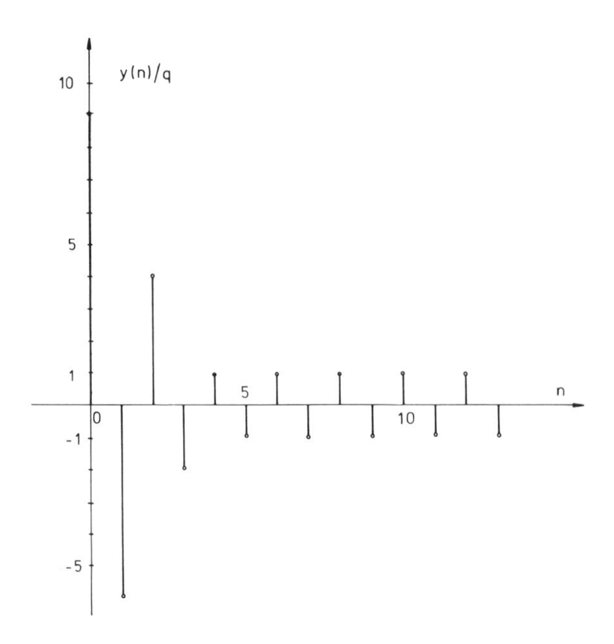

Bild 3.20: Beispiel eines Grenzzyklus.

len digitalen Netzwerk sind der darstellbare Zahlenbereich begrenzt und die Überlaufskennlinie, wie in Bild 1.4a für die ZKD dargestellt, stark nichtlinear. Falls in einem realen, ohne Zahlenbereichsüberschreitungen stabilen LTI-System das Ergebnis irgendeiner arithmetischen Operation (meist Addition) den darstellbaren Zahlenbereich überschreitet, wird das System nichtlinear. Die Erfüllung der Stabilitätsbedingung, die - wie im Falle der Grenzzyklen - unter der Voraussetzung der Linearität erfüllt war, ist nicht mehr gegeben. Nach Auftritt eines Überlaufs kann das System instabil werden und Schwingungen ausführen, die selbst bei Verschwinden des Eingangssignals weiter erhalten bleiben. Sie besitzen Momentanwerte von der Größe des Ausgangsaussteuerbereichs, unterschiedliche Signalformen und Frequenzen. Bild 3.21 zeigt eine Überlaufsschwingung, die bei dem System $y(n) = x(n) + 1{,}6\ y(n-1) - 0{,}81\ y(n-2)$ mit verschwindendem Eingangssignal, der Zweierkomplementarithmetik, den Anfangsbedingungen $y(-1) = -0{,}95$, $y(-2) = -0{,}195$ und dem Aussteuerbereich $|y(n)| \leq 1$ auftritt.

Überlaufsschwingungen können sich insbesondere wegen ihrer großen Leistung sehr störend auswirken. Durch Vergrößerung der Wortlänge, geeignete Entwurfsmaßnahmen oder Skalierung des Eingangssignals lassen sich Überlaufsschwingungen unterbinden. Auf Überlaufsschwingungen wird in Abschnitt 5.3.5 ausführlich eingegangen.

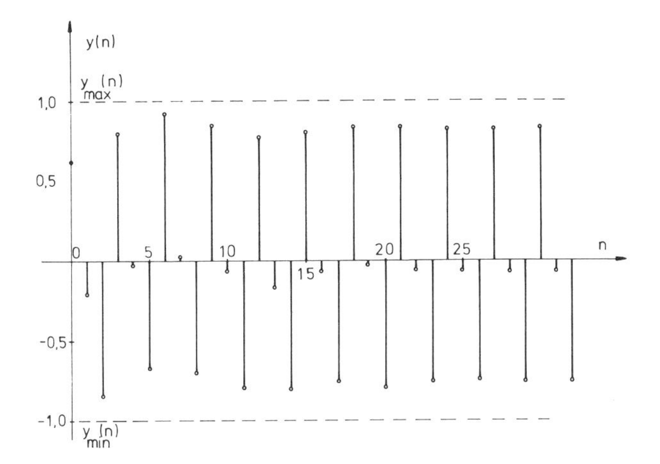

Bild 3.21: Beispiel einer Überlaufsschwingung.

4. Systembeschreibung im Frequenzbereich

Ein digitales LTI-System wird durch seine Einheitsimpulsantwort h(n) vollständig beschrieben. h(n) läßt sich durch iterative Auswertung der Differenzengleichung des Systems mit dem Einheitsimpuls als Eingangssignal ermitteln. Mit h(n) kann man die Antwort des Systems auf beliebige Signale über die diskrete Faltung (3.2) bzw. (3.3) berechnen.

Eine weitere Möglichkeit zur Beschreibung von LTI-Systemen bietet die *Frequenzbereichsanalyse*, mit deren Hilfe viele technische Probleme einfacher und überschaubarer gelöst werden können als mit der Zeitbereichsanalyse. Der Frequenzbereichsanalyse von LTI-Systemen liegt der Begriff Übertragungsfunktion zugrunde. Im folgenden wird zunächst dieser Begriff für digitale Systeme erklärt. Den Zusammenhang zwischen der Übertragungsfunktion und der Differenzengleichung eines digitalen Systems liefert die sog. Z-Transformation, die anschließend erläutert wird. Es folgt die Beschreibung des Begriffs Systemfunktion, der aus der Anwendung der Z-Transformation auf die Differenzengleichung eines Systems hervorgeht. Ferner werden die verschiedenen Darstellungsarten der Systemfunktion behandelt, die sich insbesondere beim Systementwurf und bei der Erstellung von Netzwerken als nützlich erweisen.

4.1 Übertragungsfunktion

Kontinuierliche und diskrete LTI-Systeme haben die spezifische Eigenschaft, daß ihre Antwort auf eine Kreisfunktion ebenfalls eine Kreisfunktion derselben Frequenz ist [24]. Die Amplitude und Phase der Ausgangskreisfunktion hängen von der Frequenz sowie von den Eigenschaften des Systems ab. Für digitale LTI-Systeme läßt sich diese Behauptung wie folgt nachweisen: Als Eingangssignal wähle man der Einfachheit halber statt einer reellen diskreten Kreisfunktion die *komplexe diskrete Kreisfunktion* $x(n) = e^{j2\pi fn}$ der Amplitude 1 und der Frequenz f. $e^{j2\pi fn}$ faßt eine Cosinus- und eine Sinusfunktion gleicher Amplitude und Frequenz in folgender Weise zusammen:

$$e^{j2\pi fn} = \cos(2\pi fn) + j\sin(2\pi fn) \quad .$$

$e^{j2\pi fn}$ beschreibt Punkte des Einheitskreises in der Ebene der komplexen Zahlen. Man kann diese diskrete Funktion auch als komplexen Zeiger des Betrags 1 und der Phase $2\pi fn$ darstellen. Die Antwort eines kausalen Systems mit der Einheitsimpulsantwort h(n) auf dieses komplexe Signal läßt sich mit der diskreten Faltung (3.3) ermitteln:

$$y(n) = \sum_{k=0}^{\infty} h(k)\, e^{j2\pi f(n-k)} = e^{j2\pi fn} \sum_{k=0}^{\infty} h(k)\, e^{-j2\pi fk} .$$

Die unendliche Reihe besteht aus komplexen Termen, ihr Grenzwert ist daher ebenfalls komplex und enthält f als unabhängige Variable. Konvergenz der Reihe vorausgesetzt, erhält man mit der Abkürzung

$$H(f) = \sum_{k=0}^{\infty} h(k)\, e^{-j2\pi fk} \tag{4.1}$$

die Beziehung $y(n) = H(f)\, e^{j2\pi fn}$. Die Ausgangsfolge erhält man hiernach als das Produkt der Eingangsfolge mit dem komplexen Faktor H(f). Mit $H(f) = |H(f)|\, e^{j\measuredangle H(f)}$ folgt weiter:

$$y(n) = |H(f)|\, e^{j\measuredangle H(f)}\, e^{j2\pi fn} = |H(f)|\, e^{j(2\pi fn + \measuredangle |H(f)|)} . \tag{4.2}$$

Ein LTI-System antwortet auf die komplexe Kreisfunktion $e^{j2\pi nf}$ nach (4.2) mit einer komplexen Kreisfunktion der gleichen Frequenz, jedoch der Amplitude $|H(f)|$ und der Phase $\measuredangle H(f)$. Die Amplitude und die Phase der Ausgangsfolge hängen von der Frequenz sowie von den durch H(f) repräsentierten Eigenschaften des Systems ab. Die Antwort des Systems auf eine diskrete Cosinus- bzw. Sinusfunktion läßt sich durch Realteil- bzw. Imaginärteilbildung aus (4.2) ermitteln:

$$y(n) = |H(f)| \cos(2\pi fn + \measuredangle H(f)) \quad \text{für} \quad x(n) = \cos(2\pi fn) \quad \text{bzw.}$$

$$y(n) = |H(f)| \sin(2\pi fn + \measuredangle H(f)) \quad \text{für} \quad x(n) = \sin(2\pi fn) \quad .$$

Man kann nun die Frequenz des Eingangssignals im Bereich $-\infty < f < \infty$ variieren und die Funktion H(f) für den gesamten Frequenzbereich bestimmen. In dieser Weise läßt sich ein LTI-System im Frequenzbereich durch H(f) charakterisieren. Die komplexe Funktion H(f) nennt man *Übertragungsfunktion*, $|H(f)|$ *Amplitudengang* und $\measuredangle H(f)$ *Phasengang* des Systems. Alternativ verwendet man die Größen *Dämpfung* $a(f) = -20 \log|H(f)|$ und *Gruppenlaufzeit* $\tau(f) = -\frac{1}{2\pi}\frac{d}{df}\measuredangle H(f)$.

Bei näherer Betrachtung von (4.1) stellt sich heraus, daß H(f) die FOURIER-Transformierte der Einheitsimpulsantwort h(n) ist. Folglich besitzt H(f) alle Eigenschaften der FOURIER-Transformierten eines diskreten Signals, von denen die wichtigsten im folgenden erwähnt seien:

a) H(f) ist eine kontinuierliche und periodische Funktion von f mit der Periode 1. Für eine beliebige ganze Zahl n gilt nämlich:

$$H(f+n) = \sum_{k=0}^{\infty} h(k)\, e^{-j2\pi k(f+n)} = \sum_{k=0}^{\infty} h(k)\, e^{-j(2\pi kf + 2\pi kn)}$$

$$= \sum_{k=0}^{\infty} h(k)\, e^{-j2\pi fk} = H(f) \quad .$$

Das Auftreten der speziellen Periode 1 für die allgemeine Übertragungsfunktion H(f) läßt sich in folgender Weise erklären: Das zur Bestimmung von H(f) verwendete Eingangssignal $e^{j2\pi fn}$ entspricht einem Abtastsignal, das durch Abtastung des kontinuierlichen Signals $e^{j2\pi ft}$ mit der Abtastfrequenz $f_a = 1$ bzw. der Abtastperiode $T = 1$ entsteht. Nach Abschnitt 2.3 ist das Spektrum eines Abtastsignals mit der Abtastfrequenz $f_a = 1$ periodisch und hat die Periode 1.

Mit einer beliebigen Abtastfrequenz $f_a = \frac{1}{T}$ erhält man für die Übertragungsfunktion:

$$H(f) = \sum_{k=0}^{\infty} h(kT)\, e^{-j2\pi kT} \quad .$$

In diesem Fall besitzt H(f) die Periode f_a.

Für die weiteren Ausführungen über Übertragungsfunktionen wird hier, falls nicht ausdrücklich anders vermerkt, der Einfachheit halber die Abtastfrequenz $f_a = 1$ angenommen. Alle Übertragungsfunktionen erhalten damit im Frequenzbereich die Periode 1; für den Fall $f_a \neq 1$ ergeben sie sich aus einer einfachen Skalierung der Frequenzachse.

b) Aus (4.1) folgt wegen der Reellwertigkeit von h(n) unmittelbar $H(-f) = H^*(f)$ und daraus $|H(-f)| = |H(f)|$ und $\sphericalangle H(-f) = -\sphericalangle H(f)$ bzw. $\mathrm{Re}\{H(-f)\} = \mathrm{Re}\{H(f)\}$ und $\mathrm{Im}\{H(-f)\} = -\mathrm{Im}\{H(f)\}$.

Der Amplitudengang sowie der Realteil von H(f) sind also gerade Funktionen von f, der Phasengang sowie der Imaginärteil jedoch ungerade. Der Teil von

H(f) mit negativen Frequenzen hat somit den gleichen informativen Inhalt wie der mit positiven Frequenzen.

c) Setzt man in (4.1) die Substitution $f' = 1 - f$ ein, ergibt sich

$$H(f') = \sum_{k=0}^{\infty} h(k)\, e^{-j2\pi k\,(1-f)} = \sum_{k=0}^{\infty} h(k)\, e^{j\,(2\pi kf - 2\pi k)}$$

$$= \sum_{k=0}^{\infty} h(k)\, e^{j2\pi kf} = H^{*}(f) \quad .$$

Hieraus ist ersichtlich, daß bezüglich der Frequenz $f = 0{,}5$ der Amplitudengang $|H(f)|$ gerade und der Phasengang $\sphericalangle H(f)$ ungerade ist. Eine analoge Aussage gilt für den Realteil bzw. den Imaginärteil von H(f). Die Frequenz $f = 0{,}5$ bzw. $f = 0{,}5\, f_a$ im Falle einer beliebigen Abtastfrequenz wird als N Y Q U I S T F R E Q U E N Z f_N bezeichnet.

Zusammenfassend kann man sagen, daß die Übertragungsfunktion eines digitalen Systems durch ihren Verlauf im begrenzten Frequenzbereich $0 \leq f \leq 0{,}5$ vollständig bestimmt ist. Ohne an Information zu verlieren, kann man daher den Verlauf der Übertragungsfunktion in anderen Frequenzbereichen unberücksichtigt lassen.

Beispiel 1:

Bestimme die Übertragungsfunktion des rekursiven Systems 1. Ordnung:

$$y(n) = x(n) + 0{,}5\, y(n-1) \quad .$$

Lösung: Für die Einheitsimpulsantwort h(n) des Systems gilt (cf. Abschnitt 3.4)

$$h(n) := \begin{cases} 0{,}5^{n} & \text{für} \quad n \geq 0 \\ 0 & \text{sonst} \end{cases} \quad .$$

Aus (4.1) folgt somit:

$$H(f) = \sum_{n=0}^{\infty} 0{,}5^{n}\, e^{-j2\pi fn} = \sum_{n=0}^{\infty} (0{,}5\, e^{-j2\pi f})^{n} \quad .$$

H(f) besteht aus einer unendlichen geometrischen Reihe der komplexen Zahl $a = 0{,}5\, e^{-j2\pi f}$. Wegen $|a| < 1$ ist die Reihe konvergent und hat den Grenzwert

$$H(f) = \frac{1}{1 - 0{,}5\, e^{-j2\pi f}} \quad .$$

Für den Amplituden- und Phasengang ergibt sich hieraus:

$$|H(f)| = [(1 - 0{,}5 \cos(2\pi f))^2 + 0{,}25 \sin^2(2\pi f)]^{-\frac{1}{2}}$$

$$= [1{,}25 - \cos(2\pi f)]^{-\frac{1}{2}} \quad ,$$

$$\measuredangle H(f) = -\arctan\left(\frac{0{,}5 \sin(2\pi f)}{1 - 0{,}5 \cos(2\pi f)}\right) \quad .$$

Bilder 4.1a,b zeigen $|H(f)|$ bzw. $\measuredangle H(f)$. Das System weist ein Tiefpaßverhalten auf. Dieses Beispiel verdeutlicht die bereits erwähnten Eigenschaften der Periodizität der Übertragungsfunktion, der Geradheit des Amplitudengangs und der Ungeradheit des Phasengangs bezüglich der Frequenzen $f_n = 0{,}5\, n \; , \; -\infty < n < \infty$.

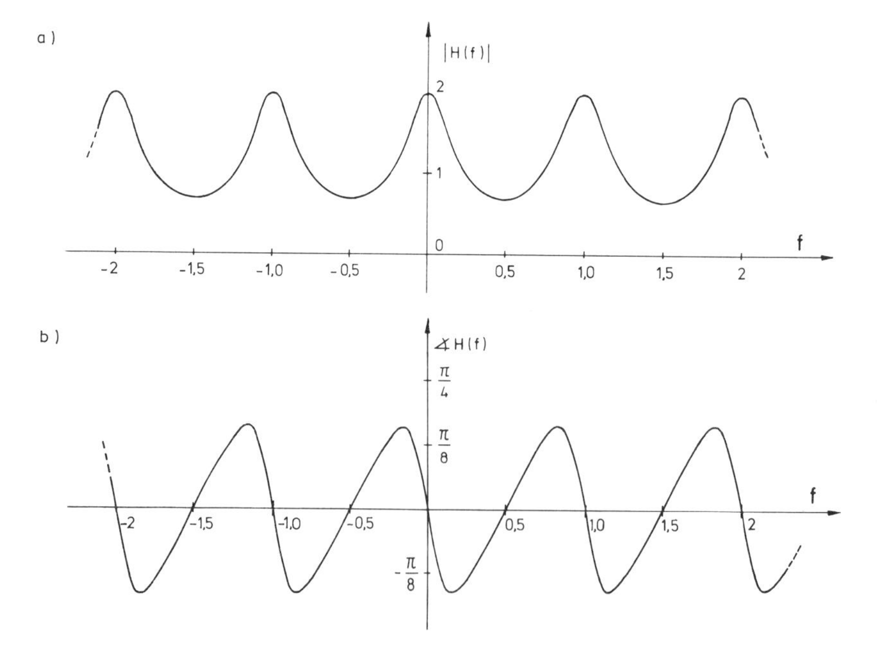

Bild 4.1: a) Amplituden- und b) Phasengang des rekursiven Systems 1. Ordnung $y(n) = x(n) + 0{,}5\, y(n-1)$.

Beispiel 2:

Bestimme die Übertragungsfunktion des nichtrekursiven Systems 4. Ordnung:

$$y(n) = \frac{1}{5}\left[[x(n) + x(n-1) + x(n-2) + x(n-3) + x(n-4)]\right] .$$

Lösung: Aus der allgemeinen Lösung für die Einheitsimpulsantwort eines nichtrekursiven Systems - cf. Abschnitt 3.6 - erhält man

$$h(n) = \begin{cases} \frac{1}{5} & \text{für} \quad 0 \leq n \leq 4 \\ 0 & \text{sonst} \end{cases} .$$

Hieraus ergibt sich für die Übertragungsfunktion

$$H(f) = \frac{1}{5} \sum_{k=0}^{4} e^{-j2\pi fk} .$$

Das ist eine endliche geometrische Reihe, für die gilt:

$$H(f) = \frac{1}{5} \frac{1 - e^{-j10\pi f}}{1 - e^{-j2\pi f}} = \frac{1}{5} e^{-j4\pi f} \frac{e^{j5\pi f} - e^{-j5\pi f}}{e^{j\pi f} - e^{-j\pi f}}$$

$$= \frac{1}{5} e^{-j4\pi f} \frac{\sin(5\pi f)}{\sin(\pi f)} .$$

Bilder 4.2a,b zeigen den Amplitudengang $|H(f)|$ und den Phasengang $\sphericalangle H(f)$. Der Amplitudengang macht das Tiefpaßverhalten des Systems deutlich.

In diesem Abschnitt wurde gezeigt, daß man mit der Einheitsimpulsantwort eines Systems seine Übertragungsfunktion H(f) über die FOURIER-Transformation bestimmen kann. Im nächsten Abschnitt wird die Z-Transformation beschrieben und gezeigt, daß man mit ihrer Hilfe die Übertragungsfunktion auch ohne Kenntnis von h(n) ermitteln kann.

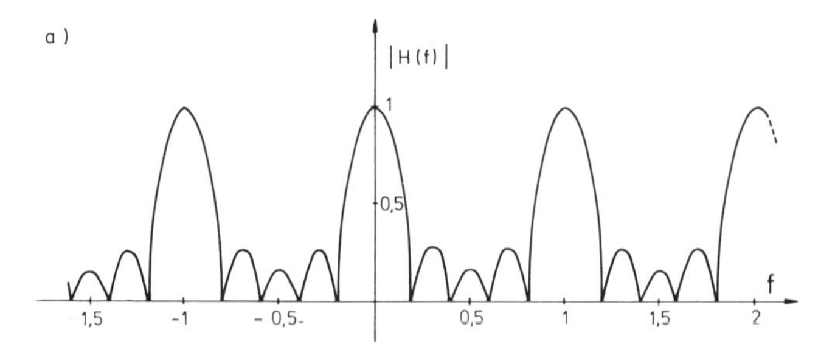

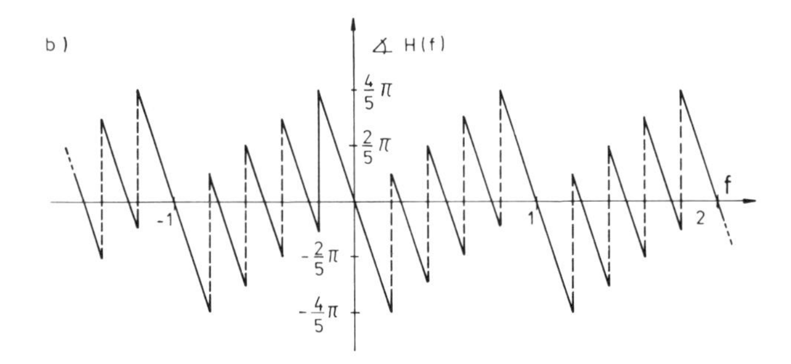

Bild 4.2: a) Amplituden- und b) Phasengang des nichtrekursiven Systems 4. Ordnung $y(n) = 1/5 \sum_{k=0}^{4} x(n-k)$.

4.2 Z-Transformation

Im letzten Abschnitt wurde die Übertragungsfunktion H(f) eines Systems als die FOURIER-Transformierte seiner Einheitsimpulsantwort h(n) eingeführt. Aus (4.1) geht hervor, daß H(f) eine zusammengesetzte Funktion von f ist, i.e. sie hängt über die Funktion $e^{j2\pi f}$ von f ab. $e^{j2\pi f}$ beschreibt die Punkte des Einheitskreises in der komplexen Ebene. Der Definitionsbereich der Übertragungsfunktion in der komplexen Ebene ist somit der Einheitskreis.

Mathematisch gesehen, ist diese Einschränkung des Definitionsbereichs ein Hindernis für die Anwendung zahlreicher nützlicher Aussagen und Theoreme der F u n k t i o n e n t h e o r i e . Dieses Hindernis behebt man in Anlehnung an die im folgenden beschriebene Z-Transformation diskreter Signale, indem man den Definitionsbereich von H(f) rein mathematisch in die gesamte komplexe Ebene fortsetzt. Dies geschieht, indem man bei H(f) aus (4.1) den Term $e^{j2\pi f}$ durch die komplexe Variable z ersetzt:

$$H(z) = \sum_{n=0}^{\infty} h(n)\, z^{-n} \qquad (4.3)$$

H(z) ist eine Funktion der komplexen Variablen z. Auf sie können nun funktionstheoretische Aussagen und Methoden angewendet werden. H(z) ist auf dem Einheitskreis mit der Übertragungsfunktion H(f) identisch und wird als *Systemfunktion* bezeichnet.

Eine Bemerkung hinsichtlich der Schreibweise: Obwohl für H(f) und H(z) das gleiche Funktionssymbol H gewählt wurde, unterscheiden sie sich dadurch, daß H(f) über $e^{j2\pi f}$ von f abhängt und nicht aus H(z) durch Ersetzen von z mit f entsteht. Im folgenden wird zunächst die Z-Transformation beschrieben, die die notwendigen Grundlagen zur weiteren Untersuchung der Systemfunktion liefert [25].

Zweiseitige Z-Transformation: Die Beziehung (4.3), durch die die Einheitsimpulsantwort eines Systems in die komplexe Ebene transformiert wird, kann zum gleichen Zweck auch allgemein auf beliebige diskrete Signale angewendet werden. Einem diskreten Signal x(n) mit dem Definitionsbereich $-\infty < n < +\infty$ wird nach der Beziehung

$$X(z) = \sum_{n=-\infty}^{\infty} x(n)\, z^{-n} \qquad (4.4)$$

eine Funktion der komplexen Variablen z eindeutig zugeordnet. Die komplexe Ebene wird in diesem Zusammenhang als z-Ebene bezeichnet. Die Beziehung (4.4) wird wegen der beidseitig unendlichen Grenzen als *zweiseitige Z-Transformation* bezeichnet - im folgenden wird das Attribut "zweiseitig" der Einfachheit halber weggelassen. Mit X(z) erhält man eine eindeutige Repräsentation von x(n) in der komplexen z-Ebene. Die Z-Transformation wird symbolisch gekennzeichnet durch

$$X(z) = Z\{x(n)\} \quad \text{oder} \quad x(n) \longleftrightarrow X(z) \; .$$

Die FOURIER-Transformierte X(f) eines diskreten Signals x(n) erhält man aus dessen Z-Transformierten X(z) auf dem Einheitskreis, i.e. für $z = e^{j2\pi f}$:

$$X(f) = X(z)\Big|_{z = e^{j2\pi f}} = \sum_{n=-\infty}^{\infty} h(n)\, e^{-j2\pi fn}$$

Da die Z-Transformation (4.4) aus einer unendlichen Reihe besteht, konvergiert sie für jedes Signal in einem bestimmten signalspezifischen Gebiet der z-Ebene, das als Konvergenzgebiet der Z-Transformierten des jeweiligen Signals bezeichnet wird. Eine unendliche komplexe Reihe wird in einem Punkt $z = z_0$ als konvergent bezeichnet, wenn sie dort absolut konvergiert, i.e. wenn gilt:

$$\sum_{n=-\infty}^{\infty} |x(n)\, z_0^{-n}| < \infty \; .$$

Aus dieser Konvergenzbedingung geht unmittelbar hervor, daß eine Reihe auf dem ganzen Kreis $|z| = |z_0|$ konvergent ist, falls der Konvergenznachweis für einen einzigen Punkt des Kreises z_0 erbracht werden kann.

Aus der Funktionentheorie ist bekannt, daß das Konvergenzgebiet beidseitig unendlicher Reihen, auch als LAURENT-Reihen bezeichnet, allgemein aus einem ringförmigen Gebiet der z-Ebene um den Nullpunkt $R_i < |z| < R_a$ mit dem Innenradius R_i und dem Außenradius R_a besteht (Bild 4.3a). Dabei sind die Fälle $R_i = 0$ und $R_a = \infty$ als Spezialfälle enthalten. Oft läßt sich eine LAURENT-Reihe in ihrem Konvergenzgebiet durch eine rationale Funktion von z ersetzen. Die Polstellen der rationalen Funktion liegen dann außerhalb des Konvergenzgebiets.

Ein interessanter Fall ist die Z-Transformation von Signalen, die für $n < 0$ verschwinden (kausale Folgen):

$$X(z) = \sum_{n=0}^{\infty} x(n)\, z^{-n} \; . \tag{4.5}$$

Das ringförmige Konvergenzgebiet erweitert sich für derartige Signale, wie aus folgender Überlegung ersichtlich wird, auf die ganze z-Ebene außerhalb eines Kreises um den Nullpunkt: Wenn $X(z)$ in einem Punkt $z = z_0$ konvergent ist, dann konvergiert $X(z)$ wegen

$$\sum_{n=0}^{\infty} |x(n)|\, |z|^{-n} < \sum_{n=0}^{\infty} |x(n)|\, |z_0|^{-n} < \infty \qquad \text{mit} \qquad |z| > |z_0|$$

auch für $z = \infty$. Das Konvergenzgebiet enthält somit den unendlich fernen Punkt und besteht für kausale Folgen stets aus dem Gebiet der z-Ebene außerhalb eines Kreises um den Nullpunkt (Bild 4.3b). Der innere Radius des Konvergenzgebiets R_i wird vom Signal $x(n)$ bestimmt.

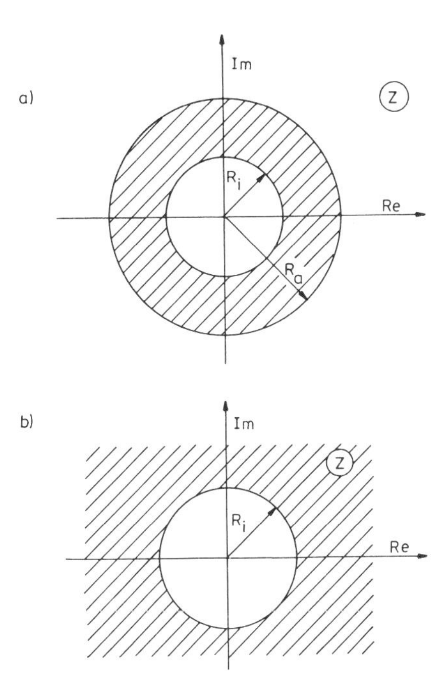

Bild 4.3: a) Konvergenzgebiet der Z-Transformierten nichtkausaler Folgen (LAURENT-Reihen), b) Konvergenzgebiet der Z-Transformierten kausaler Folgen.

Beispiele:

Bestimme die Z-Transformierten folgender Signale und das jeweilige Konvergenzgebiet.

1) $x(n) = \delta(n)$.

2) $x(n) = \begin{cases} 1 & \text{für} \quad 0 \leqq n \leqq 4 \\ 0 & \text{sonst} \end{cases}$.

3) $x(n) = \begin{cases} a^n & \text{für} \quad n \geqq 0 \\ 0 & \text{sonst} \end{cases}$.

Lösung:

ad 1) Aus (4.4) folgt sofort: $X(z) = 1$. Das Konvergenzgebiet umfaßt die ganze z-Ebene.

ad 2) $X(z) = 1 + z^{-1} + z^{-2} + z^{-3} + z^{-4}$.

Das Konvergenzgebiet umfaßt die ganze z-Ebene außer den Nullpunkt.

ad 3) $X(z) = \sum_{n=0}^{\infty} a^n z^{-n} = \sum_{n=0}^{\infty} (az^{-1})^n$.

$X(z)$ besteht aus einer unendlichen geometrischen Reihe. Sie konvergiert bekanntlich für $|az^{-1}| < 1$. Die Reihe hat dann den Grenzwert

$$X(z) = \frac{1}{1 - az^{-1}} \qquad \text{für} \qquad |z| > |a| \quad .$$

Das Konvergenzgebiet besteht aus dem Gebiet außerhalb des Kreises mit dem Radius $|a|$. Für $a = 1$ erhält man die Z-Transformierte der Sprungfolge:

$$s(n) \longleftrightarrow \frac{1}{1 - z^{-1}} \quad .$$

Die Z-Transformierten einiger diskreter Signale mit zugehörigen Konvergenzgebieten sind in Tabelle 1 zusammengestellt. Den praktischen Anwendungen entsprechend sind solche Signale aufgeführt, die vor einem bestimmten Zeitpunkt, hier $n < 0$, verschwinden. Mit Hilfe dieser Korrespondenztabelle lassen sich die Z-Transformierten anderer Signale durch geschickte Umformungen oft einfacher als durch ihre direkte Auswertung (4.4) ermitteln.

Im folgenden werden einige wichtige Eigenschaften der Z-Transformation erläutert, die sich bei der Analyse digitaler Systeme als nützlich erweisen.

Linearitätssatz: Mit $x_1(n) \longleftrightarrow X_1(z)$, $x_2(n) \longleftrightarrow X_2(z)$ und $x_3(n) = a_1x_1(n) + a_2x_2(n)$ folgt aus (4.4) unmittelbar

$$x_3(n) \longleftrightarrow X_3(z) = a_1X_1(z) + a_2X_2(z) \quad ,$$

wobei a_1 und a_2 beliebige Konstanten sind. Das Konvergenzgebiet von $X_3(z)$ ist der Durchschnitt der Konvergenzgebiete von $X_1(z)$ und $X_2(z)$.

Beispiel:

Bestimme die Z-Transformierte des Signals

$$x(n) = g(n) - \delta(n) \qquad \text{mit} \qquad g(n) = \begin{cases} 0{,}5^n & \text{für} \quad n \geq 0 \\ 0 & \text{sonst} \end{cases} \quad .$$

Lösung: Es gilt (cf. Beispiel 1) und 3) dieses Abschnitts) :

Tabelle 1 : Korrespondenztabelle der Z-Transformation

Nr.	$x(n) = 0$ für $n < 0$	$X(z)$	Konvergenzbereich
1	$\delta(n) = \begin{cases} 1 & \text{für } n = 0 \\ 0 & \text{sonst} \end{cases}$	1	ganze z-Ebene
2	$x(n) = 1$ für $n \geq 0$	$\dfrac{1}{1 - z^{-1}}$	$\|z\| > 1$
3	a^n (a sei komplex)	$\dfrac{1}{1 - a z^{-1}}$	$\|z\| > \|a\|$
4	$n a^n$ (a sei komplex)	$\dfrac{a z^{-1}}{(1 - a z^{-1})^2}$	$\|z\| > \|a\|$
5	$n^2 a^n$ (a sei komplex)	$\dfrac{a z^{-1} + a^2 z^{-2}}{(1 - a z^{-1})^3}$	$\|z\| > \|a\|$
6	$\sin(2\pi f_0 nT)$	$\dfrac{\sin(2\pi f_0 T) z^{-1}}{1 - 2 \cos(2\pi f_0 T) z^{-1} + z^{-2}}$	$\|z\| > 1$
7	$\cos(2\pi f_0 nT)$	$\dfrac{1 - \cos(2\pi f_0 t) z^{-1}}{1 - 2 \cos(2\pi f_0 T) z^{-1} + z^{-2}}$	$\|z\| > 1$

$$\delta(n) \longleftrightarrow 1 \qquad \text{und} \qquad g(n) \longleftrightarrow \frac{1}{1 - 0{,}5\, z^{-1}} \quad .$$

Aus der Eigenschaft der Linearität folgt hiermit:

$$X(z) = \frac{1}{1 - 0{,}5\, z^{-1}} - 1 = \frac{0{,}5\, z^{-1}}{1 - 0{,}5\, z^{-1}} \quad .$$

Verschiebungssatz: Mit $x_1(n) \longleftrightarrow X_1(z)$ und $x_2(n) = x_1(n-k)$ folgt $x_2(n) \longleftrightarrow X_2(z) = z^{-k}\, X_1(z)$. k sei eine beliebige ganze Zahl. Zum Beweis setze man in

$$X_2(z) = \sum_{n=-\infty}^{\infty} x(n-k)\, z^{-n}$$

die Substitution $m = n-k$ ein, woraus sich der Beweis unmittelbar ergibt:

$$X_2(z) = \sum_{m=-\infty}^{\infty} x(m)\, z^{-(k+m)} = z^{-k} \sum_{m=-\infty}^{\infty} x(m)\, z^{-m} = z^{-k}\, X_1(z) \quad .$$

Außer für $z = 0$ im Falle $k > 0$ und $z = \infty$ im Falle $k < 0$ bleibt das Konvergenzgebiet von einer Verschiebung des Signals unbeeinflußt.

Beispiel:

Bestimme die Z-Transformierten folgender Folgen mit Hilfe des Verschiebungssatzes:

1) $$x(n) = \begin{cases} a^{n-3} & \text{für} \quad n \geq 3 \;, \quad |a| < 1 \\ 0 & \text{sonst} \end{cases} \quad .$$

2) $x(n) = \delta(n+5)$.

Lösung:

ad 1) $x(n)$ entsteht durch Verschiebung der Folge

$$g(n) = \begin{cases} a^{n} & \text{für} \quad n \geq 0 \\ 0 & \text{sonst} \end{cases}$$

um $k = 3$: $x(n) = g(n-3)$.

Mit $g(n) \leftrightarrow \dfrac{1}{1 - az^{-1}}$ folgt aus dem Verschiebungssatz

$$X(z) = \frac{z^{-3}}{1 - az^{-1}} .$$

ad 2) x(n) entsteht durch die Verschiebung des Einheitsimpulses $\delta(n)$ um -5.
Mit $\delta(n) \leftrightarrow 1$ folgt somit $X(z) = z^{5}$.

Inverse Z-Transformation: Ein diskretes Signal x(n) läßt sich durch folgende Beziehung aus seiner Z-Transformierten $X(z) \leftrightarrow x(n)$ zurückberechnen:

$$x(n) = \frac{1}{j2\pi} \oint_C X(z)\, z^{n-1}\, dz . \tag{4.6}$$

(4.6) enthält ein Umlaufsintegral in der z-Ebene, und C besteht aus einer im Konvergenzbereich von X(z) verlaufenden, den Nullpunkt umschließenden Umlaufskurve. Die Beziehung (4.6) wird inverse Z-Transformation genannt. Das Umlaufsintegral läßt sich nach einem Satz aus der Funktionentheorie, nämlich dem Residuensatz, oft relativ einfach auswerten. Nach diesem Satz gilt für ein Umlaufsintegral über eine Funktion f(z), die N einfache Polstellen $z_{\infty k}$, k = 1, 2, ... , N besitzt,

$$\oint_C f(z)\, dz = j2\pi \sum_{k=1}^{N} \mathrm{Res}\left[f(z_{\infty k}) \right]$$

mit $\mathrm{Res}\left[f(z_{\infty k}) \right] = (z - z_{\infty k})\, f(z) \Big|_{z = z_{\infty k}}$

Für mehrfache Polstellen gilt eine entsprechende Beziehung [25].

Auf dem Einheitskreis $z = e^{j2\pi f}$ geht die Beziehung (4.6) mit $z^{n-1} = e^{j2\pi(n-1)f}$ und $dz = j2\pi z\, df$ in die Beziehung der inversen FOURIER-Transformation diskreter Signale über:

$$x(n) = \int_{-0,5}^{0,5} X(f)\, e^{j2\pi nf}\, df . \tag{4.7}$$

Ein anderes und oft einfacheres Verfahren zur Bestimmung einer Folge aus ihrer Z-Transformierten ist die geschickte Umformung bzw. Zerlegung der Z-Transfor-nierten in einfachere Funktionen und Benutzung der Korrespondenztabelle der Z-Transformation. Der Eindeutigkeit halber muß hierbei das Konvergenzgebiet der Z-Transformierten berücksichtigt werden.

Beispiel:
Bestimme die Folge mit der Z-Transformierten

$$X(z) = \frac{1 - 0{,}5\,z^{-1} + z^{-2} - 0{,}5\,z^{-3} + z^{-4}}{1 - 0{,}5\,z^{-1}}$$

mit dem Konvergenzgebiet $|z| > 0{,}5$.

Lösung: X(z) läßt sich in folgender Weise umformen:

$$X(z) = 1 + z^{-2} + \frac{z^{-4}}{1 - 0{,}5\,z^{-1}} \quad .$$

Aus $1 \longleftrightarrow \delta(n)$ und

$$\frac{1}{1 - 0{,}5\,z^{-1}} \longleftrightarrow g(n) = \begin{cases} 0{,}5^n & \text{für} \quad n \geqq 0 \\ 0 & \text{sonst} \end{cases}$$

sowie aus der Umkehrung des Verschiebungssatzes folgt unmittelbar:

$$x(n) = \delta(n) + \delta(n-2) + g(n-4) \quad .$$

Faltungssatz: Mit $x_1(n) \longleftrightarrow X_1(z)$ und $x_2(n) \longleftrightarrow X_2(z)$ folgt für für die Z-Transformierte der durch die diskrete Faltung von $x_1(n)$ mit $x_2(n)$ gebildeten Folge

$$x_3(n) = x_1(n) * x_2(n) = \sum_{k=-\infty}^{\infty} x_1(k)\, x_2(n-k)$$

die Beziehung $X_3(z) = X_1(z)\, X_2(z)$.

Beweis:

$$x_3(n) = \sum_{k=-\infty}^{\infty} x_1(k)\, x_2(n-k) \quad ,$$

$$X_3(z) = \sum_{n=-\infty}^{\infty} x_3(n)\, z^{-n} = \sum_{n=-\infty}^{\infty} \left(\sum_{k=-\infty}^{\infty} x_1(k)\, x_2(n-k) \right) z^{-n}$$

$$= \sum_{k=-\infty}^{\infty} x_1(k) \left(\sum_{n=-\infty}^{\infty} x_2(n-k)\, z^{-n} \right) = \sum_{k=-\infty}^{\infty} x_1(k)\, X_2(z)\, z^{-k}$$

$$= X_2(z) \left(\sum_{k=-\infty}^{\infty} x_1(k)\, z^{-k} \right) = X_1(z)\, X_2(z) \quad .$$

Eine diskrete Faltung geht durch die Z-Transformation in ein Produkt über. Ein weiterer Beweis hierfür wird in Abschnitt 4.3 angegeben.

Für $z = e^{j2\pi f}$ folgt unmittelbar aus dem Faltungssatz der Z-Transformation der Faltungssatz der FOURIER-Transformation diskreter Signale:
Mit $x_1(n) \circ\!\!-\!\!\bullet X_1(f)$ und $x_2(n) \circ\!\!-\!\!\bullet X_2(f)$ gilt für
$X_3(f) \bullet\!\!-\!\!\circ x_3(n) = x_1(n) * x_2(n)$ die Beziehung $X_3(f) = X_1(f) \cdot X_2(f)$.

P A R S E V A L s c h e B e z i e h u n g : Wenn man in der Beziehung der FOURIER-Transformation eines diskreten Signals

$$X(f) = \sum_{n=-\infty}^{\infty} x(n)\, e^{-j2\pi nf}$$

bei $x(n)$ die Variable n durch $-n$ ersetzt, was einer Zeitinvertierung des Signals entspricht, erhält man die Korrespondenzbeziehung

$$x(-n) \circ\!\!-\!\!\bullet X(-f) = X^*(f) \quad .$$

Für die Faltung eines Signals mit seinem Zeitinvertierten liefert der Faltungssatz der FOURIER-Transformation diskreter Signale die Beziehung

$$\sum_{k=-\infty}^{\infty} x(k)\, x(n+k) = \int_{-0,5}^{0,5} X(f)\, X^*(f)\, e^{j2\pi nf}\, df \quad .$$

Hieraus folgt für $n = 0$ die PARSEVALsche Beziehung

$$E = \sum_{k=-\infty}^{\infty} x^2(k) = \int_{-0,5}^{0,5} |X(f)|^2 \, df \quad , \tag{4.8}$$

die die Berechnung der Energie E eines diskreten Signals im Frequenzbereich ermöglicht.

Multiplikationssatz : Der Multiplikationssatz ergibt sich aus der Umkehrung des Faltungssatzes. Mit $x_1(n) \longleftrightarrow X(z)$ und $x_2(n) \longleftrightarrow X(z)$ folgt für die Z-Transformierte der sich durch Multiplikation von $x_1(n)$ mit $x(n)$ ergebenden Folge $x_3(n) = x_1(n)\, x_2(n)$ die Beziehung

$$X_3(z) = \frac{1}{j2\pi} \oint_C X_1(z')\, X_2\left(\frac{z}{z'}\right) z'^{-1} \, dz' \quad . \tag{4.9a}$$

(4.9a) enthält ein Umlaufsintegral der z'-Ebene. Die Umlaufskurve C verläuft im Durchschnitt der Konvergenzbereiche von $X_1(z')$ und $X_2(z/z')$.

Unter der Annahme, daß die Konvergenzgebiete von $X_1(z)$ und $X_2(z)$ den Einheitskreis einschließen, erhält man auf dem Einheitskreis $z' = e^{j2\pi f'}$ mit $dz' = j2\pi z'\, df'$, $\frac{z}{z'} = e^{j2\pi(f-f')}$ aus (4.9a) für die FOURIER-Transformierte von $x_3(n)$ die Beziehung

$$X_3(f) = \int_{-0,5}^{0,5} X_1(f')\, X_2(f-f')\, df' = X_1(f) * X_2(f) \quad . \tag{4.9b}$$

Das in (4.9b) auftretende Integral wird Faltungsintegral genannt und mit dem Faltungssymbol (*) gekennzeichnet. Die Beziehung (4.9b) bringt den Multiplikationssatz der FOURIER-Transformation diskreter Signale zum Ausdruck:

$$x_1(n) \cdot x_2(n) \circ\!\!-\!\!\bullet\, X_1(f) * X_2(f) \quad .$$

4.3 Anwendung der Z-Transformation auf Differenzengleichungen

Die Übertragungsfunktion und die Systemfunktion eines durch seine Einheitsimpulsantwort gekennzeichneten Systems sind die FOURIER- bzw. die Z-Transformierte dessen Einheitsimpulsantwort. In diesem Abschnitt werden die beiden Funktionen für Systeme betrachtet, die durch eine lineare Differenzengleichung mit konstanten Koeffizienten (3.6) beschrieben werden. Es wird gezeigt, daß man mit Hilfe der Z-Transformation unmittelbar aus der Differenzengleichung eines Systems und ohne Kenntnis der Einheitsimpulsantwort die Systemfunktion und hieraus die Übertragungsfunktion angeben kann. Außerdem läßt sich zeigen, daß sich die Antwort eines Systems auf ein Signal über die inverse Z-Transformation oft einfacher ermitteln läßt als mit der diskreten Faltung.

Man betrachte dazu die allgemeine Differenzengleichung

$$y(n) = \sum_{k=1}^{N} a_k\, y(n-k) + \sum_{k=0}^{M} b_k\, x(n-k) \quad .$$

Mit der Annahme, daß der Definitionsbereich für $x(n)$ und $y(n)$ sich über $-\infty < n < +\infty$ erstreckt, wende man die zweiseitige Z-Transformation auf beiden Seiten der Gleichung an:

$$Z\,\{y(n)\} = Z\left\{\sum_{k=1}^{N} a_k\, y(n-k)\right\} + Z\left\{\sum_{k=0}^{M} b_k\, x(n-k)\right\} \quad .$$

Mit $Y(z) \longleftrightarrow y(n)$ und $X(z) \longleftrightarrow x(n)$ sowie nach dem Linearitäts- und dem Verschiebungssatz folgt

$$Y(z) = \sum_{k=1}^{N} a_k\, z^{-k}\, Y(z) + \sum_{k=0}^{M} b_k\, z^{-k}\, X(z) \quad .$$

Für die Z-Transformierte der Ausgangsfolge erhält man hieraus mit einigen Umformungen schließlich

$$Y(z) = \frac{\sum_{k=0}^{M} b_k\, z^{-k}}{1 - \sum_{k=1}^{N} a_k\, z^{-k}}\, X(z) \quad . \qquad (4.10)$$

Die Z-Transformierte der Ausgangsfolge Y(z) ergibt sich als Produkt der Z-Transformierten des Eingangssignals X(z) und einer rationalen Funktion von z^{-1}, die ausschließlich von den Koeffizienten der Differenzengleichung bestimmt wird. Aus (4.10) läßt sich folgende wichtige Aussage ableiten: Setzt man in die Differenzengleichung für die Eingangsfolge den Einheitsimpuls $\delta(n)$ mit der Z-Transformierten $X(z) = 1$ ein, erhält man als Ausgangsfolge die Einheitsimpulsantwort des Systems $y(n) = h(n)$. Für die Z-Transformierte der Einheitsimpulsantwort $H(z) \longleftrightarrow h(n)$, früher bereits als Systemfunktion bezeichnet, erhält man aus (4.10)

$$H(z) = \frac{\sum_{k=0}^{M} b_k z^{-k}}{1 - \sum_{k=1}^{N} a_k z^{-k}} \quad . \tag{4.11}$$

Die Systemfunktion H(z), also die Z-Transformierte der Einheitsimpulsantwort eines durch eine Differenzengleichung (3.6) beschriebenen Systems, besteht aus einer rationalen Funktion von z^{-1}. Nach (4.11) läßt sich H(z) ohne Kenntnis der Einheitsimpulsantwort des zugehörigen Systems allein aus den Koeffizienten der Differenzengleichung des Systems bestimmen.

Beispiele:

Bestimme die Systemfunktionen folgender Systeme:

1) Multiplizierer: $y(n) = ax(n)$.

2) Verzögerungsglied: $y(n) = x(n-1)$.

3) Rekursives System 2. Ordnung: $y(n) = x(n) + a_1 y(n-1) + a_2 y(n-2)$.

4) Nichtrekursives System 2. Ordnung: $y(n) = b_0 x(n) + b_1 x(n-1) + b_2 x(n-2)$

Lösung: Aus (4.11) folgt unmittelbar

ad 1) $H(z) = a$.

ad 2) $H(z) = z^{-1}$.

ad 3) $$H(z) = \frac{1}{1 - a_1 z^{-1} - a_2 z^{-2}} \quad .$$

ad 4) $$H(z) = b_0 + b_1 z^{-1} + b_2 z^{-2} \quad .$$

Zwischen der Z-Transformierten X(z) der Eingangsfolge, der Z-Transformierten Y(z) der Ausgangsfolge und der Systemfunktion H(z) besteht nach (4.10) und

(4.11) der Zusammenhang

$$Y(z) = H(z) \cdot X(z) \quad . \qquad (4.12)$$

Die Beziehung (4.12) liefert ferner einen weiteren Beweis für den in Abschnitt 4.2 angegebenen Faltungssatz: Die Ausgangsfolge y(n) eines LTI-Systems entsteht durch die diskrete Faltung der Eingangsfolge x(n) mit der Einheitsimpulsantwort h(n) des Systems: $y(n) = x(n) * h(n)$. Andererseits ist nach (4.12) die Z-Transformierte der Ausgangsfolge des Systems, das durch eine Differenzengleichung (3.6) beschrieben wird, gleich dem Produkt der Z-Transformierten von x(n) und h(n). Die Faltung geht durch die Z-Transformation in eine Multiplikation über. Bild 4.4 verdeutlicht diesen Sachverhalt. Mit Kenntnis von X(z) und H(z) läßt sich die Ausgangsfolge nach (4.12) und anschließender inverser Z-Transformation (e.g. durch Benutzung einer Korrespondenztabelle der Z-Transformation) rechnerisch ermitteln.

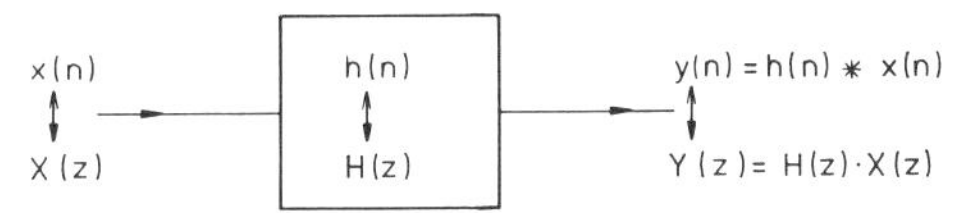

Bild 4.4: Zur Anwendung des Faltungssatzes der Z-Transformation auf diskrete LTI-Systeme.

Beispiel:

Bestimme mit Hilfe des Faltungssatzes die Ausgangsfolge eines Systems mit der Einheitsimpulsantwort

$$h(n) = \begin{cases} a^n & \text{für} \quad n \geq 0 \;, \quad 0 \leq a < 1 \\ 0 & \text{sonst} \end{cases}$$

und der Sprungfolge als Eingangsfolge

$$s(n) = \begin{cases} 1 & \text{für} \quad n \geq 0 \\ 0 & \text{sonst} \end{cases} \quad .$$

Lösung: Mit $H(z) = Z\{h(n)\} = \dfrac{1}{1 - a\,z^{-1}}$ und $X(z) = Z\{s(n)\} = \dfrac{1}{1 - z^{-1}}$

folgt aus dem Faltungssatz:

$$Y(z) = \frac{1}{(1 - z^{-1})\,(1 - a\,z^{-1})} = \frac{a}{1 - a}\left(\frac{1}{a(1 - z^{-1})} - \frac{1}{1 - a\,z^{-1}}\right) \quad .$$

Hieraus erhält man für die Ausgangsfolge:

$$y(n) = \frac{a}{1-a}\left(\frac{1}{a}\, s(n) - h(n)\right) .$$

Dieselbe Aufgabe wurde in Abschnitt 3.1 mit Hilfe der diskreten Faltung gelöst.

Kausalitäts- und Stabilitätsbedingung im z-Bereich: Die Bedingungen der Kausalität und Stabilität eines digitalen Systems wurden in Abschnitt 3.3 bezüglich der Einheitsimpulsantwort des Systems angegeben. Hier werden sie für die Systemfunktion eines Systems formuliert, das durch die Differenzengleichung (3.6) beschrieben wird.

Die Kausalitätsbedingung ergibt sich aus der Überlegung, daß bei Differenzengleichungen vom Typ (3.6) die Ausgangsfolge zu jedem Zeitpunkt ausschließlich von Ereignissen desselben und früherer Zeitpunkte abhängt. Derartige Differenzengleichungen beschreiben also stets kausale Systeme. Bei der Z-Transformation einer solchen Differenzengleichung treten nach dem Verschiebungssatz der Z-Transformation ausschließlich Potenzen von z^{-1} auf. H(z) ist nach (4.11) stets eine rationale Funktion von z^{-1} und konvergiert daher für $z \rightarrow \infty$. Das Konvergenzgebiet eines kausalen Systems enthält also den unendlich fernen Punkt und besteht folglich aus dem gesamten Gebiet außerhalb eines konzentrischen Kreises um den Nullpunkt.

Beispiel eines nichtkausalen Systems:

Die Differenzengleichung $y(n) = x(n+1) + x(n) + ay(n-1)$ stellt offensichtlich ein nichtkausales System dar. Dessen Systemfunktion

$$H(z) = \frac{1 + z}{1 - az^{-1}} \quad \text{divergiert daher für } z \rightarrow \infty .$$

Die Forderung nach Stabilität eines Systems bedingt, wie im folgenden gezeigt, daß das Konvergenzgebiet der Systemfunktion den Einheitskreis enthält und deshalb die Polstellen der Systemfunktion nicht an beliebigen Stellen in der z-Ebene auftreten, sondern innerhalb des Einheitskreises. Die Systemfunktion H(z) ist auf dem Einheitskreis mit der Übertragungsfunktion H(f) identisch, die ihrerseits die FOURIER-Transformierte der Einheitsimpulsantwort h(n) ist:

$$H(f) = \sum_{n=0}^{\infty} h(n)\, e^{j2\pi fn} .$$

Unter Voraussetzung der Stabilität folgt hieraus:

$$|H(f)| = \left| \sum_{n=0}^{\infty} h(n)\, e^{j2\pi fn} \right| < \sum_{n=0}^{\infty} |h(n)| < \infty .$$

Bei stabilen Systemen konvergiert H(z) also auf dem Einheitskreis. Das Konvergenzgebiet eines stabilen Systems enthält somit den Einheitskreis.

Zusammenfassend kann man sagen, daß das Konvergenzgebiet der Systemfunktion eines kausalen und stabilen Systems aus einem den Einheitskreis umfassenden Gebiet außerhalb eines Kreises um den Nullpunkt besteht (Bild 4.5). Die Polstellen der Systemfunktion derartiger Systeme liegen alle innerhalb des Einheitskreises. Der Betrag der vom Nullpunkt am weitesten entfernt liegenden Polstelle bestimmt folglich den Radius des kreisförmigen Randes des Konvergenzgebiets von H(z). Die Lage der Nullstellen von H(z) spielt hinsichtlich der Kausalität und Stabilität des Systems keine Rolle.

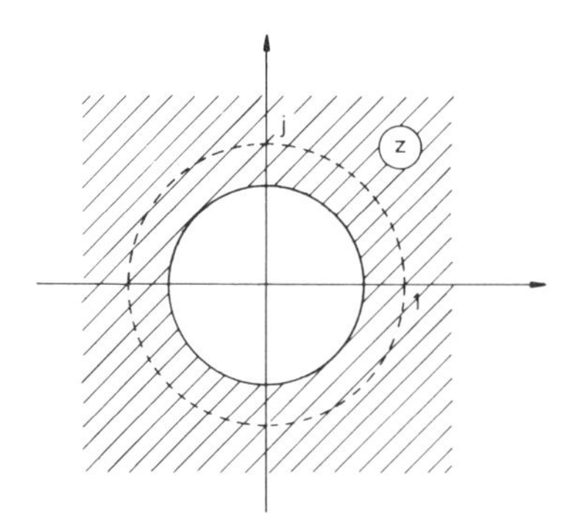

Bild 4.5: Konvergenzgebiet eines kausalen und stabilen Systems.

E i n s c h a l t v o r g ä n g e und e i n s e i t i g e Z - T r a n s f o r m a t i o n: Der zweiseitigen Z-Transformation liegt die Annahme zugrunde, daß der Definitionsbereich des Eingangssignals x(n) sich über alle Zeiten $-\infty < n < \infty$ erstreckt. In Fällen, in denen ein Signal erst zu einem bestimmten Zeitpunkt an einem System eingeschaltet wird (Einschaltvorgänge), eignet sich die Beziehung (4.4) nicht immer. Wenn man den Einschaltzeitpunkt eines Signals einfachheitshalber zum Zeitnullpunkt deklariert, kann man sagen, daß solch ein Signal für das System erst für $n \geq 0$ existiert.

Für Einschaltvorgänge und ähnliche Fälle definiert man statt (4.4) daher sinnvollerweise die einseitige Z-Transformation, die hier durch den Hochindex e gekennzeichnet wird:

$$X^e(z) = Z^e\{x(n)\} = \sum_{n=0}^{\infty} x(n)\, z^{-n} \quad . \tag{4.13}$$

Ein wesentlicher Unterschied von (4.13) zu (4.4) äußert sich im modifizierten Verschiebungssatz für die einseitige Z-Transformation. Mit $x_1(n) \longleftrightarrow X_1^e(z)$ und $x_2(n) = x_1(n-k)$, $k > 0$ folgt aus (4.13) für $X_2^e(z) \longleftrightarrow x_2(n)$

$$X_2^e(z) = \sum_{n=0}^{\infty} x_1(n-k)\, z^{-n}$$

$$= x_1(-k) + x_1(1-k)z^{-1} + \ldots + x_1(-1)z^{-(k-1)} + \sum_{n=0}^{\infty} x_1(n)\, z^{-(n+k)}$$

$$= x_1(-k) + x_1(1-k)z^{-1} + \ldots + x_1(-1)z^{-(k-1)} + z^{-k} X_1^e(z) \quad . \tag{4.14}$$

Bei der Anwendung der einseitigen Z-Transformation auf eine Differenzengleichung zwecks Ermittlung der Antwort des zugehörigen Systems auf ein zum Zeitpunkt $n = 0$ eingeschaltetes Signal muß folgerichtig der modifizierte Verschiebungssatz angewendet werden. Dies wird anhand folgenden Beispiels gezeigt.

Beispiel:

Gegeben sei eine bei $n = 0$ einsetzende Eingangsfolge $x(n)$ und ihre einseitige Z-Transformation $X^e(z)$. Bestimme die einseitige Z-Transformation der Ausgangsfolge $Y^e(z)$ bei folgenden Systemen:

1) Verzögerungsglied: $y(n) = x(n-1)$.

2) Resonator: $y(n) = x(n) + a_1 y(n-1) + a_2 y(n-2)$.

Lösung:

ad 1) Aus (4.14) folgt unmittelbar: $Y^e(z) = x(-1) + z^{-1} X^e(z)$.

$Y^e(z)$ ist bis auf den Wert $x(-1)$ bestimmt. $x(-1)$ ist der Inhalt des Verzögerungsglieds zum Einschaltzeitpunkt des Signals. Er ist also der Anfangswert des Verzögerungsglieds. Für $x(-1) = 0$ erhält man die Systemfunktion des Verzögerungsglieds $H(z) = z^{-1}$.

ad 2) $Y^e(z) = X^e(z) + a_1 y(-1) + a_1 z^{-1} Y^e(z) + a_2 y(-2) + a_2 y(-1) z^{-1} + a_2 z^{-2} Y^e(z)$

$$Y^e(z) = \frac{1}{1 - a_1 z^{-1} - a_2 z^{-2}}\, X^e(z) + \frac{a_1 y(-1) + a_2 y(-2) + a_2 y(-1) z^{-1}}{1 - a_1 z^{-1} - a_2 z^{-2}}$$

$$= H(z)\, X^e(z) + \frac{(a_1 + a_2 z^{-1})\, y(-1) + a_2 y(-2)}{1 - a_1 z^{-1} - a_2 z^{-2}} \quad .$$

y(-1) und y(-2) sind die Inhalte der Zustandsspeicher für y(n-1) und y(n-2) zum Einschaltzeitpunkt von x(n). Mit ihrer Kenntnis ist $Y^e(z)$ vollständig beschrieben.

Da man für kausale Folgen gleiche Ergebnisse mit der ein- und zweiseitigen Z-Transformation erhält, kann man Tabelle 1 der Korrespondenzbeziehungen für einige kausale Folgen in beiden Fällen benutzen.

Berechnung der Übertragungsfunktion: Die Übertragungsfunktion eines digitalen LTI-Systems wurde in Abschnitt 4.1 als die FOURIER-Transformierte der Einheitsimpulsantwort des Systems eingeführt. Aus der Anwendung der Z-Transformation auf die Differenzengleichung ergibt sich, wie in folgenden Beispielen verdeutlicht, eine andere und einfachere Möglichkeit zur Bestimmung der Übertragungsfunktion. Die Übertragungsfunktion H(f) eines Systems ist mit dessen Systemfunktion H(z) auf dem Einheitskreis identisch und kann aus H(z) ermittelt werden, indem man die Substitution $z = e^{j2\pi f}$ einsetzt:

$$H(f) = H(z)\Big|_{z = e^{j2\pi f}} \quad .$$

Beispiel:

Bestimme die System- und Übertragungsfunktionen folgender Systeme:

1) rekursives System 2. Ordnung:
   $y(n) = x(n) + a_1 y(n-1) + a_2 y(n-2)$ für $a_1 = 0{,}8$, $a_2 = -0{,}64$,

2) nichtrekursives System 2. Ordnung:
   $y(n) = x(n) + b_1 x(n-1) + x(n-2)$ für $b_1 = -0{,}402$,

3) nichtrekursives System 4. Ordnung:
   $y(n) = x(n) - x(n-4)$.

Lösung:

ad 1) Aus (4.11) folgt unmittelbar die Systemfunktion

$$H(z) = \frac{1}{1 - a_1 z^{-1} - a_2 z^{-2}} \quad .$$

Für $z = e^{j2\pi f}$ erhält man die Übertragungsfunktion

$$H(f) = \frac{1}{1 - a_1 e^{-j2\pi f} - a_2 e^{-j4\pi f}}$$

und hieraus

$$|H(f)|^2 = \frac{1}{\left[1 - a_1\cos(2\pi f) - a_2\cos(4\pi f)\right]^2 + \left[a_1\sin(2\pi f) + a_2\sin(4\pi f)\right]^2}$$

$$\measuredangle H(f) = \arctan\left(\frac{-a_1\sin(2\pi f) - a_2\sin(4\pi f)}{1 - a_1\cos(2\pi f) - a_2\cos(4\pi f)}\right) .$$

$|H(f)|$ und $\measuredangle H(f)$ wurden mit Hilfe eines Rechnerprogramms für $a_1 = 0{,}8$ $a_2 = -0{,}64$ und den Bereich $0 \leq f \leq 0{,}5$ berechnet. Bilder 4.6 a,b zeigen $|H(f)|$ und $\measuredangle H(f)$.

An der Übertragungsfunktion des Systems erkennt man, daß dieses System wie ein Schwingkreis Resonanzverhalten aufweist und daher auch gelegentlich als *digitaler Resonator* bezeichnet wird.

ad 2) Die gewünschten Größen erhält man in gleicher Weise wie in Beispiel 1:

$$H(z) = 1 + b_1 z^{-1} + z^{-2} , \quad H(f) = 1 + b_1 e^{-j2\pi f} + e^{-j4\pi f} ,$$

$$|H(f)|^2 = \left(1 + b_1\cos(2\pi f) + \cos(4\pi f)\right)^2 + \left(b_1\sin(2\pi f) + \sin(4\pi f)\right)^2 ,$$

$$\measuredangle H(f) = -\arctan \frac{b_1\sin(2\pi f) + \sin(4\pi f)}{1 + b_1\cos(2\pi f) + \cos(4\pi f)} .$$

Bilder 4,7a,b zeigen $|H(f)|$, $\measuredangle H(f)$ für $b_1 = -0{,}402$. Aus dem Amplitudengang ist ersichtlich, daß dieses System einem *Bandsperrfilter* (Notch-Filter) entspricht.

ad 3) $H(z) = 1 - z^{-4}$,

$$H(f) = 1 - e^{-j8\pi f} = (e^{j4\pi f} - e^{-j4\pi f})\, e^{-j4\pi f} = 2\sin(4\pi f)\, e^{-j(4\pi f - \frac{\pi}{2})}$$

Bilder 4.8a,b zeigen den Amplituden- und den Phasengang des als *Kammfilter* bezeichneten Systems.

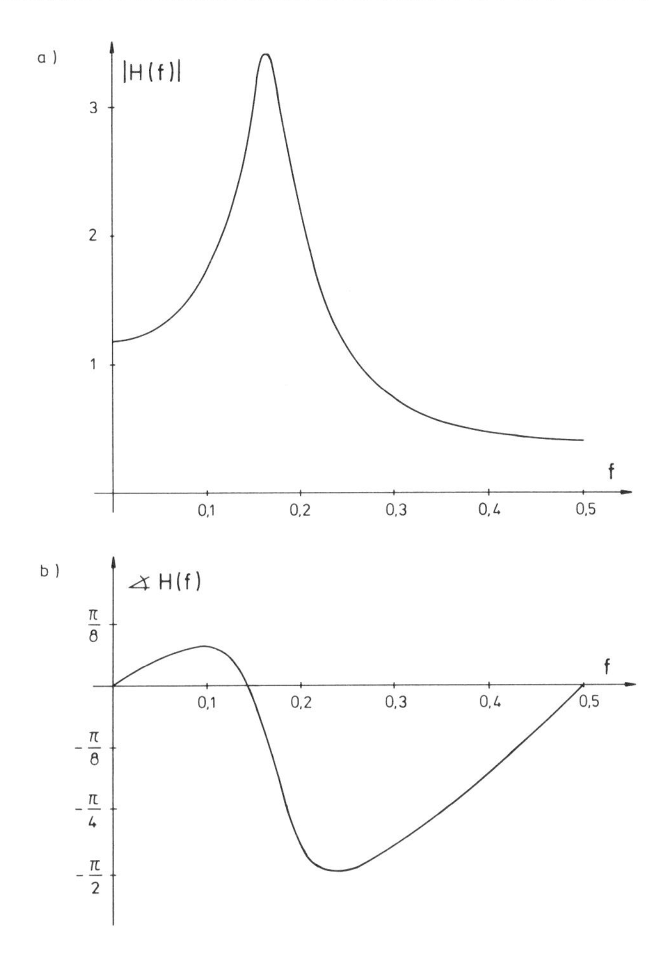

Bild 4.6: a) Amplituden- und b) Phasengang eines digitalen Resonators mit der Differenzengleichung $y(n) = x(n) + 0{,}8\ y(n-1) - 0{,}64\ y(n-2)$.

Die numerische Auswertung des Amplituden- und Phasengangs eines Systems höherer Ordnung kann sehr aufwendig werden, so daß sich hierfür am ehesten ein Rechnerprogramm eignet. In Abschnitt 4.4 wird eine graphische Methode zur Bestimmung der Übertragungsfunktion angegeben.

Erstellung eines digitalen Netzwerks aus einer Systemfunktion: Anhand der Differenzengleichung eines Systems läßt sich, wie in Abschnitt 3.5 bereits gezeigt, ein digitales Netzwerk zur Realisierung des Systems erstellen. Das Netzwerk kann alternativ im z-Bereich mit Hilfe der Systemfunktion $H(z)$ beschrieben werden, die sich aus der Z-Transformation der Differenzengleichung ergibt und aus einer rationalen Funktion von

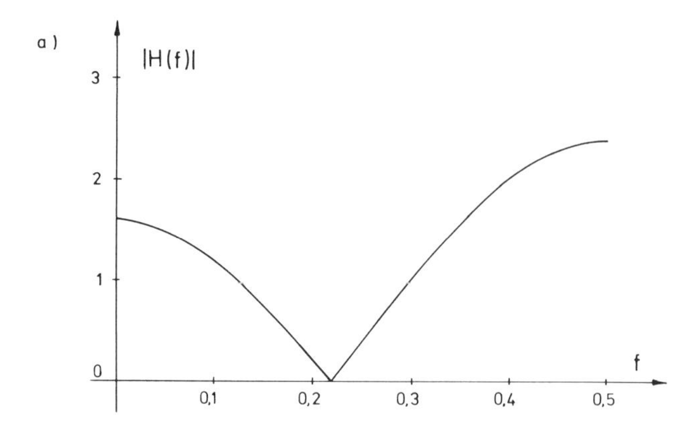

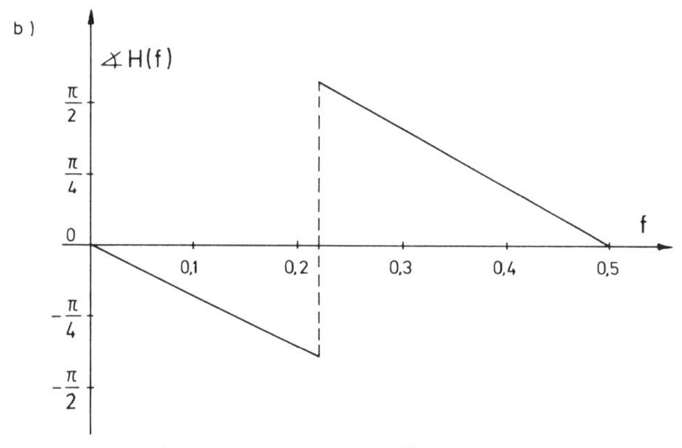

Bild 4.7: a) Amplituden- und b) Phasengang einer digitalen Bandsperre 2. Ordnung mit der Differenzengleichung
$y(n) = x(n) - 0{,}4\ x(n-1) + x(n-2)$.

z^{-1} besteht. Jede rationale Funktion von z^{-1} kann ihrerseits als eine Systemfunktion aufgefaßt und, wie in folgenden Beispielen gezeigt, in ein digitales Netzwerk umgesetzt werden. Dabei erhält man den nichtrekursiven Teil des Netzwerks aus dem Zählerpolynom und den rekursiven Teil aus dem Nennerpolynom der Systemfunktion.

Beispiele:

Man gebe für folgende Systemfunktionen ein Netzwerk an:

1) $H(z) = b_o + b_1 z^{-1} + b_2 z^{-2} + b_3 z^{-3}$,

2) $$H(z) = \frac{1 + b_1 z^{-1} + b_2 z^{-2}}{1 + a_1 z^{-1} + a_2 z^{-2}} .$$

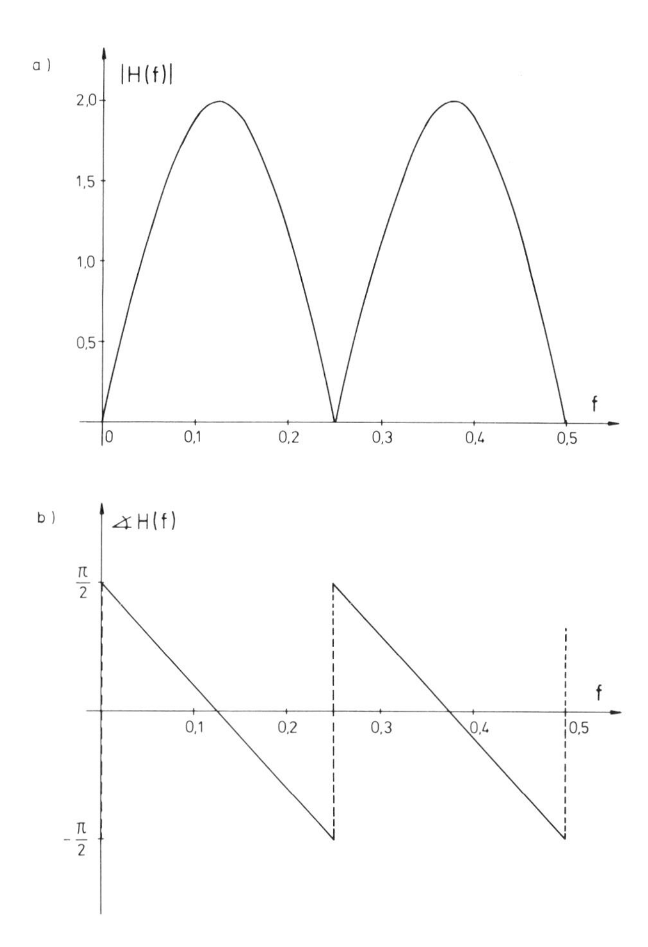

Bild 4.8: a) Amplituden- und b) Phasengang eines digitalen Kammfilters mit der Differenzengleichung $y(n) = x(n) - x(n-4)$.

Lösung:

ad 1) Aus (4.12) folgt

$$Y(z) = (b_0 + b_1 z^{-1} + b_2 z^{-2} + b_3 z^{-3})\, X(z)$$

$$= b_0 X(z) + b_1 z^{-1} X(z) + b_2 z^{-2} X(z) + b_3 z^{-3} X(z) \; .$$

$z^{-n} X(z)$ entspricht einer Verzögerung der Eingangsfolge um n. Ein Verzögerungsglied mit der Systemfunktion z^{-n} kann durch Hintereinanderschaltung von n Verzögerungsgliedern (jeweils mit der Systemfunktion z^{-1}) realisiert werden. Die Verzögerungsglieder mit den Systemfunktionen z^{-1} und z^{-2} werden in diesem Beispiel bei der Realisierung des Verzögerungsglieds z^{-3} mit realisiert.

Die Ausgangsfolge entsteht durch eine entsprechende Bewertung der Ausgänge der Verzögerungsglieder, der Eingangsfolge und anschließenden Addition. Bild 4.9 zeigt das zugehörige Netzwerk.

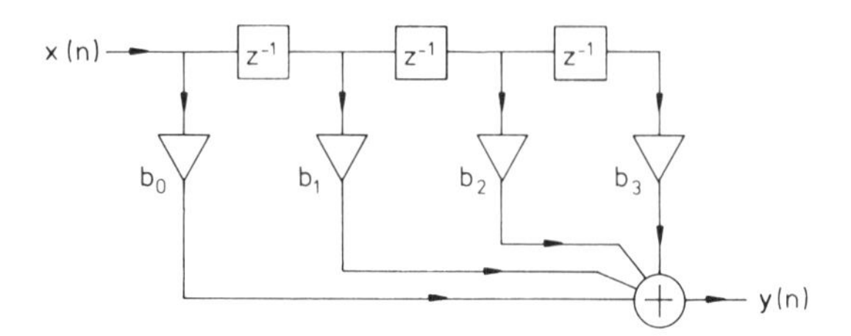

Bild 4.9: Netzwerk zur Realisierung der Systemfunktion $H(z) = \sum_{k=0}^{3} b_k z^{-k}$.

ad 2) Aus (4.12) folgt entsprechend:

$$Y(z)\,(1 + a_1 z^{-1} + a_2 z^{-2}) = X(z)\,(1 + b_1 z^{-1} + b_2 z^{-2}) \quad ,$$

$$Y(z) = X(z)\,(1 + b_1 z^{-1} + b_2 z^{-2}) - (a_1 z^{-1} + a_2 z^{-2})\,Y(z) \ .$$

Hierfür läßt sich nach einer ähnlichen Überlegung wie unter 1) das in Bild 4.10 dargestellte Netzwerk angeben.

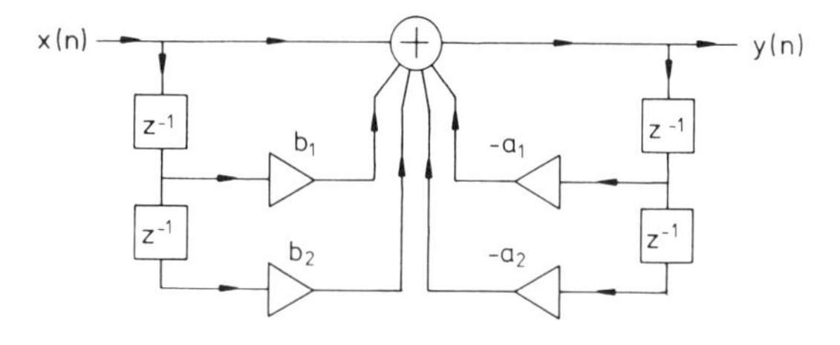

Bild 4.10: Netzwerk zur Realisierung der Systemfunktion

$$H(z) = \frac{1 + b_1 z^{-1} + b_2 z^{-2}}{1 + a_1 z^{-1} + a_2 z^{-2}} \ .$$

In Abschnitt 4.4 wird gezeigt, wie man, den unterschiedlichen Darstellungen rationaler Funktionen entsprechend, verschiedene Netzwerke zur Realisierung einer Systemfunktion erstellen kann.

4.4 Darstellung von Systemfunktionen mit Hilfe ihrer Pol- und Nullstellen

In diesem Abschnitt werden alternative Darstellungen rationaler Systemfunktionen besprochen, bei denen eine Systemfunktion im wesentlichen durch die Nullstellen ihres Nenner- bzw. Zählerpolynoms in der z-Ebene bestimmt wird. Diese unterschiedlichen Darstellungsarten einer Systemfunktion erweisen sich bei der Analyse sowie beim Entwurf von Systemen als sehr nützlich und ermöglichen verschiedene Netzwerkstrukturen zur Realisierung ein und desselben Systems. Die jeweiligen Netzwerkstrukturen unterscheiden sich bezüglich der Auswirkungen der begrenzten Wortlängen. Ferner ergibt sich aus der Darstellung einer Systemfunktion durch ihre Pol- und Nullstellen eine weitere Möglichkeit zur Bestimmung der Übertragungsfunktion.

Die Systemfunktion H(z) eines kausalen Systems, das durch eine Differenzengleichung (3.6) beschrieben wird, ist nach (4.11) eine rationale Funktion von z^{-1}

$$H(z) = \frac{\sum_{k=0}^{M} b_k z^{-k}}{1 - \sum_{k=1}^{N} a_k z^{-k}} = \frac{Z(z^{-1})}{N(z^{-1})}$$

mit dem Zählerpolynom $Z(z^{-1})$ und dem Nennerpolynom $N(z^{-1})$. Diese Darstellung einer Systemfunktion wird P o l y n o m f o r m genannt.

Bei einem rekursiven System ist von den Koeffizienten a_k , $k = 1, 2, \ldots, N$ mindestens einer ungleich Null. Bei einem nichtrekursiven System sind alle Koeffizienten a_k gleich Null; ein nichtrekursives System ist in diesem Sinn ein Spezialfall rekursiver Systeme.

Die Polynome $Z(z^{-1})$ und $N(z^{-1})$ können auch in die Form

$$Z(z^{-1}) = \frac{1}{z^M} \sum_{k=0}^{M} b_{M-k} z^k = \frac{1}{z^M} Z'(z) ,$$

$$N(z^{-1}) = 1 - \frac{1}{z^N} \sum_{k=0}^{N-1} a_{N-k} z^k = \frac{1}{z^N} N'(z)$$

gebracht werden, wobei Z'(z) ein Polynom höchstens M-ter Ordnung von z und N'(z) ein Polynom N-ter Ordnung von z ist. $Z(z^{-1})$ und $N(z^{-1})$ haben die gleichen von Null verschiedenen Nullstellen wie $Z'(z)$ und $N'(z)$, jedoch zusätzlich noch eine M- bzw. N-fache Polstelle bei $z = 0$. Mit diesen Umformungen des Zähler- und Nennerpolynoms erhält $H(z)$ die Form

$$H(z) = \frac{z^N Z'(z)}{z^M N'(z)} \quad .$$

Nach Ausmultiplizieren des Zählers und des Nenners ergibt sich für $H(z)$ eine rationale Funktion von z, wobei der Nennergrad stets gleich $N + M$ und der Zählergrad kleiner oder höchstens gleich $N + M$ ist. Da hierbei ursprünglich von einem kausalen System ausgegangen wurde, stellt sich die Bedingung: Nennergrad größer/gleich Zählergrad als notwendige Kausalitätsbedingung für eine in Form einer rationalen Funktion von z angegebenen Systemfunktion dar.

P r o d u k t f o r m d e r S y s t e m f u n k t i o n : Jedes Polynom N-ter Ordnung

$$P(z) = \sum_{k=0}^{N} a_k z^k$$

besitzt bekanntlich genau N komplexe Nullstellen, wobei mehrfache Nullstellen entsprechend ihrer Mehrfachheit gezählt werden müssen. Mit Hilfe seiner Nullstellen z_{ok}, $k = 1, 2, \ldots, N$ läßt sich das Polynom in der Produktform

$$P(z) = A \prod_{k=1}^{N} (z - z_{ok})$$

darstellen. Entsprechend erhält man für die Systemfunktion

$$H(z) = \frac{Z(z^{-1})}{N(z^{-1})} = \frac{\sum\limits_{k=0}^{M} b_k z^{-k}}{1 - \sum\limits_{k=1}^{N} a_k z^{-k}} = A\, z^{N-M} \frac{Z'(z)}{N'(z)}$$

die Alternativdarstellung

$$H(z) = A\, z^{N-M} \frac{\prod\limits_{k=1}^{M} (z - z_{ok})}{\prod\limits_{k=1}^{N} (z - z_{\infty k})} = A \frac{\prod\limits_{k=1}^{M} (1 - z_{ok} z^{-1})}{\prod\limits_{k=1}^{N} (1 - z_{\infty k} z^{-1})} \quad , \tag{4.15}$$

wobei z_{ok}, $k = 1, 2, \ldots, M$ die Nullstellen von $Z(z^{-1})$ bzw. von $H(z)$ und $z_{\infty k}$, $k = 1, 2, \ldots, N$ die Nullstellen von $N(z^{-1})$ bzw. die Polstellen von $H(z)$ sind. Im allgemeinen können z_{ok} und $z_{\infty k}$ auch mehrfach auftreten. Die Darstellung einer Systemfunktion nach (4.15) wird Produktform genannt. Die Pol- und Nullstellen $z_{\infty k}$ und z_{ok} sowie der Faktor $A = b_0$ sind durch die Koeffizienten der Differenzengleichung des Systems eindeutig bestimmt.

Wegen der Reellwertigkeit der Koeffizienten a_k und b_k sind die Pol- und Nullstellen einer Systemfunktion entweder reell, oder sie treten als komplex konjugierte Paare auf. z_0 sei eine Nullstelle von $Z(z^{-1})$:

$$\sum_{k=0}^{M} b_k z_0^{-k} = 0 \ .$$

Man bilde das konjugiert Komplexe dieser Gleichung:

$$\left(\sum_{k=0}^{M} b_k z_0^{-k} \right)^{*} = \sum_{k=0}^{M} b_k (z_0^{*})^{-k} = 0 \ .$$

z_0^*, das konjugiert Komplexe von z_0, muß also ebenfalls eine Nullstelle von $Z(z^{-1})$ sein. Entsprechendes gilt für die Nullstellen des Nennerpolynoms.

Die Beziehung (4.15) läßt sich in eine für die Anwendung günstigere Form bringen, indem man die Terme mit konjugiert komplexen Pol- und Nullstellen jeweils zu einem Polynom 2. Ordnung zusammenfaßt:

$$H(z) = A \frac{\prod_{k=1}^{M'} (1 - u_{ok} z^{-1}) \prod_{i=1}^{M''} (1 - v_{oi} z^{-1})(1 - v_{oi}^{*} z^{-1})}{\prod_{k=1}^{N'} (1 - u_{\infty k} z^{-1}) \prod_{i=1}^{N''} (1 - v_{\infty i} z^{-1})(1 - v_{\infty i}^{*} z^{-1})}$$

mit $M = M' + 2M''$ und $N = N' + 2N''$. Zur Unterscheidung werden die reellen Pol- und Nullstellen mit u_{ok} und $u_{\infty k}$ und die konjugiert komplexen Pol- und Nullstellenpaare mit (v_{oi}, v_{oi}^{*}) und $(v_{\infty i}, v_{\infty i}^{*})$ bezeichnet.

Durch Ausmultiplizieren von jeweils zwei Termen, die ein konjugiert komplexes Pol- bzw. Nullstellenpaar enthalten, erhält man

$$H(z) = A \frac{\prod_{k=1}^{M'} (1 - u_{ok} z^{-1}) \prod_{i=1}^{M''} (1 - 2\,\mathrm{Re}\{v_{oi}\}\, z^{-1} + |v_{oi}|^2 z^{-2})}{\prod_{k=1}^{N'} (1 - u_{\infty k} z^{-1}) \prod_{i=1}^{N''} (1 - 2\,\mathrm{Re}\{v_{\infty i}\}\, z^{-1} + |v_{\infty i}|^2 z^{-2})} .$$

Wenn man die Polynome 1. Ordnung im Zähler und Nenner als Spezialfälle eines Polynoms 2. Ordnung auffaßt, erhält man schließlich die allgemeine Darstellung

$$H(z) = A \frac{\prod_{i=1}^{K} (1 + a_i z^{-1} + b_i z^{-2})}{\prod_{i=1}^{L} (1 + c_i z^{-1} + d_i z^{-2})} . \qquad (4.16)$$

K und L stehen jeweils für die Gesamtzahl der Teilsysteme 1. und 2. Ordnung der Produktform des Zähler- bzw. Nennerpolynoms. Falls Polynome 1. Ordnung auftreten, müssen in (4.16) bei einer entsprechenden Anzahl von Polynomen 2. Ordnung $b_i = 0$ und $d_i = 0$ gesetzt werden.

Partialbruchform der Systemfunktion: Aus (4.11) erhält man für H(z) durch Partialbruchzerlegung eine weitere Darstellungsart. Hierzu stelle man die rationale Funktion H(z) mit der Annahme $N \geq M$ als eine Summe von Partialbrüchen dar

$$H(z) = K_0 + \sum_{i=1}^{N} \frac{K_i}{1 - z_{\infty i} z^{-1}} \qquad (4.17)$$

mit zunächst unbekannten Faktoren K_i , $i = 0, 1, 2, \ldots , N$. Die Darstellung einer Systemfunktion nach (4.17) wird Partialbruchform genannt. K_0 folgt aus dem Grenzübergang $K_0 = \lim_{z \to 0} H(z)$. Zur Bestimmung einer der Faktoren K_n, $n = 1, 2, \ldots , N$ multipliziere man beide Seiten der Gleichung mit dem Term $(1 - z_{\infty n} z^{-1})$:

$$(1 - z_{\infty n} z^{-1})\, H(z) = K_0 (1 - z_{\infty n} z^{-1}) + \sum_{\substack{i=1 \\ i \neq n}}^{N} \frac{K_i (1 - z_{\infty n} z^{-1})}{1 - z_{\infty i} z^{-1}} + K_n .$$

Man setze auf der linken Seite der Gleichung für H(z) ihre Produktform (4.15) ein. Da H(z) im Nenner den Faktor $(1 - z_{\infty n} z^{-1})$ enthält, kürzt sich dieser Faktor auf der linken Seite der Gleichung, die nun mit $H'_n(z)$ bezeichnet wird. Mit dem Einsatz $z = z_{\infty n}$ ergibt sich dann $K_n = H'_n(z_{\infty n})$.

Falls $z_{\infty n}$ eine komplexe Polstelle mit einem von Null verschiedenem Imaginärteil ist, taucht in (4.17) ein weiterer Term mit der konjugiert komplexen Polstelle $z^*_{\infty n}$ auf. Dieser Term besitzt, wie leicht nachzuprüfen ist, den Faktor K^*_n.

Faßt man in (4.17) jeweils zwei Terme zusammen, die ein konjugiert komplexes Polstellenpaar enthalten, erhält man die Darstellung

$$H(z) = K_o + \sum_{i=1}^{N'} \frac{D_i}{1 - u_{\infty i} z^{-1}} + \sum_{i=1}^{N''} \frac{2\,\mathrm{Re}\{C_i\} - 2\,\mathrm{Re}\{C_i v^*_{\infty i}\} z^{-1}}{1 - 2\,\mathrm{Re}\{v_{\infty i}\} z^{-1} + |v_{\infty i}|^2 z^{-2}} .$$

mit $N = N' + 2N''$. Zur Unterscheidung wurden wieder die reellen Polstellen mit $u_{\infty i}$, die komplexen mit $v_{\infty i}$ und die zugehörigen Faktoren mit D_i sowie C_i bezeichnet. Für diese Darstellung von H(z) kann man die allgemeine Form

$$H(z) = \sum_{i=1}^{K} \frac{a_i + b_i z^{-1}}{1 + c_i z^{-1} + d_i z^{-2}} \tag{4.18}$$

verwenden, wobei der Faktor K_o mit dem Einsatz $b_i = c_i = d_i = 0$ bei einem Teilsystem und evt. vorkommende Systeme 1.Ordnung mit dem Einsatz $b_i = d_i = 0$ bei einer entsprechenden Anzahl von Teilsystemen berücksichtigt werden können.

Ein Vorteil der Partialbruchform ist, daß man aus ihr mit Hilfe der Korrespondenztabelle der Z-Transformation die Einheitsimpulsantwort h(n) eines Systems geschlossen angeben kann.

Beispiel:
Bestimme die Einheitsimpulsantwort h(n) eines Systems mit der Systemfunktion

$$H(z) = \frac{1}{1 - 1{,}5\,z^{-1} + z^{-2} - 0{,}25\,z^{-3}} .$$

Lösung: Die Polstellen sind

$$z_{\infty 1} = 0{,}5 , \quad z_{\infty 2} = 0{,}5 + j\,0{,}5 , \quad z_{\infty 3} = z^*_{\infty 2} = 0{,}5 - j\,0{,}5 .$$

Die Parallelform von H(z) lautet:

$$H(z) = \frac{K_1}{1 - 0{,}5\, z^{-1}} + \frac{K_2}{1 - (0{,}5 + j\,0{,}5)\, z^{-1}} + \frac{K_3}{1 - (0{,}5 - j\,0{,}5)\, z^{-1}} .$$

Für die Faktoren K_1, K_2 und K_3 erhält man

$$K_1 = H_1'(z_{\infty 1}) = \frac{1}{\left(1 - (0{,}5 + j\,0{,}5)\, 0{,}5^{-1}\right)\left(1 - (0{,}5 - j\,0{,}5)\, 0{,}5^{-1}\right)} = 1 ,$$

$$K_2 = H_2'(z_{\infty 2}) = \frac{1}{\left(1 - 0{,}5\,(0{,}5 + j\,0{,}5)^{-1}\right)\left(1 - (0{,}5 - j\,0{,}5)(0{,}5 + j\,0{,}5)^{-1}\right)}$$

$$= - j ,$$

$$K_3 = K_2^* = j$$

Mit Hilfe der Korrespondenz

$$\frac{1}{1 - az^{-1}} \longleftrightarrow x(n) = \begin{cases} a^n & \text{für} \quad n \geq 0 \\ 0 & \text{sonst} \end{cases}$$

folgt für h(n)

$$h(n) = \begin{cases} K_1\, z_{\infty 1}^n + K_2\, z_{\infty 2}^n + K_3\, z_{\infty 3}^n & \text{für} \quad n \geq 0 \\ 0 & \text{sonst} \end{cases} .$$

Durch Zusammenfassung der letzten zwei Terme erhält man nach einigen Umformungen schließlich

$$h(n) = \begin{cases} 0{,}5^n + 2\sqrt{0{,}5}^{\,n} \sin(n\pi/4) & \text{für} \quad n \geq 0 \\ 0 & \text{sonst} \end{cases} .$$

Die im obigen Beispiel angedeutete Methode der inversen Z-Transformation mit Hilfe der Partialbruchzerlegung kann auch zur Bestimmung einer jeden Folge aus deren Z-Transformierten, bestehend aus einer rationalen Funktion, eingesetzt werden.

Die Produkt- und Partialbruchform einer Systemfunktion setzen sich im wesentlichen aus Brüchen mit jeweils einer reellen Polstelle und Brüchen mit jeweils einem konjugiert komplexen Polstellenpaar zusammen. Die Teilbrüche stellen Systemfunktionen 1. und 2. Ordnung dar, aus denen ein System höherer Ordnung zusammengestellt wird. Bild 4.11 zeigt schematisch die Einheitsimpulsantworten einiger Systeme 1. und 2. Ordnung mit durch (x) gekennzeichneten Polstellen.

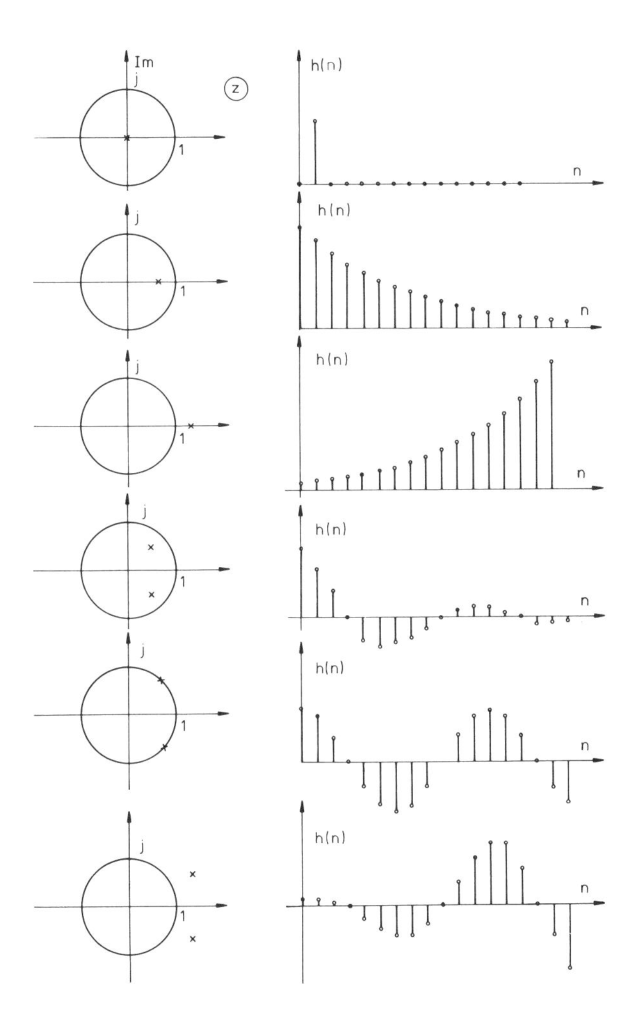

Bild 4.11: Einheitsimpulsantworten einiger Systeme 1. und 2. Ordnung mit jeweils durch (x) gekennzeichneten Polstellen in der z-Ebene.

Die beiden Darstellungsarten der Systemfunktion (4.16) und (4.18) liefern Anhaltspunkte für alternative Netzwerkstrukturen mit günstigen Eigenschaften hinsichtlich der Effekte der begrenzten Wortlänge. In den Kapiteln 5 und 6 wird dieses Thema eingehend behandelt.

Geometrische Bestimmung von Übertragungsfunktionen: Die Produktform (4.15) ermöglicht eine relativ einfache graphische Ermittlung der Übertragungsfunktion. Mit $H(f) = H(z)$ für $z = e^{j2\pi f}$ folgt aus (4.15)

$$|H(f)| = A\, e^{j2(N-M)\pi f} \frac{\prod_{i=1}^{M} (e^{j2\pi f} - z_{oi})}{\prod_{i=1}^{N} (e^{j2\pi f} - z_{\infty i})} .$$

A sei positiv. Hieraus erhält man für den Amplitudengang

$$H(f) = A \frac{\prod_{i=1}^{M} \left| e^{j2\pi f} - z_{oi} \right|}{\prod_{i=1}^{N} \left| e^{j2\pi f} - z_{\infty i} \right|}$$

und den Phasengang

$$\measuredangle H(f) = 2(N-M)\pi f + \sum_{i=1}^{M} \measuredangle (e^{j2\pi f} - z_{oi}) - \sum_{i=1}^{N} \measuredangle (e^{j2\pi f} - z_{\infty i}) .$$

Die Terme $\left| e^{j2\pi f} - z_{oi} \right|$ und $\left| e^{j2\pi f} - z_{\infty i} \right|$ geben die Längen der Zeiger von der Nullstelle z_{oi} bzw. der Polstelle $z_{\infty i}$ zum Punkt $e^{j2\pi f}$ auf dem Einheitskreis an. Die Terme $\measuredangle (e^{j2\pi f} - z_{oi})$ und $\measuredangle (e^{j2\pi f} - z_{\infty i})$ sind die Winkel dieser Zeiger, gemessen vom positiven Ast der reellen Achse gegen den Uhrzeigersinn. Der Term $2(N-M)\pi f$ liefert einen linearen Anteil zum Phasengang. Bild 4.12a zeigt das Verfahren für ein System 2. Ordnung mit dem Polstellenpaar (z_∞ , z_∞^*), dem Nullstellenpaar (z_o, z_o^*) und $A = 1$. Mit den Bezeichnungen des Bildes 4.12 erhält man:

$$|H(f)| = \frac{L_1(f)\, L_4(f)}{L_2(f)\, L_3(f)} ,$$

$$H(f) = \varphi_1(f) + \varphi_4(f) - \varphi_2(f) - \varphi_3(f) .$$

Der Amplitudengang $|H(f)|$ ist in Bild 4.12b, der Phasengang $\measuredangle H(f)$ in Bild 4.12c schematisch dargestellt.

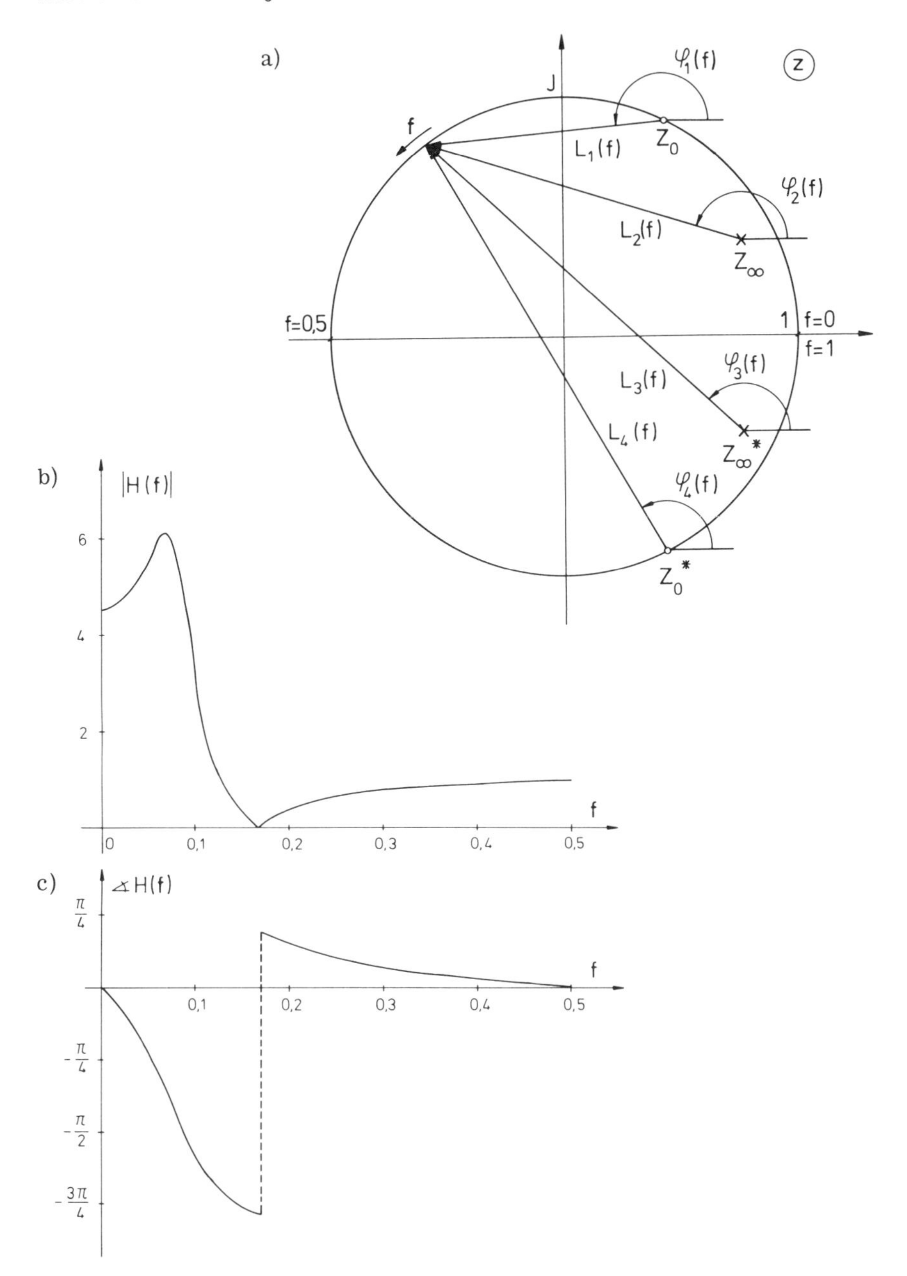

Bild 4.12: Beispiel zur geometrischen Bestimmung der Übertragungsfunktion eines Systems: a) Pol- (x) und Nullstellen (o), b) Amplituden- und c) Phasengang.

Anhand dieser geometrischen Konstruktion von H(f) lassen dich die Beiträge der einzelnen Pol- und Nullstellen zur Übertragungsfunktion auswerten. Man erkennt beispielsweise, daß der Beitrag einer Polstelle zum Amplitudengang größer wird, je näher sie zum Einheitskreis liegt und je mehr man sich ihr auf dem Einheitskreis nähert. Es ist leicht einzusehen, daß sich eine Nullstelle hinsichtlich ihres Beitrags zum Amplitudengang genau umgekehrt verhält.

4.5 Allgemeines Entwurfsschema

Nachdem die Eigenschaften digitaler LTI-Systeme und die Methoden zu ihrer Beschreibung dargelegt wurden, werden in den nächsten Kapiteln konkrete Fragen des Entwurfs und der Realisierung digitaler Systeme mit vorgegebenen Eigenschaften behandelt. In diesem Abschnitt werden einige vorbereitende Anmerkungen vorausgeschickt.

LTI-Systeme werden entweder im Zeit- oder im Frequenzbereich spezifiziert. Im Zeitbereich wird üblicherweise ein gewünschter Verlauf der Einheitsimpulsantwort oder der Sprungantwort unter Berücksichtigung eines entsprechenden Toleranzschemas gefordert. Im Frequenzbereich wird die Spezifizierung in Form eines Toleranzschemas für Dämpfung oder Gruppenlaufzeit angegeben. In einigen Anwendungsfällen werden Toleranzschemata für beide Größen festgelegt. Da in der Praxis Systemspezifizierungen im Zeitbereich relativ selten vorkommen, wird im weiteren darauf nicht mehr eingegangen [26].

Bei der Festlegung des Toleranzschemas muß berücksichtigt werden, daß die Übertragungsfunktion eines digitalen Systems mit der Abtastfrequenz f_a eine periodische Funktion mit der Periode f_a ist. Außerdem enthält die Übertragungsfunktion nur bis zur NYQUIST-Frequenz $f_N = 0{,}5\ f_a$ relevante Informationen. Folglich ist das Toleranzschema für ein digitales System lediglich bis zur NYQUIST-Frequenz von Bedeutung.

Die Abtastfrequenz eines digitalen Systems wird entsprechend der Nutzbandbreite des zu verarbeitenden kontinuierlichen Signals unter Berücksichtigung des Abtasttheorems sowie unter dem Gesichtspunkt des minimalen Realisierungsaufwands gewählt. Je niedriger die Abtastfrequenz, desto niedriger ist i.a. der Realisierungsaufwand. Zur Vermeidung des Überlappungsfehlers muß ein kontinuierliches Eingangssignal vor der Abtastung auf den Bereich $0 \leq f \leq f_N$ bandbegrenzt werden. In diesem Fall wirkt sich die Periodizität der Übertragungsfunktion nicht mehr störend aus. Die Bandbegrenzung des Eingangssignals wird mit Hilfe eines Tiefpaßfilters, nämlich des Antialiasingfilters, erzielt. Je steilflankiger das Antialiasingfilter, desto niedriger ist die erforderliche minimale Abtastfrequenz. Um andererseits den Realisierungsaufwand des Tiefpaßfilters nicht übermäßig in die Höhe zu treiben, sollte die Abtastfrequenz nicht zu niedrig gewählt werden. Für die Abtastfrequenz f_a erweist sich in der Praxis der Bereich $3 f_s < f_a < 4 f_s$ als günstig, wobei f_s die Sperrgrenzfrequenz des Antialiasingfilters ist.

Die Aufgabe des Entwurfs besteht darin, ein digitales Netzwerk zu erstellen, dessen Übertragungsfunktion ein vorgegebenes Toleranzschema erfüllt. Bei der praktischen Realisierung muß hierbei das besondere Problem berücksichtigt werden, daß die Koeffizienten des Netzwerks mit einer endlichen Wortlänge dargestellt werden und die arithmetischen Baueinheiten im Netzwerk stets mit begrenzten Wortlängen operieren. Die Analyse der Effekte begrenzter Wortlängen beansprucht einen wesentlichen Teil des Entwurfs.

Filter sind Systeme, die in einem oder mehreren Frequenzbereichen eine möglichst geringe und konstante, in anderen Bereichen jedoch eine möglichst hohe Dämpfung aufweisen. Sie werden in Tief-, Band-, Hochpässe und Bandsperren eingeteilt. Bild 4.13 zeigt schematisch die Toleranzschemata für den Amplitudengang $|H(f)|$ der genannten Filtertypen, aus denen die zugehörigen Kenngrößen entnommen werden können:

δ_D Durchlaßdämpfung

δ_S Sperrdämpfung

f_D, f_S Durchlaß- und Sperrgrenzfrequenz bei Tief- und Hochpässen

f_{Du}, f_{Do} Untere und obere Durchlaßgrenzfrequenz bei Bandpässen und -sperren

f_{Su}, f_{So} Untere und obere Sperrgrenzfrequenz bei Bandpässen und -sperren

Im Falle der Bandpässe und -sperren können unterschiedliche obere und untere Sperr- bzw. Durchlaßdämpfungen auftreten. Je nach Bedarf verwendet man für die Abszisse und/oder die Ordinate eine lineare oder eine logarithmische Skala. In manchen Fällen, e.g. im Falle nichtrekursiver Filter, ist eine andere, in Bild 4.14 für einen Tiefpaß dargestellte Bezeichnung des Toleranzschemas üblich.

Im allgemeinen besteht der Entwurf eines digitalen Systems aus folgenden Schritten:

Approximation: Mit Hilfe eines Approximationsverfahrens wird unter Berücksichtigung der Kausalitäts- und Stabilitätskriterien eine rationale Funk-

a)

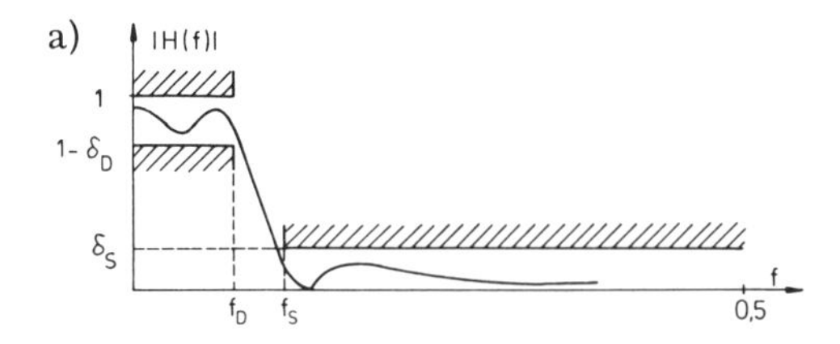

b)

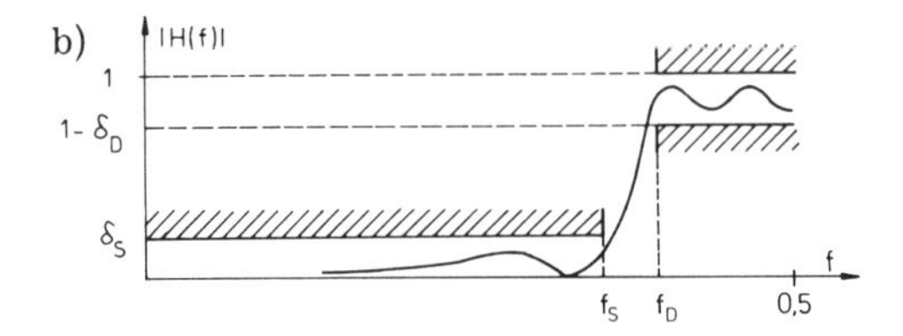

c)

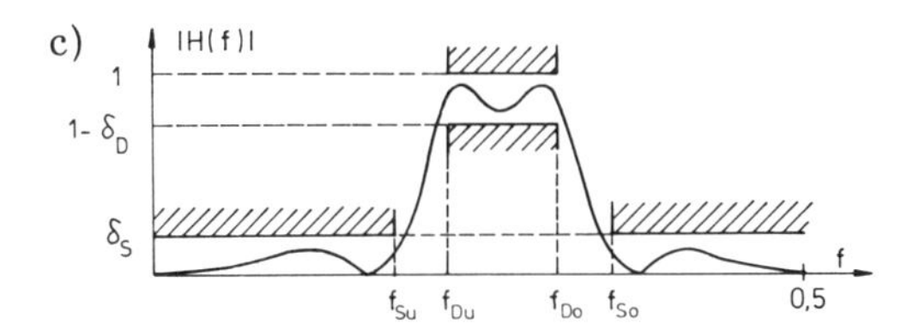

d)

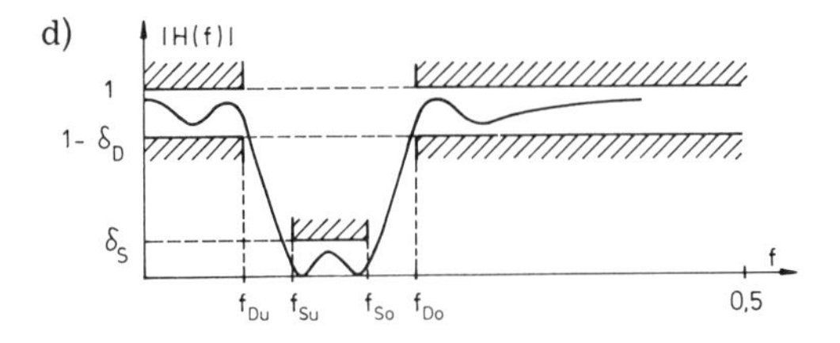

Bild 4.13: Typische Toleranzschemata a) eines Tiefpasses, b) eines Hochpasses, c) eines Bandpasses und d) einer Bandsperre mit zugehörigen Kenngrößen.

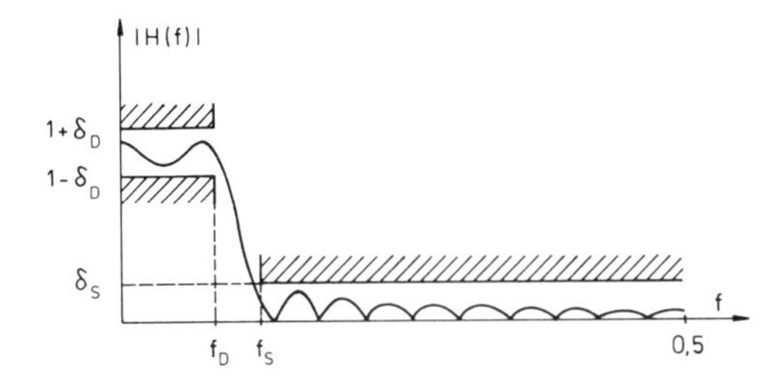

Bild 4.14: Toleranzschema eines Tiefpasses mit gegenüber Bild 4.13a geänderten Kenngrößen.

tion H(z) möglichst niedriger Ordnung derart bestimmt, daß ihr Betragsverlauf |H(z)| und/oder Phasenverlauf $\measuredangle H(z)$ auf dem Einheitskreis $z = e^{j2\pi f}$ das entsprechende Toleranzschema erfüllen.

Strukturwahl: Ein System mit der Systemfunktion H(z) läßt sich, wie bereits in Abschnitt 4.4 angedeutet wurde und worauf in den nächsten Kapiteln näher eingegangen wird, durch eine Vielzahl von Netzwerken unterschiedlicher Strukturen realisieren, die sich aus den verschiedenen Umformungen der Systemfunktion sowie aus anderen Überlegungen ergeben. Die aus ein und derselben Systemfunktion abgeleiteten Netzwerke weisen jedoch bezüglich der Effekte der begrenzten Wortlänge unterschiedliche Verhalten auf. In der Phase der Strukturwahl wird für die nach einem Approximationsverfahren bereits erstellte Systemfunktion eine hinsichtlich der Effekte der begrenzten Wortlänge, aber auch anderen Gesichtspunkten, e.g. Realisierungsaufwand und Verarbeitungsgeschwindigkeit, entsprechend günstige Netzwerkstruktur gesucht.

Analyse, Simulation: Nachdem das Netzwerk mit den sich aus dem jeweiligen Problem ergebenden Koeffizienten festliegt, wird es hinsichtlich der Effekte der begrenzten Wortlänge analysiert. Die Analyse kann mit Hilfe eines Simulationsprogramms auf einem Universalrechner durchgeführt werden. Mit reduzierten Wortlängen der Koeffizienten wird die Übertagungsfunktion neu berechnet und darauf geprüft, ob sie die Toleranzsschemata noch erfüllt. Falls dies mit der vorgegebenen Wortlänge nicht zutrifft, wird das Entwurfsschema erneut durchlaufen, wobei man nun entweder von einer anderen Netzwerkstruktur, einer höheren Systemordnung, einem anderen Approximationsverfahren oder von einem geringfügig geänderten Toleranzschema ausgeht. Eine geringe Empfindlichkeit der zu wählenden Netzwerkstruktur bezüglich der Wortlängenreduktion der Koeffizienten ist also ein wichtiger Gesichtspunkt bei der Strukturwahl.

Ferner werden auch andere Effekte der Wortlängenreduktion, nämlich Rundungsrauschen, Überlaufsschwingung und Grenzzyklen, in dieser Entwurfsphase entweder anhand hierfür erstellter mathematischer Beziehungen oder mit Hilfe von Simulationsprogrammen analysiert. Von den Ergebnissen dieser Untersuchungen hängt es ab, ob das in der Phase der Strukturwahl erstellte Netzwerk mit der vorgegebenen Wortlänge alle gestellten Anforderungen erfüllt und zur Realisierung übernommen werden kann.

Es gibt auch andere von diesem Schema abweichende Entwurfsverfahren, e.g. den Entwurf wellendigitaler Filter. Hier löst man die Approximationsaufgabe zunächst für ein LC-Filter, woraus man dann das gewünschte wellendigitale Filter durch eine geeignete Transformation der Bauelemente ableiten kann. Wellendigitalfilter werden in Abschnitt 5.3.5 behandelt.

5. Rekursive Systeme

In diesem Kapitel werden Fragen des Entwurfs rekursiver Systeme behandelt. Nach einer Zusammenstellung ihrer wichtigsten Eigenschaften werden mehrere Approximationsverfahren für derartige Systeme beschrieben. Anschließend werden einige Netzwerkstrukturen zur Realisierung eines rekursiven Systems besprochen, die zwar im theoretischen Fall der unbegrenzten Wortlängen gleiche Übertragungsverhalten aufweisen, sich jedoch bezüglich der Effekte der begrenzten Wortlängen unterschiedlich verhalten. Anhand des Rauschmodells digitaler Netzwerke wird das Rundungsrauschen dieser Netzwerkstrukturen untersucht. Strukturen für Systeme 1. und 2. Ordnung werden wegen ihrer generellen Einsetzbarkeit in verschiedene Strukturen von Systemen höherer Ordnung ausführlicher behandelt. Ferner wird auf Überlaufsschwingungen und Grenzzyklen eingegangen, diese Effekte werden für Systeme 1. und 2. Ordnung näher diskutiert. Abschließend werden wellendigitale Filter beschrieben.

5.1 Eigenschaften

Ein rekursives System wird durch die Differenzengleichung

$$y(n) = \sum_{k=1}^{N} a_k y(n-k) + \sum_{k=0}^{M} b_k x(n-k)$$

beschrieben, wobei von den Koeffizienten a_k, $k = 1, 2, \ldots, N$ mindestens einer von Null verschieden sein muß. Der Wert der Ausgangsfolge $y(n)$ zu einem beliebigen Zeitpunkt wird nach dieser Differenzengleichung auch von Werten der Ausgangsfolge von früheren Zeitpunkten bestimmt. Bild 3.9 zeigt ein Netzwerk zur Realisierung der obigen Differenzengleichung. Daraus erkennt man, daß das Netzwerk eines rekursiven Systems mindestens einen Rückkopplungszweig besitzt. Instabilitäten sind aus diesem Grund prinzipiell möglich.

Die Systemfunktion eines kausalen rekursiven Systems ist eine rationale Funktion von z^{-1}:

$$H(z) = \frac{\sum_{k=0}^{M} b_k z^{-k}}{1 - \sum_{k=1}^{N} a_k z^{-k}}$$

Falls $M > N$ gilt, läßt sich H(z) in folgender Weise aufspalten:

$$H(z) = \sum_{k=1}^{M-N} c_k z^{-k} + \frac{\sum_{k=0}^{N} b_k z^{-1}}{1 - \sum_{k=1}^{N} a_k z^{-1}}$$

Das System besteht in diesem Fall aus einem nichtrekursiven und einem rekursiven Teilsystem. Da in diesem Kapitel nur von rekursiven Systemen die Rede ist, wird im weiteren $M \leq N$ angenommen.

Im Nennerpolynom von H(z) ist mindestens ein Koeffizient ungleich Null. Folglich hat H(z) mindestens eine von Null verschiedene Polstelle. Wegen der Reellwertigkeit der Koeffizienten des Nenner- und Zählerpolynoms sind die Pol- und Nullstellen entweder reell, oder sie treten als konjugiert komplexe Paare auf. Die Pol- und Nullstellen können auch mehrfach vorkommen. Für kausale und stabile rekursive Systeme liegen sämtliche Polstellen innerhalb des Einheitskreises.

Die Einheitsimpulsantwort h(n) eines rekursiven Systems besteht, wie im folgenden gezeigt, stets aus unendlich vielen von Null verschiedenen Elementen. h(n) kann aus der Partialbruchform (4.18) einer Systemfunktion mit Hilfe der inversen Z-Transformation der einzelnen Partialbrüche berechnet werden. Jeder Partialbruch mit einer reellen Polstelle oder mit einem konjugiert komplexen Polstellenpaar (auch im Falle der Mehrfachheit) liefert eine exponentiell abklingende Folge, die aus unendlich vielen von Null verschiedenen Elementen besteht. h(n) entsteht durch Überlagerung dieser Folgen. Im Englischen werden rekursive Systeme auch *infinite impulse response systems* (IIR-systems) genannt.

5.2 Approximationsverfahren

Das Ziel eines Approximationsverfahrens besteht darin, eine rationale Funktion von z^{-1} zu erstellen, die auf dem Einheitskreis $z = e^{j2\pi f}$ ein vorgegebenes Toleranzschema für den Amplituden- oder Phasengang (Dämpfung oder Gruppenlaufzeit) bzw. in manchen Fällen für beide Größen gleichzeitig erfüllt. Im folgenden werden, praktischen Anwendungsfällen entsprechend, hauptsächlich Approximationsaufgaben mit vorgegebenem Toleranzschema für den Amplitudengang betrachtet. Für die Lösung einer solchen Aufgabe im Falle rekursiver Systeme bieten sich zwei grundsätzlich verschiedene Möglichkeiten an:

a) Indirekter Weg über ein kontinuierliches Bezugssystem (Approximation im p-Bereich)

Die Approximationstheorie für kontinuierliche Systeme (Filter) hat heute einen fortgeschrittenen Stand erreicht. Es stehen zahlreiche Kataloge und Tabellen für den Entwurf solcher Systeme zur Verfügung, so daß es sich beim Entwurf digitaler Systeme oft als vorteilhaft erweist, diese Kenntnisse und Erfahrungen auszunutzen. Dies geschieht, indem man die für ein digitales System gestellte Approximationsaufgabe zunächst für ein kontinuierliches System - in diesem Zusammenhang als *Bezugssystem* bezeichnet - umformuliert. Die Approximationsaufgabe wird dann im p-Bereich gelöst. Das hierzu erforderliche Toleranzschema des Bezugssystems erhält man durch eine geeignete Modifikation des für das digitale System vorgegebenen Toleranzschemas. Die Modifikation des Toleranzschemas ist notwendig, weil die Übertragungsfunktion eines kontinuierlichen Systems eine aperiodische, während die eines digitalen Systems eine periodische Funktion von f ist.

Nach Lösung der Approximationsaufgabe im p-Bereich wird in einem zweiten Schritt die Systemfunktion des gewünschten digitalen Systems nach einem geeigneten Verfahren aus der des Bezugssystems ermittelt. Hierfür gibt es mehrere Methoden.In den Abschnitten 5.2.2 und 5.2.3 werden zwei derartige Verfahren nämlich die *Impulsinvarianz-Methode* und die *bilineare Transformation*, beschrieben.

Da die Anwendung des indirekten Approximationsverfahrens Kenntnisse über Approximationsverfahren für kontinuierliche Systeme erfordert, werden im nächsten Abschnitt einige wichtige derartige Approximationsverfahren kurz erläutert [27] [28], [29].

b) Approximation im z-Bereich

Das Approximationsproblem kann auch direkt im z-Bereich gelöst werden.
Als Approximationsfunktionen werden rationale Funktionen von z^{-1} - üblicher-

weise in der Produktform - herangezogen, deren vorerst unbekannte Koeffizienten mit Hilfe eines geeigneten Optimierungsverfahrens derart bestimmt werden, daß ein vorgegebenes Toleranzschema für den Amplituden- und/oder Phasengang erfüllt wird. Approximationsverfahren im z-Bereich erfordern häufig umfangreiche Rechnungen, was i.a. die Benutzung eines Rechners notwendig macht. In Abschnitt 5.2.5 werden zwei Approximationsverfahren im z-Bereich kurz erläutert.

5.2.1 Approximationsverfahren für kontinuierliche Filter

In diesem Abschnitt werden einige Approximationsverfahren für kontinuierliche Filter, e.g. für Tief-, Hoch-, Bandpässe und Bandsperren, beschrieben. In vielen praktischen Anwendungsfällen lassen sich die Systemfunktionen solcher Filter mit Hilfe geeigneter Frequenztransformationen aus der Systemfunktion eines normierten Tiefpaßfilters, im folgenden als T i e f p a ß p r o t o t y p bezeichnet, ableiten. Das Approximationsproblem des Entwurfs unterschiedlicher Filtertypen wird somit auf das eines Tiefpaßfilters zurückgeführt.

Für das Approximationsproblem des Tiefpaßprototyps gibt es eine Reihe von Lösungsvorschlägen, von denen in diesem Abschnitt drei häufig angewandte beschrieben werden. Diese drei Approximationsverfahren liefern geschlossene Lösungen und sind ohne allzu hohen Rechenaufwand durchführbar.

Es gibt auch rechnergestützte Approximationsverfahren für die genannten kontinuierlichen Filtertypen ohne Bezug auf einen Tiefpaßprototyp. Auf sie wird hier nicht weiter eingegangen.

Im folgenden werden zunächst die BUTTERWORTH-, TSCHEBYSCHEFF- und CAUER-Tiefpässe kurz beschrieben, die man als Tiefpaßprototypen benutzen kann. Anschliessend werden einige Frequenztransformationen zum Entwurf verschiedener Filtertypen aus einem Tiefpaßprototyp angegeben.

Die Systemfunktion eines kontinuierlichen Systems, aufgebaut aus konzentrierten, linearen und zeitinvarianten Bauelementen wie Widerständen, Kondensatoren und Induktivitäten, ist eine rationale Funktion der komplexen Variablen $p = \sigma + j\omega$:

$$H(p) = \frac{\sum_{k=0}^{M} b_k p^k}{1 - \sum_{k=1}^{N} a_k p^k} , \qquad (5.1)$$

wobei die Koeffizienten a_k und b_k relle Konstanten sind [24]. H(p) ergibt sich aus der LAPLACE-Transformation der D i r a c s t o ß a n t w o r t h(t) des Systems

$$H(p) = \int_0^\infty h(t)\, e^{-pt}\, dt$$

bzw. aus der Anwendung der LAPLACE-Transformation auf die Differentialgleichung des Systems.

Im Falle der Stabilität liegen sämtliche Pole von H(p) in der linken p-Halbebene. Wegen der Reellwertigkeit der Koeffizienten sind die Pol- und Nullstellen entweder reell oder treten als konjugiert komplexe Paare auf. Die Übertragungsfunktion H(f) eines derartigen Systems ist identisch mit dessen Systemfunktion H(p) auf der $j\omega$-Achse: $H(f) = H(p)$ für $p = j\omega$, $\omega = 2\pi f$.

In vielen Anwendungsfällen interessiert man sich nur für den Amplitudengang (die Dämpfung) eines Filters. Ausgangspunkt des Approximationsverfahrens in diesen Fällen ist ein Toleranzschema für den Amplitudengang. Von Interesse ist deswegen der Zusammenhang zwischen dem Amplitudengang einer Übertragungsfunktion und der Übertragungsfunktion selbst. Im folgenden wird dieser Zusammenhang abgeleitet.

Aufgrund der Reellwertigkeit der Koeffizienten der Übertragungsfunktion gilt: $H(-f) = H^*(f)$. Hieraus folgt für den Amplitudengang:

$$|H(f)|^2 = H(f)\, H^*(f) = H(p)\, H(-p) \Big|_{p = j\omega} . \tag{5.2}$$

Das Betragsquadrat $|H(f)|^2$ der Übertragungsfunktion ist also eine rationale Funktion von f.

Aus (5.2) folgt weiter, daß die Menge der Pol- und Nullstellen von $|H(f)|^2$ sich aus denen von H(p) und H(-p) zusammensetzt. Die Pol- und Nullstellen von H(-p) liegen zu denen von H(p) bezüglich des Nullpunkts spiegelbildlich. Aus der Menge der Polstellen von $|H(f)|^2$ gehören wegen der Stabilität die sich in der linken Halbebene befindlichen zu H(p). Für die Nullstellen von H(p) gilt im Falle der Minimalphasigkeit von H(p) eine entsprechende Aussage.

Aus obigen Überlegungen ergibt sich folgendes Lösungsschema für das Approximationsproblem von Filtern, die durch ein Toleranzschema für den Amplitudengang spezifiziert sind:

a) Man stelle aus dem vorgegebenen Toleranzschema ein entsprechendes Toleranzschema für das Quadrat des Amplitudengangs $|H(f)|^2$ auf.

b) Man suche eine reelle rationale Approximationsfunktion A(f) möglichst niedriger Ordnung mit reellen Pol- und Nullstellen bzw. konjugiert komplexen Pol- und Nullstellenpaaren, die das unter a) aufgestellte Toleranzschema erfüllt. Außerdem muß die Bedingung erfüllt sein, daß die Spiegelbilder jeder Pol- und Nullstelle bezüglich des Nullpunkts ebenfalls zur Menge der Pol- und Nullstellen von A(f) gehören.

c) Man bestimme die Pol- und Nullstellen von A(f).

d) Man fasse A(f) als $|H(f)|^2$ auf und bilde H(p) aus den Polstellen von A(f), die in der linken p-Halbebene liegen, sowie aus einer Hälfte der auftretenden reellen Nullstellen und der konjugiert komplexen Nullstellenpaare, wobei von den zum Nullpunkt spiegelbildlich liegenden Nullstellen und Nullstellenpaaren jeweils nur entweder die in der rechten oder die in der linken Halbebene liegenden als Nullstellen von H(p) gezählt werden dürfen.

Für BUTTERWORTH-, TSCHEBYSCHEFF- und CAUER-Tiefpaßprototypen erfüllt die zugehörige Approximationsfunktion die in b) angegebene Bedingung bezüglich der Pol- und Nullstellen. Diese Funktionen sind in normierter Form in einigen Büchern katalogisiert [30], [31].

BUTTERWORTH-Tiefpaß: Die Approximationsfunktion $A(f) = |H(f)|^2$ eines BUTTERWORTH-Tiefpasses lautet

$$A(f) = \frac{1}{1 + \left(\frac{f}{f_c}\right)^{2N}} . \qquad (5.3)$$

f_c ist die -3dB-Frequenz von $|H(f)|$.

An der Stelle $f = 0$ sind alle Ableitungen von A(f) bis einschließlich der (2N-1)ten Ordnung gleich Null. A(f) wird daher als maximal flache Approximationsfunktion bezeichnet. Die Polstellen von A(f) liegen in der p-Ebene äquidistant auf einem Kreis mit dem Radius f_c um den Nullpunkt. Bild 5.1 zeigt den monoton abfallenden Amplitudengang $|H(f)|$ eines BUTTERWORTH-Tiefpasses für $N = 2, 4, 8$.

Aus (5.3) geht hervor, daß die Ordnung N des Filters allein durch Angabe seines Amplitudengangs bei einer einzigen Frequenz bestimmt werden kann. Zwischen N und dem Amplitudengang $H(f_o)$ bei der Frequenz f_o besteht der Zusammenhang

$$N = \frac{\ln\left(\frac{1}{|H(f_o)|^2} - 1\right)}{2 \ln\left(\frac{f_o}{f_c}\right)} . \tag{5.4}$$

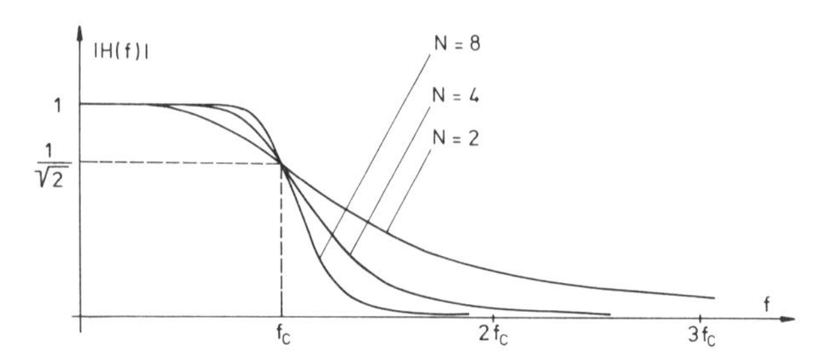

Bild 5.1: Amplitudengang eines BUTTERWORTH-Tiefpasses der Ordnung N = 2, 4, 8 .

Diese Beziehung läßt sich in eine Form bringen, worin lediglich die Kenngrößen eines vorgegebenen Toleranzschemas vorkommen:

$$N = \frac{\ln h}{\ln r} \quad \text{mit} \quad h = \frac{\sqrt{2\,\delta_D - \delta_D^2}\;\delta_S}{\sqrt{1 - \delta_S^2}\;(1 - \delta_D)} \;, \quad r = \frac{f_D}{f_S} . \tag{5.5}$$

Die Bedeutung der angegebenen Symbole entnehme man aus Bild 4.13a. r wird als Übergangsverhältnis bezeichnet.

TSCHEBYSCHEFF - Tiefpaß: Approximationsfunktionen von TSCHEBYSCHEFF-Tiefpässen bestehen aus rationalen Funktionen von f^2, die entweder im Durchlaß- oder im Sperrbereich einen welligen Verlauf konstanter Welligkeitsamplitude und ansonsten einen monotonen Verlauf zeigen. Es gibt also zwei Typen des TSCHEBYSCHEFF-Tiefpasses:

a) Typ I

Die Approximationsfunktion lautet:

$$A(f) = \frac{1}{1 + \epsilon^2\, C_N^2\left(\frac{f}{f_D}\right)} \tag{5.6}$$

mit $C_N(x)$ als TSCHEBYSCHEFF-Polynom N-ter Ordnung. Der Amplitudengang $|H(f)|$ besitzt eine Welligkeit konstanter Amplitude im Durchlaßbereich $0 \leq f \leq f_D$ und sonst einen monoton abfallenden Verlauf. ϵ bestimmt die Breite des Variationsbereichs von $|H(f)|$ im Durchlaßbereich. Dort oszilliert $|H(f)|$ (N+1)mal zwischen dem Wert $|H(f)| = 1$ und dem Wert $|H(f)| = 1/\sqrt{1+\epsilon^2}$. Bild 5.2a zeigt den Amplitudengang dieses Filtertyps für $N = 4$.

b) Typ II

$$A(f) = \frac{1}{1 + \epsilon^2 \cdot \left(\dfrac{C_N\left(\dfrac{f_S}{f_D}\right)}{C_N\left(\dfrac{f_S}{f}\right)} \right)^2} . \tag{5.7}$$

$|H(f)|$ besitzt einen monoton abfallenden Verlauf im Durchlaßbereich, im Sperrbereich $f \geq f_S$ jedoch eine Welligkeit konstanter Amplitude. $|H(f)|$ oszilliert im Sperrbereich (N+1)mal zwischen dem Wert Null und δ_S mit $\delta_S^2 = A(f_S)$. Bild 5.2b zeigt $|H(f)|$ für $N = 4$.

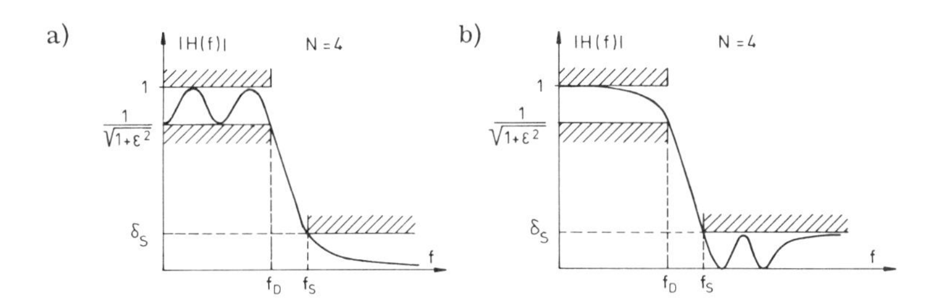

Bild 5.2: Amplitudengang eines TSCHEBYSCHEFF-Tiefpasses 4. Ordnung vom a) Typ I und b) Typ II.

Für beide Typen des TSCHEBYSCHEFF-Filters gilt der folgende Zusammenhang zwischen δ_D, δ_S und der erforderlichen Mindestordnung N:

$$N = \frac{\ln\left(1 + \sqrt{1 - h^2}\right) - \ln h}{\ln\left(1 + \sqrt{1 - r^2}\right) - \ln r} \tag{5.8}$$

mit h und r aus (5.5).

CAUER-Tiefpaß: Die Approximationsfunktion eines CAUER-Tiefpasses der Ordnung N lautet:

$$A(f) = \frac{1}{1 + \epsilon^2 R_N^2\left(\frac{f}{f_D}\right)} . \qquad (5.9)$$

$R_N(x)$ ist eine JACOBIsche elliptische Funktion Nter Ordnung; CAUER-Filter werden deswegen auch elliptische Filter genannt.

$|H(f)|$ besitzt sowohl im Durchlaßbereich als auch im Sperrbereich Welligkeiten konstanter Amplitude und oszilliert im Durchlaß- und im Sperrbereich jeweils (N+1)mal zwischen dem Wert 1 und dem Wert $1/\sqrt{1+\epsilon^2}$ bzw. zwischen Null und δ_S. Bild 5.3 zeigt $|H(f)|$ für $N = 4$. CAUER-Tiefpässe besitzen wie TSCHEBYSCHEFF-Tiefpässe vom Typ II Nullstellen auf der imaginären Achse.

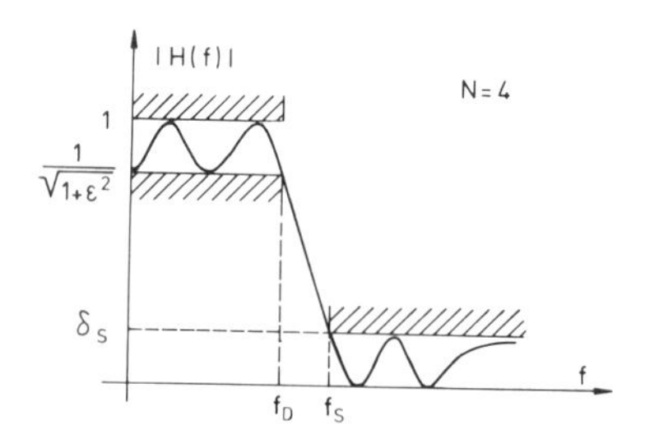

Bild 5.3: Amplitudengang eines CAUER-Tiefpasses 4. Ordnung.

Die Übertragungsfunktion eines CAUER-Tiefpasses erfüllt das Toleranzschema mit einer niedrigeren Ordnung als die der BUTTERWORTH- und TSCHEBYSCHEFF-Tiefpässe, was für den Realisierungsaufwand von Vorteil ist. Anders ausgedrückt, mit einem CAUER-Tiefpaß läßt sich für gegebene Werte von δ_D, δ_S und N im Vergleich zu den beiden anderen Tiefpaßtypen ein schmalerer Übergangsbereich $\Delta f = f_S - f_D$ erreichen.

Entwurfshilfsdiagramm: Der Realisierungsaufwand eines Systems wird im wesentlichen von dessen Ordnung bestimmt. Dementsprechend empfiehlt es sich, für jeden der oben genannten Tiefpaßtypen seine minimale Ordnung zur Erfüllung des jeweiligen Toleranzschemas zu bestimmen. Aus (5.4), (5.8) und der entsprechenden Beziehung für CAUER-Tiefpässe läßt sich die zur Erfüllung eines Toleranzschemas erforderliche Mindestordnung für BUTTERWORTH-, TSCHEBYSCHEFF- und CAUER-Tiefpässe ermitteln. Da diese Beziehungen nicht direkt überschaubar sind, gibt es Hilfsdiagramme, aus denen man für vorgegebene Werte von δ_D, δ_S, f_D und f_S die Mindestordnung N ablesen kann [4]. Da N von mehreren Größen abhängt, läßt sich diese Abhängigkeit nicht in einem einzigen Diagramm überschaulich darstellen. Bei allen drei genannten Filtertypen hängt N indirekt über die

Größen h und r aus (5.5) von den oben erwähnten Kenngrößen eines Toleranzschemas ab. Bild 5.4 zeigt ein Diagramm, aus dem man für ein gegebenes Toleranzschema mit den Kenngrößen δ_D, δ_S, f_D und f_S die Größe h ablesen kann. Aus den

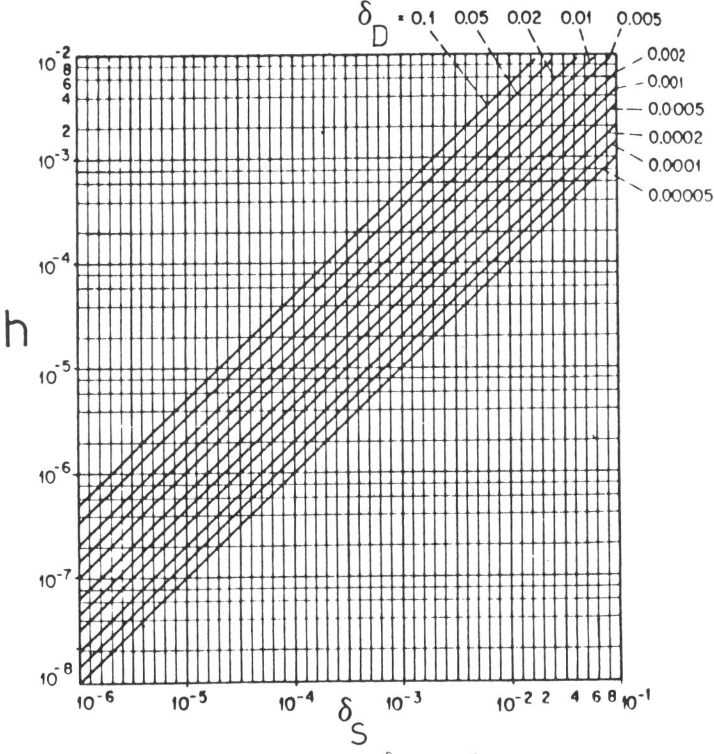

Bild 5.4: Hilfsgröße h in Abhängigkeit von δ_D und δ_S .

Bildern 5.5a,b,c läßt sich dann mit h und r die erforderliche Mindestordnung N für einen BUTTERWORTH-, TSCHEBYSCHEFF- und CAUER-Tiefpaß ablesen. Falls sich hierbei eine gebrochene Zahl für N ergibt, nehme man der Sicherheit halber für N die nächst größere ganze Zahl an.

Beispiel:

Bestimme die Mindestordnung eines BUTTERWORTH-, TSCHEBYSCHEFF- und CAUER-Tiefpasses, die ein Toleranzschema eines Tiefpasses mit den Kenngrößen $\delta_D = 0{,}02$, $\delta_S = -\,80$ dB , $f_D = 1$ KHz und $f_S = 3$ KHz erfüllen.

Lösung: Für das Übergangsverhältnis r folgt: $r = \frac{f_D}{f_S} = \frac{1}{3}$.

Aus Bild 5.4 läßt sich für h der Wert $h = 2 \cdot 10^{-5}$ entnehmen. Mit r und h lassen sich aus den Bildern 5.5a,b,c für N die folgenden (aufgerundeten) Werte ablesen: BUTTERWORTH N = 10 , TSCHEBYSCHEFF N = 7 , CAUER N = 5 .

a)

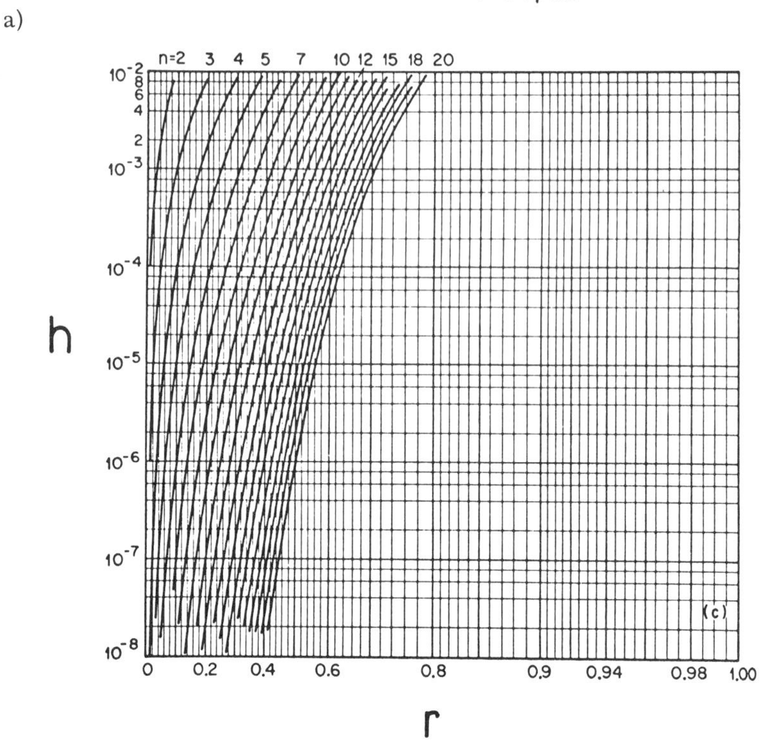

Bild 5.5: Hilfsdiagramme zur Bestimmung der für die Erfüllung eines vorgegebenen Toleranzschemas notwendigen Minimalordnung N eines a) BUTTERWORTH-, b) TSCHEBYSCHEFF- und c) CAUER-Tiefpasses.

F r e q u e n z t r a n s f o r m a t i o n e n : Aus der Systemfunktion eines (normierten) kontinuierlichen Tiefpaßprototyps $H_T(p)$ lassen sich die Systemfunktionen H(p) eines anderen Tief-, eines Hoch- oder Bandpasses sowie einer Bandsperre ermitteln, indem man in $H_T(p)$ die Variable p jeweils durch eine geeignete rationale Funktion F(p') einer zweiten komplexen Variablen p' ersetzt:

$$H(p') = H_T(p) \qquad \text{mit} \qquad p = F(p') \quad .$$

Diese Maßnahme wird als Frequenztransformation bezeichnet. Durch die Funktion F(p') wird die p-Ebene auf die p'-Ebene abgebildet. Zur Frequenztransformation sind solche Abbildungen geeignet, durch die

a) die $j\omega$-Achse der p-Ebene in die $j\omega'$-Achse der p'-Ebene übergeht und

b) die linke p-Halbebene zur Erhaltung der Stabilität auf die linke p'-Halbebene abgebildet wird.

TSCHEBYSCHEFF-Tiefpaß

b)

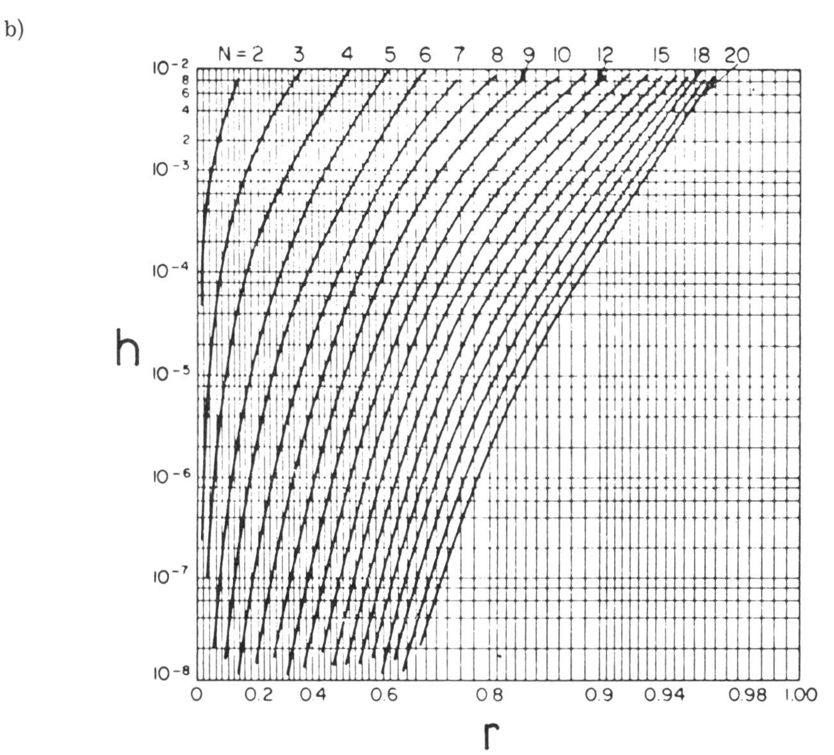

Es gibt eine Reihe derartiger Abbildungen, von denen einige in Tabelle 2 aufgeführt sind. Sie beziehen sich auf einen normierten Tiefpaßprototyp mit der Durchlaßgrenzfrequenz $1/2\pi$ Hz .

Das Verfahren der Frequenztransformation wird auch zum Entwurf unterschiedlicher Typen digitaler Filter aus einem digitalen Tiefpaßfilter verwendet. In Abschnitt 5.2.4 wird hierauf eingegangen.

c) CAUER-Tiefpaß

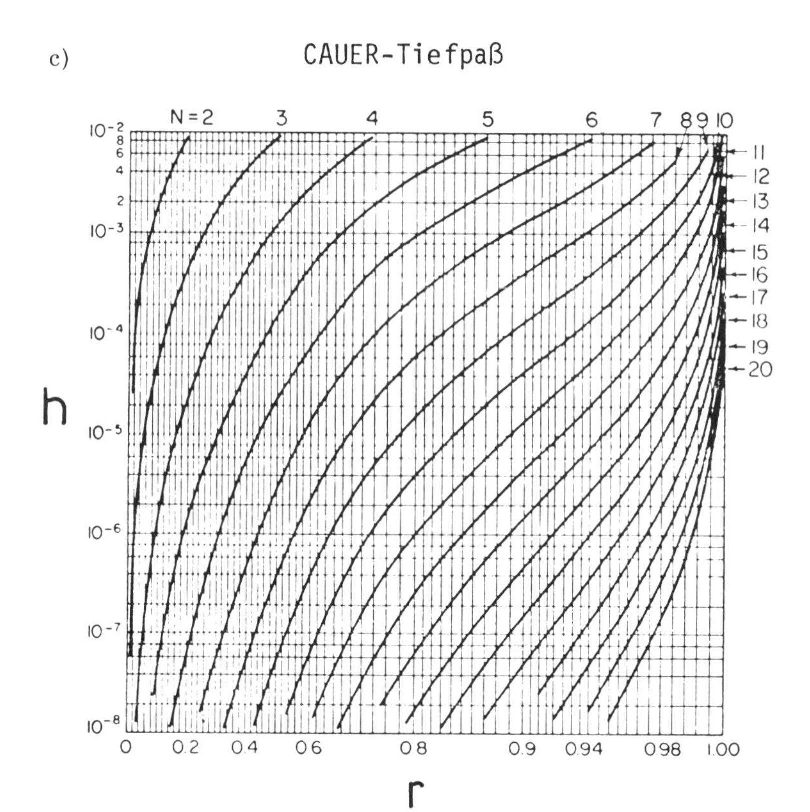

Tabelle 2: Frequenztransformationen für kontinuierliche Filter
(Durchlaßgrenzfrequenz des Tiefpaßprototyps: $\frac{1}{2\pi}$ Hz)

Nr.		
1	Tiefpaß - Tiefpaß	$p' = \frac{p}{2\pi f_D}$
2	Tiefpaß - Hochpaß	$p' = \frac{2\pi f_D}{p}$
3	Tiefpaß - Bandpaß	$p' = \frac{p^2 + 4\pi^2 f_{Du} f_{Do}}{2\pi p (f_{Do} - f_{Du})}$
4	Tiefpaß - Bandsperre	$p' = \frac{2\pi p (f_{Do} - f_{Du})}{p^2 + 4\pi^2 f_{Do} f_{Du}}$

5.2.2 *Impulsinvarianz*

Nach der Methode der Impulsinvarianz erhält man die gewünschte Systemfunktion $H(z)$ eines digitalen Filters aus der Systemfunktion $H_b(p)$ eines entsprechenden kontinuierlichen Bezugsfilters, indem man, wie aus der Bezeichnung dieser Methode hervorgeht, die Bedingung erfüllt, daß die Einheitsimpulsantwort des digitalen Systems $h(n)$ durch eine äquidistante Abtastung aus der Diracstoßantwort des kontinuierlichen Systems $h_b(t)$ entsteht [32]:

$$h(n) = h_b(nT) \tag{5.10}$$

mit T als Abtastintervall. Unter Berücksichtigung dieser Bedingung läßt sich $H(z)$ in folgender Weise aus $H_b(p)$ ermitteln: Man betrachte die Partialbruchform von $H_b(p)$

$$H_b(p) = \sum_{k=1}^{N} \frac{A_k}{p - p_{\infty k}} \quad . \tag{5.11}$$

$p_{\infty k}$, $k = 1, 2, \ldots , N$ seien die Polstellen von $H_b(p)$. $H_b(p)$ ist die LAPLACE-Transformierte von $h_b(t)$. Mit der Korrespondenzbeziehung der LAPLACE-Transformation

$$\frac{1}{p - a} = L\,\{x(t)\} \qquad \text{mit} \qquad x(t) = \begin{cases} e^{at} & \text{für} \quad t \geqq 0 \\ 0 & \text{sonst} \end{cases}$$

folgt aus (5.11)

$$h_b(t) = \begin{cases} \sum\limits_{k=1}^{N} A_k\, e^{p_{\infty k} t} & \text{für} \quad t \geqq 0 \\ 0 & \text{sonst} \end{cases} \quad .$$

Hieraus sowie aus der Bedingungsgleichung (5.10) ergibt sich für h(n):

$$h(n) = \begin{cases} \sum\limits_{k=1}^{N} A_k\, e^{p_{\infty k} nT} & \text{für} \quad t \geqq 0 \\ 0 & \text{sonst} \end{cases} \quad .$$

Mit der Korrespondenzbeziehung der Z-Transformation (Tabelle 1)

$$\frac{1}{1 - a z^{-1}} \longleftrightarrow x(n) = \begin{cases} a^n & \text{für} \quad k \geqq 0 \\ 0 & \text{sonst} \end{cases}$$

erhält man schließlich die Systemfunktion des digitalen Systems in der Partialbruchform

$$H(z) = \sum_{k=1}^{N} \frac{A_k}{1 - e^{p_{\infty k} T} z^{-1}} \quad . \tag{5.12}$$

Die Polstellen von H(z) gehen aus denen von $H_b(p)$ durch die Beziehung $z_{\infty k} = e^{p_{\infty k} T}$ hervor. Aus $\mathrm{Re}\{p_{\infty k}\} < 0$ folgt $|z_{\infty k}| < 1$. Wenn die Polstellen des Bezugssystems in der linken Halbebene liegen, dann liegen die Polstellen des entsprechenden digitalen Systems innerhalb des Einheitskreises. Aus einem stabilen Bezugssystem erhält man folglich stets ein stabiles digitales System. Zwischen den Nullstellen der beiden Systeme besteht jedoch nicht die gleiche Beziehung wie zwischen den Polstellen. Die Nullstellen von $H(z)$ erhält man aus der Produktform von $H(z)$. Es sei betont, daß $H(z)$ nicht aus $H_b(p)$ durch die Abbildung $z = e^{pT}$ der p-Ebene in die z-Ebene hervorgeht.

Die Übertragungsfunktion eines nach der Impulsinvarianz-Methode entworfenen digitalen Systems läßt sich außer mit dem Einsatz $z = e^{j2\pi f}$ in der Systemfunktion $H(z)$ alternativ in folgender Weise ermitteln: Da $h(n)$ durch eine äquidistante Abtastung mit der Abtastfrequenz $f_a = \frac{1}{T}$ aus $h_b(t)$ hervorgeht, besteht folglich zwischen der Übertragungsfunktion des kontinuierlichen Bezugssystems $H_b(f)$ - FOURIER-Transformierte von $h_b(t)$ - und der des digitalen Systems $H(f)$ - FOURIER-Transformierte von $h(n)$ - die Beziehung

$$H(f) = f_a \sum_{n=-\infty}^{\infty} H_b(f - nf_a) \quad .$$

Die Übertragungsfunktion des digitalen Systems $H(f)$ ist periodisch mit der Periode f_a. $H(f)$ kann im interessierenden Frequenzbereich $0 \leq f \leq 0{,}5\, f_a$ mit der Übertragungsfunktion des Bezugssystems $H_b(f)$ bei Ausschluß des Faktors f_a nur dann identisch sein, wenn $H_b(f)$ auf jenen Bereich bandbegrenzt ist, i.e. wenn $H_b(f) = 0$ für $f > 0{,}5\, f_a$ gilt. Da eine realisierbare Systemfunktion nie in einem Teil des Frequenzbereichs identisch verschwindet, weicht $H(f)$ von $H_b(f)$ aufgrund der unvermeidbaren Bandüberlappung (Aliasing) stets ab. Die Abweichung der beiden Übertragungsfunktionen kann jedoch mit ausreichender Bandbegrenzung von $H_b(p)$, gleichbedeutend mit einer Verschärfung des Toleranzschemas für das Bezugssystem im Sperrbereich, sowie durch Erhöhung der Abtastfrequenz gering gehalten werden. Bild 5.6 zeigt schematisch die Entstehung des Überlappungsfehlers. $H_b(f)$ ist hier als reell angenommen. $H(f)$ entsteht bis auf den Faktor f_a durch Verschiebung von $H_b(f)$ um $f_n = nf_a$, $-\infty < n < \infty$.

Die Impulsinvarianz-Methode ist aufgrund der auftretenden Bandüberlappung hauptsächlich zum Entwurf von Tief- und Bandpässen geeignet, zum Entwurf von Hochpässen und Bandsperren ist sie jedoch unbrauchbar. Sie ist relativ leicht durchführbar und wird oft bevorzugt angewendet, wenn Bedingungen im Zeitbereich zu erfüllen sind.

Beispiel:

Bestimme nach der Impulsinvarianz-Methode die Systemfunktion eines digitalen Tiefpasses mit dem in Bild 5.7 angegebenen Toleranzschema. Der interessierende Frequenzbereich sei $0 \leq f \leq 10$ Hz und die Abtastfrequenz $f_a = 20$ Hz, 40 Hz und 120 Hz. Die Kenngrößen des Toleranzschemas sind $f_D = 1$ Hz , $f_S = 6$ Hz , $\delta_D = 0{,}025$ und $\delta_S = 0{,}15$.

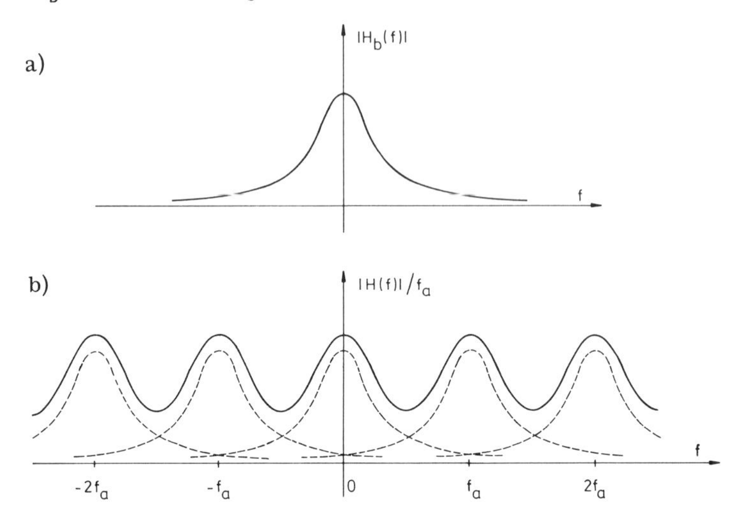

Bild 5.6: Zur Entstehung des Überlappungsfehlers bei der Anwendung der Impulsinvarianz-Methode: a) Übertragungsfunktion eines kontinuierlichen Bezugssystems, b) Übertragungsfunktion des zugehörigen digitalen Systems (durchgezogene Linie) mit der Abtastfrequenz f_a.

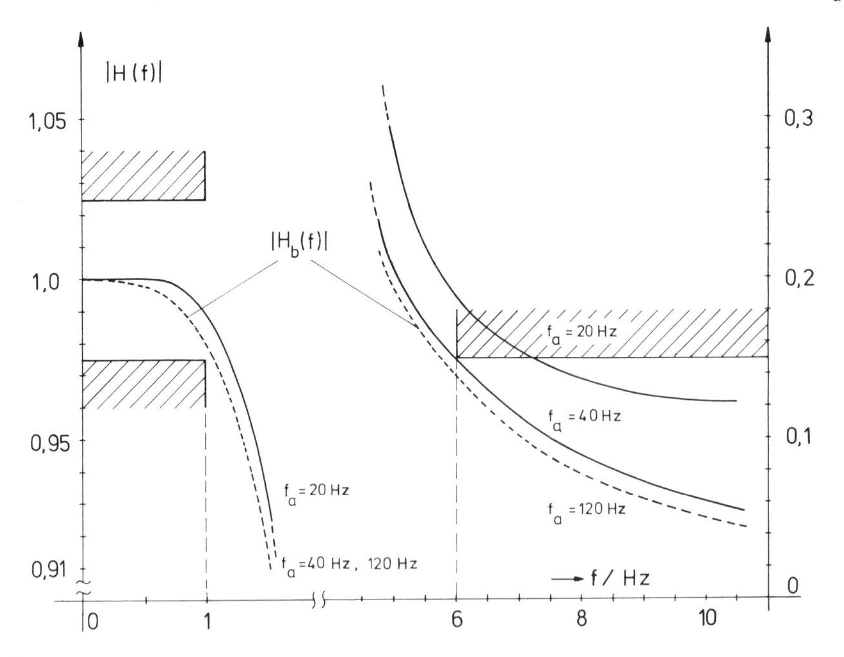

Bild 5.7: Amplitudengang eines digitalen Tiefpasses nach der Impulsinvarianz-Methode mit der Abtastfrequenz f_a als Parameter. Der Amplitudengang des Bezugssystems ist gestrichelt eingezeichnet.

Lösung: Das angegebene Toleranzschema wird für das Bezugssystem mit der Modifikation übernommen, daß das Sperrgebiet auf den gesamten Frequenzbereich oberhalb von f_S ausgedehnt wird. Nun läßt sich beispielsweise mit Hilfe eines Filterkatalogs eine Übertragungsfunktion finden, die das Toleranzschema erfüllt. Eine rationale Funktion von p, die diese Bedingung erfüllt, lautet

$$H_b(p) = \frac{K}{(p - p_\infty)\,(p - p_\infty^*)}$$

mit $p_\infty = a + jb$, $p_\infty^* = a - jb$, $a = -10$, $b = 10$ und $K = 200$. $H_b(p)$ wird als Systemfunktion eines Bezugssystems für dieses Beispiel übernommen. Der Amplitudengang des Bezugssystems ist in Bild 5.7 gestrichelt eingezeichnet. Zur Bestimmung von H(z) wird $H_b(p)$ zunächst in die Partialbruchform gebracht:

$$H_b(p) = \frac{C_1}{p - p_\infty} + \frac{C_2}{p - p_\infty^*} .$$

Um C_1 zu ermitteln, werden die linke Seite der Gleichung durch ihre Produktform ersetzt und dann beide Seiten der Gleichung mit dem Faktor $(p - p_\infty)$ multipliziert:

$$\frac{K}{(p - p_\infty^*)} = C_1 + \frac{(p - p_\infty)}{(p - p_\infty^*)} .$$

Hieraus folgt für $p = p_\infty$:

$$C_1 = \frac{K}{p_\infty - p_\infty^*} = \frac{K}{j\,2\,b} = -\,j\,10 .$$

Für C_2 gilt: $C_2 = C_1^* = j\,10$. Nach (5.12) erhält man unmittelbar aus der Partialbruchform von $H_b(p)$ mit $T = \frac{1}{f_a}$ als Abtastintervall die zugehörige Systemfunktion des digitalen Systems H(z):

$$H(z) = \frac{C_1}{1 - e^{p_\infty T} z^{-1}} + \frac{C_2}{1 - e^{p_\infty^* T} z^{-1}} .$$

Nach einigen Umrechnungen ergibt sich die Polynomform von H(z):

$$H(z) = \frac{\frac{K}{b}\, e^{aT} \sin(bT)\, z^{-1}}{1 - 2\, e^{aT} \cos(bT)\, z^{-1} + e^{2aT} z^{-2}} .$$

Bild 5.7 zeigt den Amplitudengang $|H(f)|$ des digitalen Systems, bezogen auf $|H(0)|$, für die Abtastfrequenzen $f_a = 20$ Hz, 40 Hz und 120 Hz. $|H(f)|$ fällt aufgrund des hier gewählten Zeichenmaßstabs für $f_a = 40$ Hz im Durchlaßbereich und für $f_a = 120$ Hz sowohl im Durchlaß- als auch im Sperrbereich (scheinbar) mit $H_b(f)$ zusammen. Die Erhöhung des Überlappungsfehlers als Folge der Verkleinerung der Abtastfrequenz ist insbesondere im Sperrbereich deutlich erkennbar. Obwohl der interessierende Frequenzbereich des Toleranzschemas nur 10 Hz beträgt, wird das Toleranzschema erst mit einer Abtastfrequenz von 40 Hz erfüllt. Mit einer Verschärfung des Toleranzschemas für das Bezugssystem im Sperrbereich, was eine Erhöhung der Ordnung des Bezugssystems und somit auch der des zugehörigen digitalen Systems bedeutet, läßt sich der Bandüberlappungsfehler verringern, so daß eine kleinere Abtastfrequenz ausreicht.

5.2.3 Bilineare Transformation

Die Systemfunktion eines kontinuierlichen Systems H(p) und die eines digitalen H(z) sind beide rationale Funktionen einer komplexen Variablen, nämlich von p bzw. von z, besitzen jedoch unterschiedliche Eigenschaften (cf. Lage der Polstellen im Falle der Stabilität). Es stellt sich die Frage, ob sich Beziehungen zwischen p und z derart angeben lassen, daß mit ihrer Hilfe aus der Systemfunktion eines kontinuierlichen Bezugssystems die Systemfunktion eines gewünschten digitalen Systems abgeleitet werden kann. In der Funktionentheorie wird eine Beziehung zwischen den Variablen p und z als A b b i l d u n g oder T r a n s f o r m a t i o n der p-Ebene in die z-Ebene bezeichnet. Eine für den oben erwähnten Zweck geeignete Abbildung muß die Bedingung erfüllen, daß die linke p-Halbebene ins Innere des Einheitskreises der z-Ebene abgebildet wird, damit aus einem stabilen Bezugssystem ebenfalls ein stabiles digitales System entsteht. Beim Entwurf von Filtern ist es außerdem wünschenswert, daß die $j\omega$-Achse der p-Ebene in den Einheitskreis der z-Ebene übergeht.

Aus der Funktionentheorie sind eine Reihe von Abbildungen bekannt, die zum Entwurf digitaler Systeme aus kontinuierlichen Bezugssystemen geeignet sind. Im folgenden wird eine häufig angewandte Abbildung, nämlich die bilineare Transformation, beschrieben, die sich besonders zum Entwurf von selektiven Filtern mit vorgegebenem Dämpfungsverlauf eignet [32].

Die bilineare Transformation lautet:

$$p = \frac{2}{T} \frac{1 - z^{-1}}{1 + z^{-1}} . \tag{5.13}$$

Sie ist eine umkehrbar eindeutige konforme Abbildung mit der inversen Beziehung

$$z = \frac{1 + 0{,}5\,T\,p}{1 - 0{,}5\,T\,p} . \qquad (5.14)$$

Mit $p = a + j\,b$ und $a < 0$ folgt aus (5.14)

$$|z|^2 = \frac{(1 + 0{,}5\,Ta)^2 + (0{,}5\,T\,b)^2}{(1 - 0{,}5\,Ta)^2 + (0{,}5\,T\,b)^2} < 1 .$$

Die linke p-Halbebene wird folglich ins Innere des Einheitskreises abgebildet. Für $p = j\omega$ erhält man aus (5.14) die Beziehung

$$z = \frac{1 + j\pi Tf}{1 - j\pi Tf} = e^{j\,2\arctan(\pi\,Tf)} . \qquad (5.15)$$

Die $j\omega$-Achse der p-Ebene wird also auf den Einheitskreis der z-Ebene abgebildet. Bild 5.8 veranschaulicht die Abbildung der p-Ebene auf die z-Ebene nach der bilinearen Transformation. Der positive Ast der $j\omega$-Achse der p-Ebene geht auf die obere und der negative auf die untere Hälfte des Einheitskreises der z-Ebene in der Weise über, daß $p = 0$ auf $z = 1$ und $p = j\omega$ für $\omega = \pm\infty$ auf $z = -1$ abgebildet wird.

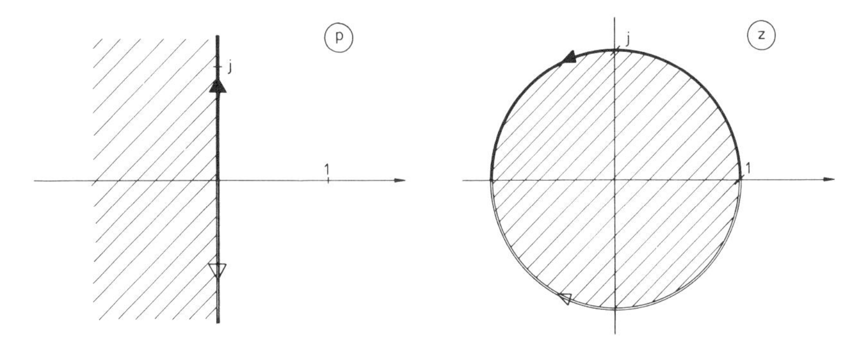

Bild 5.8: Abbildung der p-Ebene auf die z-Ebene bei der bilinearen Transformation.

Durch Einsatz von (5.13) für die Variable p der rationalen Systemfunktion $H_b(p)$ eines kontinuierlichen Bezugssystems erhält man die rationale Systemfunktion $H(z)$ eines entsprechenden stabilen digitalen Systems. Zwischen den Frequenzvariablen des kontinuierlichen und des digitalen Systems besteht, wie im folgenden gezeigt, ein nichtlinearer Zusammenhang: Die Gleichung (5.15) beschreibt den Einheitskreis in der z-Ebene, für den außerdem gilt: $z = e^{j2\pi Tf}$, wobei f hier die Frequenzvariable des digitalen Systems mit der Abtastfrequenz $f_a = \frac{1}{T}$ darstellt. Wenn man auf der linken Seite von (5.15) $z = e^{j2\pi Tf}$ einsetzt und auf der rechten Seite die Frequenzvariable des Bezugssystems der Deutlichkeit halber mit f' bezeichnet, erhält man folgende Beziehungen zwischen f und f':

$$f = \frac{1}{\pi T} \arctan(\pi T f') \tag{5.16}$$

und die Umkehrung

$$f' = \frac{1}{\pi T} \tan(\pi T f) \quad . \tag{5.17}$$

Zwei wichtige Eigenschaften der bilinearen Transformation seien hervorgehoben:

a) Jeder Frequenz des Bezugssystems f' wird in einer umkehrbar eindeutigen Weise eine Frequenz des digitalen Systems f zugeordnet, i.e. die Übertragungsfunktion des digitalen Systems kann in eindeutiger Weise aus der des Bezugssystems abgeleitet werden und umgekehrt. Es entsteht somit im Gegensatz zu der Methode der Impulsinvarianz kein Überlappungsfehler, was für den Entwurf selektiver Filter besonders vorteilhaft ist.

b) Wie aus (5.16) bzw. (5.17) hervorgeht, werden unterschiedliche Frequenzen des Bezugssystems und des digitalen Systems einander zugeordnet. Bild 5.9 zeigt eine auf die NYQUIST-Frequenz $f_N = \frac{1}{2T}$ normierte Darstellung des nichtlinearen Zusammenhangs zwischen f' und f, der als *Frequenzverzerrung* (frequency warping) bezeichnet wird.

Die Auswirkungen der Frequenzverzerrung lassen sich bereits beim Entwurf des Bezugssystems durch eine geeignete Modifizierung seines Toleranzschemas gering halten. Für selektive Filter, i.e. Systeme, deren Dämpfungsverlauf stückweise angenähert konstant ist, läßt sich die erforderliche "Entzerrung" in relativ einfacher Weise erzielen. Bild 5.10 verdeutlicht, wie man aus einem vorgegebenen Toleranzschema für einen digitalen Tiefpaß das modifizierte Toleranzschema des entsprechenden Bezugssystems unter Berücksichtigung der Frequenzverzerrung erstellen kann. Aus den parallel zur Frequenzachse verlaufenden Durchlaß- bzw. Sperrbereichen des Toleranzschemas des digitalen Systems gehen ebenfalls parallel zur Frequenzachse verlaufende Durchlaß- bzw. Sperrbereiche des Toleranzschemas des Bezugssystems hervor. Die charakteristischen Frequenzen des modifizierten Toleranzschemas lassen sich aus (5.17) rechnerisch ermitteln.

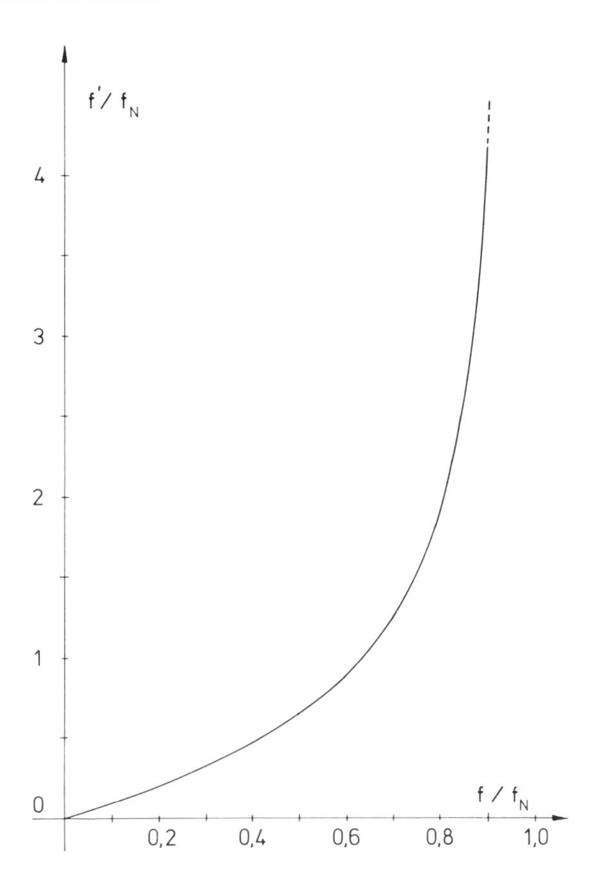

Bild 5.9: Frequenzverzerrungskennlinie der bilinearen Transformation. f' als Frequenzvariable des kontinuierlichen Bezugssystems, f als Frequenzvariable des digitalen Systems, $f_N = 0{,}5\ f_a$ als Nyquistfrequenz.

Beispiel:

Man löse das Beispiel von Abschnitt 5.2.2 nach der Methode der bilinearen Transformation.

Lösung: Da der interessierende Frequenzbereich 10 Hz beträgt, wird als Abtastfrequenz f_a = 20 Hz gewählt. Damit erhält man aus (5.17) für das Toleranzschema eines entsprechenden Bezugssystems die charakteristischen Frequenzen

$$f'_D = \frac{20\ \text{Hz}}{\pi} \tan\left(\pi \frac{1\ \text{Hz}}{20\ \text{Hz}}\right) = 1{,}008\ \text{Hz} \quad ,$$

$$f'_S = \frac{20\ \text{Hz}}{\pi} \tan\left(\pi \frac{6\ \text{Hz}}{20\ \text{Hz}}\right) = 8{,}762\ \text{Hz} \quad .$$

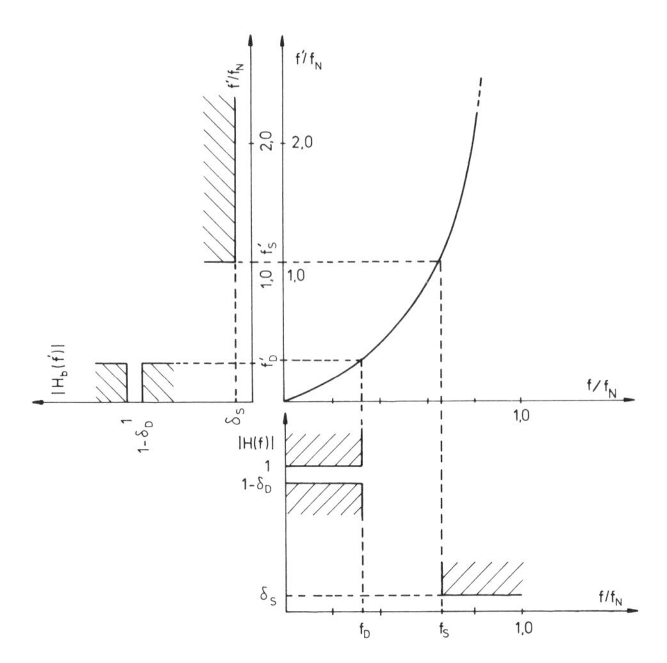

Bild 5.10: Zur Erstellung des Toleranzschemas eines kontinuierlichen Bezugstiefpasses bei der Anwendung der bilinearen Transformation unter Berücksichtigung der Frequenzverzerrung. $H_b(f')$ als Übertragungsfunktion des Bezugstiefpasses, $H(f)$ als Übertragungsfunktion des digitalen Tiefpasses, f_N als Nyquistfrequenz.

Bild 5.11 zeigt das modifizierte Toleranzschema für das Bezugssystem mit den charakteristischen Frequenzen f'_S und f'_D . Man kann leicht nachprüfen, daß die Systemfunktion des im Beispiel von Abschnitt 5.2.2 angegebenen Bezugssystems

$$H_b(p) = \frac{200}{(p-(-10+j\ 10))\ (p-(-10-j\ 10))}$$

ebenfalls das modifizierte Toleranzschema dieses Beispiels erfüllt. Der Amplitudengang $|H_b(f)|$ dieses Bezugssystems ist in Bild 5.11 gestrichelt eingezeichnet. Dieses kontinuierliche System wird zum Zwecke des Vergleichs zwischen den Methoden der Impulsinvarianz und der bilinearen Transformation für das jetzige Beispiel als Bezugssystem angenommen, wenn auch nicht im Sinne einer optimalen Approximation.

Die Polstellen p_∞ und p_∞^* von $H_b(p)$ werden entsprechend der Beziehung (5.14) auf die Polstellen

$$z_\infty = \frac{1 + 0,5\ T\ p_\infty}{1 - 0,5\ T\ p_\infty} = 0,538 + j\ 0,307 \quad , \quad z_\infty^* = 0,538 - j\ 0,307$$

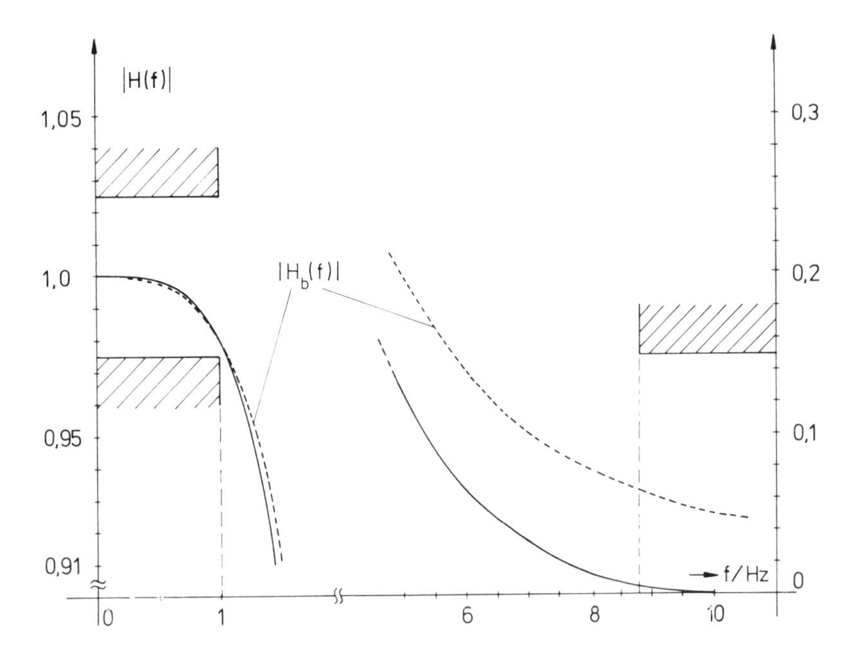

Bild 5.11: Amplitudengang eines digitalen Tiefpasses nach der Methode der bilinearen Transformation. Der Amplitudengang des Bezugssystems ist gestrichelt eingezeichnet. Die Abtastfrequenz f_a beträgt 20 Hz.

abgebildet. Mit dem Einsatz von (5.13) in $H_b(p)$ folgt die Systemfunktion H(z) des gewünschten digitalen Systems:

$$H(z) = \frac{K T^2}{4 + (a^2 + b^2)T^2 - 4aT} \cdot \frac{(1 + z^{-1})^2}{(1 - z_\infty z^{-1})(1 - z_\infty^* z^{-1})}$$

$$= 0{,}077 \; \frac{1 + 2z^{-1} + z^{-2}}{1 - 1{,}0762^{\,-1} + 0{,}3837\, z^{-2}}$$

Bild 5.11 zeigt den Amplitudengang |H(f)| des digitalen Systems als durchgezogene Linie. Im Vergleich zur Impulsinvarianz-Methode erhält das digitale System nach der Methode der bilinearen Transformation eine größere Dämpfung im Übergangs- und Sperrbereich, die sogar höher als die des Bezugssystems ist. Dieses als vorteilhaft sich auswirkende Ergebnis kommt dadurch zustande, daß die zweifache Nullstelle des Bezugssystems im Unendlichen auf $z = -1$ (≙ der NYQUIST-Frequenz) abgebildet wird. Wegen der höheren Dämpfung im Sperrbereich ermöglicht die bilineare Transformation i.a. die Wahl einer viel kleineren Abtastfrequenz als die Impulsinvarianz-Methode.

Die bilineare Transformation ist eine effiziente Entwurfsmethode für selektive Filter, deren Toleranzschemata im Durchlaß- und Sperrbereich einen zur Frequenzachse stückweise parallelen Verlauf aufweisen. Es tritt keine Bandüberlappung auf. Die bilineare Transformation eignet sich somit auch zum Entwurf von Hochpässen und Bandsperren aus entsprechenden kontinuierlichen Bezugsfiltern. Mit der bilinearen Transformation zeigt das digitale Filter i.a. eine höhere Dämpfung im Sperrbereich als das entsprechende Bezugsfilter. Der Phasengang des Bezugssystems erfährt infolge der bilinearen Transformation nichtlineare Verzerrungen, so daß sich das digitale System und das Bezugssystem im Zeitbereich erheblich unterscheiden können.

Zur Abschätzung der erforderlichen Mindestordnung eines digitalen Tiefpasses dessen Systemfunktion mit Hilfe der bilinearen Transformation aus der eines kontinuierlichen Bezugstiefpasses gebildet wird und dessen Amplitudengang ein vorgegebenes Toleranzschema erfüllt, können die Diagramme von den Bildern 5.5a,b,c für den jeweils zugehörigen Bezugstiefpaß benutzt werden, da die Systemordnung bei der bilinearen Transformation wie bei der Methode der Impulsinvarianz erhalten bleibt. Zur Berücksichtigung der Frequenzverzerrung muß allerdings für das Übergangsverhältnis $r = {}^{f_D}/_{f_S}$ die modifizierte Beziehung

$$r' = \frac{f_D'}{f_S'} = \frac{\tan(\pi T f_D)}{\tan(\pi T f_S)}$$

eingesetzt werden. Die Hilfsgröße h bleibt unverändert.

5.2.4 Frequenztransformation

Zum Entwurf kontinuierlicher Hoch- und Bandpässe sowie Bandsperren hat sich die Methode der Frequenztransformation als effektiv erwiesen. Die Approximationsaufgabe wird hierbei auf die eines normierten Tiefpasses (Tiefpaßprototyps) zurückgeführt, wodurch das Lösen der Approximationsaufgabe erleichtert wird.

Die Methode der Frequenztransformation läßt sich ebenfalls zum Entwurf digitaler Filter der oben genannten Typen anwenden. Hierzu bieten sich zwei Möglichkeiten an:

Frequenztransformation im p-Bereich: Das Bezugsfilter ist in diesem Fall vom gleichen Typ wie das gewünschte digitale Filter. Die Systemfunktion des Bezugssystems wird aus der Systemfunktion eines kontinuierlichen Tiefpaßprototyps mit Hilfe einer geeigneten Frequenztransformation im p-Bereich gebildet; die Systemfunktion des digitalen Systems wird nach der Methode der Impulsinvarianz, der bilinearen Transformation oder irgendeiner anderen Methode aus der des Bezugssystems ermittelt. Unter Benutzung der bilinearen Transformation besteht das Verfahren aus folgenden Schritten:

a) Man erstelle, ausgehend vom vorgegebenen Toleranzschema des gewünschten digitalen Filters, mit Hilfe der Beziehung (5.17) das Toleranzschema des entsprechenden kontinuierlichen Bezugsfilters gleichen Typs

b) und, ausgehend vom Toleranzschema des Bezugsfilters, nach Wahl einer geeigneten Frequenztransformation im p-Bereich das Toleranzschema eines kontinuierlichen Tiefpaßprototyps. Einige geeignete Frequenztransformationen im p-Bereich für kontinuierliche Filter wurden in Abschnitt 5.2 erwähnt und sind in Tabelle 2 angegeben.

c) Man bestimme die Systemfunktion des Tiefpaßprototyps $H_T(p)$ nach einem geeigneten Approximationsverfahren.

d) Man ermittle die Systemfunktion $H_b(p)$ des Bezugssystems durch Anwendung der unter b) gewählten Frequenztransformation auf die Systemfunktion des Tiefpaßprototyps $H_T(p)$.

e) Man setze für die Variable p in $H_b(p)$ die Beziehung (5.13) ein.

Beispiel:

Das in den Beispielen von Abschnitt 5.2.2 und 5.2.3 verwendete kontinuierliche Tiefpaßfilter werde nun in ein digitales Bandsperrfilter mit den oberen und unteren Durchlaßgrenzfrequenzen $f_{Do} = 8$ Hz und $f_{Du} = 2$ Hz und der Abtastfrequenz $f_a = 20$ Hz transformiert. Dazu werden der Tiefpaß zunächst mit Hilfe der Transformationsgleichung Nr. 4 der Tabelle 2 in ein als Bezugssystem geltendes kontinuierliches Bandsperrfilter und dieses seinerseits mit Hilfe der bilinearen Transformation in das gewünschte digitale Bandsperrfilter transformiert. Unter Berücksichtigung der Frequenzverzerrung (5.17) ergibt sich für die obere und untere Durchlaßgrenzfrequenz des kontinuierlichen Bandsperrfilters $f'_{Do} = 19{,}59$ Hz und $f'_{Du} = 2{,}07$ Hz. Für die Systemfunktion des Bezugssystems $H_b(p)$ und des digitalen Bandsperrfilters H(z) erhält man

$$H_b(p) = \frac{(p^2 + 1600)^2}{p^4 + 69{,}18\,p^3 + 5593{,}25\,p^2 + 110695{,}2\,p + 256 \cdot 10^4} ,$$

$$H(z) = 0{,}446677 \frac{(1 + z^{-2})^2}{1 + 0{,}559289\, z^{-2} + 0{,}2274208\, z^{-4}} .$$

Bilder 5.12a,b,c zeigen die Amplitudengänge des Tiefpasses, der als Bezugssystem verwendeten kontinuierlichen Bandsperre und der digitalen Bandsperre. Selbstverständlich läßt sich die Systemfunktion der digitalen Bandsperre durch Einsatz der Beziehung (5.13) in die Gleichung Nr.4 der Tabelle 2 auch direkt aus der Systemfunktion des kontinuierlichen Tiefpasses ermitteln.

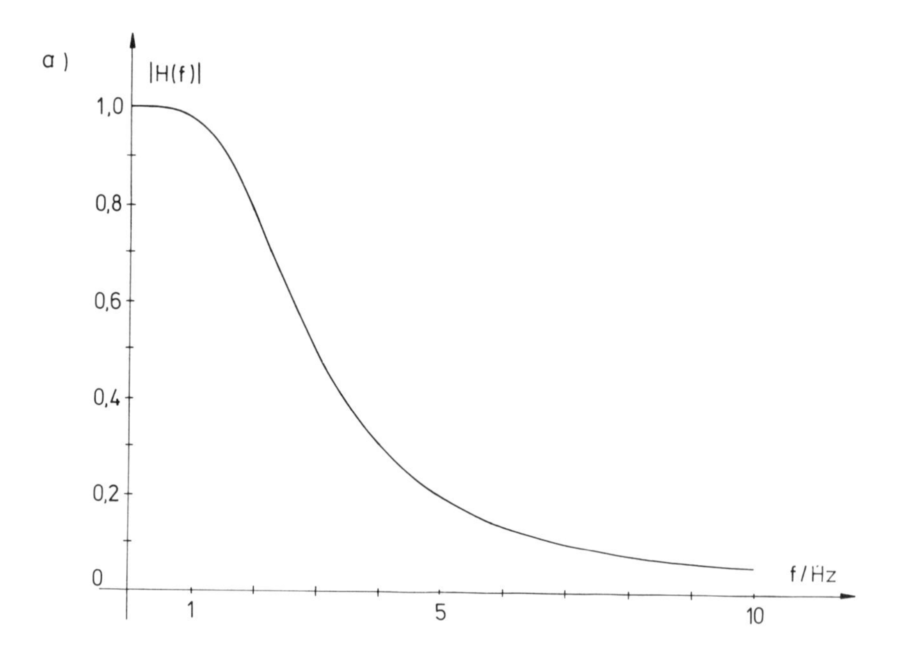

Bild 5.12: Entwurf einer digitalen Bandsperre mit Hilfe einer Frequenztransformation im p-Bereich (Tabelle 2, Gleichung Nr. 4): a) Amplitudengang eines kontinuierlichen Tiefpasses, b) Amplitudengang einer kontinuierlichen Bandsperre unter Benutzung der oben genannten Frequenztransformation, c) Amplitudengang der gewünschten digitalen Bandsperre nach der bilinearen Transformation mit der kontinuierlichen Bandsperre von b) als Bezugssystem.

Frequenztransformation im z-Bereich: Analog zu den Frequenztransformationen im p-Bereich lassen sich auch Frequenztransformationen im z-Bereich angeben, mit deren Hilfe aus der Systemfunktion eines digitalen Tiefpaßprototyps Systemfunktionen anderer Filtertypen wie Hoch- und Bandpässe sowie Bandsperren gebildet werden können. Derartige Frequenztransformationen

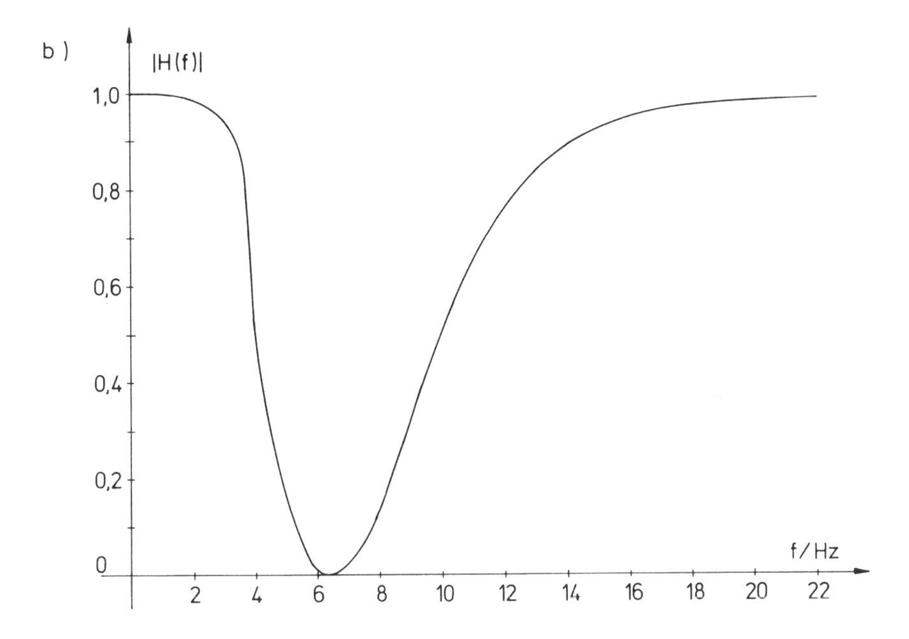

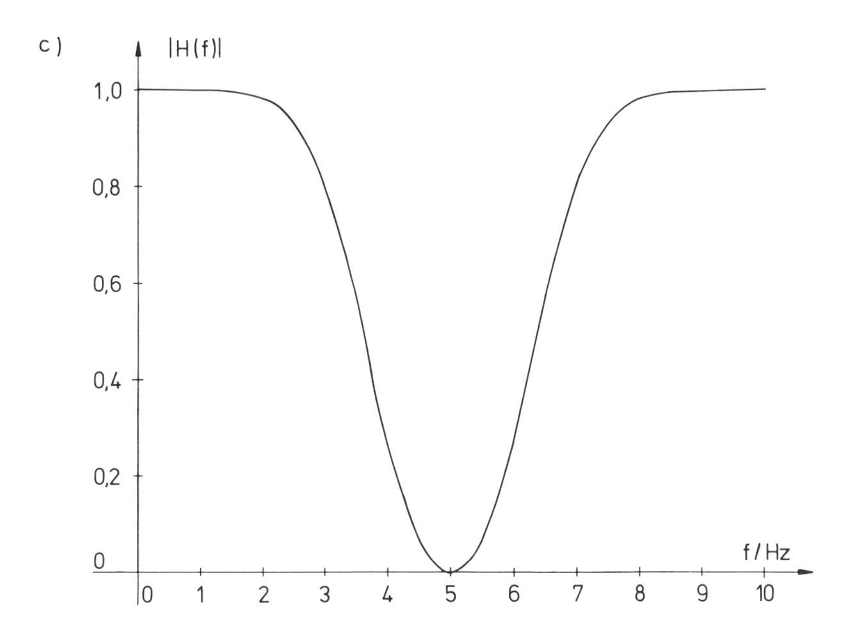

stellen eine Beziehung zwischen der Variablen z und einer zweiten komplexen Variablen z' bzw. einer Abbildung der z-Ebene auf die z'-Ebene dar. Für die Anwendung als Frequenztransformationen sind solche Abbildungen geeignet, bei denen

Tabelle 3: Frequenztransformationen für digitale Filter (f_T : Durchlaßgrenzfrequenz des Tiefpaßprototyps) (Allpass-Transformationen)

Nr.			
1	Tiefpaß - Tiefpaß	$z'^{-1} = \dfrac{z^{-1} - a}{1 - a z^{-1}}$	$a = \dfrac{\sin[\pi(f_T - f_D)]}{\sin[\pi(f_T + f_D)]}$
2	Tiefpaß - Hochpaß	$z'^{-1} = -\dfrac{z^{-1} + a}{1 + a z^{-1}}$	$a = -\dfrac{\cos[\pi(f_T + f_D)]}{\cos[\pi(f_T - f_D)]}$
3	Tiefpaß - Bandpaß	$z'^{-1} = -\dfrac{z^{-2} - \frac{2ak}{k+1} z^{-1} + \frac{k-1}{k+1}}{\frac{k-1}{k+1} z^{-2} - \frac{2ak}{k+1} z^{-1} + 1}$	$a = \dfrac{\cos[\pi(f_{Do} + f_{Du})]}{\cos[\pi(f_{Do} - f_{Du})]}$ $k = \cot[\pi(f_{Do} - f_{Du})] \tan(\pi f_T)$
4	Tiefpaß - Bandsperre	$z'^{-1} = \dfrac{z^{-2} - \frac{2a}{1+k} z^{-1} + \frac{1-k}{1+k}}{\frac{1-k}{1+k} z^{-2} - \frac{2a}{1+k} z^{-1} + 1}$	$a = \dfrac{\cos[\pi(f_{Do} + f_{Du})]}{\cos[\pi(f_{Do} - f_{Du})]}$ $k = \tan[\pi(f_{Do} - f_{Du})] \tan(\pi f_T)$

a) eine rationale Funktion von z in eine rationale Funktion von z' übergeht,

b) zur Erhaltung der Formverwandtschaft zwischen dem digitalen Tiefpaß und den anderen Filtertypen der Einheitskreis der z-Ebene auf den Einheitskreis der z'-Ebene und

c) zur Erhaltung der Stabilität das Innere des Einheitskreises der z-Ebene auf das Innere des Einheitskreises der z'-Ebene abgebildet werden.

Als Frequenztransformationen im z-Bereich eignen sich die sogenannten Allpaßtransformationen [33]. Tabelle 3 enthält die entsprechenden Beziehungen für Tiefpaß/Tiefpaß-, Tiefpaß/Bandpaß-, Tiefpaß/Hochpaß- und Tiefpaß/Bandsperren-Transformation. Durch Einsatz von $z = e^{j2\pi f}$ und $z' = e^{j2\pi f'}$ in eine dieser Transformationen läßt sich feststellen, welche Frequenzen des digitalen Tiefpaßprototyps und des gewünschten digitalen Filtertyps bei der gewählten Frequenztransformation einander zugeordnet sind.

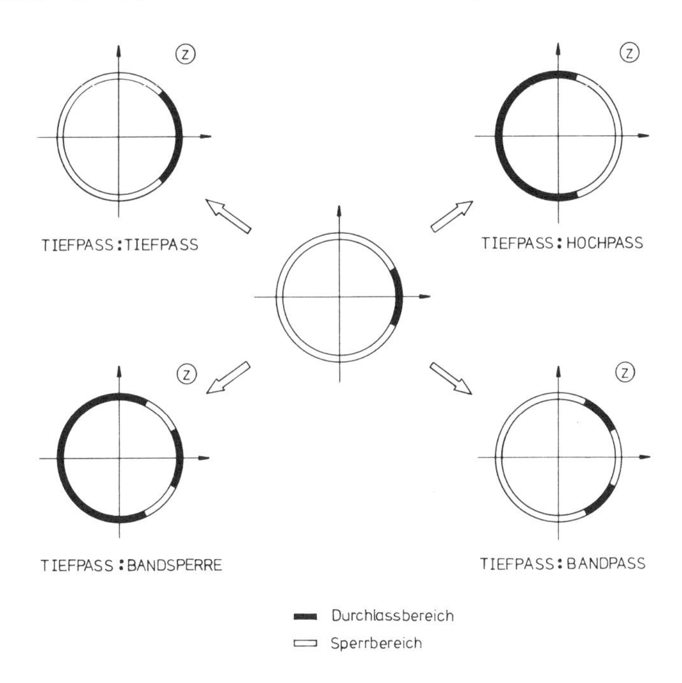

Bild 5.13: Frequenzbereichszuordnung bei der Allpaß-Transformation.

Bild 5.13 zeigt schematisch die Zuordnung. In gleicher Weise lassen sich die Kenngrößen des Toleranzschemas für den digitalen Tiefpaßprototyp aus denen eines vorgegebenen Toleranzschemas ableiten. Bild 5.14 veranschaulicht die Allpaßtransformation eines Tiefpaßprototyps in einen anderen Tiefpaßfilter sowie in andere Filtertypen. Die Systemfunktion des digitalen Tiefpaßprototyps kann ihrerseits aus der eines entsprechenden kontinuierlichen Bezugstiefpasses, beispielsweise mit Hilfe der bilinearen Transformation, gewonnen werden.

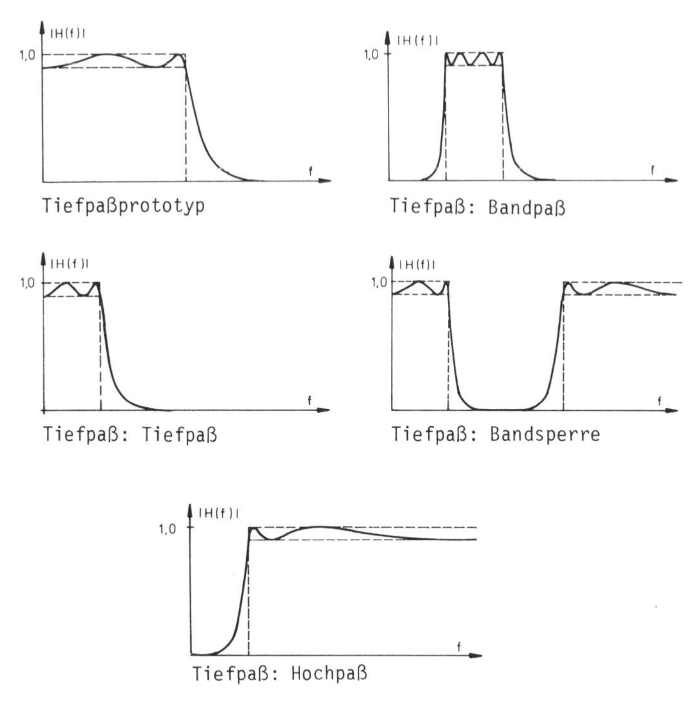

Bild 5.14: Zur Veranschaulichung der Allpaß-Transformationen für digitale Filter.

Das Verfahren der Frequenztransformation im z-Bereich besteht für den Fall, daß zum Entwurf des zugehörigen digitalen Tiefpaßprototyps die bilineare Transformation benutzt wird, aus folgenden Schritten:

a) Man erstelle, ausgehend vom Toleranzschema des gewünschten digitalen Filters, mit Hilfe einer geeigneten Transformationsbeziehung, e.g. einer der in Tabelle 3 aufgeführten, das entsprechende Toleranzschema des digitalen Tiefpaßprototyps mit noch zu bestimmender Systemfunktion $H_T(z)$.

b) Man erstelle das Toleranzschema eines kontinuierlichen Bezugstiefpasses unter Berücksichtigung der Beziehung (5.17) der Frequenzverzerrung.

c) Man ermittle nach irgendeinem Approximationsverfahren die Systemfunktion des Bezugstiefpasses $H_b(p)$.

d) Man bestimme die Systemfunktion $H_T(z)$ des unter a) erwähnten digitalen Tiefpasses aus der Systemfunktion des Bezugstiefpasses $H_b(p)$ mit Hilfe der bilinearen Transformation.

e) Man bestimme die Systemfunktion des gewünschten digitalen Filters aus der des digitalen Tiefpaßprototyps, indem man in $H_T(z)$ die Variable z durch die unter a) gewählte Frequenztransformation ersetzt.

Beispiel:

Ein Tiefpaß mit der Systemfunktion

$$H_T(z) = A \frac{(1 + z^{-1})^2}{1 + a_1 z^{-1} + a_2 z^{-2}}$$

mit einer doppelten Nullstelle bei $z_0 = -1$, den Polstellen $z_{\infty 1} = r\, e^{j\varphi}$, $z_{\infty 2} = z^*_{\infty 1} = r\, e^{-j\varphi}$, $r = 0{,}89$, $\varphi = 9^0$, den Koeffizienten $a_1 = -2r \cos(\varphi) = -1.758$, $a_2 = r^2 = 0{,}792$ und $A = 8{,}3 \cdot 10^{-3}$ sowie der Durchlaßgrenzfrequenz $f_D = 0{,}0235$ werde in einen Bandpaß mit den oberen und unteren Durchlaßgrenzfrequenzen $f_{Do} = 0{,}2367$ und $f_{Du} = 0{,}2133$ transformiert. Bild 5.15a zeigt den Amplitudengang des Tiefpasses.

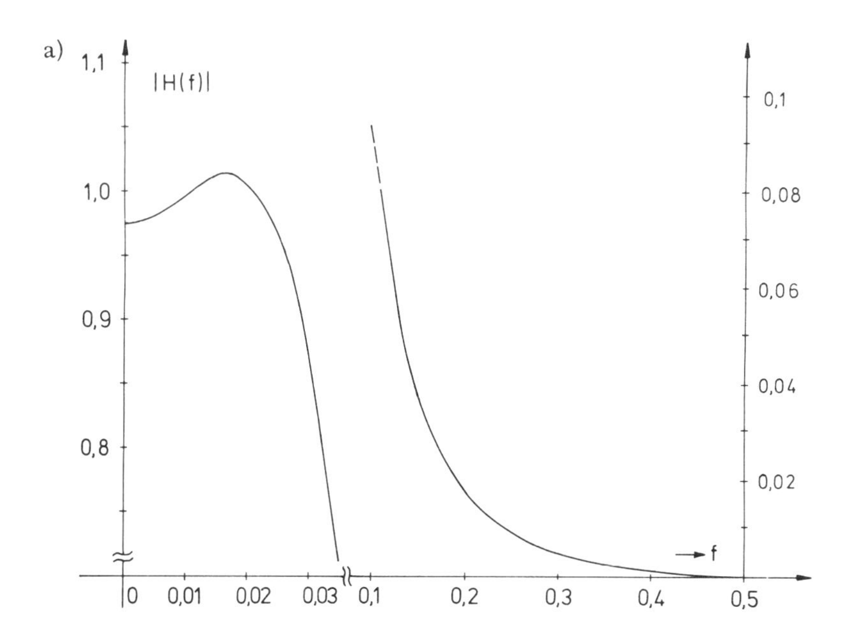

Bild 5.15: Entwurf eines digitalen Bandpasses mit Hilfe einer Allpaß-Transformation (Tabelle 3, Gleichung Nr. 3): a) Amplitudengang eines digitalen Tiefpasses, b) Amplitudengang des gewünschten digitalen Bandpasses unter Benutzung der oben genannten Allpaß-Transformation.

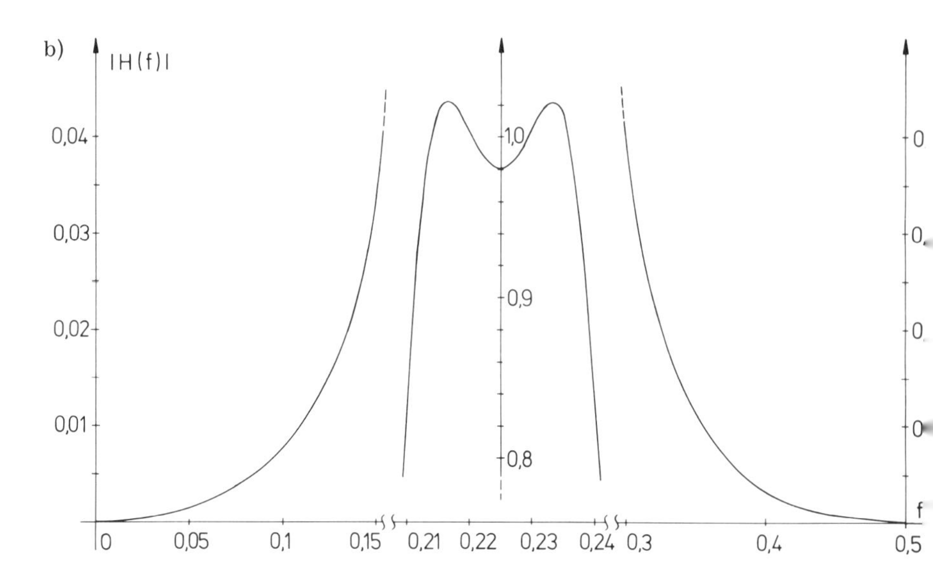

Unter Benutzung der Gleichung Nr. 3 aus Tabelle 3 folgt für die Systemfunktion des Bandpasses:

$$H(z) = A \frac{(1 - z^{-1})^2 (1 + z^{-1})^2}{(1 + \alpha_1 z^{-1} + \alpha_2 z^{-2})(1 + \beta_1 z^{-1} + \beta_2 z^{-2})}$$

mit $\alpha_1 = -0{,}148348$, $\alpha_2 = 0{,}888722$, $\beta_1 = -0{,}441156$ und $\beta_2 = 0{,}891307$. Der Bandpaß besitzt zwei doppelte Nullstellen bei $z_{o1} = 1$ und $z_{o2} = -1$ sowie die Polstellen $z_{\infty 1} = 0{,}074174 + j\,0{,}93797$, $z_{\infty 2} = z^*_{\infty 1}$, $z_{\infty 3} = 0{,}220578 - j\,0{,}917961$ und $z_{\infty 4} = z^*_{\infty 3}$. Bild 5.15b zeigt den Amplitudengang $|H(f)|$ des Bandpasses.

5.2.5 Approximationsverfahren im z-Bereich

Bei den in vorangegangenen Abschnitten beschriebenen Approximationsverfahren wird die Approximation eines digitalen Systems auf die eines kontinuierlichen Bezugssystems zurückgeführt (Approximation im p-Bereich). Die Aufgabe wird dann entweder analytisch bzw. mit Hilfe von Filterkatalogen oder numerisch gelöst. Man macht sich hierbei die Erfahrungen und Kenntnisse auf dem Gebiet der kontinuierlichen Filter zunutze.

Die Approximationsprobleme digitaler Systeme lassen sich ebensogut direkt im z-Bereich lösen [34]. Ausgehend von einer Approximationsfunktion, bestehend aus einer rationalen Funktion von z^{-1} (üblicherweise in der Produktform) mit noch unbekannten Koeffizienten, werden diese Koeffizienten nach irgendeinem Optimierungsverfahren so bestimmt, daß ein vorgegebenes Toleranzschema für Dämpfung und/oder Gruppenlaufzeit erfüllt wird. Derartige Approximationsverfahren erfordern einen relativ hohen Rechenaufwand. Es gibt mehrere analytische und numerische Approximationsverfahren im z-Bereich, von denen im folgenden zwei numerische Verfahren kurz erläutert werden.

Minimierung des mittleren quadratischen Fehlers [35]: Die Approximationsaufgabe besteht hier darin, eine Systemfunktion H(z) derart zu finden, daß die auf den interessierenden Frequenzbereich bezogene mittlere quadratische Abweichung des Amplitudengangs $|H(f)|$ von einem gewünschten idealen Verlauf $|H_w(f)|$ minimiert wird. Ausgehend von der Produktform einer Systemfunktion

$$H(z) = A \sum_{k=0}^{M} \frac{1 + a_k z^{-1} + b_k z^{-2}}{1 + c_k z^{-1} + d_k z^{-2}}$$

mit noch unbekannten Koeffizienten sowie von N nicht notwendigerweise äquidistanten Frequenzstützstellen f_k, $k = 1, 2, \dots, N$ definiert man die Fehlerfunktion

$$Q(\underline{c}) = \sum_{k=1}^{N} \Big(|H_w(f_k)| - |H(f_k)| \Big)^2 .$$

$Q(\underline{c})$ ist der mittlere quadratische Fehler und hängt von dem unbekannten Faktor A sowie von den 4 M unbekannten Koeffizienten von H(z) ab. Diese Unbekannten sind als Vektor $\underline{c}$

$$\underline{c} = (A, a_1, b_1, c_1, d_1, \dots, a_M, b_M, c_M, d_M)$$

zusammengefaßt. Man sucht nun den Vektor $\underline{c}_0$, der den Fehler $Q(\underline{c})$ minimiert. Die notwendige Bedingung hierfür lautet:

$$\frac{\partial Q(\underline{c})}{\partial \underline{c}} = 0 .$$

Es sind also die partiellen Ableitungen von $Q(\underline{c})$ nach jeder Unbekannten zu bilden und gleich Null zu setzen. Dadurch erhält man $(4M + 1)$ nichtlineare Gleichungen für ebenso viele Unbekannte. Das nichtlineare Gleichungssystem läßt sich e.g. mit Hilfe des FLETCHER-POWELL-Algorithmus numerisch lösen. Man erhält mit der gewählten Systemordnung und dem gewählten Satz der Frequenzstützstellen eine Systemfunktion mit minimaler mittlerer quadratischer Abweichung des Amplitudengangs $|H(f)|$ von der Wunschfunktion $|H_w(f)|$. Da hierbei nichts über die maximale Abweichung ausgesagt wird, kann das vorgegebene Toleranzschema trotz der Minimierung des mittleren quadratischen Fehlers an einigen Stellen verletzt werden. In diesem Fall wiederholt man das Approximationsverfahren, wobei man jetzt von einer größeren Systemordnung ausgeht oder die Stützstellen variiert oder aber beide Maßnahmen gleichzeitig trifft. Eine Verbesserung und gleichzeitig eine Verallgemeinerung der bereits beschriebenen Approximationsverfahren findet sich in [36].

Da das beschriebene Approximationsverfahren sich auf den Amplitudengang bezieht und dabei die Stabilitätsbedingung nicht berücksichtigt, kann die sich hieraus ergebende Systemfunktion $H(z)$ Polstellen außerhalb des Einheitskreises besitzen. Dieser Nachteil läßt sich beheben, indem man in der Systemfunktion statt der außerhalb des Einheitskreises liegenden Polstellen ihre Spiegelbilder bezüglich des Einheitskreises einsetzt. Bei dieser Polstelleninversion bleibt der Amplitudengang $|H(f)|$ unverändert.

Minimax-Approximation mit Hilfe linearer Programmierung [37] : Hier wird verlangt, eine Systemfunktion derart zu finden, daß die auf ein Toleranzschema bezogene maximale Abweichung des Amplitudengangs $|H(f)|$ von einem gewünschten idealen Verlauf $|H_w(f)|$ minimal ist. Zur Erläuterung des Verfahrens sei zunächst ein allgemeiner Ausdruck für das Quadrat des Amplitudengangs $|H(f)|^2$ abgeleitet. Für das Betragsquadrat eines Polynoms

$$P(z) = \sum_{k=0}^{M} a_k z^k$$

auf dem Einheitskreis $z = e^{j2\pi f}$ gilt:

$$|P(f)|^2 = P(z)\, P(z^{-1})\Big|_{z = e^{j2\pi f}} =$$

$$= \left(\sum_{k=0}^{M} a_k\, e^{j2\pi kf} \right) \left(\sum_{k=0}^{M} a_k\, e^{-j2\pi kf} \right)$$

$$= \alpha_0 + \sum_{k=1}^{M} \alpha_k \cos(2\pi kf) .$$

Die Menge der Nullstellen von $|P(f)|^2$ setzt sich zusammen aus den Mengen der Nullstellen von $P(z)$ und $P(z^{-1})$.

Ausgehend vom Betragsquadrat einer rationalen Systemfunktion

$$|H(f)|^2 = \frac{\alpha_0 + \sum_{k=1}^{M} \alpha_k \cos(2\pi kf)}{\beta_0 + \sum_{k=1}^{N} \beta_k \cos(2\pi kf)} = \frac{Z(f)}{N(f)}$$

mit noch unbekannten Koeffizienten α_k und β_k wird die folgende Approximationsaufgabe definiert: Bestimme die Koeffizienten α_k und β_k so, daß die Ungleichung

$$-\epsilon(f) \leqq |H(f)|^2 - |H_w(f)|^2 \leqq \epsilon(f)$$

erfüllt wird. $\epsilon(f)$ sei die aus dem Toleranzschema zu entnehmende maximale Abweichung des Quadrats des unbekannten Amplitudengangs $|H(f)|^2$ von $|H_w(f)|^2$ in Abhängigkeit von f. Aus dieser Ungleichung erhält man mit $A(f) = |H_w(f)|^2$ die folgenden Ungleichungen:

$$Z(f) - N(f)\,[A(f) + \epsilon(f)] \leqq 0 , \qquad -Z(f) + N(f)\,[A(f) - \epsilon(f)] \leqq 0 .$$

Ferner gilt $Z(f) \geqq 0$, $N(f) \geqq 0$. $Z(f)$ und $N(f)$ enthalten die zu bestimmenden Koeffizienten und $\epsilon(f)$ die Kenngrößen des Toleranzschemas. Das angegebene System von vier Ungleichungen kann man als eine Aufgabe der linearen Programmierung auffassen und mit Hilfe des SIMPLEX-Algorithmus lösen. Die Lösung beantwortet die Frage, ob mit der schätzungsweise gewählten Systemordnung M ein vorgegebenes Toleranzschema erfüllt werden kann. Als Lösung erhält man die Koeffizienten des Betragsquadrats $|H(f)|^2$ der gesuchten Systemfunktion. Aus der Pol- und Nullstellenverteilung von $|H(f)|^2$ läßt sich dann unter Berücksichtigung der Stabilitätsbedingung die gesuchte Systemfunktion $H(z)$ angeben.

5.3 Netzwerkstrukturen und Auswirkungen der Wortlängenreduktion

Aus einer Systemfunktion H(z) kann man, wie in Abschnitt 4.3 erklärt, ein digitales Netzwerk ableiten, das als Vorlage zur software- oder hardwaremäßigen Realisierung des Systems herangezogen werden kann. Bei der Realisierung treten wegen der erforderlichen Wortlängenreduktionen Probleme auf, die in Kap. 3 kurz umrissen wurden. Für eine Systemfunktion, bestehend aus einer rationalen Funktion von z^{-1}, erhält man durch Umformung mehrere Darstellungsarten (cf. Abschnitt 4.4). In diesem Abschnitt werden zunächst für rekursive Systeme die Netzwerkstrukturen behandelt, die sich auf die Polynomform, die Produktform und die Partialbruchform der Systemfunktion beziehen. Sie werden respektiv als Direkt-, Kaskaden- und Parallelstruktur bezeichnet.

Ohne Verkürzung der Wortlängen der Koeffizienten und Zustandsvariablen zeigen die aus einer Systemfunktion abgeleiteten und verschieden strukturierten Netzwerke identisches und mit Verkürzung der Wortlängen ein mehr oder weniger unterschiedliches Systemverhalten. Es stellt sich heraus, daß bezüglich der Wortlängenreduktion bei Koeffizienten die Kaskaden- und die Parallelstruktur gegenüber der Direktstruktur Vorteile aufweisen. Da Systeme mit Kaskaden- oder Parallelstrukturen im wesentlichen aus Systemen 1. und 2. Ordnung bestehen, werden Netzwerkstrukturen für Systeme dieser beiden Ordnungen gesondert behandelt.

Ferner werden Wellendigitalfilter beschrieben. Hierbei geht man i.a. von einem resistiv abgeschlossenen LC-Netzwerk mit der Abzweigstruktur als Bezugssystem aus. Seine Netzwerkelemente werden nach einem geeigneten Verfahren durch entsprechende digitale Teilsysteme ersetzt und nach einer aus dem LC-Netzwerk abzuleitenden Verbindungsstruktur zusammengeschaltet. Aufgrund der geringen Empfindlichkeit des passiven LC-Netzwerks gegenüber den Bauelemententoleranzen wird beim zugehörigen digitalen Netzwerk eine entsprechend geringe Empfindlichkeit gegenüber der Wortlängenreduktion der Koeffizienten erreicht.

5.3.1 Direktstrukturen

Die Polynomform einer Systemfunktion H(z) lautet:

$$H(z) = \frac{\sum_{k=0}^{M} b_k z^{-k}}{1 - \sum_{k=1}^{N} a_k z^{-k}} = \frac{Z(z^{-1})}{N(z^{-1})} .$$

H(z) kann durch Hintereinanderschaltung zweier Teilsysteme, einem nichtrekursiven $H_1(z) = Z(z^{-1})$ und einem rekursiven $H_2(z) = \frac{1}{N(z^{-1})}$ realisiert werden. Je nach der Reihenfolge der Zusammenschaltung von $H_1(z)$ und $H_2(z)$ lassen sich zwei unterschiedliche Strukturen angeben. Die Struktur mit der Reihenfolge $H(z) = H_1(z)\, H_2(z)$ wird als Direktform I bezeichnet. Sie ist in Bild 5.16 dargestellt. Das Netzwerk ist identisch mit dem von Bild 3.9.

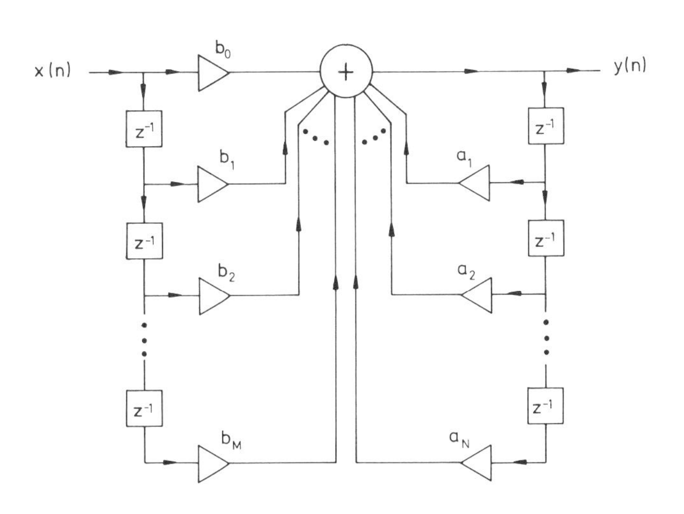

Bild 5.16: Direktform (Direktstruktur) I.

Die Struktur, in der $H_2(z)$ vor $H_1(z)$ erscheint, zeigt Bild 5.17a. Die beiden parallelen Verzögerungsketten teilen den gleichen Eingang und besitzen eine gleiche Anzahl von Verzögerungsgliedern. Sie können daher zu einer einzigen Kette zusammengefaßt werden. Die sich hieraus ergebende Struktur ist in Bild 5.17b dargestellt und wird als Direktform II bezeichnet. Falls einige Koeffizienten im Zähler oder Nenner von H(z) gleich Null sind, werden die zugehörigen Netzwerkzweige weggelassen.

Die Anzahl der Zustandsspeicher ist für die Direktform II gleich ihrer Ordnung N. Diese Struktur wird deswegen wie jede andere, die diese Eigenschaft besitzt, als kanonisch bezeichnet. Die entsprechende Zahl für die Direktform I ist $N + M$.

Im folgenden werden zunächst die Auswirkungen der Wortlängenreduktion der Koeffizienten a_k und b_k auf die Übertragungsfunktion bei den Direktstrukturen untersucht. Weiterhin wird auf das Thema Rundungsrauschen und Signal-Rausch-Verhältnis eingegangen. Ferner werden einige Skalierungsarten zur Vermeidung von Zahlenbereichsüberschreitungen behandelt.

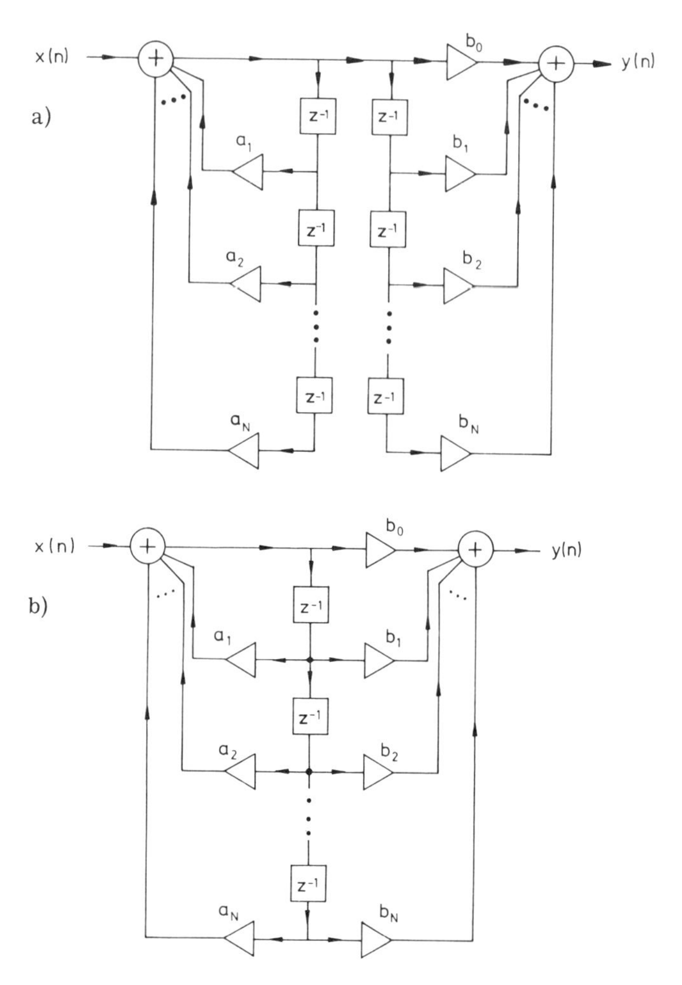

Bild 5.17: a) Umformung der Direktform I zur Herleitung der b) Direktform (Direktstruktur) II.

W o r t l ä n g e n r e d u k t i o n b e i K o e f f i z i e n t e n : Zur technischen Realisierung einer Systemfunktion H(z) müssen ihre Koeffizienten mit einer endlichen Wortlänge dargestellt sein. Die Koeffizienten nach der Wortlängenreduktion a'_k und b'_k unterscheiden sich von den ursprünglichen a_k und b_k um Δa_k und Δb_k: $a'_k = a_k + \Delta a_k$, $b'_k = b_k + \Delta b_k$. Δa_k und Δb_k hängen vom Grad und der Art der Wortlängenreduktion ab. Die veränderten Koeffizienten a'_k und b'_k haben eine entsprechende Änderung der Übertragungsfunktion zur Folge. Die Übertragungsfunktion H'(f) mit den Koeffizienten a'_k und b'_k kann infolgedessen bei einer zu stark verkürzten Wortlänge evt. ein vorgegebenes Toleranzschema verletzen, das ursprünglich von der Übertragungsfunktion mit den Koeffizienten a_k und b_k erfüllt war.

Beispiel:

Die Auswirkungen der Wortlängenreduktion bei Koeffizienten auf die Übertragungsfunktion wird beim Bandpaß 4. Ordnung vom Beispiel in Abschnitt 5.2.4 untersucht. Die Systemfunktion des Bandpasses lautet in der Polynomform:

$$H(z) = A \frac{1 - 2z^{-2} + z^{-4}}{1 + a_1 z^{-1} + a_2 z^{-2} + a_3 z^{-3} + a_4 z^{-4}} .$$

mit $A = 8{,}3 \quad 10^{-3}$, $a_1 = -0{,}589505$, $a_2 = 1{,}845474$, $a_3 = -0{,}524290$, $a_4 = 0{,}792125$. Bild 5.18 zeigt das Netzwerk des Bandpasses in der Direktform II und Bild 5.19 seinen Amplitudengang als durchgezogene Linie sowie ein Toleranzschema für den Bandpaß. Die Koeffizienten werden nun auf eine Wortlänge von 10 und 9 bits gerundet - die Rundung von Binärzahlen läßt sich im Dezimalsystem mit ausreichend großer Wortlänge simulieren (cf. Abschnitt 7.1) - . Die resultierenden Amplitudengänge des Bandpasses sind ebenfalls in Bild 5.19 dargestellt. Mit einer Wortlänge von 9 bits erfüllt $|H(f)|$ das Toleranzschema im Durchlaßbereich nicht. Im Sperrbereich ändert sich der Amplitudengang in Abhängigkeit der Koeffizientenwortlänge hier nur unwesentlich.

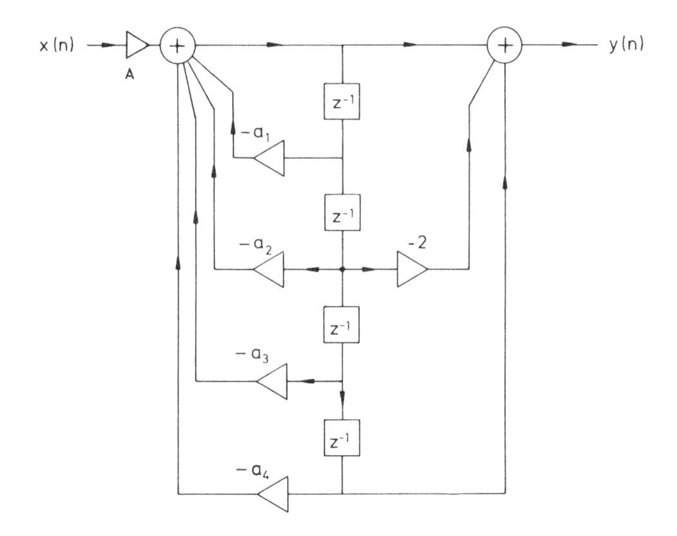

Bild 5.18: Bandpaß aus Abschnitt 5.2.4 mit der Direktstruktur II.

Die anhand dieses Beispiels deutlich gewordene Auswirkung der Wortlängenreduktion der Koeffizienten auf die Übertragungsfunktion ist die Folge einer entsprechenden Änderung der Pol- und Nullstellen der zugehörigen Systemfunktion. Zwischen einer differentiellen Änderung irgendeiner Polstelle $z_{\infty i}$ von $H(z)$

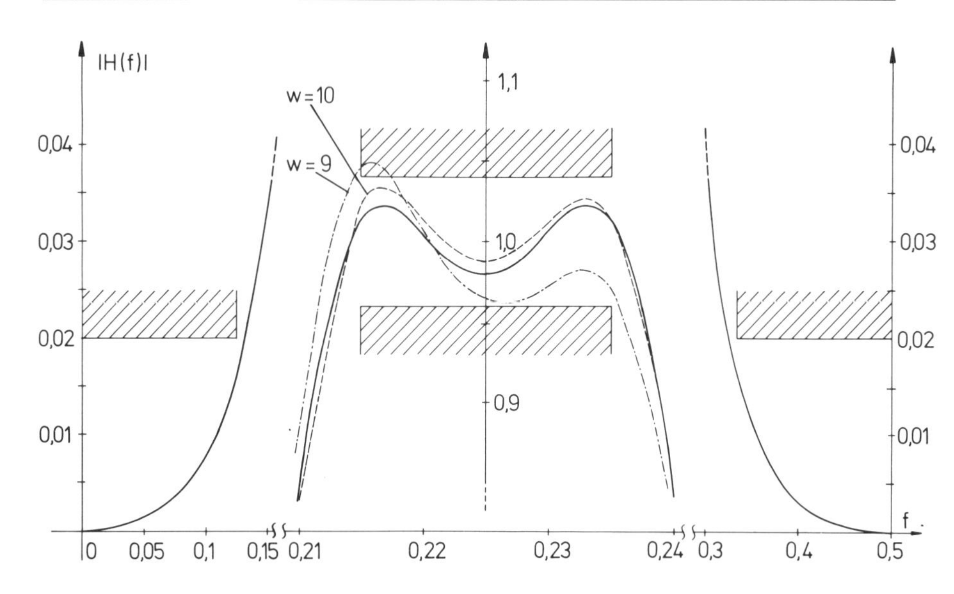

Bild 5.19: Amplitudengang des Bandpasses aus Abschnitt 5.2.4 in der Direktform II - cf. Bild 5.18 - bei genauer Darstellung der Koeffizienten (durchgezogene Linie) und nach Verkürzung der Koeffizientenwortlänge w auf w = 10 und w = 9 durch Rundung.

in der Polynomform und einer differentiellen Änderung irgendeines Koeffizienten a_k von H(z) besteht der Zusammenhang [38]:

$$\frac{\partial z_{\infty i}}{\partial a_k} = \frac{z_{\infty i}^{N-k}}{\prod\limits_{\substack{n=1\\n\neq i}}^{N} (z_{\infty i} - z_{\infty n})} \quad . \tag{5.18}$$

In gleicher Weise läßt sich auch eine Beziehung zwischen den Nullstellen und den Koeffizienten ableiten.

Aus (5.18) geht hervor, daß die Änderung einer Polstelle im wesentlichen von den gegenseitigen Abständen dieser von allen anderen Polstellen abhängt. Wenn die Polstellen sehr nahe beieinander liegen, kann sich eine starke Empfindlichkeit der Polstellen gegenüber Änderungen der Koeffizienten ergeben. Das ist insbesondere bei Filtern hoher Güte bzw. mit steilen Dämpfungsflanken der Fall, wie e.g. bei schmalbändigen Bandpässen oder Bandsperren.

Bei zu starken Wortlängenreduktionen der Koeffizienten kann sich die eine oder andere Polstelle auf den Einheitskreis verschieben, wodurch ein ursprünglich stabiles System instabil wird. Um Polstellenverschiebungen auf ein tolerierbares Maß zu reduzieren, darf die Koeffizientenwortlänge eine bestimmte, vom jeweiligen Anwendungsfall abhängige Größe nicht unterschreiten. Insbesondere kann die erforderliche Wortlänge für steilflankige Filter mit einer der Direktstrukturen sehr groß werden, was einen erhöhten Realisierungsaufwand zur Folge hat. Direktstrukturen sind bezüglich einer Änderung ihrer Koeffizienten sehr empfindlich und daher zur Realisierung von Filtern oder Systemen höherer Ordnung aufwandsmäßig ungeeignet. Für Systeme höherer Ordnung eignen sich eher Parallel- oder Kaskadenstrukturen, die sich, wie in den nächsten Abschnitten beschrieben, aus Systemen 1. und 2. Ordnung zusammensetzen. Im folgenden wird die weitere Untersuchung über Auswirkungen der Wortlängenreduktion von Koeffizienten auf Systeme 2. Ordnung beschränkt. Systeme 1. Ordnung sind dabei als Spezialfälle von Systemen 2. Ordnung zu berücksichtigen. Eine ausführliche Beschreibung und Untersuchung der Systeme 2. Ordnung findet sich in [39].

S y s t e m e 2. O r d n u n g : Die Systemfunktion eines Systems 2. Ordnung lautet:

$$H(z) = \frac{b_0 + b_1 z^{-1} + b_2 z^{-2}}{1 + a_1 z^{-1} + a_2 z^{-2}} \quad . \tag{5.19}$$

a)

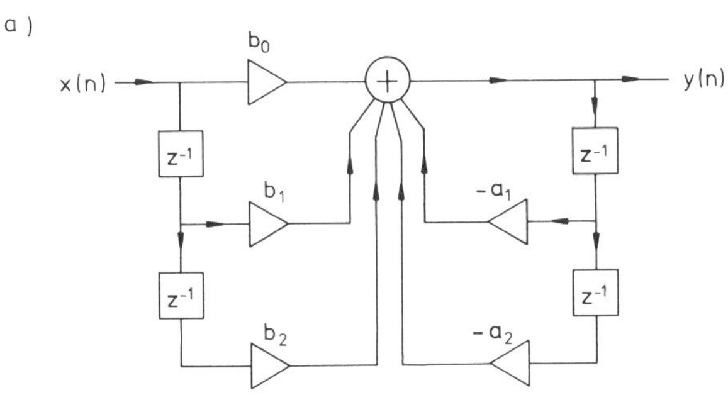

b)

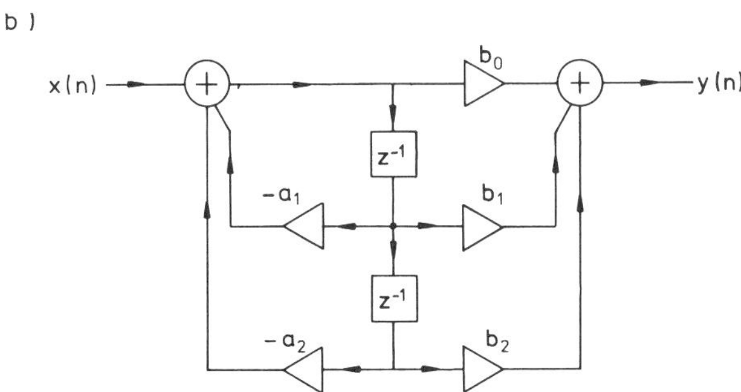

Bild 5.20: System 2. Ordnung mit der a) Direktstruktur I, b) Direktstruktur II.

Bilder 5.20a,b zeigen zwei Netzwerke für dieses System mit den Direktstrukturen I und II. Für $b_2 = a_2 = 0$ erhält man entsprechende Netzwerke für Systeme 1. Ordnung. Aus dem Nennerpolynom von H(z) lassen sich die Polstellen $z_{\infty 1}$, $z_{\infty 2}$ von H(z) in Abhängigkeit von den Koeffizienten a_1 und a_2 ermitteln. Es ist unschwer nachzuweisen, daß a_1 und a_2 zur Erfüllung der Stabilitätsbedingung ($|z_{\infty 1}|$, $|z_{\infty 2}| < 1$) folgende Ungleichungen erfüllen müssen:

$$|a_2| < 1 \quad \text{und} \quad |a_1| < a_2 + 1 \ .$$

Diese Ungleichungen beschreiben den in Bild 5.21 dargestellten Bereich der (a_1,a_2)-Ebene. Das Bild zeigt außerdem Bereiche mit reellen Polstellen sowie mit komplexen Polstellenpaaren.

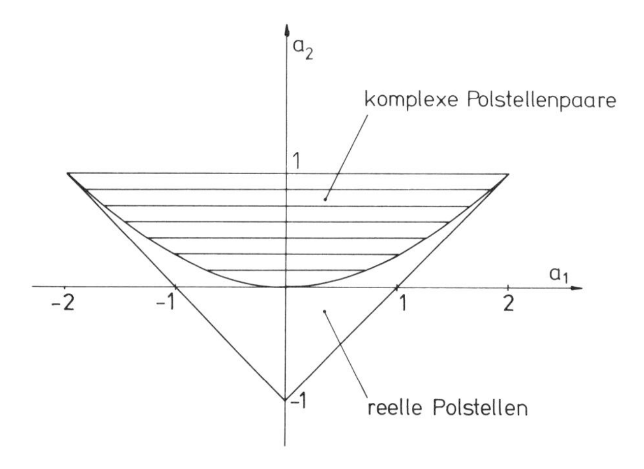

Bild 5.21: Bereich der (a_1,a_2)-Ebene für stabile Systeme 2. Ordnung. Der Bereich für komplexe Polstellen ist schraffiert eingezeichnet.

Mit einem komplexen Polstellenpaar (z_∞, z_∞^*) und komplexen Nullstellenpaar (z_0, z_0^*) ergibt sich für die Produktform von H(z)

$$H(z) = A \frac{(1 - z_0 z^{-1})\ (1 - z_0^* z^{-1})}{(1 - z_\infty z^{-1})\ (1 - z_\infty^* z^{-1})} \ .$$

Mit $z_0 = r_0\, e^{j\varphi_0}$ und $z_\infty = r_\infty\, e^{j\varphi_\infty}$ erhält man

$$H(Z) = A \frac{1 - 2\, r_0 \cos(\varphi_0)\, z^{-1} + r_0^2\, z^{-2}}{1 - 2\, r_\infty \cos(\varphi_\infty)\, z^{-1} + r_\infty^2\, z^{-2}} \ . \tag{5.20}$$

Aus (5.19) und (5.20) folgt:

$$a_1 = -2r_\infty \cos(\varphi_\infty)\,, \quad a_2 = r_\infty^2\,, \quad \frac{b_1}{b_o} = -2r_o \cos(\varphi_o)\,, \quad \frac{b_2}{b_o} = r_o^2\,, \quad A = b_o\,.$$

Mit einer Wortlänge von w bits können die Koeffizienten a_1, a_2, b_o, b_1 und b_2 jeweils einen von maximal 2^w verschiedenen Werten annehmen. Folglich können die Pol- und Nullstellen ebenfalls nur an einer endlichen Anzahl von diskreten Stellen der z-Ebene auftreten. Bild 5.22 zeigt das Polstellenraster eines Systems 2. Ordnung für $w = 9$ einschließlich des Vorzeichenbits. Ein ähnliches Raster läßt sich auch für die Nullstellen angeben.

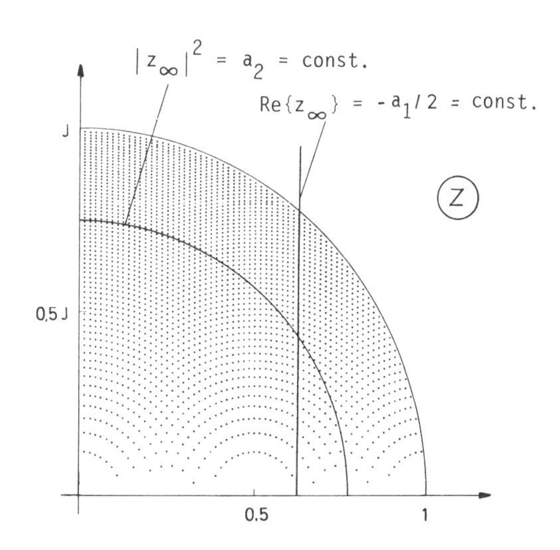

Bild 5.22: Polstellenraster eines Systems 2. Ordnung in einer Direktstruktur und mit der Koeffizientenwortlänge $w = 9$ (incl. Vorzeichenbit).

Durch die Wortlängenreduktion der Koeffizienten verschieben sich die ursprünglichen Polstellen, die an beliebigen Stellen innerhalb des Einheitskreises auftreten konnten, jeweils auf einen benachbarten Rasterpunkt. Das Rasterbild macht deutlich, daß in den Direktstrukturen I und II die Polstellen für kleine Winkel φ_∞ oder kleine Beträge r_∞ bezüglich einer Änderung der Koeffizienten eine größere Empfindlichkeit aufweisen als sonst. Die ungleichmäßige Verteilung der Polstellen wirkt sich in vielen Anwendungsfällen ungünstig aus, e.g. bei Tief- und Bandpässen, wenn die Abtastfrequenz sehr viel größer als die Durchlaßgrenzfrequenz eines Tiefpasses bzw. als die obere Durchlaßgrenzfrequenz eines Bandpasses ist und Polstellen der Systeme deswegen sehr nahe bei $z = 1$ liegen.

Das ungleichmäßige Polstellenraster bei den Direktstrukturen I und II kommt dadurch zustande, daß in diesen Strukturen die Operation der Wortlängenreduktion im wesentlichen den Betrag und den Realteil einer Polstelle betrifft.

Für Systeme 2. Ordnung, bestehend aus einem Polstellenpaar, erhält man eine weitere Struktur mit einem gleichmäßigen Polstellenraster, indem man H(z) derart umformt, daß als Koeffizienten lediglich der Real- und der Imaginärteil einer Polstelle, also $r_\infty \cos(\varphi_\infty)$ und $r_\infty \sin(\varphi_\infty)$, auftreten [3]. Bild 5.23a zeigt diese Struktur, die als gekoppelte Struktur bezeichnet wird, und Bild 5.23b das zugehörige Polstellenraster für $w = 9$ einschließlich des Vorzeichenbits.

a)

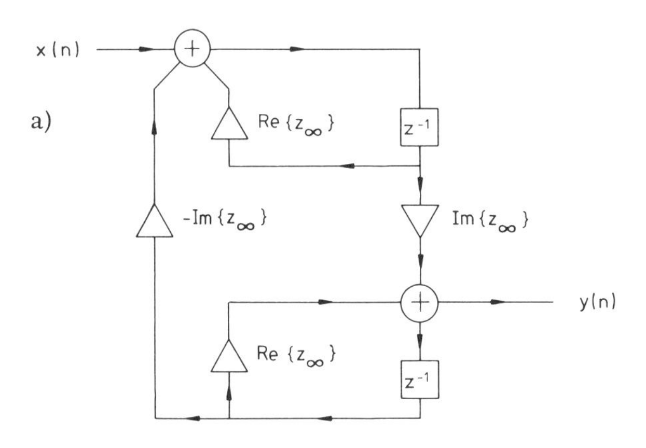

b)

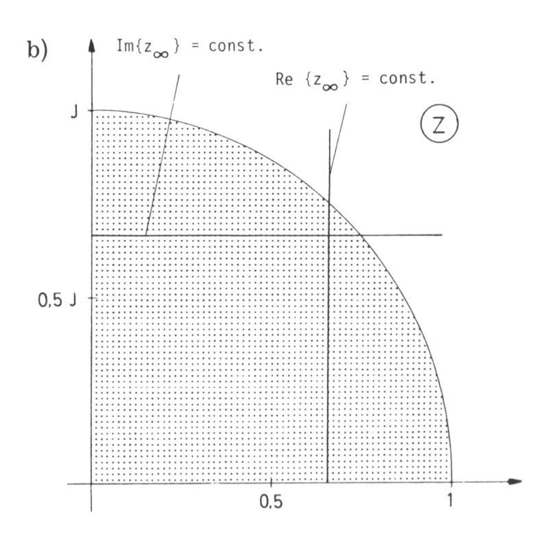

Bild 5.23: a) System 2. Ordnung mit der gekoppelten Struktur, b) Polstellenraster des Systems für die Koeffizientenwortlänge $w = 9$ (incl. Vorzeichenbit).

Die Frage, in welchen benachbarten Rasterpunkt sich eine Pol- oder Nullstelle durch die Wortlängenreduktion der Koeffizienten verschiebt, hängt von der Art der Wortlängenreduktion ab. Man kann Koeffizienten runden, abschneiden oder teils runden und teils abschneiden. Beim Abschneiden hängt das Ergebnis auch noch von der Art der Zahlendarstellung ab. Den verschiedenen Möglichkeiten der Polstellenverschiebung entsprechend fällt die Übertragungsfunktion von Fall zu Fall unterschiedlich aus. Gerade dies bietet eine Möglichkeit zur Minimierung der Koeffizientenwortlänge: Falls nach einer Wortlängenreduktion der Koeffizienten die Übertragungsfunktion das Toleranzschema verletzt, bleibt immer noch der Ausweg, bei gleichbleibender Wortlänge die LSB der einzelnen Koeffizienten derart zu variieren, daß das Toleranzschema evt. doch noch erfüllt wird.

Rundungsrauschen: Bei einem realen digitalen Netzwerk wird bei Multiplikationen die Wortlänge der Produkte beispielsweise durch Runden oder Abschneiden auf eine vorgegebene Größe reduziert. In Abschnitt 3.7.3 wurde gezeigt, daß die hierdurch entstehenden Fehler unter gewissen Voraussetzungen, die e.g. beim Runden i.a. gegeben sind, einen stochastischen Charakter aufweisen. Demzufolge führt ein Multiplizierer i.a. dem Netzwerk ein stochastisches Störsignal zu. Zur Analyse eines Netzwerks hinsichtlich dieser Störgrößen eignet sich das in Abschnitt 3.7.3 eingeführte Rauschmodell. In diesem Modell wird dem Netzwerk hinter jedem Multiplizierer ein (weißes) Rauschsignal hinzugeschaltet. Die Verteilungsdichtefunktion des Rauschsignals hängt sowohl von der Art der Zahlendarstellung als auch von der Art der Wortlängenreduktion ab.

Für die folgende Analyse eines digitalen Netzwerks hinsichtlich des Rundungsrauschens wird die ZKD angenommen, was sowohl vielen praktischen Anwendungsfällen entspricht, als auch eine Vereinfachung der Analyse mit sich bringt. Für ein Netzwerk mit der VBD ist das Rauschmodell im Falle des Produktabschneidens nicht ohne weiteres anwendbar.

Das Ziel der Rauschanalyse besteht in erster Linie darin, das auf das Rundungsrauschen zurückzuführende Signal-Rausch-Verhältnis (signal noise ratio , SNR) am Ausgang eines Netzwerks zu ermitteln. Das SNR hängt in starkem Maß von der Struktur des jeweiligen Netzwerks ab. Im folgenden wird - nach einigen vorbereitenden Anmerkungen über stochastische Signale und ihre Verarbeitung durch LTI-Systeme - das Rauschmodell für digitale Systeme auf ein allgemeines System N-ter Ordnung in der Direktstruktur I angewandt. Anschließend werden Netzwerke 1. und 2. Ordnung hinsichtlich des Rundungsrauschens untersucht.

Ein stochastisches Signal $x(n)$ wird in erster Linie durch seinen Mittelwert m_x und seine Varianz σ_x^2 bzw. im Frequenzbereich mit Hilfe seines Leistungsdichtespektrums $L_x(f)$ charakterisiert. Zwischen der Varianz σ_x^2 eines mittelwertfreien, diskreten und ergodischen Rauschsignals $x(n)$ und dessen Leistungsdichtespektrum $L_x(f)$ besteht der Zusammenhang [40]

$$\sigma_x^2 = \int_{-0,5}^{0,5} L_x(f)\, df \quad . \tag{5.21}$$

Für ein weißes Rauschen mit dem konstanten Leistungsdichtespektrum $L_x(f) = L_0$ gilt also: $\sigma_x^2 = L_0$. Bei Anregung eines LTI-Systems mit einem Rauschsignal $x(n)$ besteht zwischen den Leistungsdichtespektren des Eingangs- und des Ausgangssignals $L_x(f)$ und $L_y(f)$ und dem Amplitudengang des Systems $|H(f)|$ die Beziehung

$$L_y(f) = |H(f)|^2 \; L_x(f) \quad . \tag{5.22}$$

Mit einem weißen Rauschen der Leistungsdichte L_0 als Eingangssignal folgt aus (5.22) für die Varianz σ_y^2 des Ausgangsrauschens

$$\sigma_y^2 = L_0 \int_{-0,5}^{0,5} |H(f)|^2 \, df \quad . \tag{5.23a}$$

bzw. nach der PARSEVALschen Beziehung (4.8)

$$\sigma_y^2 = L_0 \sum_{n=0}^{\infty} h^2(n) \tag{5.23b}$$

mit $h(n)$ als Einheitsimpulsantwort des Systems. Zur Auswertung des Integrals in (5.23a) bietet sich aus der Funktionentheorie eine andere und oft einfachere Möglichkeit an, nämlich das Residuenkalkül (cf. Abschnitt 4.2). Dazu wird das Integral in ein Umlaufsintegral umgewandelt. Auf dem Einheitskreis $z = e^{j2\pi f}$ gilt $dz = j2\pi z\, df$ und

$$|H(f)|^2 = H(z)\, H(z^{-1}) \Big|_{z = e^{j2\pi f}} \quad .$$

Somit erhält man für (5.23a) die äquivalente Beziehung

$$\sigma_y^2 = L_0 \frac{1}{j2\pi} \oint_C H(z)\, H(z^{-1})\, z^{-1} \, dz \quad , \tag{5.24}$$

wobei C den Einheitskreis oder einen Umlaufsweg um den Nullpunkt im Konvergenzgebietdes Integranden $I(z) = H(z)\,H(z^{-1})\,z^{-1}$ beschreibt. Das Umlaufsintegral läßt sich nach dem Residuensatz relativ einfach auswerten. Mit der Annahme, daß der Integrand $I(z)$ M einfache Polstellen $z_{\infty k}$, $k = 1, 2, \ldots, M$ innerhalb dea Einheitskreises besitzt, gilt nach dem Residuensatz

$$\oint_C I(z)\,dz = j2\pi \sum_{k=1}^{M} \mathrm{Res}\left[I(z_{\infty k}) \right]$$

mit dem der Polstelle $z_{\infty k}$ zugehörigen Residuum

$$\mathrm{Res}\left[I(z_{\infty k}) \right] = \left[(z - z_{\infty k})\, I(z) \right] \Big|_{z = z_{\infty k}} .$$

Die Beziehungen (5.23a) bzw. (5.23b) werden nun zur Untersuchung einiger Netzwerke in bezug auf das Rundungsrauschen verwendet. Bild 5.24 zeigt das Rauschmodell eines Systems N-ter Ordnung mit der Systemfunktion

$$H(z) = \frac{\sum_{k=0}^{M} b_k z^{-k}}{1 - \sum_{k=1}^{N} a_k z^{-k}} = \frac{Z(z^{-1})}{N(z^{-1})}$$

und der Direktstruktur I. Alle Produkte werden auf eine vorgegebene Wortlänge gerundet. Es wird angenommen, daß alle eingezeichneten Rundungsrauschsignale $e_k(n)$, $k = 0, 1, \ldots, M{+}N$ weder miteinander noch mit dem Eingangssignal $x(n)$ korrelieren. Aus der symmetrischen und rechteckförmigen Verteilungsdichtefunktion des Rundungsfehlers (cf. Bild 3.19a) erhält man für die Mittelwerte m_{ek} und die Varianzen δ^2_{ek} der einzelnen Rauschsignale

$$m_{ek} = 0 \;, \quad \sigma^2_{ek} = \frac{1}{12}\, q^2 \;, \quad k = 0, 1, \ldots, M + N$$

mit q als die LSB-Wertigkeit bzw. die Quantisierungsstufe eines Produkts nach der Rundung. Die Rauschsignale $e_k(n)$ verursachen zusammen das Rauschsignal $\epsilon(n)$ am Ausgang des Netzwerks. Die Direktstruktur I erlaubt die Zusammenfassung aller im Netzwerk auftretenden Rundungsrauschsignale zu einem einzigen, in Bild 5.24 mit einem gestrichelten Pfeil angedeuteten Rauschsignal $e_g(n)$ mit dem Mittelwert

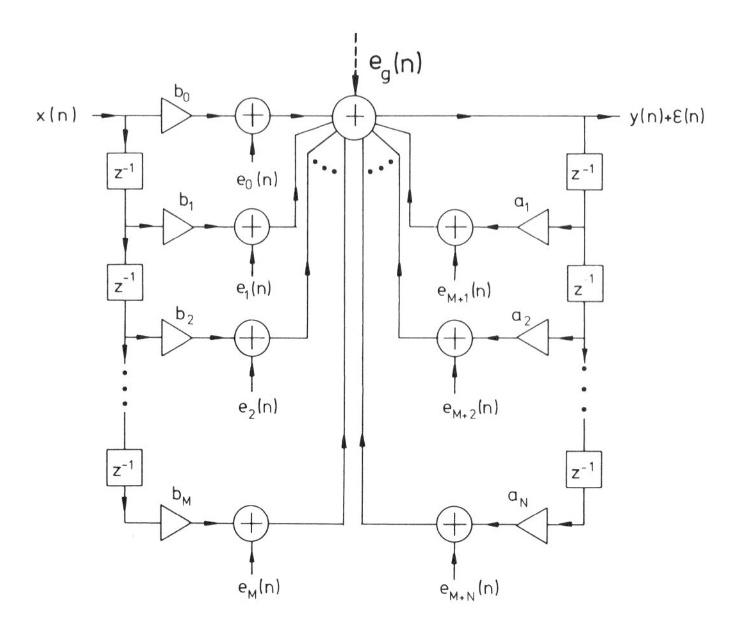

Bild 5.24: Rauschmodell eines Systems N-ter Ordnung mit der Direktform I. Alle Rundungsrauschsignale lassen sich zu einem einzigen Rauschsignal $e_g(n)$ zusammenfassen.

$$m_{eg} = \sum_{k=0}^{M+N} m_{ek} = 0$$

und der Varianz

$$\sigma_{eg}^2 = \sum_{k=0}^{M+N} \sigma_{ek}^2 = \frac{1}{12} (M + N + 1) q^2 .$$

$e_g(n)$ wirkt wie ein externes Signal an der eingezeichneten Stelle und ruft das Ausgangsrauschsignal $\epsilon(n)$ hervor. Wie aus Bild 5.24 ersichtlich, geht $\epsilon(n)$ durch die Differenzengleichung

$$\epsilon(n) = e_g(n) + \sum_{k=1}^{N} a_k \, \epsilon(n-k) \tag{5.25}$$

aus $e_g(n)$ hervor. Auf das Rundungsrauschen $e_g(n)$ wird in der Direktstruktur I also nur der rekursive Teil des Systems mit der Systemfunktion $H(z) = \dfrac{1}{N(z^{-1})}$ wirksam.

Die Varianz des Ausgangsrauschens σ_ϵ^2 erhält man aus (5.23a) bzw. (5.24) mit $H(z) = \frac{1}{N(z^{-1})}$, $L_o = \sigma_{eg}^2$ und $K = M + N + 1$:

$$\sigma_\epsilon^2 = \sigma_{eg}^2 \int_{-0,5}^{0,5} \frac{1}{|N(f)|^2} df = \frac{K q^2}{12} \int_{-0,5}^{0,5} \frac{1}{|N(f)|^2} df$$

$$= \frac{K q^2}{j24\pi} \oint_C \frac{1}{N(z)\, N(z^{-1})\, z} dz \ . \tag{5.26}$$

Für den Mittelwert m_ϵ des Ausgangsrauschens gilt: $m_\epsilon = m_{eg} \frac{1}{N(0)} = 0$.

Für die Direktstruktur I ließen sich alle Rundungsrauschsignale $e_k(n)$ zu einem einzigen $e_g(n)$ zusammenfassen. Im allgemeinen Fall müssen jedoch bei einem Netzwerk die Beiträge der Rundungsrauschsignale zum Ausgangsrauschen nach (5.24) einzeln ermittelt werden. Dabei muß man zur Berechnung des Beitrags eines jeden Rundungsrauschens in (5.24) für H(z) die Systemfunktion einsetzen, die das System bezüglich der Auftrittsstelle des Rundungsrauschens und des Ausgangs beschreibt.

Nach ähnlichen Überlegungen wie für die Direktstruktur I kann man aus dem Rauschmodell für die Direktstruktur II (Bild 5.17b) die entsprechenden Beziehungen für das Ausgangsrauschen ableiten. Sie lauten: $m_\epsilon = 0$ und

$$\sigma_\epsilon^2 = \frac{q^2}{12} \left(M + 1 + N \int_{-0,5}^{0,5} |H(f)|^2 df \right)$$

$$= \frac{q^2}{12} \left(M + 1 + \frac{N}{j2\pi} \oint_C H(z)\, H(z^{-1})\, z^{-1} dz \right)$$

mit M als Zählergrad und N als Nennergrad der Systemfunktion.

R u n d u n g s r a u s c h e n b e i S y s t e m e n 1. u n d 2. O r d n u n g:
Bild 5.25 zeigt das Rauschmodell eines Systems 1. Ordnung mit einer Polstelle. Die Systemfunktion lautet:

$$H(z) = \frac{1}{1 - a\,z^{-1}} \;.$$

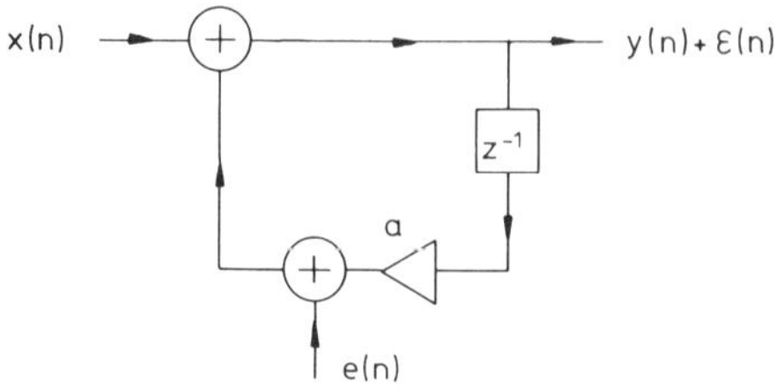

Bild 5.25: Rauschmodell eines Systems 1. Ordnung.

Mit $|a| < 1$ hat H(z) eine Polstelle innerhalb des Einheitskreises bei $z = a$. Aus dem Rauschmodell ergibt sich nach (5.24) für die Varianz des Ausgangsrauschsignals

$$\sigma_\epsilon^2 = \frac{q^2}{j24\pi} \oint_C H(z)\,H(z^{-1})\,z^{-1}\,dz$$

$$= \frac{q^2}{j24\pi} \oint_C \left(\frac{1}{1 - a\,z^{-1}} \cdot \frac{1}{1 - a\,z} \cdot \frac{1}{z} \right) dz \;.$$

Der Integrand

$$I(z) = \frac{1}{(1 - a\,z^{-1})\,(1 - a\,z)\,z} = \frac{1}{(z - a)\,(1 - a\,z)}$$

hat eine Polstelle $z_{\infty 1} = a$ innerhalb und eine weitere $z_{\infty 2} = \frac{1}{a}$ außerhalb des Einheitskreises. Mit

$$\operatorname{Res}\left[I(z)\right]_{z = a} = \frac{1}{1 - a^2}$$

folgt für die Varianz des Ausgangsrauschens $\sigma_\epsilon^2 = \frac{q^2}{12}\,\frac{1}{1 - a^2}$. (5.27)

Hieraus geht hervor, daß die Varianz des Ausgangsrauschens umso größer wird, je mehr sich die Polstelle dem Einheitskreis nähert.

Bild 5.26 zeigt das Rauschmodell eines Systems 2. Ordnung mit einem komplex konjugierten Polstellenpaar $z_{\infty 1} = r\, e^{j\varphi}$ und $z_{\infty 2} = z^*_{\infty 1} = r\, e^{-j\varphi}$.

Die Systemfunktion H(z) lautet:

$$H(z) = \frac{1}{1 - 2\, r \cos(\varphi)\, z^{-1} + r^2 z^{-2}} .$$

$a_1 = 2\, r \cos\, (\varphi)$,

$a_2 = -r^2$

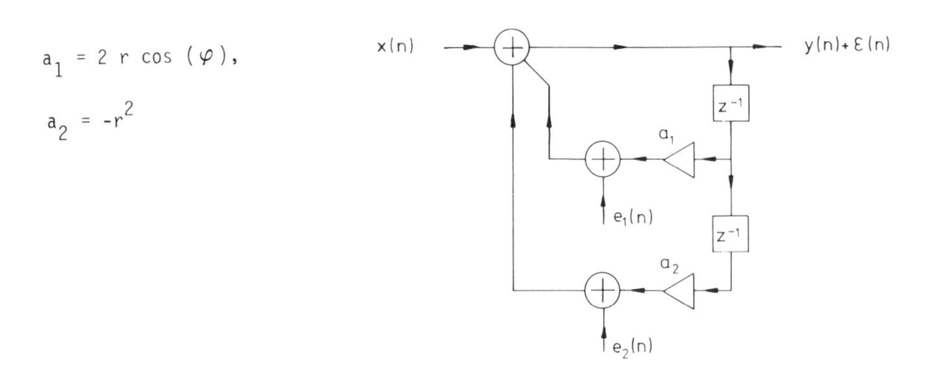

Bild 5.26: Rauschmodell eines Systems 2. Ordnung.

Die Rundungsrauschsignale lassen sich zu einem einzigen zusammensetzen. Für das Ausgangsrauschsignal läßt sich die Beziehung (5.26) mit $K = 2$ anwenden. Nach der Bildung des Integranden und Anwendung des Residuensatzes erhält man für die Varianz des Ausgangsrauschens

$$\sigma_\epsilon^2 = \frac{q^2}{6} \frac{1 + r^2}{(1 - r^2)\,(1 + r^4 - 2\, r^2 \cos(2\varphi)\,)} . \qquad (5.28)$$

Bild 5.27 zeigt ein Diagramm, aus dem man für einige Werte von φ das Verhältnis $\sigma_\epsilon^2 / \sigma_0^2$ mit $\sigma_0^2 := q^2/12$ in Abhängigkeit von r ablesen kann. σ_ϵ^2 steigt um so mehr, je kleiner die Winkel φ der Polstellen und je größer ihre Beträge r werden, was e.g. der Fall ist, wenn die Abtastfrequenz sehr viel höher liegt als die obere Durchlaßfrequenz eines Filters. Die in Bild 5.26 angegebene Struktur ist für diesen Fall offensichtlich ungeeignet. Die in Bild 5.23a dargestellte Struktur ist diesbezüglich der Direktstruktur überlegen. Eine noch günstigere Struktur für Systeme 2. Ordnung mit Polstellen nahe $z = 1$ ist in [41] beschrieben.

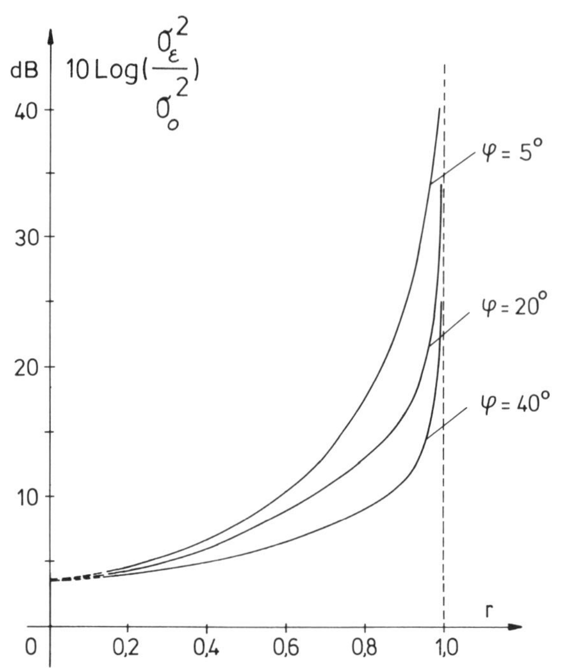

Bild 5.27: Verhältnis der Varianz des Ausgangsrauschens σ_ϵ^2 eines Systems 2. Ordnung mit einem Polstellenpaar - cf. Bild 5.26 - zur Varianz einzelner interner Rundungsrauschen $\sigma_0^2 = q^2/12$ in Abhängigkeit vom Polstellenbetrag r und Polstellenwinkel φ .

S i g n a l - R a u s c h - V e r h ä l t n i s (SNR)[x)]: Das Signal-Rausch-Verhältnis am Ausgang eines Netzwerks ist definiert als das Verhältnis der Varianz des Ausgangsnutzsignals zur Varianz des Störsignals:

$$\mathrm{SNR} = \frac{\sigma_y^2}{\sigma_\epsilon^2} .$$

Für spezielle Netzwerke wurden bereits Beziehungen zur Berechnung der auf das Rundungsrauschen zurückzuführenden Störsignalvarianz abgeleitet. Bei einem allgemeinen Netzwerk mit M Multiplizierern, das mit Hilfe von M Systemfunktionen $H_i(z)$, $i = 1, 2, \ldots , M$ jeweils vom Ausgang des i-ten Multiplizierers zum Netzwerkausgang beschrieben wird, erhält man mit Hilfe der Gleichung (5.24) für die Varianz des Ausgangsrauschens:

$$\sigma_\epsilon^2 = \frac{\sigma_0^2}{j2\pi} \sum_{i=1}^{M} \oint_C H_i(z)\, H_i(z^{-1})\, z^{-1}\, dz \tag{5.29}$$

mit der Varianz $\sigma_0^2 = \frac{1}{12} q^2 = \frac{1}{12} 2^{-2w_p}$ der einzelnen Rundungsrauschsignale,

x) SNR=Signal Noise Ratio

q als Quantisierungsstufe bzw. LSB-Wertigkeit und w_p als Wortlänge (ohne Vorzeichenbit) eines Produkts nach der Rundung. Die Beziehung (5.29) macht deutlich, daß die Störsignalvarianz von der Netzwerkstruktur abhängt.

Die Varianz des Ausgangsnutzsignals σ_y^2 hängt vom Spektrum des Eingangssignals sowie der Übertragungsfunktion des Netzwerks ab. Im Falle eines deterministischen Energiesignals als Eingangssignal x(n) mit dem Amplitudendichtespektrum X(f) gilt

$$\sigma_y^2 = \int_{-0,5}^{0,5} |H(f)|^2 \, |X(f)|^2 \, df \, . \tag{5.30}$$

Für rauschartige Signale kann man (5.30) benutzen, wenn man statt $|X(f)|^2$ die Leistungsdichte $L_x(f)$ des Signals einsetzt (cf. (5.22)).

Mit σ_y^2 und σ_ϵ^2 läßt sich das SNR bestimmen. Da die Ausgangsrauschleistung σ_ϵ^2 über σ_0^2 von w_p abhängt, erhöht sich das SNR durch eine Vergrößerung der Produktwortlänge w_p bzw. der Wortlänge der Zustandsvariablen. Durch Erhöhung der Eingangssignalleistung läßt sich eine entsprechende Erhöhung des SNR erreichen. Doch wegen des begrenzten darstellbaren Zahlenbereichs am Eingang und im Innern eines Netzwerks sind der Nutzsignalleistung und damit auch dem SNR Grenzen gesetzt. Man kann das maximal erreichbare SNR bei einem gegebenen Netzwerk nur in Zusammenhang mit der im folgenden besprochenen Skalierungsmaßnahme ermitteln, die zur Vermeidung von Zahlenbereichsüberschreitungen notwendig ist.

S k a l i e r u n g : Um das Ausgangssignal eines digitalen Systems so weit wie möglich vom Ausgangsrauschsignal abzuheben bzw. um ein größtmögliches SNR am Ausgang zu erreichen, ist man bestrebt, die Leistung des Eingangssignals bzw. seine Augenblickswerte so hoch wie möglich zu halten. Dabei kann im Inneren des Netzwerks und am Netzwerkausgang der darstellbare Zahlenbereich, insbesondere bei Addierern, überschritten werden, was erhebliche Signalverzerrungen zur Folge haben kann. Bei rekursiven Systemen können dadurch, wie in Abschnitt 3.7.4 an einem Beispiel demonstriert wurde, wegen der stark nichtlinearen Überlaufskennlinien der üblichen binären Zahlendarstellungen außerdem noch unerwünschte Überlaufsschwingungen auftreten.

Durch Vergrößerung der Wortlänge der Zustandsspeicher eines Netzwerks läßt sich die Wahrscheinlichkeit eines Überlaufs gering halten. Diese Maßnahme ist hinsichtlich des Realisierungsaufwands und der Verarbeitungsgeschwindigkeit jedoch oft ungünstig. Eine vorteilhaftere Maßnahme besteht darin, das Signal am Eingang oder innerhalb eines Netzwerks in einer geeigneten Art so zu skalieren, daß einerseits Zahlenbereichsüberschreitungen entweder ganz unterbunden oder deren Wahrscheinlichkeit gering gehalten und andererseits die Nutzsignalleistung nicht unnötig verringert werden. Im folgenden werden einige Skalierungsarten diskutiert.

Man betrachte die Beziehung der diskreten Faltung, die die Eingangsfolge $x(n)$, die Einheitsimpulsantwort $h(n)$ und die Ausgangsfolge $y(n)$ eines digitalen LTI-Systems miteinander verknüpft:

$$y(n) = \sum_{k=0}^{\infty} h(k)\, x(n-k) \quad .$$

Hierfür gilt die Ungleichung:

$$|y(n)| \leqq \sum_{k=0}^{\infty} |h(k)| \; |x(n-k)| \leqq |x(n)|_{max} \sum_{n=0}^{\infty} |h(n)| \quad . \tag{5.31}$$

Setzt man ohne Beschränkung der Allgemeinheit für die Aussteuerbereiche am Ein- und Ausgang $|x(n)|_{max} = 1$, $|y(n)|_{max} = 1$, dann ist $|y(n)| \leqq 1$ sicher erfüllt, wenn man das Eingangssignal $x(n)$ mit dem Faktor

$$M = \frac{1}{\sum_{n=0}^{\infty} |h(n)|} \tag{5.32}$$

skaliert. Hierdurch wird der Eingangsaussteuerbereich des Systems um diesen Faktor kleiner. Da das Quantisierungs- und Rundungsrauschen im wesentlichen unabhängig von der Signalleistung sind, verringert sich das SNR entsprechend.

Die obige Skalierungsmaßnahme verhindert einen Überlauf lediglich am Ausgang eines Netzwerks; um Überläufe auch im Inneren des Netzwerks zu unterbinden, müssen weitere Skalierungen in Betracht gezogen werden. Die zusätzlichen Skalierungsfaktoren erhält man ebenfalls nach (5.32). Für $h(n)$ setze man nun jeweils die Systemantwort ein, die man an den Stellen mit möglichem Überlauf, hauptsächlich an Addiererausgängen, erhält, wenn das System an seinem Eingang mit dem Einheitsimpuls $\delta(n)$ angeregt wird. Es ergeben sich somit eine Anzahl von Skalierungsfaktoren, von denen der kleinste als der endgültige Skalierungsfaktor gewählt wird. Ein günstigerer Skalierungsfaktor läßt sich erzielen, wenn man den Aussteuerbereich bzw. die Wortlänge an Stellen mit Überlaufsgefahr im Netzwerk vergrößert, was andererseits erhöhten Aufwand bedeutet.

Als Beispiel für das Skalierungsverfahren betrachte man das im Bild 5.28a gezeigte System 2. Ordnung in der Direktstruktur II. Die Systemfunktion H(z) lautet:

$$H(z) = \frac{b_0 + b_1 z^{-1} + b_2 z^{-2}}{1 - a_1 z^{-1} - a_2 z^{-2}} = \frac{Z(z^{-1})}{N(z^{-1})} .$$

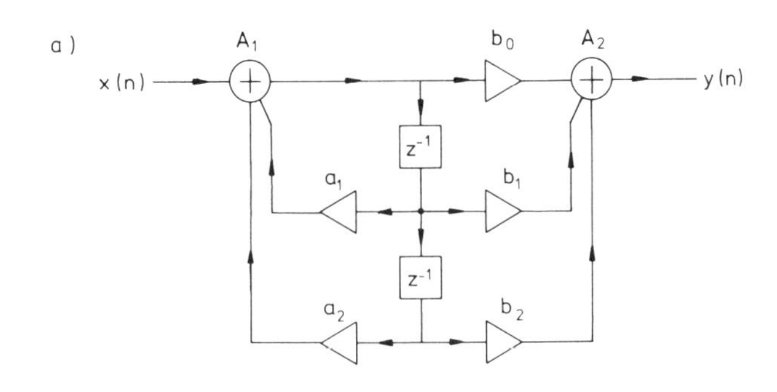

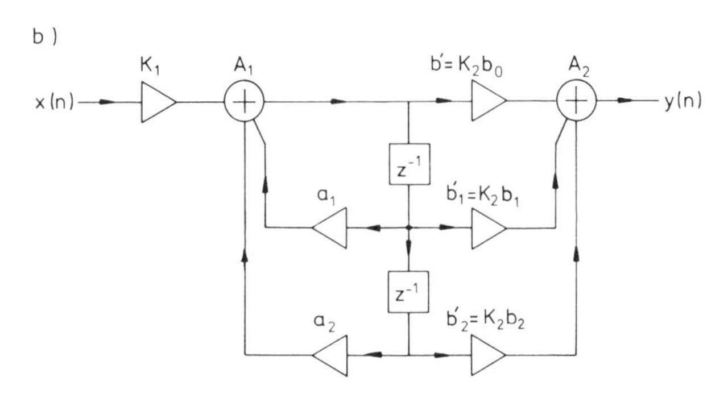

Bild 5.28: Skalierung eines Systems 2. Ordnung mit der Direktform II zur Vermeidung von Überlaufsschwingungen bzw. Überlaufsverzerrungen: a) unskaliertes System, b) System mit den Skalierungsfaktoren K_1 und K_2.

Das Netzwerk besitzt zwei Addierer, A_1 und A_2, die je drei Eingänge haben. Die üblichen Addierer aber haben nur zwei Eingänge. Infolgedessen bestehen A_1 und A_2 im Grunde aus jeweils zwei Addierern. Eine Aufteilung von A_1 und A_2 in jeweils zwei Addierer ist bei Untersuchungen der Zahlenbereichsüberschreitungen für den Fall der Zweierkomplementarithmetik jedoch irrelevant, weil hierbei ausschließlich Überläufe am Ausgang der Addierer A_1 und A_2 eine Rolle spielen. (cf. Abschnitt 1.4). Für andere Zahlendarstellungen, e.g. für die VBD, muß man die Addierer entsprechend aufteilen. Für die folgenden Ausführungen wird die ZKD angenommen.

Ein Überlauf am Ausgang des Addierers A_1 wird über den rekursiven Teil mit den Koeffizienten a_1 und a_2 an dem Systemeingang zurückgekoppelt, was zu einer Überlaufsschwingung führen kann. Ein Überlauf am Ausgang des Addierers A_2 verzerrt zwar das Ausgangssignal, bringt jedoch keine Gefahr der Überlaufsschwingungen mit sich. Um jegliche Überläufe zu unterbinden, wird das Eingangssignal in bezug auf die Ausgänge beider Addierer A_1 und A_2 skaliert. Für die zugehörigen Skalierungsfaktoren erhält man

$$M_1 = \frac{1}{\sum_{n=0}^{\infty} |g(n)|} \quad \text{und} \quad M_2 = \frac{1}{\sum_{n=0}^{\infty} |h(n)|} ,$$

wobei h(n) die Einheitsimpulsantwort des Systems und $g(n) \longleftrightarrow 1/N(z^{-1})$ die Einheitsimpulsantwort des rekursiven Teils des Systems darstellen. Der endgültige Skalierungsfaktor ist der kleinere von M_1 und M_2. h(n) und g(n) lassen sich mit Hilfe der inversen Z-Transformation aus H(z) und $1/N(z^{-1})$ ermitteln. Falls $M_1 \leq M_2$ gilt, skaliert man das Eingangssignal wie in Bild 5.28b mit $K_1 = M_1$ und $K_2 = 1$. Andernfalls, i.e. für $M_1 > M_2$, verteilt man zur Erhöhung des SNR den Skalierungsfaktor M_2 in folgender Weise: $K_1 = M_1$, $K_2 = M_2/M_1$. Der Skalierungsfaktor K_2 wird als gemeinsamer Faktor der Koeffizienten des nichtrekursiven Teils berücksichtigt.

Die Skalierungsart nach (5.32) garantiert die Nichtexistenz von Überläufen für beliebige Eingangssignale, ist jedoch zu pessimistisch. In vielen Fällen bleibt ein Teil des Eingangsaussteuerbereichs effektiv ungenutzt; das SNR am Ausgang verschlechtert sich wegen der von der Signalleistung unabhängigen Quantisierungs- und Rundungsrauschleistung entsprechend.

Außer dem Skalierungsverfahren nach (5.32) lassen sich weitere Skalierungsarten angeben, die sich hinsichtlich des SNR günstiger auswirken, sich aber jeweils auf eine bestimmte Klasse von Signalen beziehen. Beispielsweise bietet sich zur Verarbeitung von Energiesignalen folgende Skalierungsart an: Für das Ausgangssignal y(n) eines Systems, das die Übertragungsfunktion H(f) besitzt und von einem Energiesignal x(n) mit der endlichen Energie

$$E_x = \sum_{n=-\infty}^{\infty} x^2(n) < \infty$$

angeregt wird, gilt die Ungleichung [42]

$$|y(n)| \leq E_X \int_{-0,5}^{0,5} |H(f)|^2 \, df \quad . \tag{5.33}$$

Für

$$E_X \leq \frac{1}{\int_{-0,5}^{0,5} |H(f)|^2 \, df} \tag{5.34}$$

folgt aus (5.33) die Nichtexistenz eines Überlaufs am Systemausgang: $|y(n)| \leq 1$. Die Ungleichung (5.34) ist erfüllt, wenn man das Signal x(n) mit dem Faktor

$$M = \frac{1}{\left(E_X \int_{-0,5}^{0,5} |H(f)|^2 \, df\right)^{\frac{1}{2}}} \tag{5.35}$$

skaliert. Für die Anwendung dieses Skalierungsverfahrens ist die Kenntnis oder eine Abschätzung der Signalenergie E_X erforderlich. Um einen Überlauf an allen Stellen eines Netzwerks zu verhindern, an denen ein Überlauf möglich ist, muß die Bedingung (5.34) hinsichtlich aller jener Stellen erfüllt werden. Für das Netzwerk von Bild 5.28a ergeben sich hier die Skalierungsfaktoren

$$M_1 = \frac{1}{\left(E_X \int_{-0,5}^{0,5} \frac{1}{|N(f)|^2} \, df\right)^{\frac{1}{2}}} \quad \text{und} \quad M_2 = \frac{1}{\left(E_X \int_{-0,5}^{0,5} |H(f)|^2 \, df\right)^{\frac{1}{2}}} \quad .$$

Eine weitere Skalierungsart ergibt sich für Signale, die sich jeweils aus einer Anzahl von Sinusfunktionen zusammensetzen, aus der Ungleichung [42]

$$|y(n)| \leq |H(f)|_{max} \int_{-0,5}^{0,5} |X(f)| \, df \quad , \tag{5.36}$$

wobei X(f) das Amplitudenspektrum des Signals darstellt. Das Integral auf der rechten Seite von (5.36) ist gleich der Summe der Amplituden der Signalkomponenten. Die Bedingung für die Nichtexistenz eines Überlaufs lautet nun

$$\int_{-0,5}^{0,5} |X(f)|\, df < \frac{1}{|H(f)|_{max}} . \qquad (5.37)$$

Hieraus ergibt sich der Skalierungsfaktor

$$M = \frac{1}{|H(f)|_{max} \int_{-0,5}^{0,5} |X(f)|\, df} . \qquad (5.38)$$

Die beiden letzten Skalierungsarten (5.35) und (5.38) ergeben bessere Signal-Rausch-Verhältnisse, gelten jedoch für spezielle Signalarten. Wenn man noch eine gewisse Überlaufswahrscheinlichkeit zuläßt, kann man sie auch generell einsetzen.

Die bei den obigen Skalierungsarten benutzten Ungleichungen sind Spezialfälle der folgenden Ungleichungen

$$|y(n)| \leq \left(\int_{-0,5}^{0,5} |H(f)|^{p}\, df \right)^{\frac{1}{p}} \left(\int_{-0,5}^{0,5} |X(f)|^{q}\, df \right)^{\frac{1}{q}} \quad \text{mit} \quad \frac{1}{p} + \frac{1}{q} = 1 .$$

Dabei ist $y(n)$ die Antwort eines LTI-Systems mit der Übertragungsfunktion $H(f)$ auf eine Eingangsfolge mit dem Spektrum $X(f)$. Das Integral

$$L_p = \left(\int_{-0,5}^{0,5} |X(f)|^{p}\, df \right)^{\frac{1}{p}}$$

wird als L p - N o r m von $X(f)$ bezeichnet. Die Skalierungsarten (5.32), (5.35) und (5.38) werden L_1-, L_2-,und L_∞ - Norm genannt [42].

Nach Festlegung der Skalierungsart bei einem gegebenen Netzwerk läßt sich das maximal erreichbare SNR am Netzwerkausgang bestimmen. Das SNR hängt allerdings von der Art des Eingangssignals ab. Als Beispiel betrachte man das in Bild 5.25 dargestellte System 1. Ordnung mit dem Ein- und Ausgangsaussteuerbereich $|x(n)| \leq 1$ bzw. $|y(n)| \leq 1$. Das Eingangssignal sei ein im Aussteuerbereich gleichverteiltes weißes Rauschsignal mit der Varianz $\sigma_x^2 = \frac{1}{3}$. Es wird die Skalierungsart (5.32) gewählt. Für den Skalierungsfaktor folgt hieraus:

$$M = \frac{1}{\sum_{n=0}^{\infty} |h(n)|} = 1 - |a| \quad , \quad |a| < 1 \quad .$$

Die Varianz σ_x^2 des skalierten Signals verringert sich somit zu

$$\sigma_x^2 = \frac{1}{3}(1 - |a|)^2 \quad .$$

Damit folgt für die Varianz des Ausgangssignals nach der Gleichung (5.23) mit $h(n) = a^{-n}$.

$$\sigma_y^2 = \sigma_x^2 \sum_{n=0}^{\infty} a^{-2n} = \frac{1}{3} \frac{(1 - |a|)^2}{1 - a^2} \quad .$$

Die Varianz des auf die Rundungsfehler zurückzuführenden Ausgangsrauschens läßt sich nach (5.27) berechnen. Für das SNR erhält man schließlich

$$SNR = \frac{4}{q^2}(1 - |a|)^2 \quad .$$

Eine ähnliche Überlegung für das SNR des im Bild 5.26 dargestellten Systems 2. Ordnung mit einem komplex konjugierten Polstellenpaar (z_∞ , z_∞^*), $z_\infty = r\, e^{j\varphi}$, einem innerhalb des Aussteuerbereichs gleichverteilten Eingangssignals und mit der Skalierungsart (5.32) führt zu der Beziehung

$$SNR = \frac{2 \sin^2(\varphi)}{q^2 \left(\sum_{n=0}^{\infty} r^n \, |\sin[(n+1)\varphi]| \right)^2} \quad .$$

5.3.2 Parallelstruktur

Aus der Partialbruchform der Systemfunktion

$$H(z) = \sum_{k=1}^{M} \frac{a_k + b_k z^{-1}}{1 + c_k z^{-1} + d_k z^{-2}} = \sum_{k=1}^{M} H_k(z)$$

ergibt sich die Parallelstruktur, in der die einzelnen Terme der Summe als Teilsysteme in einer günstig gewählten Struktur realisiert und dann parallel geschaltet werden. Bild 5.29 zeigt schematisch die Parallelstruktur. Die Teilsysteme mit den Systemfunktionen $H_k(z)$, $k = 1, 2, \ldots, M$ repräsentieren jeweils Teilsysteme 1 oder 2. Ordnung. Wenn die Ordnungen des Nenner- und des Zählerpolynoms der Systemfunktion H(z) gleich sind, besteht ein Teilsystem $H_k(z)$ aus einem konstanten Faktor. Der allgemeine Ausdruck der Summanden stellt ein System 2. Ordnung dar, woraus sich Systeme 1. Ordnung bzw. ein konstanter Faktor durch $b_k = d_k = 0$ bzw. $b_k = c_k = d_k = 0$ ergeben.

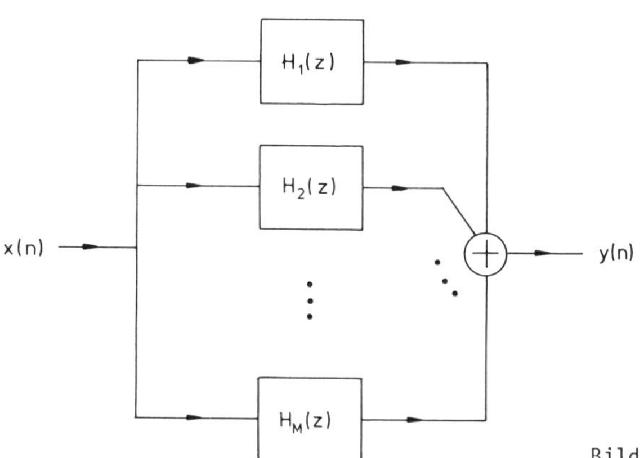

Bild 5.29: Parallelstruktur.

Die Parallelstruktur ist gegenüber den Direktstrukturen hinsichtlich der Auswirkung der Wortlängenreduktion bei den Koeffizienten günstiger. Um dies zu verdeutlichen, wird das Bandpaßfilter 4. Ordnung von Abschnitt 5.2.4 nun mit der Parallelstruktur hinsichtlich der Auswirkungen der Wortlängenreduktion bei den Koeffizienten untersucht. Die Systemfunktion des Bandpasses in der Partialbruchform lautet:

$$H(z) = A\,c + A\,\frac{a_1 + a_2 z^{-1}}{1 + a_3 z^{-1} + a_4 z^{-2}} + A\,\frac{b_1 + b_2 z^{-1}}{1 + b_3 z^{-1} + b_4 z^{-2}}$$

mit $c = 1{,}262427$, $a_1 = -\,6{,}44\ 10^{-4}$, $a_2 = 13{,}633331$, $a_3 = -\,0{,}148348$, $a_4 = 0{,}888722$, $b_1 = -\,0{,}261783$, $b_2 = -\,12{,}928243$, $b_3 = -\,0{,}441157$ und $b_4 = 0{,}891308$. $A = 8{,}3\ 10^{-3}$.

Bild 5.30 zeigt das Netzwerk des Bandpasses mit der Parallelstruktur und Bild 5.31 seinen Amplitudengang $|H(f)|$ als durchgezogene Linie. In Bild 5.31 sind ferner die Amplitudengänge des Bandpasses dargestellt, die sich nach der Run-

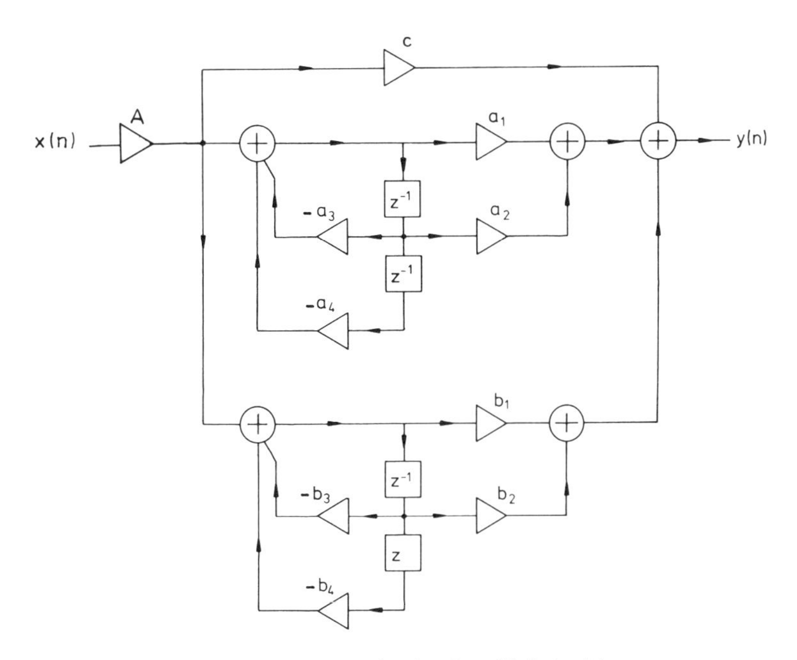

Bild 5.30: Bandpaß aus Abschnitt 5.2.4 mit der Parallelstruktur.

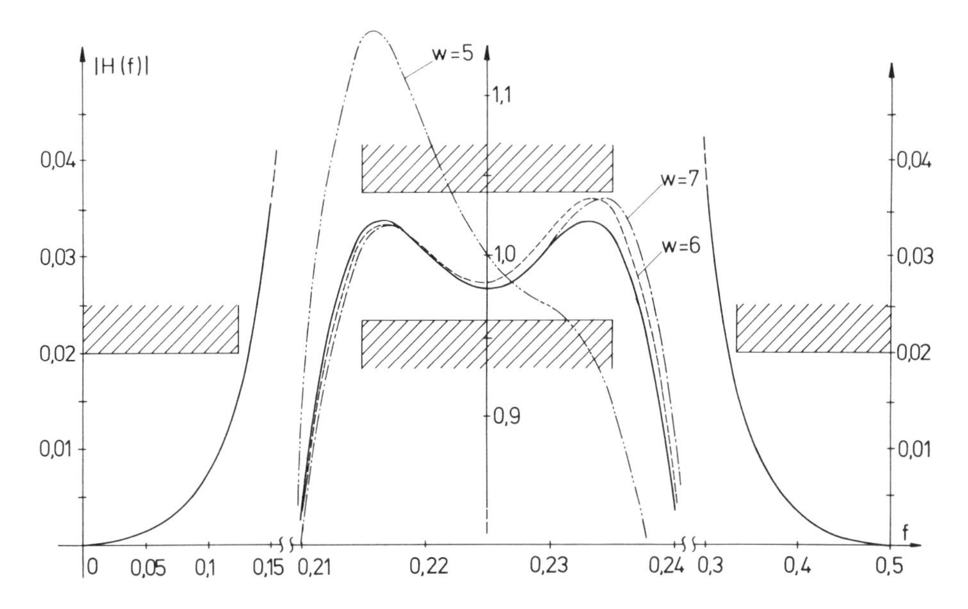

Bild 5.31: Amplitudengang des Bandpasses aus Abschnitt 5.2.4 mit der Parallelstruktur - cf. Bild 5.30 - bei genauer Darstellung der Koeffizienten (durchgezogene Linie) und nach Verkürzung der Koeffizientenwortlänge w auf w = 7, 6, 5 durch Rundung. Der gleiche Bandpaß wurde bereits in Abschnitt 5.3.1 in der Direktstruktur untersucht.

dung der Koeffizienten auf eine Wortlänge von 7, 6 und 5 bits ergeben. Der Bandpaß mit der Parallelstruktur erfüllt das eingezeichnete Toleranzschema mit einer Koeffizientenwortlänge von 6 bits. Dagegen benötigt der gleiche Bandpaß mit einer Direktstruktur hierzu eine Koeffizientenwortlänge von 10 bits (cf. Bild 5.19).

Folgende Maßnahmen können zur weiteren Reduzierung der Koeffizientenwortlänge beitragen:

a) Ausgehend von einer Wortlänge, mit der das Toleranzschema gerade verletzt wird, werden die LSB der Koeffizienten nach einer geeigneten Strategie in der Weise geändert, daß das Toleranzschema möglicherweise mit der gleichen Wortlänge doch erfüllt wird. Wenn das der Fall ist, kann dieser Prozeß zur Ermittlung der minimalen Wortlänge für die nächst kleinere Wortlänge fortgesetzt werden [43].

b) Durch Erhöhung der Ordnung der Systemfunktion läßt sich oft eine Reduzierung der minimalen Wortlänge der Koeffizienten erreichen. Die Erhöhung der Ordnung hat andererseits eine entsprechende Aufwandssteigerung zur Folge. Diese Maßnahme stellt folglich einen Kompromiß dar; ihre Wirksamkeit muß daher für jeden Anwendungsfall erneut untersucht werden [39].

Das Rauschmodell eines Systems mit der Parallelstruktur erhält man durch Parallelschaltung der Rauschmodelle seiner Teilsysteme. Die Ausgangsrauschsignale der einzelnen Teilsysteme können im Falle der Rundung i. a. als unkorreliert betrachtet und zum Ausgangsrauschsignal aufsummiert werden. Für den Mittelwert m_ϵ und die Varianz σ_ϵ^2 des Ausgangsrauschens gilt im Falle der Rundung

$$m_\epsilon = 0 \quad \text{und} \quad \sigma_\epsilon^2 = \sum_{k=1}^{M} \sigma_k^2$$

mit σ_k^2 als Varianz des Ausgangsrauschens des Teilsystems $H_k(z)$. Niedrige SNR am Systemausgang erhält man, indem man bezüglich des Rundungsrauschens günstige Strukturen für die Teilsysteme wählt. Zur Vermeidung von Überläufen muß das Eingangssignal in bezug auf die internen Stellen der einzelnen Teilsysteme mit möglichen Überläufen sowie in bezug auf den Ausgangsaddierer skaliert werden.

5.3.3 Kaskadenstruktur

Aus der Produktform der Systemfunktion

$$H(z) = A \frac{\prod_{k=1}^{M} (1 + a_k z^{-1} + b_k z^{-2})}{\prod_{k=1}^{N} (1 + c_k z^{-1} + d_k z^{-2})}$$

ergibt sich die Kaskadenstruktur, indem man einen quadratischen Term aus dem Zähler mit einem aus dem Nenner zu einem Teilsystem 2. Ordnung zusammenfaßt und dann die Teilsysteme hintereinanderschaltet:

$$H(z) = \prod_{k=1}^{M} A_k \frac{1 + a_k z^{-1} + b_k z^{-2}}{1 + c_k z^{-1} + d_k z^{-2}} .$$

Systeme 1. Ordnung entstehen dabei als Sonderfälle der Systeme 2. Ordnung. Der Vorfaktor A wird zum Zweck einer günstigen Skalierung in Vorfaktoren A_k der Teilsysteme aufgeteilt. Bild 5.32 zeigt schematisch die Kaskadenstruktur.

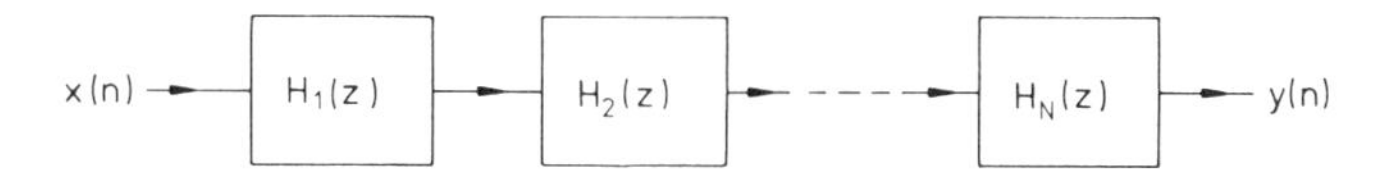

Bild 5.32: Kaskadenstruktur.

Für eine Kaskadenstruktur bieten sich unmittelbar Variationsmöglichkeiten an, und zwar

a) hinsichtlich der Zusammensetzung der quadratischen Terme aus dem Zähler- und Nennerpolynom zu einem Teilsystem und

b) hinsichtlich der Kaskadierungsreihenfolge der Teilsysteme.

Mittels dieser Variationsmöglichkeiten lassen sich, wie in diesem Abschnitt noch gezeigt wird, die auf das Rundungsrauschen zurückzuführende Rauschleistung und damit das SNR am Systemausgang entscheidend beeinflussen.

Bezüglich der Wortlängenreduktion der Koeffizienten ist die Kaskadenstruktur - ähnlich wie die Parallelstruktur - gegenüber den Direktstrukturen wesentlich unempfindlicher. Diese geringe Empfindlichkeit ist eine Folge der Zerlegung eines Polynoms höherer Ordnung in Polynome niedrigerer Ordnung. Um dies zu verdeutlichen, wird der Bandpaß 4. Ordnung von Abschnitt 5.2.4 nun mit der Kaskadenstruktur hinsichtlich der Reduzierung der Koeffizientenwortlänge untersucht.

Die Systemfunktion des Bandpasses in der Produktform lautet:

$$H(z) = A \frac{(1 + z^{-1})^2 \; (1 - z^{-1})^2}{(1 + a_1 z^{-1} + a_2 z^{-2}) \; (1 + a_3 z^{-1} + a_4 z^{-2})}$$

mit $A = 8{,}3 \cdot 10^{-3}$, $a_1 = -0{,}148348$, $a_2 = 0{,}888722$, $a_3 = -0{,}441156$ und $a_4 = 0{,}891307$. Bild 5.33 zeigt das Netzwerk des Bandpasses mit der Kaskadenstruktur und Bild 5.34 seinen Amplitudengang als durchgezogene Linie sowie die Amplitudengänge, die sich nach der Rundung der Koeffizienten auf eine Wortlänge von 7, 6 und 5 bits ergeben. Die Verletzung des Toleranzschemas mit der 7-bit-Wortlänge kann durch eine entsprechende Änderung des Faktors A rückgängig gemacht werden. Ein solches Vorgehen bietet sich grundsätzlich zu einer besseren Ausnutzung von Toleranzschemen an. Im Vergleich zur Direktstruktur (cf. Bild 5.19) erfüllt die Kaskadenstruktur das eingezeichnete Toleranzschema mit einer Koeffizientenwortlänge von 6 bits.

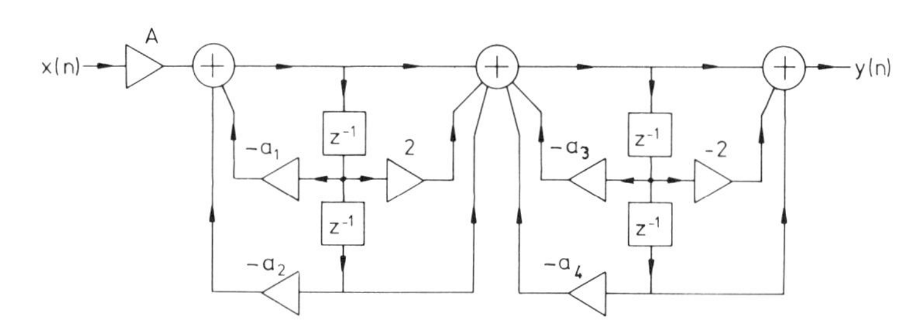

Bild 5.33: Bandpaß aus Abschnitt 5.2.4 mit der Kaskadenstruktur.

Die bei der Diskussion über die Parallelstruktur angegebenen Maßnahmen zur weiteren Reduzierung der Koeffizientenwortlängen können auch im Falle der Kaskadenstruktur angewendet werden.

Im Vergleich zur Parallelstruktur bietet die Kaskadenstruktur den Vorteil, daß sich hierbei das Signal-Rausch-Verhältnis optimieren läßt, indem man die Paarung von Null- und Polstellenpaaren zu Teilsystemen 2. Ordnung, die Reihenfolge der Teilsysteme und den Skalierungsplan geeignet wählt. Dies sei im folgenden anhand eines allgemeinen Systems 4. Ordnung verdeutlicht.

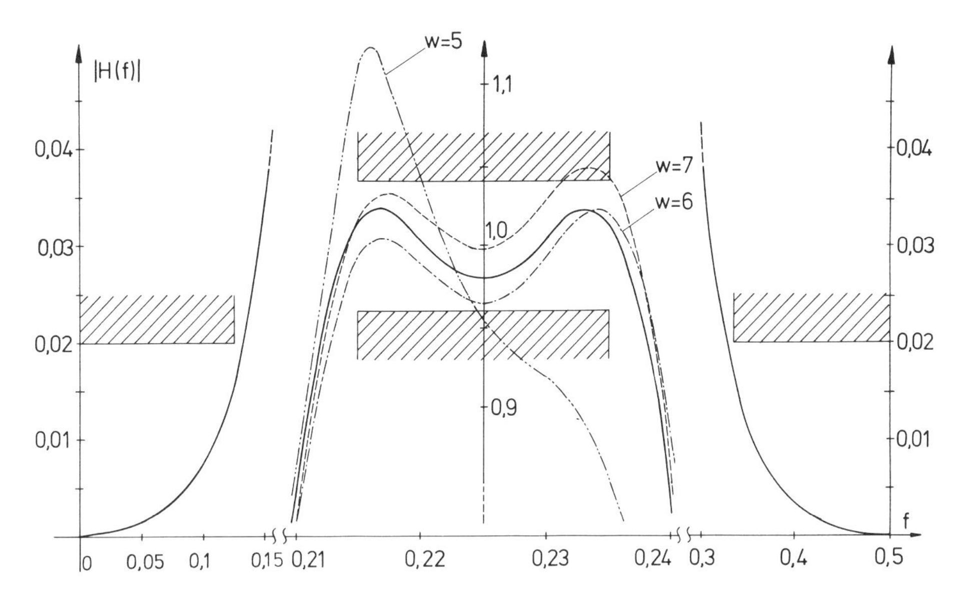

Bild 5.34: Amplitudengang des Bandpasses aus Abschnitt 5.2.4 mit der Kaskadenstruktur - cf. Bild 5.33 - bei genauer Darstellung der Koeffizienten (durchgezogene Linie) und nach Verkürzung der Koeffizientenwortlänge w auf w = 7, 6, 5 durch Rundung. Der gleiche Bandpaß wurde bereits in Abschnitt 5.3.1 in der Direktstruktur und in Abschnitt 5.3.2 in der Parallelstruktur untersucht.

Man betrachte die Produktform der Systemfunktion eines Systems 4. Ordnung

$$H(z) = A \frac{(1 + a_1 z^{-1} + b_1 z^{-2})\ (1 + a_2 z^{-1} + b_2 z^{-2})}{(1 + c_1 z^{-1} + d_1 z^{-2})\ (1 + c_2 z^{-1} + d_2 z^{-2})} .$$

Hierfür läßt sich beispielsweise folgende Kaskadenstruktur wählen:

$$H(z) = A\ H_1(z) \cdot H_2(z) = A\ H_o(z)$$

mit

$$H_1(z) = \frac{1 + a_1 z^{-1} + b_1 z^{-2}}{1 + c_1 z^{-1} + d_1 z^{-2}} = \frac{Z_1(z^{-1})}{N_1(z^{-1})} ,$$

$$H_2(z) = \frac{1 + a_2 z^{-1} + b_2 z^{-2}}{1 + c_2 z^{-1} + d_2 z^{-2}} = \frac{Z_2(z^{-1})}{N_2(z^{-1})} .$$

Der Vorfaktor A wird zum Zweck der Skalierung der Teilsysteme in zunächst noch unbekannte Faktoren M_0, M_1, M_2, M_3 zerlegt: $A = M_0 M_1 M_2 M_3$. Bild 5.35a zeigt ein Netzwerk zur Realisierung dieses Systems. Für die einzelnen Teilsysteme wurde die Direktstruktur II gewählt. Die Skalierungsfaktoren werden in den Koeffizienten des nichtrekursiven Teils der entsprechenden Teilsysteme berücksichtigt.

a)

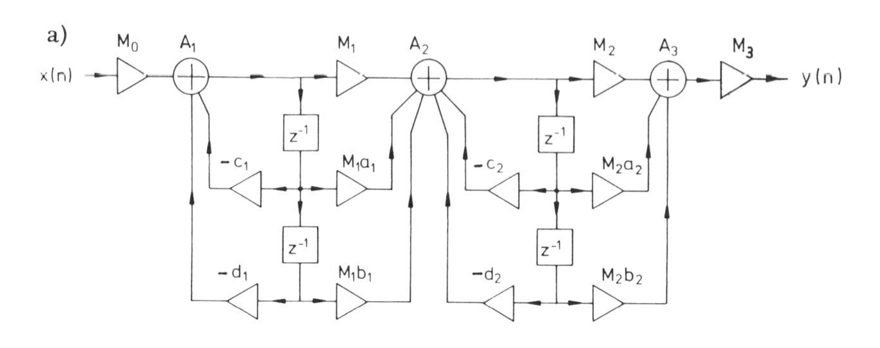

b)

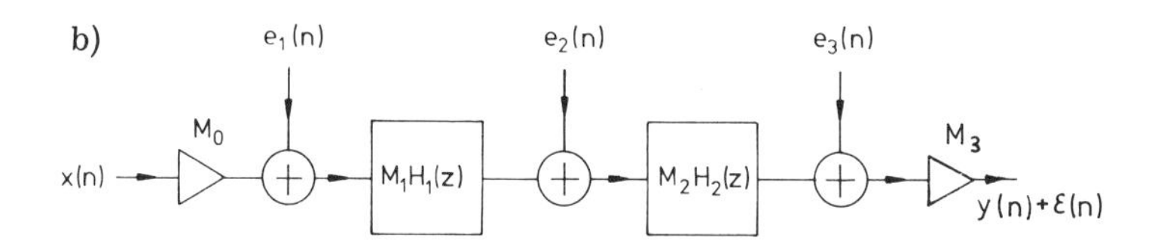

Bild 5.35: Zur Optimierung des Signal-Rausch-Verhältnisses bei einem System 4. Ordnung mit der Kaskadenstruktur: a) das Systemnetzwerk mit den Skalierungsfaktoren M_0, M_1 und M_2, b) Rauschmodell des Systemnetzwerks.

Zur Bestimmung der Skalierungsfaktoren M_0, M_1 und M_2 sowie zur Berechnung der Ausgangsrauschleistung muß zunächst eine Skalierungsart (cf. Abschnitt 5.3.1) gewählt werden. Für dieses Beispiel sei die Skalierungsart nach (5.35) gewählt. Zur Vermeidung eines Überlaufs am Ausgang des Addierers A_1 ist demnach der Skalierungsfaktor

$$M_0 = \frac{1}{\left(E_x \int\limits_{-0,5}^{0,5} \frac{1}{|N_1(f)|^2} df\right)^{\frac{1}{2}}}$$

mit E_x als Energie des Eingangssignals erforderlich. Damit am Ausgang des Addierers A_2 bzw. A_3 kein Überlauf vorkommt, folgt entsprechend für M_1 bzw. M_2

$$M_1 = \frac{1}{M_0 \left(E_x \int_{-0,5}^{0,5} |H_1(f)|^2 \frac{1}{|N_2(f)|^2} \, df \right)^{\frac{1}{2}}} ,$$

$$M_2 = \frac{1}{M_0 \, M_1 \left(E_x \int_{-0,5}^{0,5} |H_0(f)|^2 \, df \right)^{\frac{1}{2}}} .$$

Hieran erkennt man, daß die Skalierungsfaktoren M_0, M_1 und M_2 von der jeweiligen Paarung der quadratischen Nennerpolynome $N_1(z^{-1})$, $N_2(z^{-1})$ mit den quadratischen Zählerpolynomen $Z_1(z^{-1})$, $Z_2(z^{-1})$ sowie von der Reihenfolge der Teilsysteme abhängen.

Nach Festlegung der Paarung, Reihenfolge und des Skalierungsplans läßt sich die Varianz σ_ϵ^2 des Ausgangsrauschens ermitteln. Dazu betrachte man das Rauschmodell des Systems, das in Bild 5.35b dargestellt ist. Für alle Produkte werden im Netzwerk gleiche Wortlängen mit der LSB-Wertigkeit q angenommen. Alle im Netzwerk vorkommenden Rundungsrauschsignale lassen sich zu drei in Bild 5.34b eingezeichneten Rauschsignalen $e_1(n)$, $e_2(n)$ und $e_3(n)$ zusammenfassen. $e_1(n)$ und $e_3(n)$ entstehen durch Überlagerung von jeweils drei und $e_2(n)$ von fünf Rundungsrauschsignalen. Für die Varianz der Rauschsignale $e_1(n)$, $e_2(n)$ und $e_3(n)$ folgt somit:

$$\sigma_{e_1}^2 = \sigma_{e_3}^2 = \frac{3}{12} q^2 \qquad \text{und} \qquad \sigma_{e_2}^2 = \frac{5}{12} q^2 .$$

$e_3(n)$ wird lediglich mit M_3 multipliziert. $e_1(n)$ wird von der Kaskade $M_1 \, H_1(z) \cdot M_2 \, H_2(z) \cdot M_3$ und $e_2(n)$ vom Teilsystem $M_2 \, H_2(z) \, M_3$ verarbeitet. Für die Varianz des Ausgangsrauschens σ_ϵ^2 erhält man schließlich

$$\sigma_\epsilon^2 = \frac{1}{12} q^2 M_3^2 \left(3 + 5 \, M_2^2 \int_{-0,5}^{0,5} |H_2(f)|^2 \, df + 3 \, M_1^2 \, M_2^2 \int_{-0,5}^{0,5} |H_0(f)|^2 \, df \right) .$$

Dieser Ausdruck macht deutlich, daß die Ausgangsrauschleistung über die Skalierungsfaktoren M_1 und M_2 und die Teilübertragungsfunktion $H_2(f)$ von der Art der Zusammensetzung der Teilsysteme aus den Pol- und Nullstellenpaaren des Systems sowie von der Reihenfolge der Teilsysteme abhängt.

Die Anzahl der möglichen Paarungen und der Reihenfolgen steigt sehr schnell mit der Ordnung des Systems. Mit einem System von N Null- und Polstellenpaaren ergeben sich $N!^2$ mögliche Paarungen und Reihenfolgen. Welche Reihenfolge und welche Paarung hinsichtlich des Ausgangsrauschens optimal sind, ist i. a. nicht in einfacher Weise herauszufinden. Es gibt mehrere Vorschläge zur Beantwortung dieser Frage [44], [45]. Ein Vorschlag, der mit relativ wenig Aufwand oft eine suboptimale Lösung ergibt, besteht aus folgenden Schritten [45]:

1) Man wähle irgendeine beliebige Paarung und Reihenfolge.

2) Man tausche bei gleichbleibender Anordnung der Nullstellenpaare die Polstellenpaare untereinander aus, ermittle die Varianz des Ausgangsrauschsignals und stelle die Anordnung mit der kleinsten Varianz des Ausgangsrauschens fest.

3) Man wiederhole die Schritte 1) und 2) M mal jeweils mit einer anderen statistisch gewählten Paarung und Reihenfolge.

4) Man wähle von den unter 3) gefundenen M Anordnungen die Anordnung mit der kleinsten Varianz des Ausgangsrauschens aus.

Dieses Verfahren erfordert $M \cdot N^2/2$ Berechnungen der Varianz des Ausgangsrauschens.

5.3.4 Transponierte Strukturen

Mit den in vorangegangenen Abschnitten angegebenen Netzwerkstrukturen eines digitalen Systems sind keineswegs alle Möglichkeiten ausgeschöpft. Die Beschreibung eines digitalen Systems anhand der Zustandsgleichungen und Signalflußgraphen ermöglicht eine Fülle von äquivalenten Netzwerken. Als Beispiel sei folgende Möglichkeit erwähnt, die sich aus der Theorie der Signalflußgraphen ergibt: Aus einem gegebenen Netzwerk erhält man ein weiteres äquivalentes (mit gleicher Übertragungsfunktion), indem man

a) die Richtung aller Zweige umkehrt,

b) Summationsknoten zu Abzweigknoten macht und umgekehrt,

c) Eingang und Ausgang miteinander vertauscht.

Derartige Netzwerkstrukturen werden als transponierte Strukturen bezeichnet.

Als Beispiel zeigen Bilder 5.36a,b Strukturen für Systeme 2. Ordnung, die durch Transposition der Direktstruktur I und II entstehen. Die Übertragungsfunktion eines transponierten Netzwerks ist identisch mit der des ursprünglichen. Die transponierten Netzwerke unterscheiden sich jedoch von den Netzwerken, aus denen sie durch die Transposition hervorgehen, hinsichtlich der Effekte der endlichen Wortlängen, e.g. bezüglich des Signal-Rausch-Verhältnisses. Möglicherweise sind sie diesbezüglich günstiger [46].

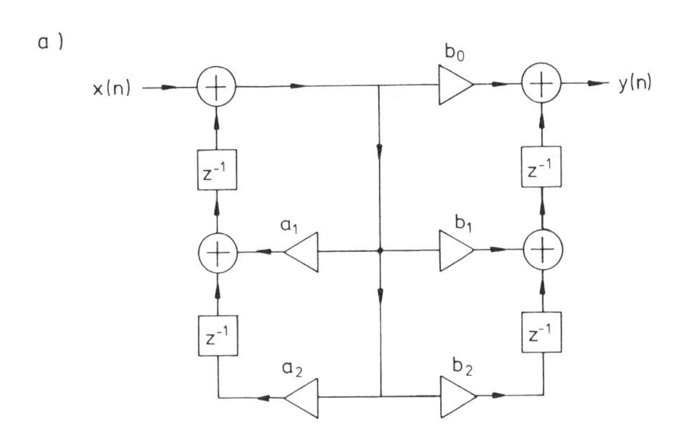

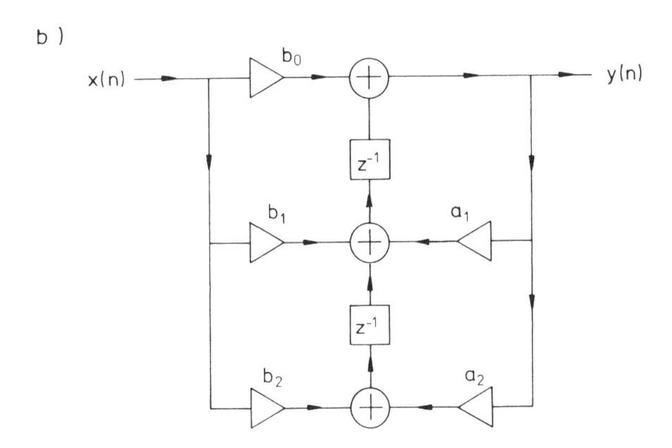

Bild 5.36: Transposition des Netzwerks eines Systems 2. Ordnung a) mit der Direktstruktur I, b) mit der Direktstruktur II.

5.3.5 *Wellendigitale Filter*

Die Übertragungsfunktionen von LC-Filtern mit der Abzweigstruktur weisen aufgrund ihrer Passivität geringe Empfindlichkeiten bezüglich Bauelemententoleranzen auf. Die Toleranzempfindlichkeit analoger Filter ist das Analogon zu der Empfindlichkeit digitaler Filter in bezug auf die Wortlängenreduktion bei den Koeffizienten. Das Konzept wellendigitaler Filter versucht, die geringe

Empfindlichkeit von LC-Filtern bei digitalen Filtern dadurch zu erreichen, daß man, wie im folgenden beschrieben, ausgehend von einem geeignet gewählten LC-Filter die Bauelemente dieses Filters nach einer bestimmten Weise in entsprechende digitale Teilsysteme transformiert; die Teilsysteme werden dann mit Hilfe geeigneter digitaler Koppelnetzwerke entsprechend der Verbindungsstruktur des LC-Filters zusammengeschaltet [47].

Aus dem Toleranzschema für ein gewünschtes digitales Filter wird zunächst nach der bilinearen Transformation das modifizierte Toleranzschema eines kontinuierlichen Bezugssystems ermittelt. Letzteres wird nun mit Hilfe einer *Reaktanzfunktion* approximiert. Aus der Reaktanzfunktion leitet man ein resistiv abgeschlossenes LC-Netzwerk mit Abzweigstruktur ab, das in diesem Zusammenhang als *Referenzfilter* bezeichnet wird.

Für die im Referenzfilter vorkommenden Bauelemente R, C und L gilt das OHMsche Gesetz im p-Bereich:

$$U = R\,I \;, \quad U = p\,L\,I \;, \quad U = \frac{1}{p\,C}\,I \;.$$

Man könnte nun durch Anwendung der bilinearen Transformation die entsprechenden Beziehungen im z-Bereich ermitteln. Es sei ohne Beweis erwähnt, daß diese Vorgehensweise zu einem digitalen Netzwerk mit verzögerungsfreien Schleifen führen kann. Diese Schwierigkeit läßt sich beseitigen, wenn man die Bauelemente statt mit den Klemmengrößen U und I mit den *Spannungswellengrößen* A und B beschreibt (Bild 5.37):

$$A = U + W\,I \;, \quad B = U - W\,I \;. \tag{5.39}$$

Die Bauelemente werden hier als *Welleneintore* beschrieben. W ist eine positive Größe und wird als *Torwiderstand* bezeichnet. Der Wert von W wird, wie im folgenden gezeigt, vom Wert des jeweiligen Bauelements bestimmt.

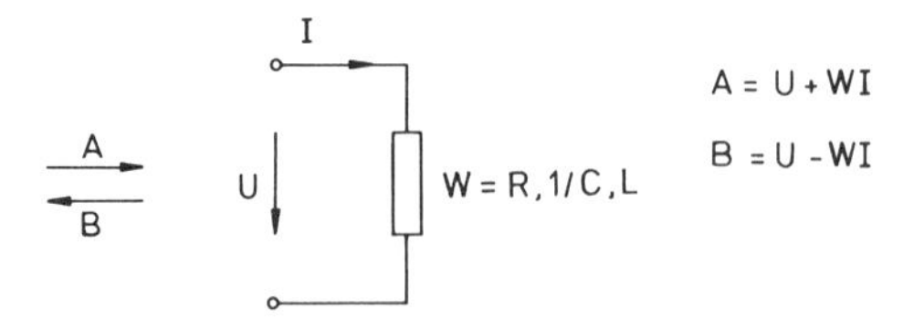

Bild 5.37: Beschreibung eines Eintors durch die Wellengrößen A und B.

Für eine Spule mit der Induktivität L gilt im p-Bereich $U = p\,L\,I$. Wenn man die bilineare Transformation

$$p = \frac{1 - z^{-1}}{1 + z^{-1}}$$

einsetzt, erhält man nach einigen Umformungen

$$z(U - L\,I) = -(U + L\,I)\,. \qquad (5.40)$$

Für $W = L$ folgt aus (5.39) und (5.40) $B = -z^{-1} A$. In einer ähnlichen Weise erhält man $B = z^{-1} A$ für einen Kondensator mit der Kapazität C und $W = C^{-1}$. Für einen Widerstand mit dem Widerstandswert R folgt $B = 0$ mit $W = R$. Ein Widerstand stellt somit eine Wellensenke dar. Entsprechend folgt für eine Spannungsquelle mit der Urspannung E und dem Innenwiderstand R_i $A = E$, wobei $W = R_i$ angenommen wird. Bild 5.38 zeigt die genannten Bauelemente mit der (U,I)-Beschreibung im p-Bereich sowie als Welleneintore mit der (A,B)-Beschreibung im z-Bereich.

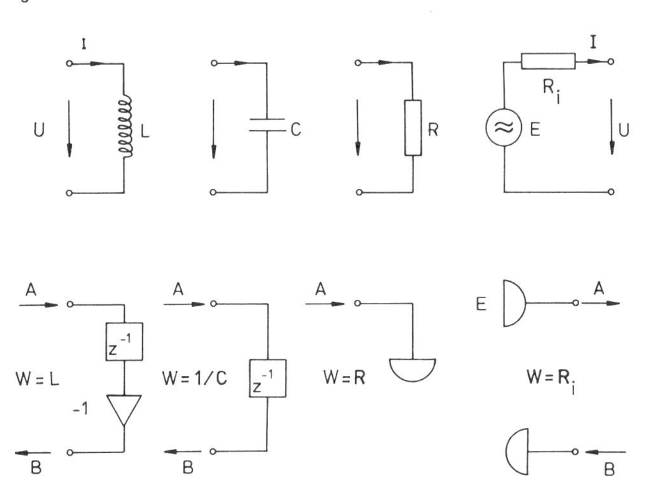

Bild 5.38: Elemente eines LC-Filters und ihre wellendigitalen Äquivalentnetzwerke.

Jedes Element des Referenzfilters kann, wie oben geschildert, durch ein Eintor mit der hinlaufenden Welle A, einer zurücklaufenden Welle B und dem zugehörigen Torwiderstand W beschrieben werden. Die Zusammenschaltung der Bauelemente als Welleneintore mit unterschiedlichen Wellenwiderständen benötigt, wie im folgenden anhand der Parallelschaltung zweier Bauelemente erläutert, Koppelnetzwerke, hier als A d a p t e r bezeichnet.

Man betrachte die in Bild 5.39a dargestellte Parallelschaltung zweier Bauelemente mit den angegebenen Wellengrößen (A_k, B_k), den Wellenwiderständen W_k und den Klemmengrößen (U_k, I_k), $k = 1,2$. Es gilt $U_1 = U_2$ und $I_1 = -I_2$. Wenn man diese Gleichungen in (5.39) einsetzt, erhält man für die Wellengrößen

$$B_1 = A_2 + \alpha (A_2 - A_1) \quad \text{und} \quad B_2 = A_1 + \alpha (A_2 - A_1)$$

mit $\alpha = \dfrac{W_1 - W_2}{W_1 + W_2}$.

Diese Gleichungen beschreiben ein verzögerungsgliedfreies Zweitor: Bilder 5.39b,c zeigen das Netzwerk und das Symbol des Zweitoradapters. Der Adapter

a)

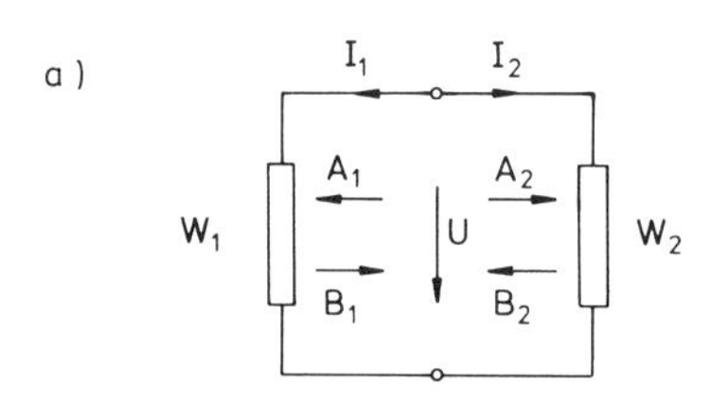

b)

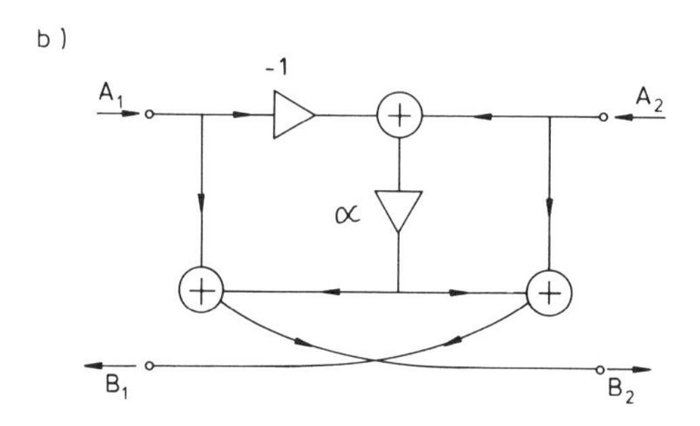

c)

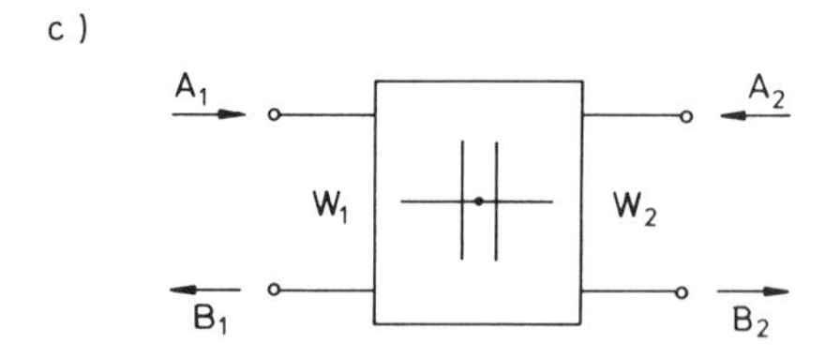

Bild 5.39: Zur Herleitung des Zweitor-Paralleladapters: a) Parallelschaltung zweier Eintore, b) Zweitor-Paralleladapter und c) sein Symbol.

enthält keine verzögerungsfreien Schleifen. Nach gleichem Schema läßt sich ein Adapter für eine Reihenschaltung zweier Bauelemente sowie für eine Parallel- und Reihenschaltung mehrerer Bauelemente angeben [47]. Bilder 5.40a,b,c,d zeigen die Symbole und Netzwerke zweier Dreitoradapter für die Parallel- bzw. die Reihenschaltung. Die Adapter enthalten die erforderlichen arithmetischen Operationen, jedoch keine Verzögerungsglieder.

a)

$$\alpha_1 = \frac{2\,W_2 W_3}{W_2 W_3 + W_1 W_3 + W_1 W_2} \qquad \alpha_2 = \frac{2\,W_1 W_3}{W_2 W_3 + W_1 W_3 + W_1 W_2}$$

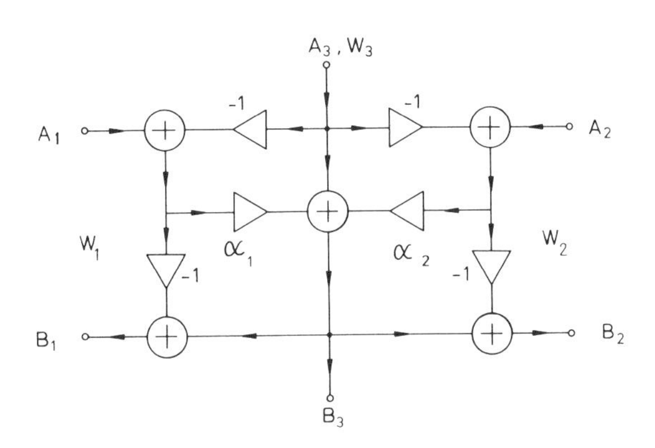

b)

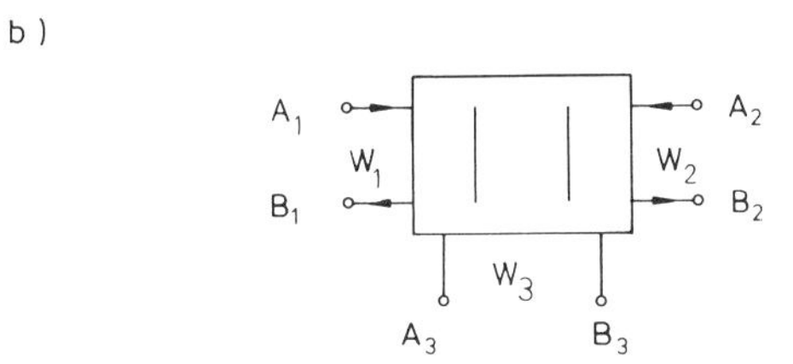

c)

$$\beta_1 = \frac{2\,W_1}{W_1 + W_2 + W_3}$$

$$\beta_2 = \frac{2\,W_2}{W_1 + W_2 + W_3}$$

A3, W3

A1 A2

-1

β_1 β_2

W1 W2

B1 B2

-1 -1

B3

d)

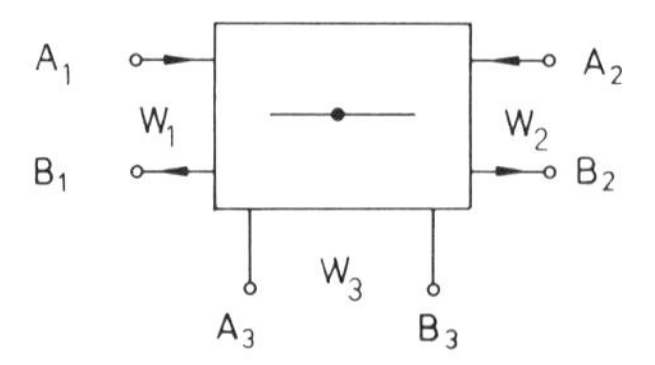

Bild 5.40: a) Dreitor-Paralleladapter und b) sein Symbol, c) Dreitor-Seriell-adapter und d) sein Symbol.

Zwei für LC-Filter wichtige Teilnetzwerke sind der Parallel- und der Reihenschwingkreis. Sie kommen sowohl in Längszweigen als auch in Querzweigen einer LC-Abzweigschaltung vor. Für die beiden Teilnetzwerke eignen sich die in Bilder 5.41a,b angegebenen Welleneintore, die beliebig miteinander oder mit anderen Eintoren zusammengeschaltet werden können, ohne daß dabei eine verzögerungsfreie Schleife entsteht. Die Verzögerungsglieder mit der Systemfunktion $z^{-1/2}$ verzögern das ankommende Signal jeweils um den halben Takt. In bestimmten Fällen lassen sie sich zu einem Verzögerungsglied mit einer Eintaktverzögerung zusammenfassen. Für die Wellenwiderstände W_1 und W_2 bzw. für die Koeffizienten der Adapter gilt:

1) Reihenschwingkreis

$$W_1 = L + \frac{1}{C}, \quad W_2 = \frac{1 + LC}{C^2 L}, \quad \alpha = \frac{LC - 1}{LC + 1},$$

2) Parallelschwingkreis

$$W_1 = \frac{L}{1 + CL}, \quad W_2 = \frac{CL^2}{1 + CL}, \quad \alpha = \frac{LC - 1}{LC + 1}.$$

Man erhält aus einem resistiv abgeschlossenen LC-Filter das entsprechende Wellendigitalfilter, indem man seine Elemente, e.g. Kondensatoren, Spulen, Schwingkreise, Abschlußwiderstand und die Quelle mit ihrem Innenwiderstand, durch zugehörige Eintore ersetzt und die Eintore mit Hilfe geeigneter Adapter entsprechend der Verbindungsstruktur des Referenzfilters miteinander verbindet. Bei der Zusammenschaltung von Klemmenpaaren zweier Eintore muß man darauf achten, daß die Wellen der jeweils miteinander verbundenen Klemmen in die gleiche Richtung laufen. Außerdem muß das Netzwerk darauf geprüft werden, ob verzögerungsfreie Schleifen vorkommen, die das Netzwerk unrealisierbar machen.

a)

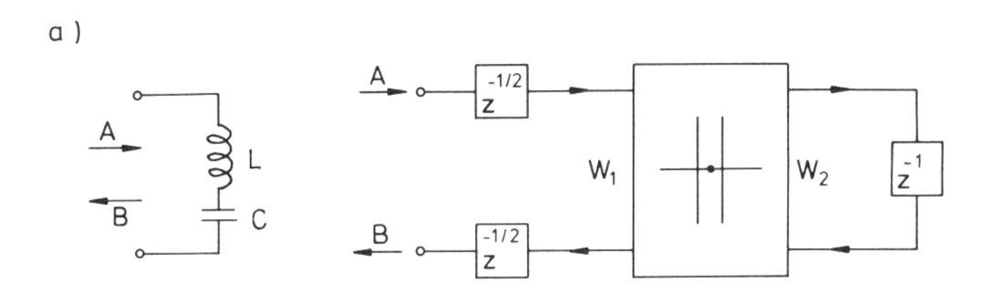

b)

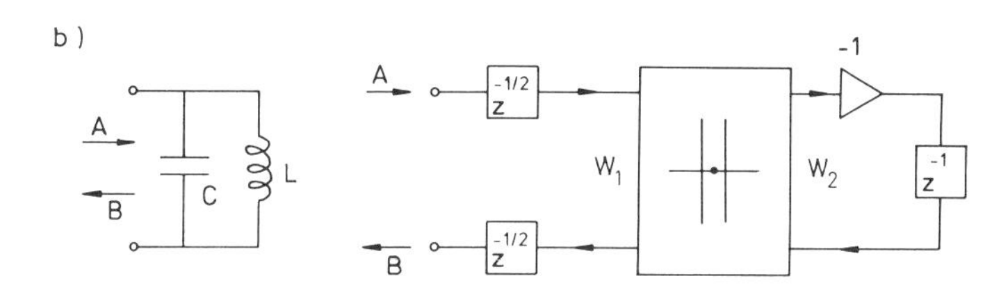

Bild 5.41: Wellendigitale Äquivalentnetzwerke für einen a) Reihenschwingkreis und b) Parallelschwingkreis.

Das Eingangssignal, das als eine Zahlenfolge von einem ADU geliefert wird, bildet die hinlaufende Welle A des Eingangstores des Netzwerks. Das Ausgangssignal erhält man als die rücklaufende Welle B des Abschlußwiderstandseintors. Bilder 5.42a,b zeigen ein LC-Filter und das entsprechende Wellendigitalfilter [48]

Wellendigitalfilter zeichnen sich von den bisher besprochenen Strukturen durch ihre geringe Empfindlichkeit gegenüber Änderungen ihrer Koeffizienten aus. Die geringe Toleranzempfindlichkeit des Referenzfilters widerspiegelt sich bei geeigneter Auslegung des digitalen Filters in der entsprechend geringen Empfindlichkeit der Übertragungsfunktion des digitalen Filters bezüglich der Wortlängenreduktion bei den Koeffizienten. Wellendigitalfilter sind diesbezüglich i.a. günstiger als die entsprechenden Filter gleicher Ordnung in Parallel- oder Kaskadenstruktur. Letzteren gegenüber erfordern wellendigitale Filter zwar eine größere Anzahl von Rechenoperationen, dies bedeutet wegen der kleineren Koeffizientenwortlänge aber nicht in jedem Fall einen höheren Realisierungsaufwand. Auch bezüglich Grenzzyklen und Überlaufsschwingungen bringt das Konzept der Wellendigitalfilter Vorteile mit sich, die in den nächsten Abschnitten besprochen werden. Eine ausführliche Beschreibung der Wellendigitalfilter im Zeit-

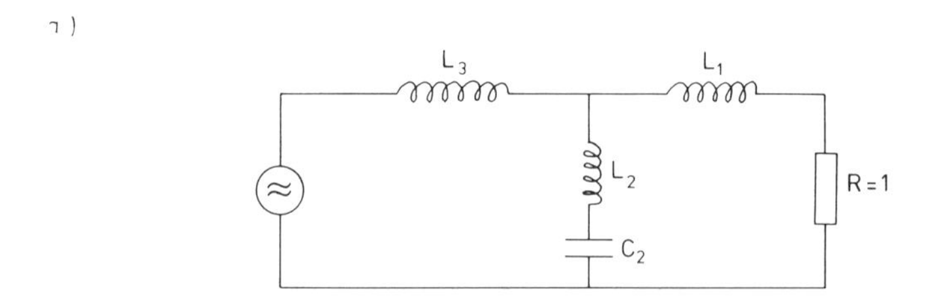

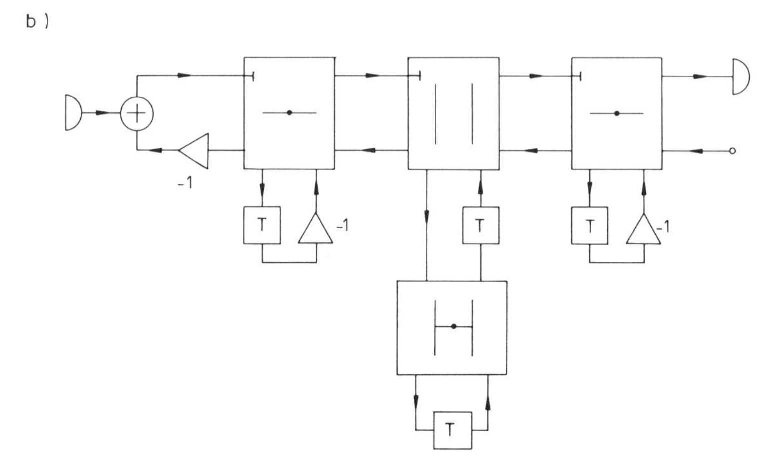

Bild 5.42: Beispiel eines Wellendigitalfilters: a) LC-Referenzfilter, b) zugehöriges Wellendigitalfilter.

sowie im Frequenzbereich mit Hilfe der Streuparametertheorie incl. zahlreicher numerischer Beispiele findet man in [48].

Die bereits beschriebenen Wellendigitalfilter gehen aus den entsprechenden Referenzfiltern dadurch hervor, daß man die Bauelemente der Referenzfilter als Eintore und ihre Verbindungsstrukturen durch entsprechende Adapter realisiert. Es gibt eine weitere Art wellendigitaler Filter, bei denen die Bauelemente der Referenzfilter als Zweitore realisiert werden. Hierfür sei lediglich auf entsprechende Literaturstellen verwiesen [49], [50].

5.3.6 *Grenzzyklen und Überlaufschwingungen*

Digitale Systeme sind wegen der nichtlinearen Operation der Wortlängenreduktion bei Produkten und wegen der Begrenzung des darstellbaren Zahlenbereichs im Grunde nichtlineare Systeme, für die die Stabilitätsbedingungen für lineare Systeme nicht mehr gelten. Ein rekursives digitales System, das mit der Annahme der unbegrenzten Wortlänge nach dem Stabilitätskriterium linearer Systeme als stabil gilt, kann bei der praktischen Ausführung mit einer endlichen Wortlänge aufgrund der erwähnten Nichtlinearitäten instabil werden und unerwünschte Schwingungen ausführen.

Im Fall der Wortlängenreduktion bei Produkten treten G r e n z z y k l e n und im Fall der Zahlenbereichsüberschreitungen Ü b e r l a u f s s c h w i n g u n g e n auf. In Abschnitt 3.7.4 wurden hierfür einige Beispiele angegeben. Die Form und die Frequenz dieser Schwingungen hängen außer von der Art der Zahlendarstellung auch von der Systemstruktur und von der Art des Eingangssignals ab. Die Kompliziertheit der mathematischen Analyse dieser Effekte läßt sich hieraus erahnen. Es gibt noch keine abgeschlossene Theorie für diese beiden Instabilitätserscheinungen der Grenzzyklen und Überlaufsschwingungen. Die bisher erzielten Ergebnisse beziehen sich auf spezielle Strukturen [51].

Bei nichtrekursiven Systemen führen die erwähnten nichtlinearen Operationen zwar zu Signalverzerrungen, aber nicht zu Instabilitäten.

Im folgenden werden Grenzzyklen und Überlaufsschwingungen für Systeme 1. und 2. Ordnung etwas näher untersucht. Für Systeme höherer Ordnung mit der Parallel- oder Kaskadenstruktur lassen sich hieraus entsprechende Aussagen ableiten.

G r e n z z y k l e n : Zunächst sei die Entstehung von Grenzzyklen der Periode 1 und 2 bei dem in Bild 5.43 dargestellten System 1. Ordnung für den Fall eines verschwindenen Eingangssignals betrachtet. Die nichtlineare Operation der Wortlängenreduktion bei Multiplikationen ist im Bild 5.43 als ein Funktionsblock mit dem Symbol [R] eingezeichnet. Die zugehörige Systemgleichung lautet:

$$y(n) = x(n) + [a\, y(n-1)] \quad .$$

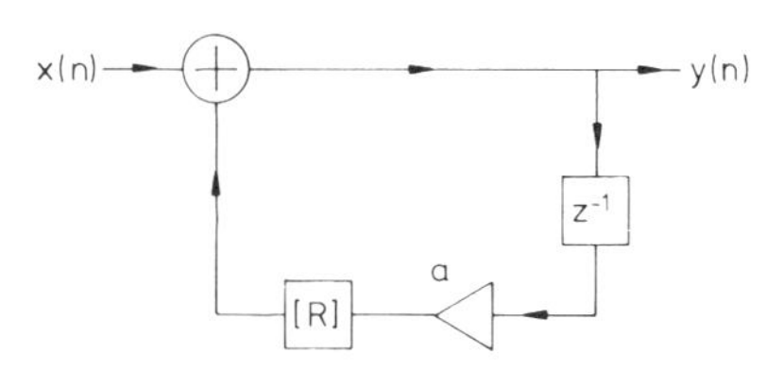

Bild 5.43: System 1. Ordnung unter Berücksichtigung der nichtlinearen Operation der Wortlängenreduktion bei Multiplikationen.

Es gelte $|y(n)| < 1$; das Produkt $p = a\, y(n-1)$ werde auf w bits (ohne Vorzeichenbit) gerundet. Folglich gilt $|[p] - p| < 0{,}5 \;\; 2^{-w}$.

Nun sei angenommen, daß das Eingangssignal $x(n)$ ab einem Zeitpunkt $n = n_0$ identisch Null wird. Die Zustandsvariable $y(n-1)$ hat bei $n = n_0$ i.a. einen von Null verschiedenen Wert. Das System wird für $n \geq n_0$ sich selbst überlassen. Die Systemgleichung lautet dann

$$y(n) = [a\, y(n-1)] \quad \text{für} \quad n \geq n_0 \;, \quad y(n_0-1) \neq 0 \;.$$

Im Idealfall, i. e. ohne die Wortlängenreduktion, würde die Ausgangsfolge unter Voraussetzung der Stabilität $(|a| < 1)$ für $n \to \infty$ monoton gegen Null streben. In diesem Fall gilt stets $|y(n)| < |y(n-1)|$. Die Bedingung für die Gültigkeit dieser Ungleichung ist mit der Wortlängenreduktion nicht mehr gegeben. Daher liegt die Frage nahe, ob ab irgendeinem Zeitpunkt infolge der nichtlinearen Operation der Wortlängenreduktion die Gleichung

$$y(n) = \pm\, y(n-1) \tag{5.41}$$

erfüllt wird. Wenn dies möglich ist, wird $y(n)$ im Falle des positiven Vorzeichens ab jenem Zeitpunkt konstant bleiben (Schwingung mit der Periode 1) und im Falle des negativen Vorzeichens zwischen zwei gleichen Werten entgegengesetzten Vorzeichens oszillieren (Schwingung mit der Periode 2). Aus der Systemgleichung erhält man für das Auftreten des ersten Falls die Bedingungsgleichung

$$[a\, y(n-1)] = y(n-1) \;. \tag{5.42}$$

Diese Gleichung, die gleichzeitig $a > 0$ impliziert, kann nur dann gelten, wenn - wie die Vorschrift der Rundung verlangt - die Ungleichung

$$|y(n-1) - a\, y(n-1)| \leq 0{,}5\; 2^{-w}$$

erfüllt ist. Hieraus erhält man die Ungleichung

$$|y(n-1)| \leq 0{,}5\; \frac{2^{-w}}{1-a} \;.$$

Der Betrag der Ausgangsfolge $|y(n)|$ ist stets ein Vielfaches der Größe 2^{-w}: $|y(n)| = K\, 2^{-w}$. Damit folgt schließlich

$$K \leq \frac{0{,}5}{1-a} = d \;. \tag{5.43}$$

Für alle ganzzahligen Werte von K, für die die Ungleichung (5.43) erfüllt ist, existiert ein Grenzzyklus der Periode 1 und der Amplitude $K \cdot 2^{-w}$. Es ist unmittelbar ersichtlich, daß für $0 \leq a < 0{,}5$ die Ungleichung (5.43) für keinen ganzzahligen Wert von K erfüllt werden kann, da in diesem Fall $d < 1$ wird. Für diesen Wertebereich des Koeffizienten a existiert also kein Grenzzyklus mit der Periode 1.

Eine ähnliche Argumentation für die Gleichung (5.41) im Falle des negativen Vorzeichens, was gleichzeitig $a < 0$ impliziert, führt zur Nichtexistenz von Grenzzyklen mit der Periode 2 für $-0{,}5 < a \leq 0$. Für $|a| < 0{,}5$ existieren folglich keine Grenzzyklen der Periode 1 und 2. Für $|a| > 0{,}5$ gibt d den Wertebereich von K an, in dem Grenzzyklen der Amplitude $K\,2^{-w}$ auftreten können. d wird tote Zone (dead band) genannt. Sobald y(n) nach Verschwinden des Eingangssignals in die tote Zone gerät, führt das System Grenzzyklen aus.

Nun wird die Existenz von Grenzzyklen der Periode 1 und 2 bei Systemen 2. Ordnung mit verschwindendem Eingangssignal untersucht. Dazu betrachte man das in Bild 5.44 dargestellte System 2. Ordnung. Die Systemgleichung lautet:

$$y(n) = x(n) + [a_1\, y(n-1)] + [a_2\, y(n-2)] \quad .$$

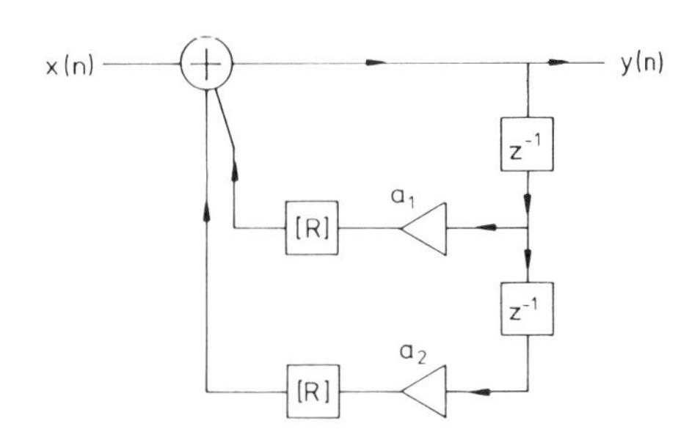

Bild 5.44: System 2. Ordnung unter Berücksichtigung der Wortlängenreduktion bei Multiplikationen.

Die Wortlängenreduktion bei den Multiplikationen werde durch Rundung ausgeführt. Für $n \geq n_0$ sei x(n) identisch Null. In diesem Fall gilt die Systemgleichung

$$y(n) = [a_1\, y(n-1)] + [a_2\, y(n-2)] \quad .$$

Von den beiden Zustandsvariablen $y(n_0-1)$ und $y(n_0-2)$ sei mindestens eine ungleich Null. Ohne die Wortlängenreduktion ist das System für $|a_2| < 1$ und $|a_1| < 1 + a_2$ stabil. Diese Ungleichungen beschreiben einen dreieckförmigen Bereich der (a_1,a_2)-Ebene (Bild 5.45). Mit der Wortlängenreduktion jedoch kann das System instabil werden und Grenzzyklen ausführen. Beim Grenzzyklus mit der Periode 1 bleibt die Ausgangsfolge y(n) konstant:

$$y(n) = y(n-1) = y(n-2)$$

und beim Grenzzyklus mit der Periode 2 oszilliert sie zwischen zwei Werten entgegengesetzten Vorzeichens:

$$y(n) = -y(n-1) = y(n-2) .$$

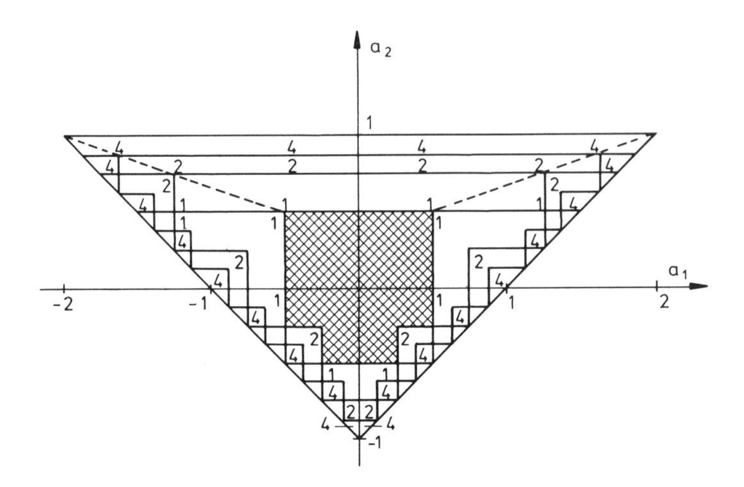

Bild 5.45: Bereiche der (a_1,a_2)-Ebene, in denen bei einem rekursiven System 2. Ordnung (Bild 5.44) mit verschwindendem Eingangssignal durch Rundung von Produkten Grenzzyklen der Periode 1 und 2 auftreten.

Setzt man diese Gleichungen in die Systemgleichung ein, erhält man mit $y(n) = K \cdot 2^{-w}$

$$K\,2^{-w} = \pm [a_1 K\,2^{-w}] + [a_2 K\,2^{-w}] .$$

Es ist leicht einzusehen, daß man den Faktor 2^{-w} auf beiden Seiten der Gleichung kürzen kann:

$$K = \pm [a_1 K] + [a_2 K] . \tag{5.44}$$

Nun kann man für verschiedene ganzzahlige Werte von K Bereiche der (a_1,a_2)-Ebene innerhalb des Stabilitätsdreiecks theoretisch oder experimentell bestimmen, in denen die Gleichung (5.44) erfüllt ist. Beispielsweise wird sie im Falle des positiven Vorzeichens mit $a_2 = 0$, $0{,}75 < a_1 < 1$ für $K = 1, 2$ erfüllt. Nach dieser Überlegung wurden in [52] die Existenzbereiche für Grenzzyklen der Periode 1 und 2 ermittelt und Amplitudenschranken für die Grenzzyklen angegeben. Bild 5.45 zeigt das Ergebnis. Die eingezeichneten Zahlen geben Werte für die Amplitude K der Grenzzyklen an.

In anderen Untersuchungen über Grenzzyklen wurden die Existenzbereiche für Grenzzyklen größerer Perioden festgestellt [53]. Viele Ergebnisse wurden durch Rechnersimulation erzielt. Außerdem wurde die notwendige Bedingung für die Nichtexistenz von Grenzzyklen bei Systemen 2. Ordnung ermittelt [54]. In Bild 5.46a ist der zu dieser Bedingung gehörende Bereich der (a_1,a_2)-Ebene dargestellt. Man sieht, daß der Stabilitätsbereich des Systems durch die Wortlängenreduktion stark eingeengt wird.

Die bisherigen Ergebnisse gelten für das in Bild 5.44 angegebene Netzwerk mit verschwindendem Eingangssignal und für die Wortlängenreduktion durch Rundung. Eine andere Situation ergibt sich, wenn man bei diesem Netzwerk die VBD benutzt und die Wortlängenreduktion durch Abschneiden ausführt. Hierfür erhält man den in Bild 5.46b angegebenen Stabilitätsbereich, der hier deutlich größer ist als im Falle der Wortlängenreduktion durch Rundung [54].

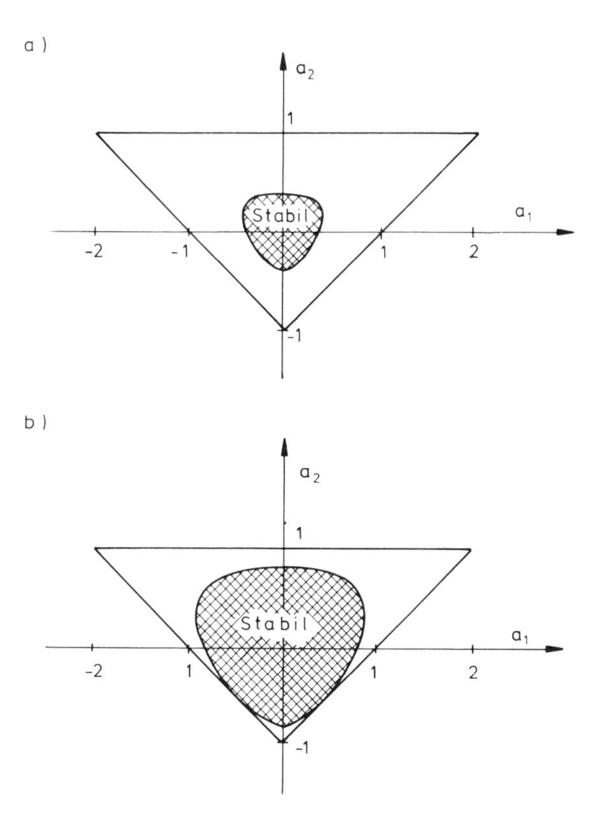

Bild 5.46: Grenzzyklusfreier Bereich der (a_1,a_2)-Ebene (schraffiert) für ein rekursives System 2. Ordnung (Bild 5.44) bei verschwindendem Eingangssignal a) mit Produktrundung und b) Produktabschneiden.

Bisher bezog sich die Diskussion über Grenzzyklen auf den Fall des verschwindenden Eingangssignals. Hinsichtlich der Grenzzyklen ist hier die Wortlängenreduktion durch Abschneiden von Produkten in der VBD günstiger als durch Rundung. Grenzzyklen treten ebenfalls bei konstanten Eingangssignalen auf. In diesem Fall ist die Rundung günstiger als das Abschneiden in der VBD [52].

Beim Netzwerk von Bild 5.44 werden an zwei Stellen Wortlängenreduktionen ausgeführt. Man kann die Anzahl der Wortlängenreduktionen auf eine einzige reduzieren, indem man die Produkte $a_1\, y(n-1)$ und $a_2\, y(n-2)$ mit ihren vollen Wortlängen darstellt und die notwendige Wortlängenreduktion erst am Ausgang des Addierers durchführt. Die Systemgleichung lautet dann:

$$y(n) = x(n) + [a_1 y(n-1) + a_2\, y(n-2)] .$$

Diese Maßnahme bringt einerseits Verbesserungen sowohl hinsichtlich der Grenzzyklen als auch hinsichtlich des SNR, erhöht jedoch den Realisierungsaufwand des Netzwerks.

Durch Vergrößerung der Produktwortlänge in Richtung des LSB kann man die Momentanwerte von Grenzzyklen und gleichzeitig auch das Rundungsrauschen entsprechend gering halten; diese Maßnahme kann in vielen Anwendungsfällen aufwandsmäßig ungünstig sein. Zur Unterdrückung von Grenzzyklen gibt es eine Reihe anderer Vorschläge [55],[56]. Bei Wellendigitalfiltern läßt sich unter gewissen Voraussetzungen für den Fall des verschwindenden Eingangssignals eine Unterdrückung von Grenzzyklen erreichen [57], [58]. Eine ausführliche Untersuchung über Grenzzyklen und ihre Amplitudenschranken findet sich in [59].

Überlaufsschwingungen: Es wird nun die Entstehung von Überlaufsschwingungen bei Systemen 2. Ordnung untersucht. Dazu betrachte man das in Bild 5.47 dargestellte Netzwerk. Der Funktionsblock mit der Bezeichnung [Ü] repräsentiere die Überlaufscharakteristik der Addition bei der gewählten Zahlendarstellung. Hier wird die ZKD angenommen, deren Überlaufskennlinie in Bild 5.48 dargestellt ist. Unter Berücksichtigung der Überlaufscharakteristik lautet die Systemgleichung

$$y(n) = \text{Ü} \left[x(n) + a_1\, y(n-1) + a_2\, y(n-2) \right] .$$

Unter der Annahme ausreichend großer Wortlängen für $x(n)$, $y(n)$ und die Zustandsvariablen spielt bei der Untersuchung von Überlaufsschwingungen die Wortlängenreduktion bei Produkten praktisch keine Rolle und wird deswegen ausser acht gelassen. Außerdem wird ohne Einschränkung der Allgemeinheit $|x(n)| \leq 1$ und $|y(n)| \leq 1$ angenommen. Solange der Term in eckigen Klammern

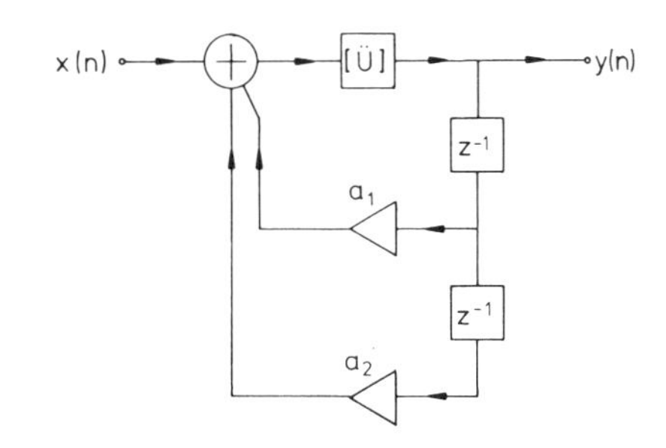

Bild 5.47: System 2. Ordnung unter Berücksichtigung von Überläufen bei Additionen.

den linearen Bereich der Kennlinie nicht überschreitet, ist diese Gleichung mit der Systemgleichung für den Fall des unbeschränkten Zahlenbereichs identisch:

$$y(n) = x(n) + a_1\, y(n-1) + a_2\, y(n-2) \quad .$$

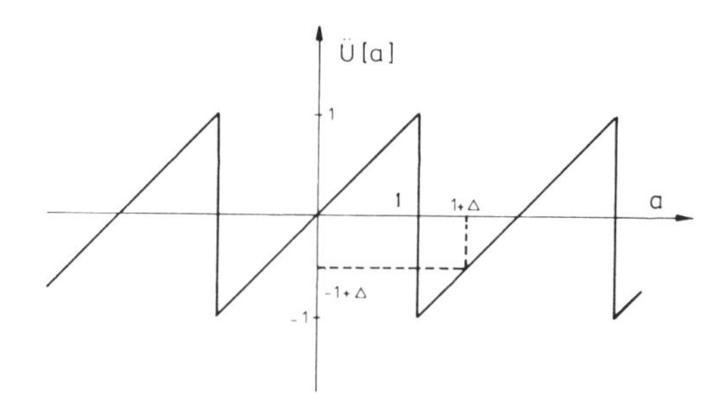

Bild 5.48: Überlaufskennlinie der ZKD.

Die Situation ändert sich, wenn der Term in eckigen Klammern den darstellbaren Zahlenbereich überschreitet. Falls dieser Term zu irgendeinem Zeitpunkt $n = n_0$ den darstellbaren Zahlenbereich um Δ überschreitet, springt die Ausgangsfolge nach der Überlaufscharakteristik der ZKD (Bild 5.48) vom Wert $y(n_0-1)$ auf den Wert

$$[y(n_0)] = \text{Ü}\,[\,1 + \Delta\,] = -1 + \Delta \; .$$

Dieser relativ beträchtliche Sprung am Systemausgang wird über Rückkopplungszweige wieder in das System zurückgekoppelt. Das System wird dadurch nichtlinear, weswegen das ursprünglich erfüllte Stabilitätskriterium für LTI-Systeme nicht mehr gilt. Folglich kann das System instabil werden und, wie im folgenden gezeigt, Überlaufsschwingungen ausführen, die auch nach Verschwinden des Eingangssignals andauern können.

Eine hinreichende Bedingung für das Auftreten derartiger Schwingungen wird im folgenden abgeleitet. Es sei angenommen, daß zum Zeitpunkt $n = n_0$ ein Überlauf auftrete und das Eingangssignal $x(n)$ für $n > n_0$ verschwinde. Die Systemgleichung lautet in diesem Fall

$$y(n) = \text{Ü}\,[a_1\, y(n-1) + a_2\, y(n-2)] \quad \text{für} \quad n > n_0 \,. \tag{5.45}$$

Mindestens eine der beiden Zustandsvariablen $y(n_0-1)$ und $y(n_0-2)$ besitze einen von Null verschiedenen Wert. Für die Ausgangsfolge $y(n)$ und die beiden Zustandsgrößen $y(n-1)$ und $y(n-2)$ gilt stets nach Voraussetzung

$$|y(n)| \;,\quad |y(n-1)| \;,\quad |y(n-2)| < 1 \;. \tag{5.46}$$

Das System wird ab dem Zeitpunkt $n = n_0$ sich selbst überlassen. Wenn der Term in eckigen Klammern in (5.45) für alle möglichen Werte von $y(n-1)$ und $y(n-2)$ im darstellbaren Zahlenbereich bleibt, was mit der Ungleichung

$$|a_1\, y(n-1) + a_2\, y(n-2)| < 1 \tag{5.47}$$

gleichbedeutend ist, bleibt das System in seinem linearen Bereich; die Ausgangsfolge strebt folglich aufgrund der vorausgesetzten Stabilität für n gegen Null. Aus (5.46) und (5.47) folgt die Ungleichung

$$|a_1| + |a_2| < 1 \;, \tag{5.48}$$

die eine notwendige Bedingung für die Nichtexistenz von Überlaufsschwingungen in der ZKD bei verschwindendem Eingangssignal ist. Diese Ungleichung beschreibt den schraffierten Bereich des Bildes 5.49a. Dieser Bereich der (a_1,a_2)-Ebene entspricht dem in Bild 5.49b schraffierten Bereich der z-Ebene für die Polstellen des Systems. Nach (5.48) wird der Stabilitätsbereich erheblich kleiner.

Man kann zeigen, daß die Ausgangsfolge $y(n)$ bei Nichteinhaltung der Bedingung (5.48) Überlaufsschwingungen der Periode 1 oder 2 ausführen kann. Der Nachweis für den ersten Fall ist erbracht, wenn man Werte für Y mit $|Y| < 1$ angeben kann, für die die Gleichung

$$\text{Ü}\,[(a_1 + a_2)\, Y] = Y \tag{5.49}$$

erfüllt wird In diesem Fall gilt nämlich:

$$y(n) = y(n-1) = y(n-2) = Y \;.$$

Die Ausgangsfolge bleibt dann konstant (Periode 1). Hierzu betrachte man den Bereich I in Bild 5.49a. In diesem Bereich gilt: $-3 < a_1 + a_2 < -1$. Hiernach ist die Möglichkeit eines Überlaufs für gewisse Werte von Y gegeben. Aus

a)

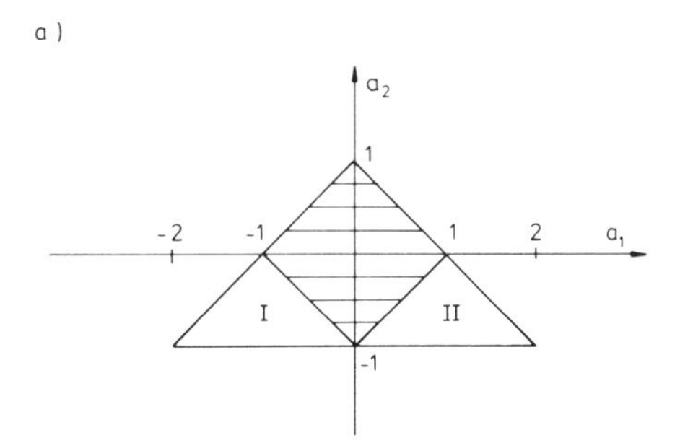

b)

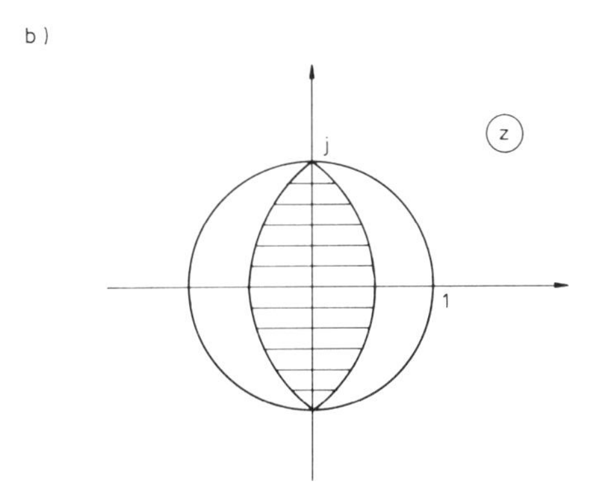

Bild 5.49: a) Überlaufsfreier Bereich der (a_1,a_2)-Ebene und b) zugehöriger überlaufsfreier Polstellenbereich in der z-Ebene für Systeme 2. Ordnung mit einer Direktstruktur und der Überlaufskennlinie der ZKD.

der Überlaufskennlinie der ZKD ist ersichtlich, daß die nichtlineare Gleichung (5.49) nur dann erfüllt werden kann, wenn für den Term in eckigen Klammern

$$(a_1 + a_2)\,Y = Y \pm 2$$

gilt. Hieraus folgt

$$Y = \frac{\pm 2}{1 - (a_1 + a_2)} \;.$$

Der Nachweis für Überlaufsschwingungen mit der Periode 2:

$$y(n) = -y(n-1) = y(n-2)$$

erfolgt, wenn man Werte von Y, $|Y| < 1$ ermittelt, für die die Gleichung

$$\ddot{U}\,[(a_1 - a_2)\,Y] = -Y \tag{5.50}$$

erfüllt ist. Im Bereich II des Bilds 5.49a gilt $1 < a_1 - a_2 < 3$. Die Gleichung (5.50) ist erfüllt, wenn

$$(a_1 - a_2)\, Y = \pm 2 - Y$$

gilt. Hieraus folgt der gesuchte Wert für Y:

$$Y = \frac{\pm 2}{1 + (a_1 - a_2)} .$$

Damit ist der Beweis erbracht, daß (5.48) für den Fall der ZKD auch eine notwendige Bedingung für die Nichtexistenz von Überlaufsschwingungen mit der Periode 1 und 2 ist. Die Existenz von Überlaufsschwingungen mit größeren Perioden als 2 kann entsprechend nachgewiesen werden [60].

Überlaufsschwingungen wirken sich in vielen Anwendungsfällen als störend aus. Eine Möglichkeit zur Vermeidung von Überlaufsschwingungen besteht darin, das Auftreten von Überläufen durch die L_1-Skalierung zu unterbinden (cf. Abschnitt 5.3.1). Diese Skalierungsart kann unter Umständen zu pessimistisch sein und das SNR am Netzwerkausgang unnötig verschlechtern. Andere Skalierungsarten können den Auftritt von Überläufen nur bei bestimmten Klassen von Signalen verhindern. Für beliebige Signale bleibt hierbei stets eine gewisse Überlaufswahrscheinlichkeit bestehen.

Eine weitere Möglichkeit zur Vermeidung von Überlaufsschwingungen besteht in der Modifizierung der Überlaufskennlinie. Es läßt sich nachweisen, daß bei Systemen 2. Ordnung in der Direktstruktur I und II bei verschwindendem Eingangssignal keine Überlaufsschwingungen auftreten, falls die Überlaufskennlinien der Addierer in dem schraffierten Bereich von Bild 5.50a verlaufen. Zu derartigen Überlaufskennlinien zählt beispielsweise die in Bild 5.50b dargestellte Überlaufskennlinie die als *Sättigungskennlinie* bezeichnet wird. Die Realisierung derartiger Überlaufskennlinien erfordert meist einen zusätzlichen Aufwand .

Die bisherige Ausführung bezog sich auf den Fall des verschwindenden Eingangssignals. Von Interesse ist ebenfalls, wenn das Eingangssignal nach dem Auftreten des Überlaufs nicht verschwindet. Es ist wünschenswert, daß ein System in diesem Fall nach Auftreten eines einmaligen Überlaufs sich nach einiger Zeit wieder zu der Antwort auf das Eingangssignal zurückfindet, die ohne den internen Überlauf existieren würde. Man sagt, das System besitze in diesem Fall eine stabile *eingeschwungene Antwort* . Bei Systemen, die diese Eigenschaften nicht besitzen, hat man einige unerwünschte Effekte festgestellt. In Abhängigkeit von den Anfangsbedingungen zeigen derartige Systeme beispielswei-

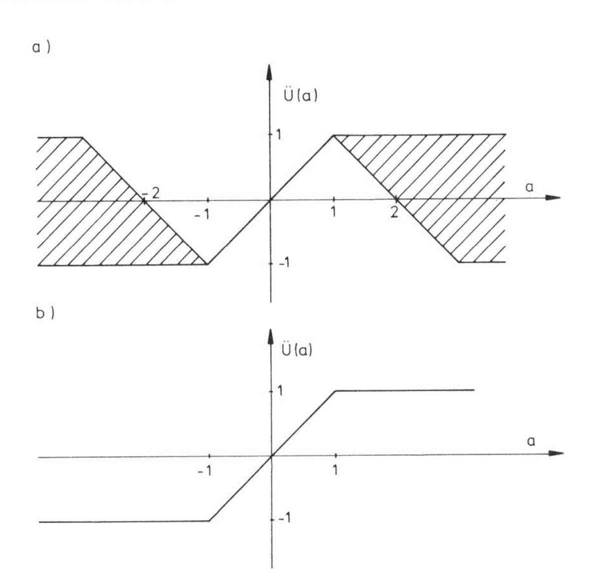

Bild 5.50: a) Variationsbereich der Überlaufskennlinie für überlaufsstabile Systeme 2. Ordnung in einer Direktstruktur, b) Überlaufskennlinie mit Sättigung.

se nach einem Überlauf auf ein Eingangssignal unterschiedliche Antworten im eingeschwungenen Zustand [61]. Bei geringen Änderungen der Frequenz oder Amplitude des Eingangssignals springt die Ausgangsfolge von einer Antwort auf eine andere. Wellendigitalfilter besitzen unter gewissen Voraussetzungen stabile eingeschwungene Antworten und sind bei verschwindendem Eingangssignal frei von Überlaufsschwingungen. Zu diesen Voraussetzungen gehört, daß die verwendete Überlaufskennlinie im schraffiertem Bereich von Bild 5.50a verläuft [58].

6. Nichtrekursive Systeme

In diesem Kapital werden nach einer Zusammenstellung wichtiger Eigenschaften nichtrekursiver Systeme drei häufig angewendete Approximationsverfahren für derartige Systeme beschrieben. Anschließend werden verschiedene Netzwerkstrukturen angegeben, wobei auch auf Auswirkungen der Wortlängenreduktion eingegangen wird, die hier aufgrund der inhärenten Stabilität nichtrekursiver Systeme weniger Schwierigkeiten bereitet als bei rekursiven Systemen. Ferner wird die Methode der schnellen Faltung als eine alternative Realisierungsart nichtrekursiver Systeme behandelt.

Nichtrekursive Systeme zeichnen sich gegenüber rekursiven dadurch, daß sie a) auch mit begrenzten Wortlängen absolut stabil sind und b) mit für viele Anwendungsfälle erwünschtem linearen Phasengang(konstanter Gruppenlaufzeit) realisiert werden können. Bei rekursiven Systemen läßt sich ein linearer Phasengang mit zusätzlichem Aufwand und dann auch nur angenähert erreichen. Der Realisierungsaufwand eines nichtrekursiven Systems mit vorgeschriebenem Amplitudengang ohne Forderung eines linearen Phasengangs ist i.a. größer als der eines entsprechenden rekursiven Systems. Eine ausführliche Vergleichsstudie über rekursive und nichtrekursive Systeme findet sich in [62].

6.1 Eigenschaften

Die allgemeine Differenzengleichung eines nichtrekursiven Systems lautet:

$$y(n) = \sum_{k=N_1}^{N_2} b_k \, x(n-k) \quad .$$

Die Kausalitätsbedingung erfordert $N_2 > N_1 \geqq 0$. Ohne Beschränkung der Allgemeinheit wird im weiteren $N_1 = 0$ und $N_2 = N-1$ gesetzt:

$$y(n) = \sum_{k=0}^{N-1} b_k \, x(n-k) \quad . \tag{6.1}$$

Bei einem kausalen nichtrekursiven System hängt die Ausgangsfolge zu jedem Zeitpunkt ausschließlich von den gegenwärtigen und früheren Werten der Eingangsfolge ab. Es existieren keine Rückkopplungen innerhalb eines solchen Systems. Folglich sind nichtrekursive Systeme absolut stabil.

Die Systemfunktion eines nichtrekursiven Systems besteht aus einem Polynom von z^{-1}:

$$H(z) = \sum_{k=0}^{N-1} b_k z^{-k} . \tag{6.2}$$

Aus der Umformung

$$H(z) = \frac{1}{z^{N-1}} \sum_{k=0}^{N-1} b_{N-1-k} z^{k}$$

ersieht man, daß H(z) stets eine (N-1)fache Polstelle bei $z = 0$ - dadurch ist das Stabilitätskriterium erfüllt - und (N-1) komplexe Nullstellen besitzt. Wegen der Reellwertigkeit der Koeffizienten b_k sind die Nullstellen entweder reell, oder sie treten als konjugiert komplexe Paare auf. Die Eigenschaften des linearen Phasengangs erfordert, wie später gezeigt wird, eine bestimmte Konfiguration der Nullstellen.

Die Einheitsimpulsantwort eines nichtrekursiven Systems h(n) erhält man aus (6.1) für $x(n) = \delta(n)$

$$h(n) = \sum_{k=0}^{N-1} b_k \, \delta(n-k) = \begin{cases} b_n & \text{für} \quad 0 \leq n \leq N-1 \\ 0 & \text{sonst} \end{cases} .$$

Die Systemfunktion H(z) läßt sich hieraus direkt durch die Einheitsimpulsantwort ausdrücken:

$$H(z) = \sum_{n=0}^{N-1} h(n) z^{-n} . \tag{6.3}$$

Die Einheitsimpulsantwort eines nichtrekursiven Systems besteht stets aus einer endlichen Anzahl von nicht verschwindenden Elementen. Daher werden nichtrekursive Systeme im Englischen als finite impulse response systems (FIR-systems) bezeichnet.

Die Übertragungsfunktion H(f) eines nichtrekursiven Systems erhält man durch den Einsatz $z = e^{j2\pi f}$ in (6.3):

$$H(f) = \sum_{n=0}^{N-1} h(n)\, e^{-j2\pi nf} \quad . \qquad (6.4)$$

N i c h t r e k u r s i v e S y s t e m e m i t l i n e a r e m P h a s e n g a n g : Im folgenden wird gezeigt, daß ein nichtrekursives System bei Erfüllung bestimmter Symmetriebedingungen bezüglich der Einheitsimpulsantwort bzw. bei einer bestimmten Konfiguration der Nullstellen einen streng linearen Phasengang aufweist: Man betrachte (6.4) und nehme zunächst ein geradzahliges N an. Von der Folge h(n) verlange man, daß sie entweder einen symmetrischen Verlauf besitzt $h(N-1-n) = h(n)$, $n = 0, 1, \ldots,(N-1)/2$ oder einen antisymmetrischen $h(N-1-n) = -h(n)$, $n = 0, 1, \ldots,(N-1)/2$. Unter dieser Voraussetzung folgt aus (6.4)

$$H(f) = \sum_{n=0}^{\frac{N}{2}-1} h(n) \left(e^{-j2\pi nf} \pm e^{-j2\pi (N-1-n) f} \right) .$$

Wenn man aus dieser Summe den Faktor $e^{-j2\pi \frac{N-1}{2} f}$ ausklammert, erhält man

$$H(f) = e^{-j2\pi \frac{N-1}{2} f} \sum_{n=0}^{\frac{N}{2}-1} h(n) \left(e^{j2\pi (\frac{N-1}{2} - n) f} \pm e^{-j2\pi (\frac{N-1}{2} - n) f} \right)$$

Mit Hilfe der EULERschen Formel folgt hieraus für den Fall mit Pluszeichen

$$H(f) = e^{-j2\pi \frac{N-1}{2} f} \sum_{n=0}^{\frac{N}{2}-1} 2\, h(n) \cos[2\pi (\frac{N-1}{2} - n) f] \qquad (6.5a)$$

$$= H_1(f)\, e^{-j2\pi \frac{N-1}{2} f}$$

und für den Fall mit Minuszeichen

$$H(f) = j\, e^{-j2\pi \frac{N-1}{2} f} \sum_{n=0}^{\frac{N}{2}-1} 2\, h(n) \sin[2\pi (\frac{N-1}{2} - n) f] \qquad (6.5b)$$

$$= H_2(f)\, e^{-j(2\pi \frac{N-1}{2} f - \frac{\pi}{2})} .$$

$H(f)$ besteht nach (6.5a) bzw. (6.5b) jeweils aus dem Produkt eines komplexen Exponentialterms mit einem reellen Term $H_1(f)$ bzw $H_2(f)$, der sowohl positive aus auch negative Werte annehmen kann. Für den Amplitudengang von $H(f)$ gilt $|H(f)| = |H_1(f)|$ bzw. $|H(f)| = |H_2(f)|$ und für den Phasengang

$$\measuredangle H(f) = -2\pi \frac{N-1}{2} f \qquad \text{bzw.} \qquad \measuredangle H(f) = -2\pi \frac{N-1}{2} f + \frac{\pi}{2} \quad .$$

Zu $\measuredangle H(f)$ kommen Sprünge um $\pm\pi$ bei den Frequenzen hinzu, an denen der reelle Term $H_1(f)$ bzw. $H_2(f)$ das Vorzeichen wechselt. Der Phasengang ist somit eine stückweise stetige und lineare Funktion von f. Die Gruppenlaufzeit besteht aus dem konstanten Anteil

$$\tau = -\frac{1}{2\pi} \frac{d \measuredangle H(f)}{df} = \frac{N-1}{2} \tag{6.6}$$

und einzelnen Diracstößen an den Sprungstellen des Phasengangs, die im allgemeinen keine Schwierigkeiten bereiten, da der Amplitudengang an solchen Stellen den Wert Null annimmt. Die Beziehung (6.6) gilt für den Fall des normierten Abtastintervalls $T = 1$. Mit einem beliebigen Abtastintervall T erhält man $\tau = 0{,}5\,(N-1)\,T$.

Wenn man die im Falle eines geradzahligen N gemachten Überlegungen nun für ein ungeradzahliges N ausführt, erhält man für $H(f)$ im Falle eines symetrischen Verlaufs von $h(n)$

$$H(f) = e^{-j2\pi \frac{N-1}{2} f} \left(\sum_{n=0}^{\frac{N-3}{2}} 2\,h(n) \cos[2\pi (\tfrac{N-1}{2} - n) f] + h(\tfrac{N-1}{2}) \right) \tag{6.7a}$$

und im Falle eines antisymmetrischen Verlaufs von $h(n)$

$$H(f) = j\, e^{-j2\pi \frac{N-1}{2} f} \sum_{n=0}^{\frac{N-3}{2}} 2\,h(n) \sin[2\pi (\tfrac{N-1}{2} - n) f] \quad . \tag{6.7b}$$

Die Beziehung (6.6) für die Gruppenlaufzeit gilt ebenfalls für diese Fälle.

Zusammenfassend kann man sagen, daß ein nichtrekursives System der Ordnung N-1 unter der Voraussetzung der Symmetrie oder der Antisymmetrie der Einheitsimpulsantwort einen linearen Phasengang bzw. eine konstante Gruppenlaufzeit $\tau = \frac{N-1}{2}$ besitzt.

Die Eigenschaften der Symmetrie und der Antisymmetrie von $h(n)$ bedingen in bestimmten Fällen den Randwert Null bei $f = 0$ oder $f = 0{,}5$ für den Amplitudengang $|H(f)|$. Aus (6.5a), also für $h(n)$ mit einem symmetrischen Verlauf und einem geradzahligen N, folgt mit $f = 0{,}5$ die Randbedingung $|H(0{,}5)| = 0$. Dieser Fall ist daher zur Realisierung von Hochpässen und Bandsperren nicht geeignet.

Für $h(n)$ mit einem antisymmetrischen Verlauf und einem geradzahligen N folgt aus (6.5b) unmittelbar $|H(0)| = 0$. Dieser Fall ist zur Realisierung von Tiefpässen sowie Bandsperren nicht geeignet.

Schließlich folgt für $h(n)$ mit einem antisymmetrischen Verlauf und einem ungeradzahligen N aus (6.7b) $|H(0)| = |H(0{,}5)| = 0$. Dieser Fall eignet sich also nicht zur Realisierung von Tiefpässen, Hochpässen und Bandsperren.

Für den Fall des linearen Phasengangs zeigt Bild 6.1 schematisch die bereits erwähnten typischen Verläufe der Einheitsimpulsantwort sowie die zuhörigen Amplitudengänge. Zum Entwurf eines bestimmten Filtertyps mit linearem Phasengang muß entsprechend des gewünschten Filtertyps der passende Fall für N und für den Verlauf von $h(n)$ gewählt werden. Die Fälle mit symmetrischem Verlauf von $H(n)$ eignen sich zum Entwurf von selektiven Filtern, die mit einem antisymmetrischen zum Entwurf von Systemen wie Differenzierern, HILBERT-Transformern etc. [63], [64].

Die Eigenschaft des linearen Phasengangs bedingt eine bestimmte Konfiguration der Nullstellen: z_0 sei eine Nullstelle der Systemfunktion $H(z)$ eines linearphasigen nichtrekursiven Systems

$$H(z_0) = \sum_{n=0}^{N-1} h(n)\, z_0^{-n} = 0 .$$

Für den Fall des symmetrischen Verlaufs von $h(n)$ und für ein geradzahliges N folgt hieraus

$$H(z_0) = \sum_{n=0}^{\frac{N}{2}-1} h(n) \left(z_0^{-n} + z_0^{-(N-1-n)} \right)$$

$$= z_0^{-\frac{N-1}{2}} \sum_{n=0}^{\frac{N}{2}-1} h(n) \left(z_0^{(\frac{N-1}{2}-n)} + z_0^{-(\frac{N-1}{2}-n)} \right) = 0 .$$

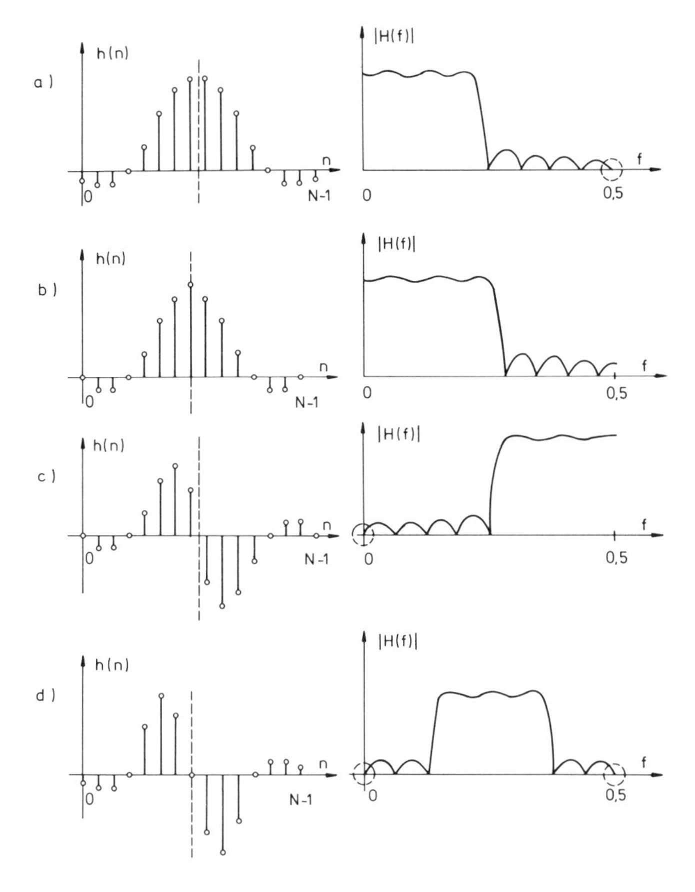

Bild 6.1: Typische Verläufe der Einheitsimpulsantwort und des Amplitudengangs eines nichtrekursiven Systems mit linearem Phasengang:
a) h(n) gerade, N geradzahlig, H(0,5) = 0,
b) h(n) gerade, N ungerade,
c) h(n) ungerade, N gerade, H(0) = 0,
d) h(n) ungerade, N ungerade, H(0) = H(0,5) = 0.

Diese Gleichung behält ihre Gültigkeit bei, auch wenn man z_0 durch z_0^{-1} ersetzt. z_0^{-1} ist somit ebenfalls eine Nullstelle von H(z). Dies gilt, wie leicht nachprüfbar ist, auch für andere Fälle von N und des Verlaufs von h(n).

Mit $z_0 = r_0\, e^{j\varphi}$ als einer Nullstelle des Systemfunktion eines nichtrekursiven Systems mit linearem Phasengang sind der Punkt $z_0^* = r_0\, e^{-j\varphi}$ wegen der Reellwertigkeit von h(n) sowie die Punkte $z_0^{-1} = r_0^{-1}\, e^{-j\varphi}$ und $(z_0^{-1})^* = r_0^{-1}\, e^{j\varphi}$ wegen des linearen Phasenganges ebenfalls Nullstellen von H(z).
z_0^{-1} und $(z_0^{-1})^*$ liegen bezüglich des Einheitskreises spiegelsymmetrisch zu z_0 bzw. z_0^*. Nullstellen auf dem Einheitskreis sind spiegelsymmetrisch zu sich selbst. Wenn die Nullstellen nicht auf dem Einheitskreis bzw. nicht auf der

reellen Achse liegen, treten sie stets als Vierergruppen auf. Bild 6.2 zeigt schematisch mögliche Lagen der Nullstellen bei einem nichtrekursiven System mit linearem Phasengang.

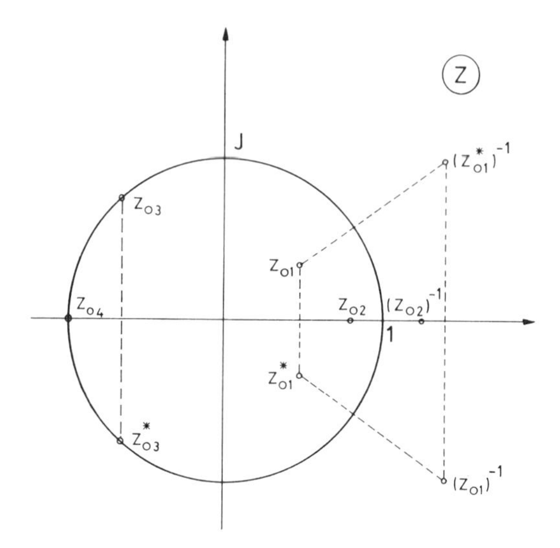

Bild 6.2: Typische Nullstellenkonfiguration nichtrekursiver Systeme mit linearem Phasengang.

6.2 Approximationsverfahren

Die Systemfunktion eines nichtrekursiven Systems läßt sich nicht, wie bei rekursiven Systemen der Fall war, durch irgendeine bekannte Abbildung aus der Systemfunktion eines kontinuierlichen Systems ableiten, das aus konzentrierten Bauelementen (Widerständen, Kondensatoren, Induktivitäten) besteht. Außerdem sind keine Frequenztransformationen bekannt, wodurch der Entwurf eines beliebigen nichtrekursiven Filters auf den eines nichtrekursiven Tiefpaßprototyps zurückgeführt werden kann. Die zeitkontinuierlichen Analoga zu den digitalen nichtrekursiven Systemen werden gelegentlich Transversalfilter genannt, die im wesentlichen aus analogen Verzögerungsgliedern und Multiplizierern aufgebaut sind.

In diesem Abschnitt werden zunächst zwei häufig angewandte Approximationsverfahren für nichtrekursive Systeme beschrieben, nämlich die Fensterfunktionsmethode und die Methode der Frequenzabtastung. Anschließend wird ein numerisches Approximationsverfahren nach dem TSCHEBYSCHEFF-Optimalitätskriterium erläutert. Alle drei Approximationsverfahren können zum Entwurf verschiedener Filtertypen angewendet werden.

6.2.1 Anwendung von Fensterfunktionen

Das Approximationsverfahren mit Fensterfunktionen wird im folgenden am Beispiel eines Tiefpasses mit linearem Phasengang erläutert. Ausgehend von einem vorgegebenen Toleranzschema wird zunächst eine gewünschte Übertragungsfunktion - hier als Wunschfunktion $H_w(f)$ bezeichnet - gewählt, die das Toleranzschema erfüllt. Für selektive Filter eignen sich hierzu die Übertragungsfunktionen entsprechender idealer Filter. Im Falle eines Tiefpasses kann man beispielsweise die Übertragungsfunktion eines idealen Tiefpasses mit linearem Phasengang als Wunschfunktion wählen:

$$H_w(f) = \begin{cases} e^{-j2\pi\tau f} & \text{für} \quad -f_g \leq f \leq f_g \\ 0 & \text{sonst} \end{cases} .$$

τ ist die Gruppenlaufzeit des idealen Tiefpasses. Bilder 6.3a,b zeigen das Toleranzschema eines Tiefpasses sowie den Amplituden- und Phasengang eines entsprechend gewählten idealen Tiefpasses.

Die Wunschfunktion $H_w(f)$ ist als Übertragungsfunktion eines digitalen Systems eine periodische Funktion von f mit der auf die Abtastfrequenz normierten Periode 1. Sie ist außerdem konjugiert symmetrisch: $H_w(-f) = H_w^*(f)$. Ferner ist $H_w(f)$ die FOURIER-Transformierte der Einheitsimpulsantwort $h_w(n)$ des zugehörigen idealen Systems. Aus $H_w(f)$ läßt sich $h_w(n)$ nach (2.12b) mit $F = \frac{1}{T} = 1$ ermitteln:

$$h_w(n) = \int_{-0,5}^{0,5} H_w(f)\, e^{j2\pi nf}\, df \quad . \tag{6.8}$$

Umgekehrt gilt nach (2.12a)

$$H_w(f) = \sum_{n=-\infty}^{\infty} h_w(n)\, e^{-j2\pi nf} \quad . \tag{6.9}$$

Im Falle des idealen Tiefpasses erhält man

$$h_w(n) = \int_{-f_g}^{f_g} e^{j2\pi f(n-\tau)}\, df$$

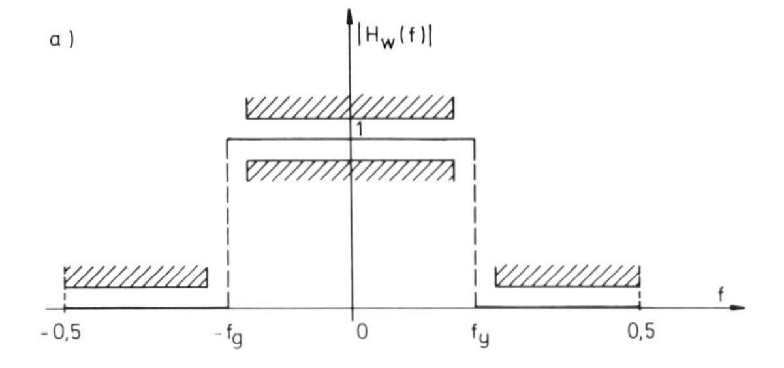

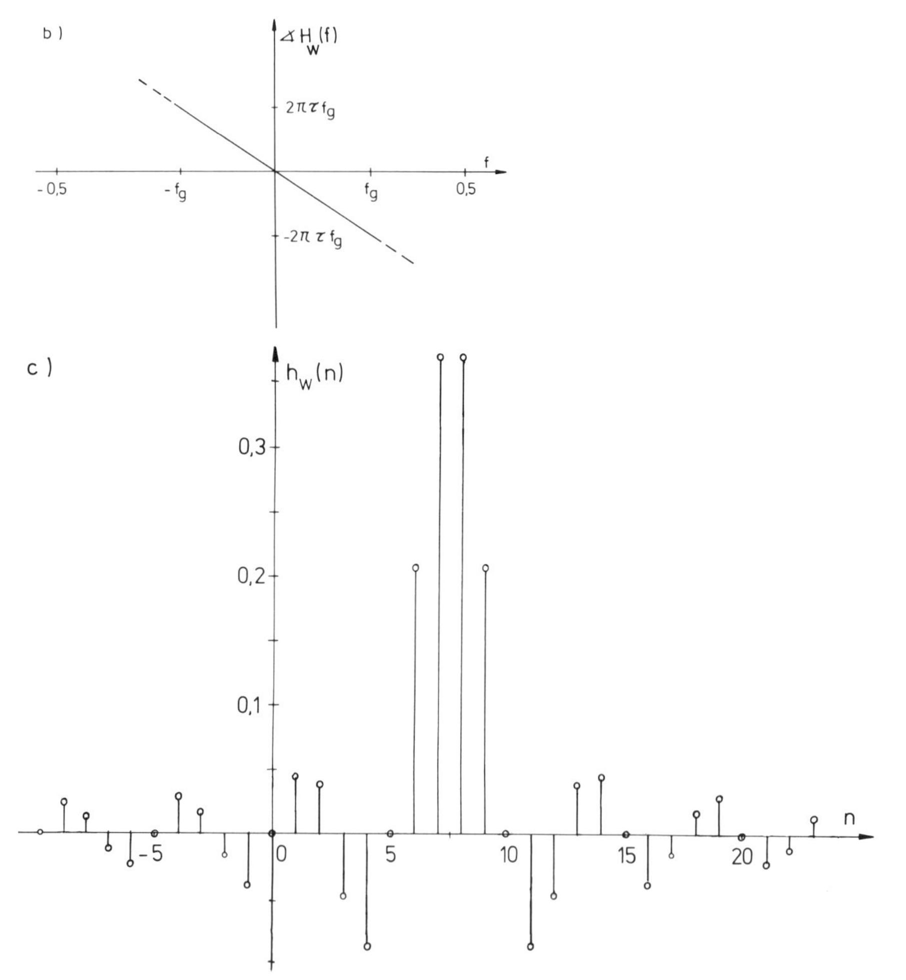

Bild 6.3: a) Amplitudengang, b) Phasengang und c) Einheitsimpulsantwort eines idealen Tiefpasses ($f_g = 0.2$, $\tau = 7{,}5$), der sich zur Approximation des in a) angegebenen Toleranzschemas eignet.

$$= \frac{\sin[2\pi f_g(n-\tau)]}{\pi(n-\tau)} \, , \qquad -\infty < n < \infty \; .$$

Bild 6.3c zeigt die Einheitsimpulsantwort des idealen Tiefpasses für $f_g = 0{,}16$ und $\tau = 7{,}5$, die erwartungsgemäß bezüglich $n = \tau$ einen symmetrischen Verlauf aufweist. Die Folge $h_w(n)$ besteht i.a., wie beim idealen Tiefpaß, aus unendlich vielen von Null verschiedenen Elementen und kann daher nicht die Einheitsimpulsantwort eines nichtrekursiven Systems sein. Aus $h_w(n)$ läßt sich trotzdem die Einheitsimpulsantwort eines dem idealen System annähernd entsprechenden nichtrekursiven Systems der Ordnung N-1 erhalten, indem man den Ausschnitt von $h_w(n)$ im Bereich $0 \leq n \leq N-1$ zur Einheitsimpulsantwort h(n) des nichtrekursiven Systems erklärt:

$$h(n) = \begin{cases} h_w(n) & \text{für} \quad 0 \leq n \leq N-1 \\ 0 & \text{sonst} \end{cases} \; .$$

Damit das nichtrekursive System einen linearen Phasengang erhält, muß h(n) entweder symmetrisch oder antisymmetrisch sein. Dies ergibt sich durch eine geeignete Wahl der Gruppenlaufzeit des idealen Systems. Im Falle des Tiefpasses erhält h(n) einen symmetrischen Verlauf, wenn man $\tau = \frac{N-1}{2}$ wählt.

Die Übertragungsfunktion H(f) eines nichtrekursiven Systems mit der Einheitsimpulsantwort h(n) erhält man durch Abbruch der Reihe (6.9) bei $n = 0$ und $n = N-1$:

$$H(f) = \sum_{n=0}^{N-1} h_w(n)\, e^{-j2\pi nf} \; . \tag{6.10}$$

Der Zusammenhang zwischen der Übertragungsfunktion des idealen Systems $H_w(f)$ und der des entsprechenden nichtrekursiven Systems H(f) wird im folgenden erläutert: Die Einheitsimpulsantwort h(n) des nichtrekursiven Systems kann als Produkt von $h_w(n)$ mit dem rechteckförmigen Impuls

$$w(n) = \begin{cases} 1 & \text{für} \quad 0 \leq n \leq N-1 \\ 0 & \text{sonst} \end{cases}$$

dargestellt werden: $h(n) = h_w(n) \cdot w(n)$. w(n) besitzt das FOURIER-Spektrum

$$W(f) = \sum_{n=0}^{N-1} e^{-j2\pi nf} = \frac{\sin(\pi fN)}{\sin(\pi f)}\, e^{-j2\pi \frac{N-1}{2} f} = W_0(f)\, e^{-j2\pi \frac{N-1}{2} f} \; .$$

Die Folge w(n) wird als R e c h t e c k - F e n s t e r f u n k t i o n bezeichnet. Bilder 6.4a,b,c zeigen w(n) für $N = 16$ und den Betragsverlauf $|W(f)|$ ihres Spektrums im linearen sowie im logarithmischen Maßstab. Der Teil des Spektrums

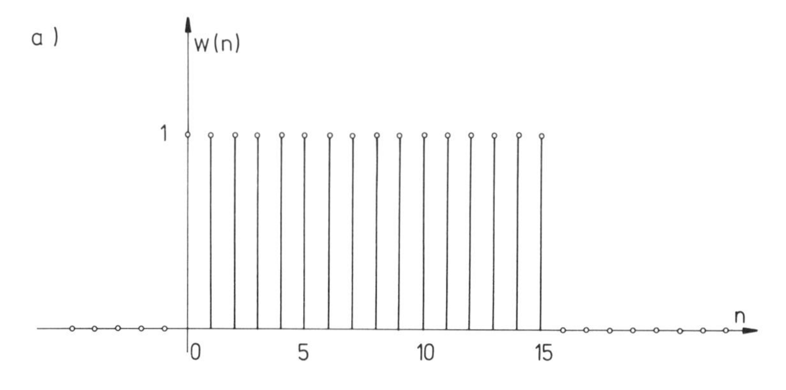

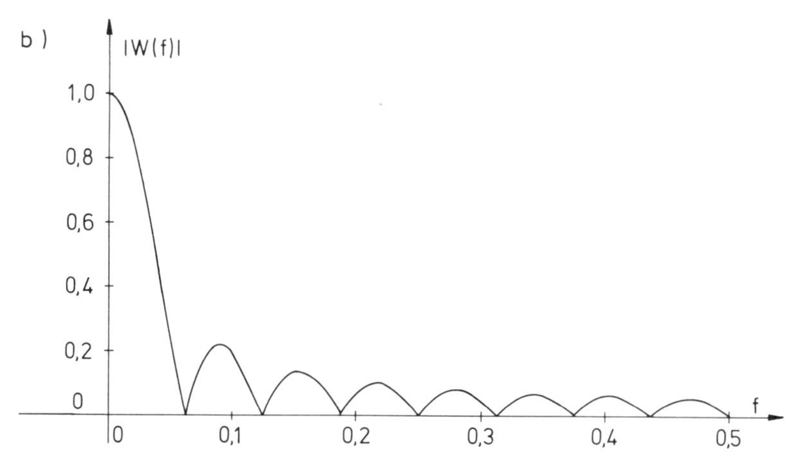

Bild 6.4: a) Rechteckfensterfunktion ($N = 16$) und Betragsverlauf ihres Spektrums in b) linearer und c) logarithmischer Darstellung.

im Bereich $-1/N \leq f \leq 1/N$ wird als H a u p t s c h w i n g e r (main lobe) und die anderen Teile zwischen jeweils zwei Nulldurchgängen werden als N e b e n - s c h w i n g e r (side lobes) bezeichnet. Die FOURIER-Transformierte von h(n), also die Übertragungsfunktion H(f) des nichtrekursiven Systems, ergibt sich nach dem Multiplikationssatz der FOURIER-Transformation für diskrete Signale - cf. (4.9b) - durch Faltung von $H_w(f)$ mit W(f):

$$H(f) = H_w(f) * W(f) = \int_{-0,5}^{0,5} H_w(f') \, W(f-f') \, df' .$$

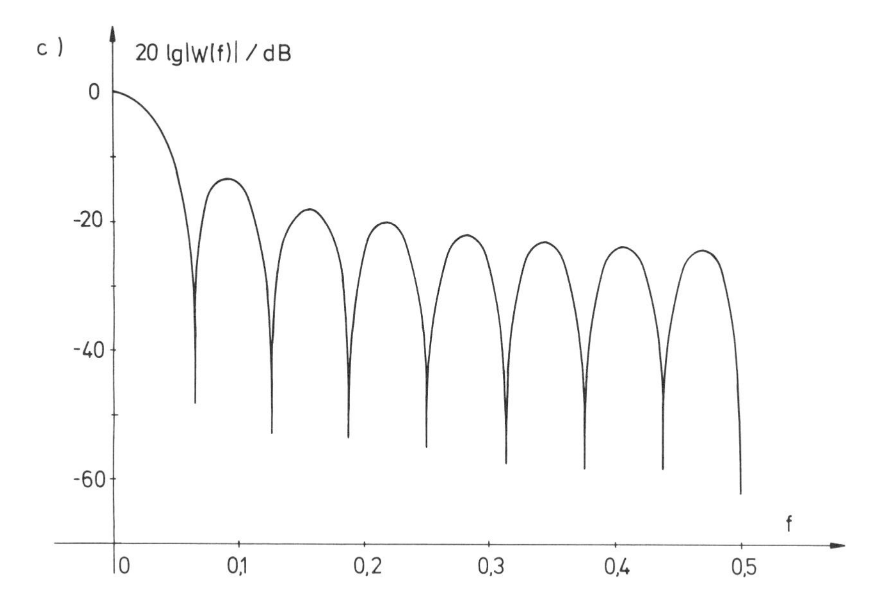

Im Falle des Tiefpasses erhält man

$$H(f) = \int_{-f_g}^{f_g} \left(e^{-j2\pi \frac{N-1}{2} f'} \; e^{-j2\pi \frac{N-1}{2} (f-f')} \; \frac{\sin[\pi N(f-f')]}{\sin[\pi (f-f')]} \right) df'$$

$$= e^{-j2\pi \frac{N-1}{2} f} \int_{-f_g}^{f_g} \frac{\sin[\pi N(f-f')]}{\sin[\pi (f-f')]} \, df' \; .$$

Das Integral stellt die Faltung des reellen Faktors $W_0(f)$ des Spektrums der Rechteckfensterfunktion mit dem Amplitudengang des idealen Tiefpasses dar. Der Tiefpaß ist linearphasig mit der Gruppenlaufzeit $\tau = \frac{N-1}{2}$ und dem Amplitudengang

$$|H(f)| = \left| \int_{-f_g}^{f_g} \frac{\sin[\pi N(f-f')]}{\sin[\pi (f-f')]} \, df' \right| .$$

Das gleiche Ergebnis ergibt sich auch aus (6.10). Bild 6.5a zeigt h(n) für N = 16 . Bild 6.5b veranschaulicht das Faltungsintegral des obigen Ausdrucks für H(f), und Bilder 6.5c,d stellen den Amplitudengang |H(f)| des nichtrekursiven Tiefpasses im linearen sowie im logarithmischen Maßstab dar.

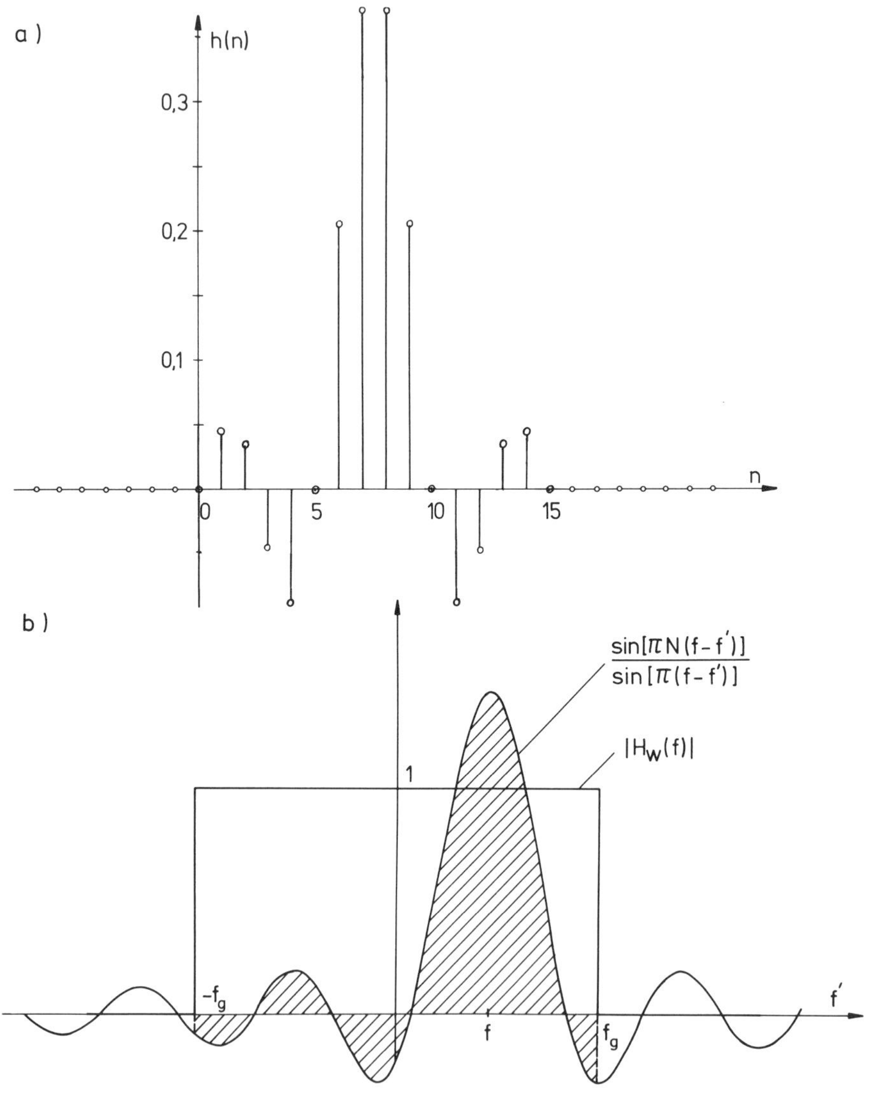

Bild 6.5: Zum Approximationsverfahren nichtrekursiver Filter mit Fensterfunktionen am Beispiel eines nichtrekursiven Tiefpasses und der Rechteckfensterfunktion: a) Einheitsimpulsantwort des Tiefpasses unter Anwendung des idealen Tiefpasses und der Rechteckfensterfunktion N = 16, b) Veranschaulichung des in die Berechnung der Übertragungsfunktion des Tiefpasses eingehenden Faltungsintegrals, c) Amplitudengang des Tiefpasses, d) Amplitudengang des Tiefpasses mit doppelter Länge der Rechteckfensterfunktion.

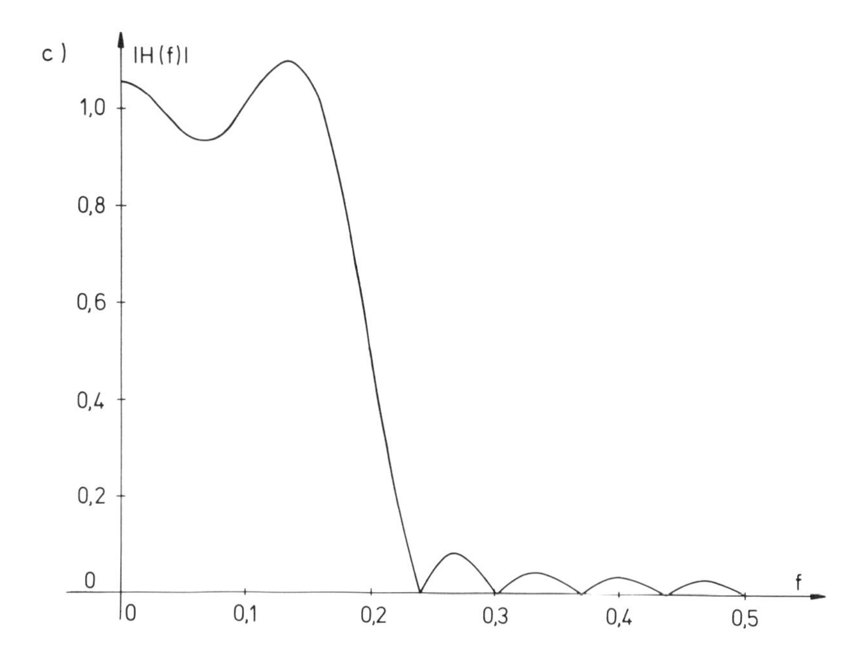
c)
|H(f)|
1,0
0,8
0,6
0,4
0,2
0
0
0,1
0,2
0,3
0,4
0,5
f

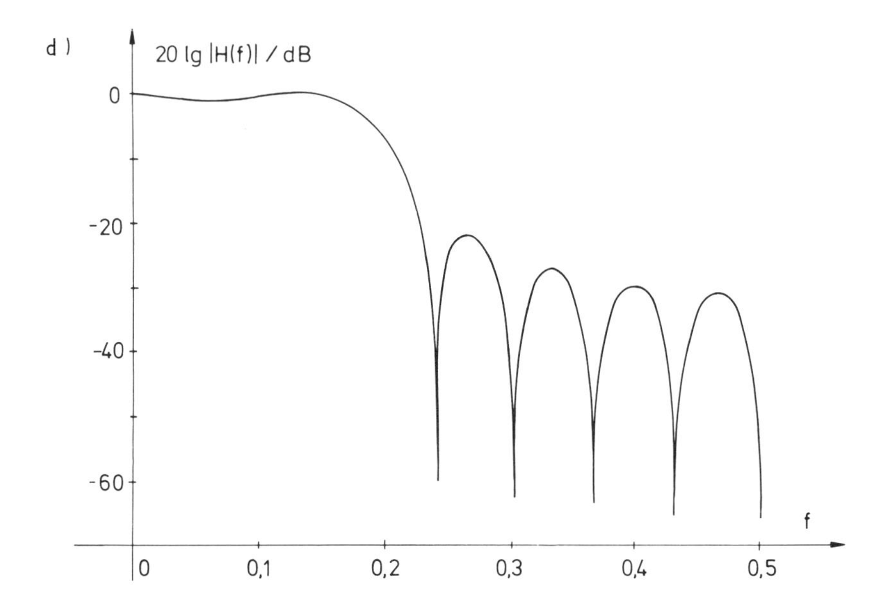
d)
20 lg |H(f)| / dB
0
-20
-40
-60
f
0
0,1
0,2
0,3
0,4
0,5

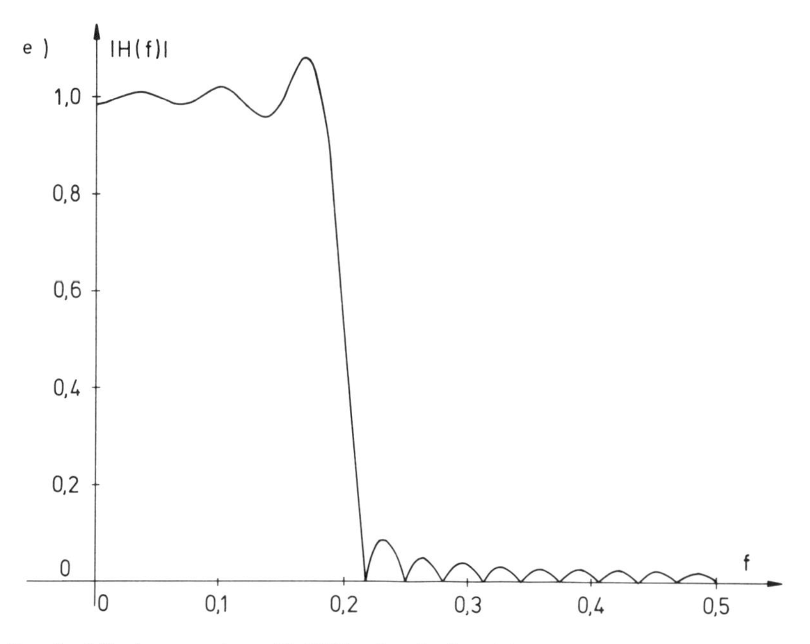

Der Amplitudengang des mit Hilfe der Rechteckfensterfunktion entworfenen nichtrekursiven Tiefpasses weist eine ungleichmäßige und relativ hohe Welligkeit im Durchlaß- und Sperrbereich auf. Die Welligkeitshöhe nimmt in Richtung der Sprungstelle der Übertragungsfunktion des idealen Tiefpasses zu. Dieser wellige Verlauf entsteht aufgrund des scharfen Abbruchs der FOURIER-Reihe (6.9) bei $n = 0$ und $n = N-1$ (GIBBsches Phänomen) und läßt sich auch anhand von Bild 6.5b anschaulich erklären: Durch die Faltung überträgt sich die Welligkeit des Spektrums der Rechteckfensterfunktion auf den Amplitudengang $|H(f)|$ des Tiefpasses. Ferner verbreitert sich durch die Faltung die scharfe Kante von $H_w(f)$ zu einem Übergangsbereich endlicher Breite bei $H(f)$.

Durch eine Vergrößerung der Länge N der Rechteckfensterfunktion, i.e. bei Hinzunahme immer mehr Terme in die Reihe (6.10) konzentriert sich der wellige Verlauf im wesentlichen zwar in einem immer kleiner werdenden Bereich um die Sprungstelle, das Verhältnis der Welligkeitshöhe zur Sprunghöhe nimmt dadurch jedoch nicht ab. Um dies zu veranschaulichen, wird im Beispiel des Tiefpasses die Länge N der Fensterfunktion $w(n)$ verdoppelt. Damit sich auch in diesem Fall ein linearer Phasengang ergibt (symmetrische Einheitsimpulsantwort), wird die Gruppenlaufzeit τ weiterhin nach der Beziehung $\tau = \frac{N-1}{2}$ gewählt. Bild 6.5e zeigt den Amplitudengang des Tiefpasses nach Verdopplung von N.

Das Beispiel der Approximation eines idealen Tiefpasses mit Hilfe der Rechteckfensterfunktion verdeutlicht, daß ein derartiges Approximationsverfahren vor allem beim Entwurf selektiver Filter in vielen Fällen wegen des Auftretens relativ hoher Dämpfungswelligkeiten zu unbefriedigenden Ergebnissen führen kann. Der Grund für das Auftreten von Dämpfungswelligkeiten liegt, wie bereits erwähnt, an der durch abrupte Sprünge der Rechteckfensterfunktion verursachten Welligkeit des Spektrums dieser Fensterfunktion. Die Frage liegt nahe, ob andere Fensterfunktionen existieren, deren Spektrum geringere Welligkeiten aufweisen als die der Rechteckfensterfunktion.

In der Literatur wurde diese Frage eingehend untersucht [65], [66]. Es existieren zahlreiche Vorschläge für Fensterfunktionen, die die erwähnte Eigenschaft besitzen. Als ein Beispiel wird hier die HANNING-Fensterfunktion betrachtet. Sie lautet

$$w(n) = \begin{cases} 0{,}5 - 0{,}5\cos\left(\frac{2\pi n}{N-1}\right) & \text{für} \quad 0 \leq n \leq N-1 \\ 0 & \text{sonst} \end{cases}$$

und ist für $N = 16$ in Bild 6.6a dargestellt. Für ihr Spektrum erhält man:

$$W(f) = \sum_{n=0}^{N-1} w(n)\, e^{-j2\pi nf} = W_0(f)\, e^{-j2\pi\frac{N-1}{2}f} =$$

$$e^{-j2\pi\frac{N-1}{2}f}\left(0{,}5\,\frac{\sin(\pi Nf)}{\sin(\pi f)} + 0{,}25\,\frac{\sin[\pi N(f-\frac{1}{N-1})]}{\sin[\pi(f-\frac{1}{N-1})]} + 0{,}25\,\frac{\sin[\pi N(f+\frac{1}{N-1})]}{\sin[\pi(f+\frac{1}{N-1})]}\right)$$

$W(f)$ entsteht durch Überlagerung dreier gleichartiger, jedoch unterschiedlich bewerteter Funktionen (Bild 6.6b), die derart gegeneinander verschoben sind, daß sich, wie in Bild 6.6c für $N = 16$ verdeutlicht, eine beträchtliche Dämpfung der Seitenschwinger von $W(f)$ ergibt.

Die Anwendung der HANNING-Fensterfunktion zum Entwurf selektiver Filter bringt, wie im folgenden am Beispiel eines Tiefpasses gezeigt, eine beträchtliche Verbesserung des Übertragungsverhältnisses im Durchlaß und Sperrbereich im Vergleich zur Rechteckfensterfunktion. Aus der Einheitsimpulsantwort $h_w(n)$ des idealen Tiefpasses erhält man die eines nichtrekursiven Tiefpasses $h(n)$ indem man $h_w(n)$ mit der HANNING-Fensterfunktion multipliziert:

$$h(n) = \frac{\sin\left[2\pi f_g\left(n - \frac{N-1}{2}\right)\right]}{2\pi\left(n - \frac{N-1}{2}\right)}\left(1 - \cos\left(\frac{2\pi n}{N-1}\right)\right), \qquad 0 \leq n \leq N-1 .$$

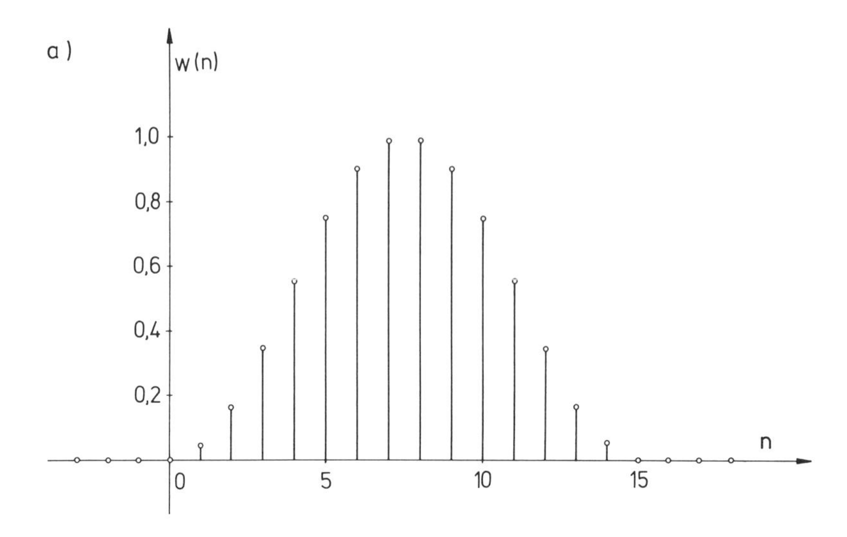

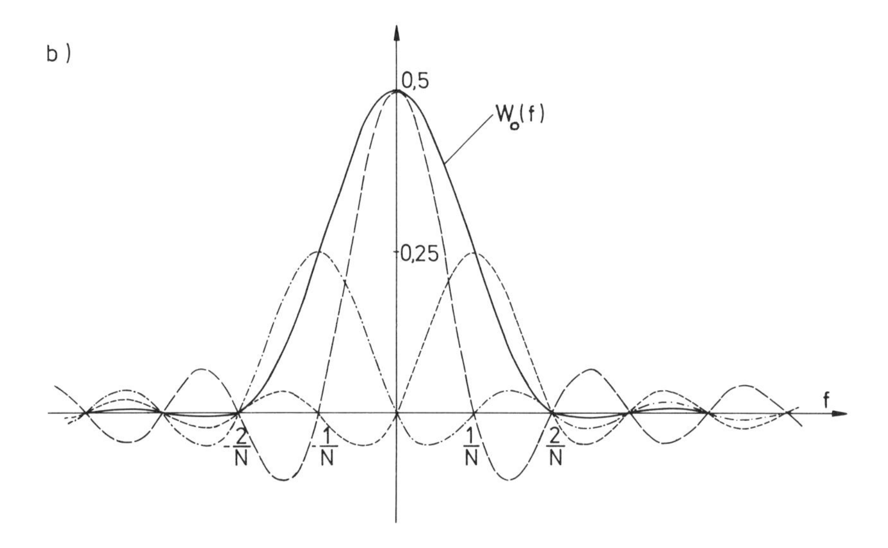

Bild 6.6: a) HANNING-Fensterfunktion (N = 16), b) Zusammensetzung und c) Betragsverlauf des Spektrums der HANNING-Fensterfunktion.

Die Übertragungsfunktion H(f) des Tiefpasses erhält man entweder mit Hilfe der Beziehung (6.4) oder durch Faltung des Spektrums W(f) der HANNING-Fensterfunktion mit der Übertragungsfunktion $H_w(f)$ des idealen Tiefpasses. Bilder 6.7a,b zeigen für N = 16 die Einheitsimpulsantwort h(n) und den Amplitudengang $|H(f)|$ des Tiefpasses (f_g = 0,2).

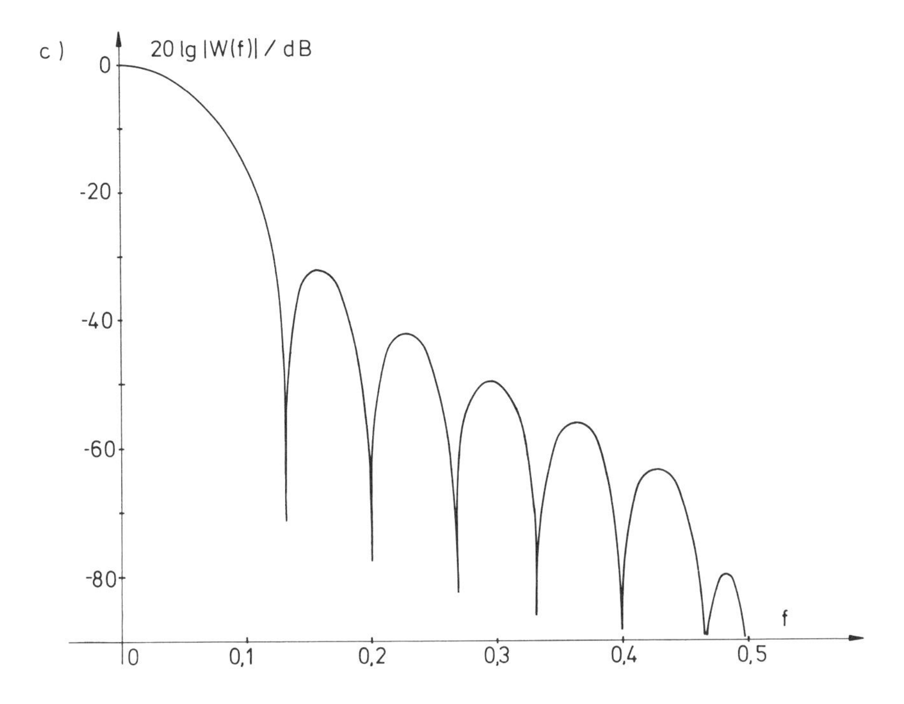

Ein Vergleich der Bilder 6.5c und 6.7b macht folgendes deutlich: Mit der HANNING-Fensterfunktion sind die Welligkeitsamplituden im Durchlaß- und im Sperrbereich wesentlich geringer als mit der Rechteckfensterfunktion; dagegen ist jedoch der Übergangsbereich breiter. Durch eine Vergrößerung der Länge N der Fensterfunktion erreicht man eine Verschmälerung des Übergangsbereichs - cf. Bild 6.7c für $N = 32$.

Die HANNING-Fensterfunktion entsteht durch Hinzunahme eines geeignet gewählten Terms, bestehend aus einem Ausschnitt einer Cosinusfunktion mit passender Frequenz und Gewichtsfaktor, zu der Rechteckfensterfunktion. Das Spektrum des Cosinusterms kompensiert nämlich teilweise die Seitenschwinger des Spektrums der Rechteckfensterfunktion. Durch Änderung des Gewichtsfaktors des Cosinusterms bzw. durch Hinzunahme von weiteren Cosinustermen mit geeignet gewählten Frequenzen, Vorzeichen und Gewichtsfaktoren lassen sich weitere Verringerungen der Dämpfungswelligkeit erreichen. Derartige Fensterfunktionen werden *Cosinus-Fensterfunktionen* genannt. Hierzu gehören:

HAMMING-Fensterfunktion:

$$w(n) = 0{,}54 - 0{,}46 \cos\left(\frac{2\pi n}{N-1}\right), \quad 0 \leq n \leq N-1 ,$$

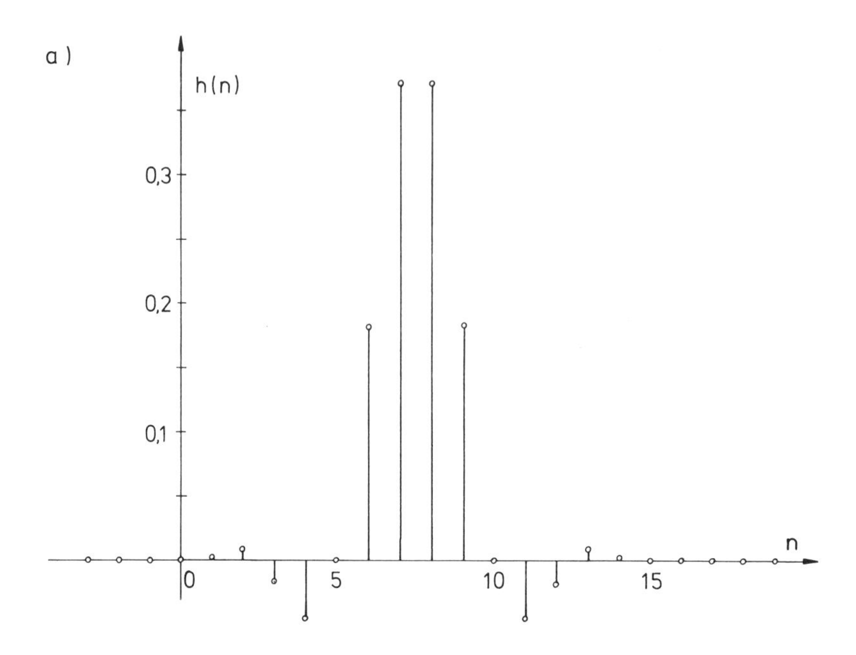

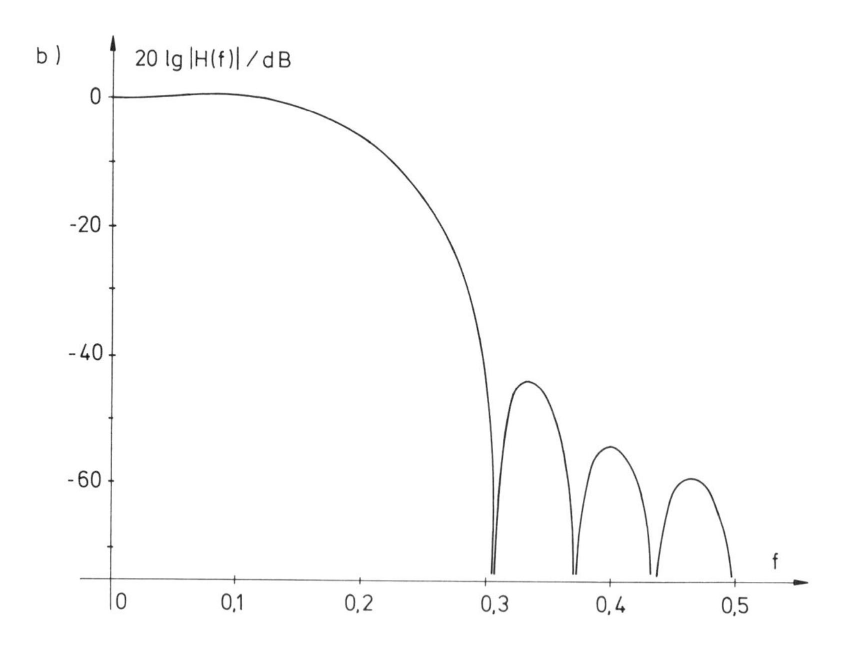

Bild 6.7: a) Einheitsimpulsantwort und b) Amplitudengang eines mit Hilfe des idealen Tiefpasses von Bild 6.3 und der HANNING-Fensterfunktion entworfenen nichtrekursiven Tiefpasses für N = 16 und c) N = 32.

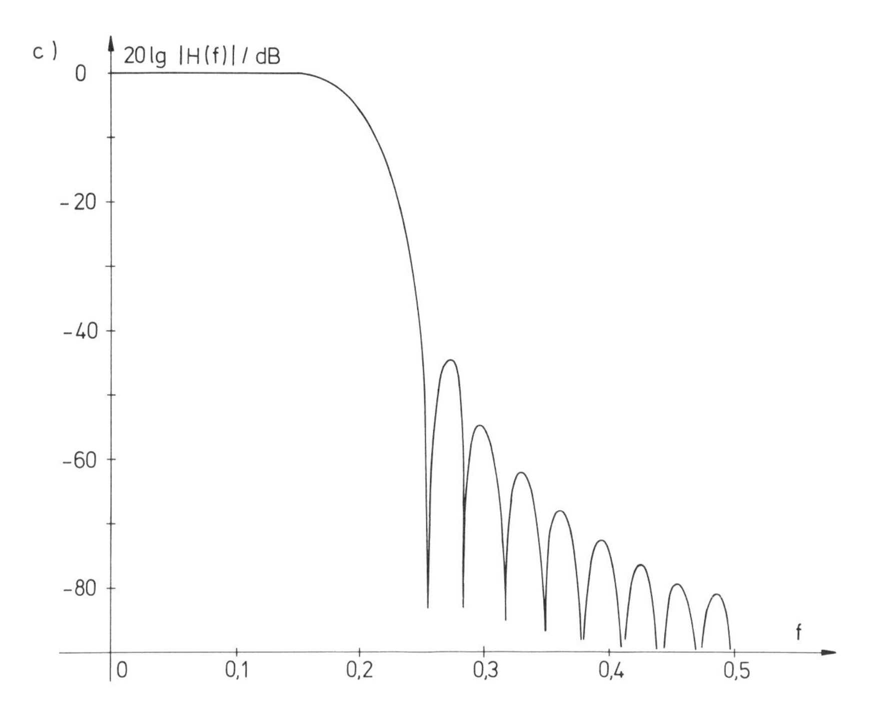

BLACKMAN-Fensterfunktion:

$$w(n) = 0{,}42 - 0{,}5 \cos\left(\frac{2\pi n}{N-1}\right) + 0{,}08 \cos\left(\frac{4\pi n}{N-1}\right) , \quad 0 \leq n \leq N-1 .$$

Bilder 6.8a,b zeigen den Betragsverlauf des Spektrums der HAMMING- und BLACKMAN-Fensterfunktion für $N = 16$.

An diesen Bildern wird deutlich, daß bei jener Klasse der Fensterfunktionen eine Verkleinerung der Amplitude der Seitenschwinger gleichzeitig eine Verbreiterung des Hauptschwingers mit sich bringt. Entsprechend werden bei selektiven Filtern, die unter Anwendung derartiger Fensterfunktionen entworfen werden, eine Erhöhung der Dämpfung im Sperrbereich und eine Verringerung der Welligkeit im Durchlaßbereich durch eine Verbreiterung des Übergangsbereichs erkauft, der man prinzipiell durch eine Vergrößerung der Länge der verwendeten Fensterfunktion entgegenwirken kann. Der Rechenaufwand steigt jedoch entsprechend an.

Eine weitere Fensterfunktion ist die KAISER-Fensterfunktion [67] , die sich von der bereits erwähnten Klasse der Cosinus-Fensterfunktionen durch einen höheren Grad an Flexibilität auszeichnet. Der allgemeine Ausdruck hierfür lautet:

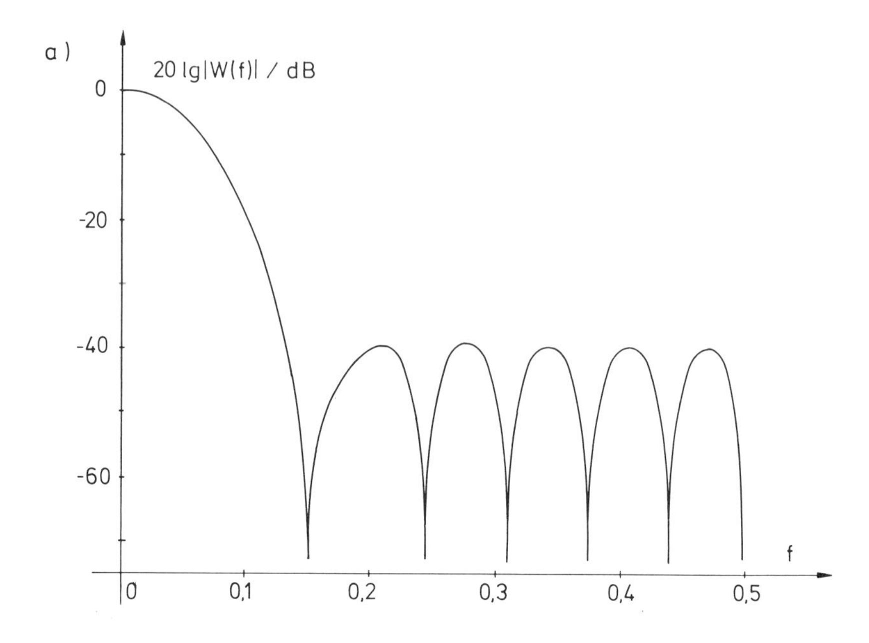

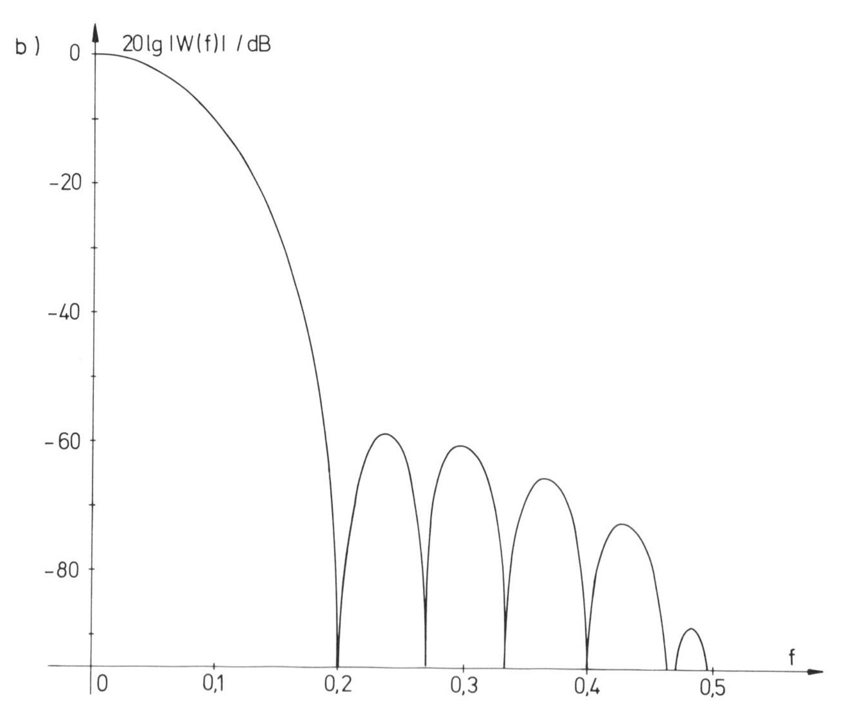

Bild 6.8: Betragsverlauf des Spektrums der a) HAMMING- und b) BLACKMAN-Fensterfunktion für N = 16.

$$w(n) = \frac{I_o\left(\alpha\sqrt{\left(\frac{N-1}{2}\right)^2 - \left(n - \frac{N-1}{2}\right)^2}\right)}{I_o\left(\alpha\,\frac{N-1}{2}\right)} \quad , \quad 0 \leq n \leq N-1 \; .$$

$I_o(x)$ ist die modifizierte BESSEL-Funktion erster Art nullter Ordnung und besitzt die folgende Reihenentwicklung:

$$I_o(x) = 1 + \sum_{k=1}^{\infty} \frac{\left(\frac{x}{2}\right)^{2k}}{(k!)^2} \; .$$

Durch den Parameter α läßt sich bei gleichbleibender Länge der Fensterfunktion zwischen der Breite des Hauptschwingers und den Amplituden der Seitenschwinger ihres Spektrums ein Kompromiß schließen. Der typische Bereich von α ist $\frac{8}{N-1} < \alpha < \frac{18}{N-1}$. Bilder 6.9a,b zeigen den Betragsverlauf $|W(f)|$ des Spektrums der KAISER-Fensterfunktion für $N = 16$, $\alpha = \frac{8}{N-1}$ und $\alpha = \frac{16}{N-1}$. Beim Entwurf eines Filters hat man mit dem Parameter α eine Möglichkeit, die Fensterfunktion bei gleichbleibender Länge an das gegebene Problem anzupassen.

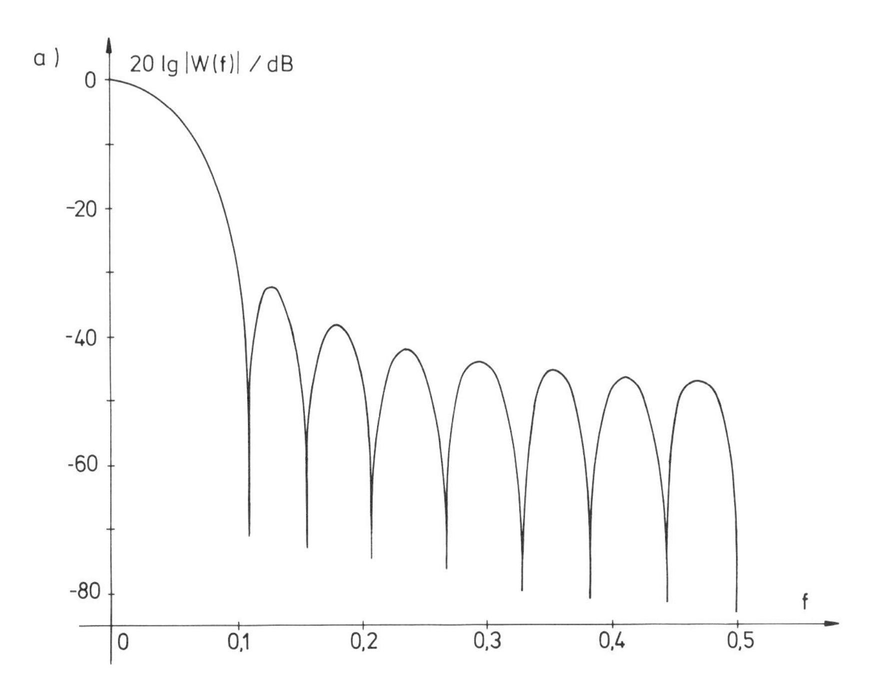

Bild 6.9: Betragsverlauf des Spektrums der KAISER-Fensterfunktion für $N = 16$ und a) $\alpha = 8/(N-1)$, b) $\alpha = 16/(N-1)$.

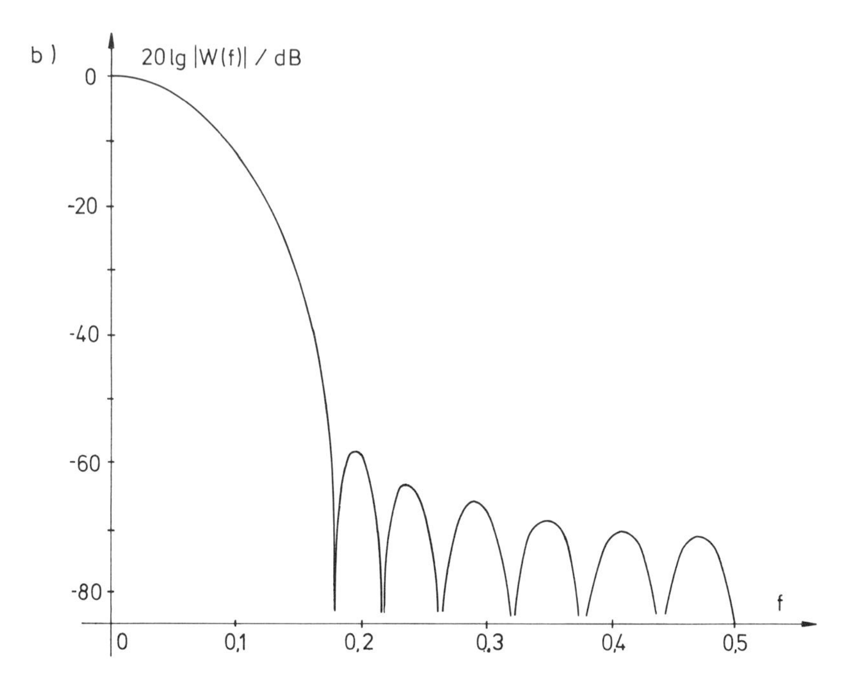

In [66] findet man eine ausführliche Beschreibung einer Vielzahl von Fensterfunktionen. Das Approximationsverfahren mit Hilfe der Fensterfunktionen läßt sich relativ einfach durchführen, weist jedoch für manche Anwendungen einen noch zu geringen Grad an Flexibilität auf. Der Approximationsfehler $E(f) = H_W(f) - H(f)$ ist im Durchlaß- und Sperrbereich ungleichmäßig verteilt. Die sich ergebenden Systemordnungen sind deshalb nicht optimal.

6.2.2 *Frequenzabtastung*

Das Approximationsverfahren nach der Methode der Frequenzabtastung beruht auf einer speziellen Darstellung der Systemfunktion nichtrekursiver Systeme [68], [69] . Dazu betrachte man eine Folge $x(n)$, die in einem endlichen Bereich $0 \leq n \leq N-1$ von Null verschiedene Werte annehmen kann und außerhalb dieses Bereichs identisch Null ist. Die Z-Transformierte von $x(n)$ lautet

$$X(z) = \sum_{n=0}^{N-1} x(n)\, z^{-n} \quad . \tag{6.11}$$

X(z) werde auf den Einheitskreis an N äquidistanten Stellen $z_k = e^{j\frac{2\pi}{N}k}$, $k = 0, 1, \ldots, N-1$ abgetastet. Die Abtastwerte

$$X(k) = X(e^{j\frac{2\pi}{N}k}), \quad k = 0, 1, \ldots, N-1$$

stellen gleichzeitig N äquidistante Abtastwerte des FOURIER-Spektrums X(f) von x(n) dar. Zwischen den Folgen x(n) und X(k), $k, n = 0, 1, \ldots, N-1$ bestehen somit die Beziehungen der DFT und der IDFT (cf. Abschnitt 2.5):

$$X(k) = \sum_{n=0}^{N-1} x(n)\, e^{-j\frac{2\pi}{N}kn}, \quad k = 0, 1, \ldots, N-1, \tag{6.12}$$

$$x(n) = \frac{1}{N}\sum_{k=0}^{N-1} X(k)\, e^{j\frac{2\pi}{N}kn}, \quad n = 0, 1, \ldots, N-1. \tag{6.13}$$

Die Beziehung (6.13) wird in (6.11) eingesetzt:

$$X(z) = \frac{1}{N}\sum_{n=0}^{N-1}\left(\sum_{k=0}^{N-1} X(k)\, e^{j\frac{2\pi}{N}kn}\right) z^{-n}.$$

Nach Vertauschen der Reihenfolge der beiden Summationen über k und n erhält man

$$X(z) = \frac{1}{N}\sum_{k=0}^{N-1} X(k)\left(\sum_{n=0}^{N-1} e^{j\frac{2\pi}{N}nk}\, z^{-n}\right).$$

Für die Summe in runden Klammern gilt:

$$\sum_{n=0}^{N-1}\left(e^{j\frac{2\pi}{N}k}\, z^{-1}\right)^n = \frac{1-\left(e^{j\frac{2\pi}{N}k}\, z^{-1}\right)^N}{1-e^{j\frac{2\pi}{N}k}\, z^{-1}}$$

$$= \frac{1-z^{-N}}{1-e^{j\frac{2\pi}{N}k}\, z^{-1}}.$$

Damit erhält man für X(z) die Darstellung

$$X(z) = \frac{1 - z^{-N}}{N} \sum_{k=0}^{N-1} \frac{X(k)}{1 - e^{j\frac{2\pi}{N}k} z^{-1}} . \qquad (6.14)$$

Aus dieser Beziehung geht hervor, daß die Z-Transformierte einer Folge, die außerhalb eines endlichen Bereichs der Länge N identisch Null ist, allein mit Hilfe von N Werten der Z-Transformierten auf N äquidistanten Stellen des Einheitskreises eindeutig bestimmt werden kann.

Auf dem Einheitskreis erhält man aus (6.14) ferner für das FOURIER-Spektrum X(f) von x(n) die Beziehung

$$X(f) = \frac{1 - e^{-j2\pi Nf}}{N} \sum_{k=0}^{N-1} X(k) \frac{1}{1 - e^{j2\pi(\frac{k}{N} - f)}}$$

$$= \sum_{k=0}^{N-1} X(k) \frac{1 - e^{j2\pi N(\frac{k}{N} - f)}}{N\left(1 - e^{j2\pi(\frac{k}{N} - f)}\right)}$$

$$= \sum_{k=0}^{N-1} X(k) \frac{\sin \pi N(f - \frac{k}{N})}{N \sin \pi(f - \frac{k}{N})} e^{-j2\pi \frac{N-1}{2}(f - \frac{k}{N})} . \qquad (6.15)$$

Die Beziehung (6.15) entspricht einer Interpolationsbeziehung für X(f) mit der Interpolationsfunktion

$$I(f) = \frac{\sin(\pi Nf)}{N \sin(\pi f)} e^{-j2\pi \frac{N-1}{2} f} .$$

Das FOURIER-Spektrum X(f) setzt sich nach (6.15) zusammen aus N jeweils um $f_k = \frac{k}{N}$, $k = 0, 1, \ldots, N-1$ verschobenen und mit X(k) bewerteten Interpolationsfunktionen I(f). Ebenso wird X(z) in (6.14) mit Hilfe einer entsprechenden Interpolationsfunktion dargestellt.

Basierend auf vorangegangene Überlegungen läßt sich das Approximationsverfahren nach der Frequenzabtastung wie folgt erläutern: Eine gewünschte Übertragungsfunktion $H_W(f)$, die das Toleranzschema erfüllt, wird an N Stellen $f_k = \frac{k}{N}$,

$k = 0, 1, \ldots, N-1$ abgetastet. Aus den Abtastwerten $H_w(f_k)$, die i.a. komplexwertig sind, wird über die IDFT eine reelle Folge $x(n)$, $n = 0, 1, \ldots, N-1$ ermittelt. Diese Folge wird nun mit der Annahme $x(n) = 0$ für $n < 0$ und $n \geqq N$ als Einheitsimpulsantwort $h(n)$ des gesuchten nichtrekursiven Systems angenommen. Die Übertragungsfunktion $H(f)$ dieses Systems setzt sich nach der Interpolationsbeziehung (6.15) als eine Linearkombination von N der oben angegebenen, jeweils um f_k verschobenen und mit $H_w(f_k)$ bewerteten Interpolationsfunktionen $I(f)$ zusammen. In Bereichen zwischen den Abtaststellen liefern sämtliche beteiligten N Interpolationsfunktionen entsprechend ihrer Gewichtsfaktoren und Entfernungen je einen Beitrag. An den Abtaststellen f_k ist $H(f)$ gleich $H_w(f)$, zwischen den Abtaststellen weicht $H(f)$ i.a. von $H_w(f)$ ab.

Die Methode der Frequenzabtastung sei am Beispiel eines Tiefpasses verdeutlicht. Die Ordnung des gesuchten Systems sei $N = 16$. Die Wunschfunktion $H_w(f)$ sei die Übertragungsfunktion eines idealen Tiefpasses mit linearem Phasengang. Bilder 6.10a,b zeigen dessen Amplituden- und Phasengang im Bereich $0 \leqq f \leqq 1$. $H_w(f)$ ist bezüglich $f = 0{,}5$ konjugiert symmetrisch: $H_w(1-f) = H_w^*(f)$. Die Gruppenlaufzeit beträgt $\tau = \frac{N-1}{2} = 7{,}5$. $H_w(f)$ werde an 16 in den Bildern 6.10a,b markierten äquidistanten Stellen $f_k = \frac{k}{16}$, $k = 0, 1, \ldots, 15$ abgetastet. Man erhält die Abtastwerte

$$|H_w(f_k)| = \begin{cases} 1 & \text{für} \quad k = 0, 1, 2, 3, 13, 14, 15 \\ 0 & \text{sonst} \end{cases},$$

$$\measuredangle H_w(f_k) = \begin{cases} -\frac{15\pi}{16}k & \text{für} \quad k = 0, 1, 2, 3 \\ \frac{15\pi}{16}(16-k) & \text{für} \quad k = 13, 14, 15 \end{cases}.$$

Aus den Abtastwerten $H_w(f_k)$ wird mit Hilfe der IDFT die Folge $x(n)$, $n = 0, 1, \ldots, 15$ errechnet und mit ihr die Einheitsimpulsantwort

$$h(n) = \begin{cases} x(n) & \text{für} \quad 0 \leqq n \leqq 15 \\ 0 & \text{sonst} \end{cases}$$

gebildet. Bild 6.10c zeigt $h(n)$. Die zugehörige Übertragungsfunktion $H(f)$ läßt sich entweder aus (6.15) für $X(k) = H_w(f_k)$ oder aus der allgemeinen Beziehung (6.4) errechnen. Bild 6.10d zeigt $|H(f)|$. Im Durchlaß- bzw. Sperrbereich zeigt $|H(f)|$ eine ungleichmäßige Welligkeit. Zwischen den Abtaststellen weichen $H_w(f)$ und $H(f)$ voneinander ab. Mit einer Erhöhung der Zahl N der Abtastwerte verringert sich zwar diese Abweichung, der Rechen- bzw. der Realisierungsaufwand steigt jedoch entsprechend.

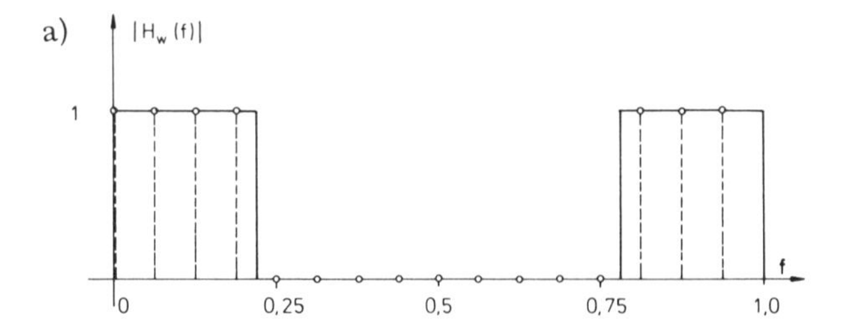

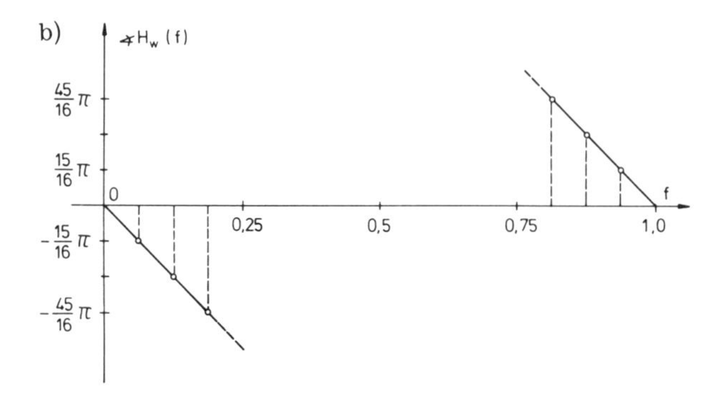

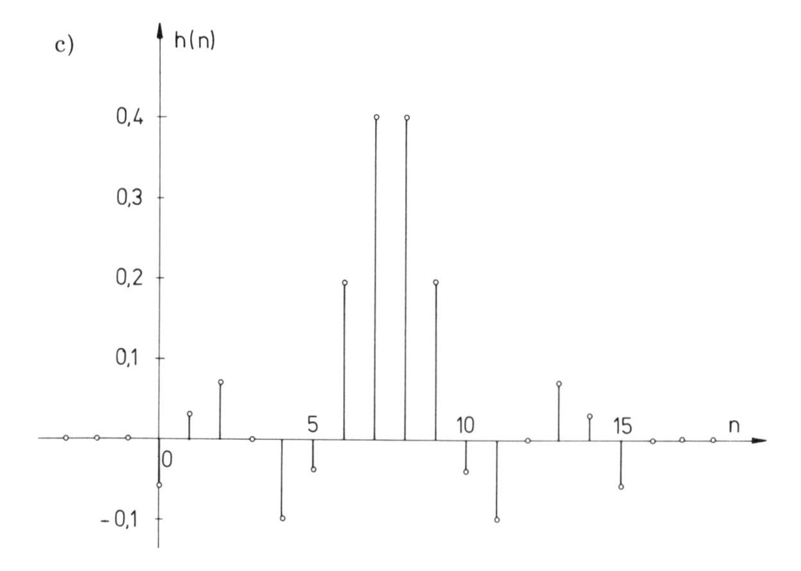

Bild 6.10: Zum Approximationsverfahren mit der Frequenzabtastung am Beispiel eines nichtrekursiven Tiefpasses: a) Amplitudengang, b) Phasengang eines idealen Tiefpasses mit gestrichelt eingezeichneten Abtastwerten, c) Einheitsimpulsantwort, d) Amplitudengang des zugehörigen nichtrekursiven Tiefpasses.

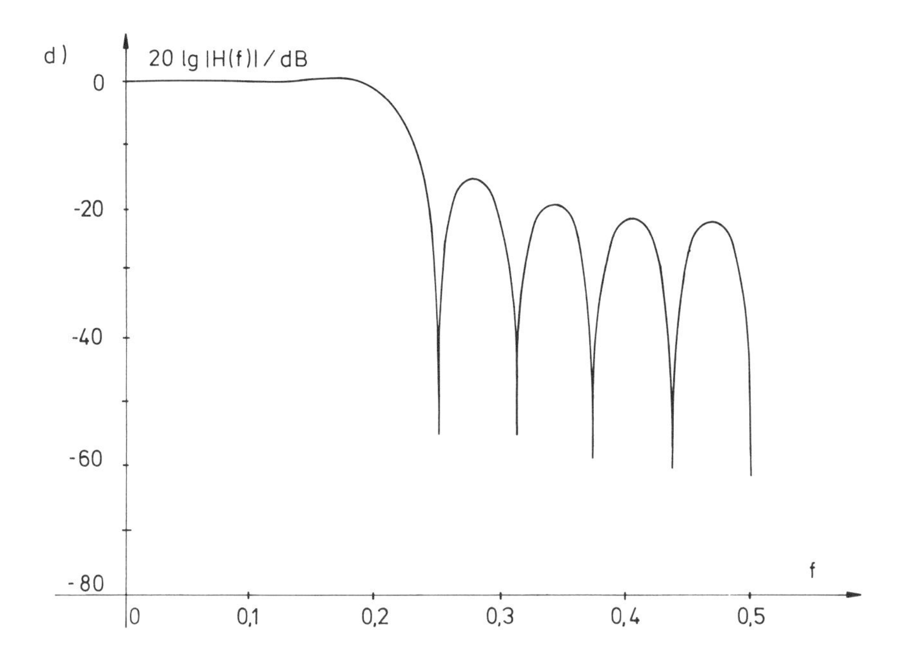

Eine weitaus günstigere Maßnahme zur Reduzierung des Approximationsfehlers $E(f) = H_w(f) - H(f)$ wird im folgenden erklärt: Man nehme in den Übergangszonen jeweils einen oder mehrere Abtastwerte als variabel an. Im Falle eines einzigen variablen Abtastwerts erhält die Übertragungsfunktion die Form

$$H(f) = H'(f) + X \cdot I(f - f_m) \quad ,$$

wobei f_m die Abtaststelle in der Übergangszone, X den variablen Abtastwert an dieser Stelle und H'(f) den restlichen festen Teil von H(f) darstellen. Außer an den Abtaststellen hängt E(f) im gesamten Frequenzbereich von der Variablen X ab. Hieraus ergibt sich eine Möglichkeit der Minimierung der Abweichung E(f) durch eine geeignete Wahl von X. Bilder 6.11a,b,c veranschaulichen das Verfahren am Beispiel eines Tiefpasses. Die Abnahme der Abweichung E(f) für $X = 0{,}45$ sowohl im Durchlaß- als auch im Sperrbereich ist deutlich zu erkennen. Der Übergangsbereich wird allerdings breiter. Den optimalen Wert von X kann man mit Hilfe eines Optimierungsprogramms ermitteln.

Wenn das Approximationsverfahren mit einem variablen Abtastwert nicht das gewünschte Resultat erbringt, kann man durch Hinzunahme eines weiteren variablen Abtastwerts eine nochmalige Verringerung von E(f) erreichen, was allerdings zu einer weiteren Verbreiterung des Übergangsbereichs von H(f) führt. Mit mehreren variablen Abtastwerten wird das Optimierungsverfahren entsprechend komplizierter. Da zwischen der Abweichung E(f) und den variablen Abtastwerten ein

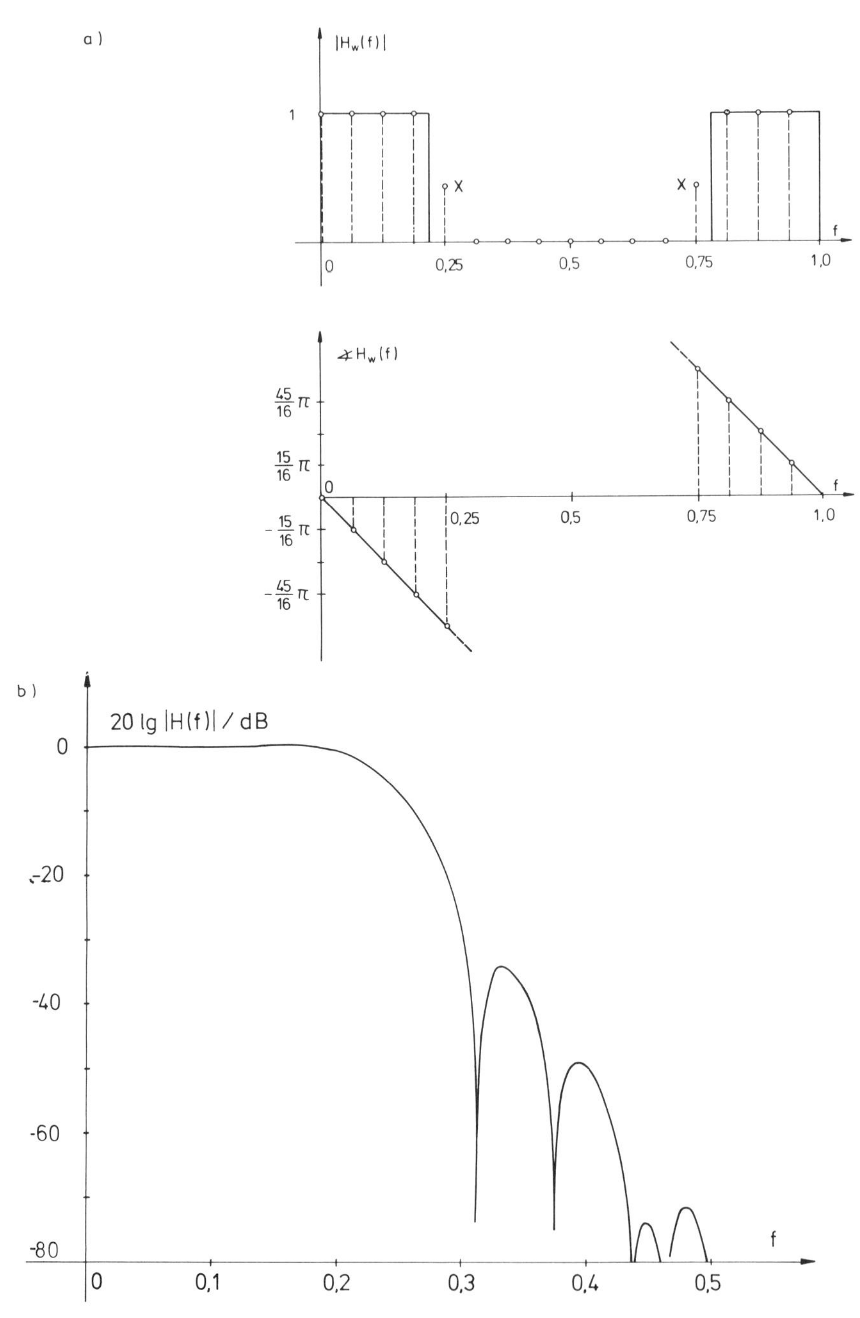

Bild 6.11: Zum Approximationsverfahren nach der Methode der Frequenzabtastung mit einem variablen Abtastwert am Beispiel eines nichtrekursiven Tiefpasses: a) Abtastung der Übertragungsfunktion eines idealen Tiefpasses mit einem variablen Abtastwert X, b) Amplitudengang des nichtrekursiven Tiefpasses für x = 0,45.

linearer Zusammenhang besteht, eignet sich für den Fall mehrerer variabler Abtastwerte das Optimierungsverfahren der linearen Programmierung besonders gut [70].

Das Verfahren der Frequenzabtastung verlangt eine äquidistante Abtastung der Wunschfunktion $H_w(f)$ im Bereich $0 \leq f \leq 1$. Bei selektiven Filtern bestimmt im wesentlichen die Breite der schmalsten Übergangszone eines vorgegebenen Toleranzschemas das Abtastintervall im Frequenzbereich. Die erforderliche Abtastzahl N bzw. die Ordnung des zugehörigen nichtrekursiven Systems ist somit umgekehrt proportional zur Breite der Übergangszone. Bei Filtern mit steilen Dämpfungsflanken können sich daher sehr große Werte für N ergeben.

Das Approximationsverfahren der Frequenzabtastung kann zum Entwurf unterschiedlicher Filtertypen und Systeme angewendet werden. Der Approximationsfehler ist bei diesem Verfahren wie bei dem Verfahren mit Fensterfunktionen über den Frequenzbereich ungleichmäßig verteilt. Bei selektiven Filtern nimmt er i.a. in Richtung der Übergangszone zu.

Die Methode der Frequenzabtastung eignet sich zur gleichzeitigen Approximation von für Amplituden- und Phasengang vorgegebenen Toleranzschemata. In Fällen, in denen lediglich ein Toleranzschema für den Amplitudengang vorgegeben ist, kann man den Amplitudengang mit einem geeigneten Phasengang (e.g. einem linearen) ergänzen und dann das Approximationsverfahren durchführen.

6.2.3 TSCHEBYSCHEFF-Approximationsverfahren

In diesem Abschnitt wird ein Approximationsverfahren für nichtrekursive Systeme mit linearem Phasengang beschrieben, bei dem im Sinne des TSCHEBYSCHEFF-Kriteriums der maximale Approximationsfehler minimiert wird [71], [72] . Als Approximationsergebnis erhält man für selektive Filter jeweils einen Amplitudengang mit einer Welligkeit konstanter Amplitude sowohl im Durchlaß- als auch im Sperrbereich. Das Verfahren wird im folgenden für den Fall einer ungeradzahligen Anzahl von Koeffizienten $N = 2M + 1$ und einer symmetrischen Einheitsimpulsantwort $h(n) = h(N-n)$ erläutert. Entsprechend lassen sich Aussagen auch für andere Fälle in ähnlicher Weise gewinnen. Für die Übertragungsfunktion des nichtrekursiven Systems folgt im genannten Fall aus der Beziehung (6.7a) nach einigen Umformungen:

$$H(f) = e^{-j2\pi Mf} \sum_{n=0}^{M} a(n) \cos(2\pi nf) = H_0(f)\, e^{-j2\pi Mf}$$

mit $a(0) = h(M)$ und $a(n) = 2\,h(M-n)$. Man betrachte im weiteren den reellen Faktor von H(f):

$$H_0(f) = \sum_{n=0}^{M} a_n \cos(2\pi\, nf) \quad .$$

Diese Funktion besitzt einige interessante Eigenschaften. Unter Benutzung trigonometrischer Beziehungen erhält man nach einigen Umformungen hieraus das trigonometrische Polynom

$$H_0(f) = \sum_{n=0}^{M} b_n \cos^n(2\pi\, f) \quad .$$

Die Ableitung von $H_0(f)$ nach f lautet:

$$H_0'(f) = -2\pi\, n\, \sin(2\pi\, f) \sum_{n=0}^{M-1} b_{n+1} \cos^n(2\pi\, f) \quad .$$

$H'(f)$ besitzt wegen des Faktors $\sin(2\pi\, f)$ bei $f = 0$ und $f = 0{,}5$ jeweils eine Nullstelle und außerdem wegen des Polynoms (M-1)ter Ordnung noch maximal (M-1) Nullstellen im Bereich $0 \leq f \leq 0{,}5$. Das Polynom $H_0(f)$ kann folglich (M-1) Extrema im Bereich $0 < f < 0{,}5$ und jeweils ein Extremum bei $f = 0$ bzw. $f = 0{,}5$ besitzen. Bild 6.12 zeigt ein Beispiel des trigonometrischen Polynoms für $M = 6$, dessen Betrag das eingezeichnete Toleranzschema eines Tiefpasses erfüllt. Auch Toleranzschemata anderer Filtertypen können durch derartige Funktionen mit geeignet gewählten Koeffizienten erfüllt werden. Die trigonometrischen Polynome eignen sich somit als Approximationsfunktionen für nichtrekursive selektive Filter.

Die Aufgabe des Approximationsverfahrens mit Hilfe eines trigonometrischen Polynoms besteht darin, die Koeffizienten a_n derart zu bestimmen, daß das Polynom ein vorgegebenes Toleranzschema sowohl im Durchlaßbereich als auch im Sperrbereich im Sinne des TSCHEBYSCHEFF-Kriteriums erfüllt. Die notwendige und hinreichende Bedingung hierfür wird vom Alternantentheorem geliefert. Nach diesem Theorem approximiert ein trigonometrisches Polynom M-ter Ordnung $H_0(f)$ eine auf das Toleranzschema eines selektiven Filters bezogene Wunschfunktion $H_W(f)$ im Sinne des TSCHEBYSCHEFF-Kriteriums dann optimal, wenn die Fehlerfunktion $E(f) = H_0(f) - H_W(f)$ ihren dem Toleranzschema entsprechenden Maximalwert mindestens (M+2)mal alternierend erreicht. Bei einem Tiefpaß berührt die Funktion $H_0(f)$ im Optimalfall alternierend die obere und untere

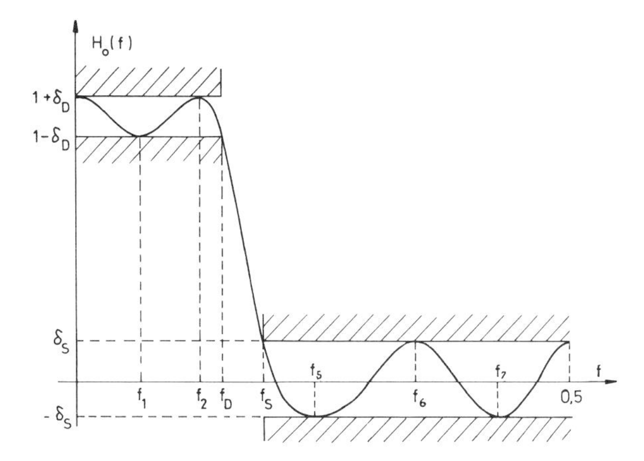

Bild 6.12: Beispiel eines zur Approximation eines Tiefpaß-Toleranzschemas geeigneten trigonometrischen Polynoms.

Toleranzschranke (M-1)mal an ihren Extremstellen im Bereich $0 < f < 0{,}5$, zweimal an den Bandkanten f_D und f_S und einmal an $f = 0$ und/oder $f = 0{,}5$. Die optimale Approximationsfunktion kann das Toleranzschema also (M+2)- oder (M+3)mal berühren [71].

Das auf das Alternantentheorem basierende TSCHEBYSCHEFF-Approximationsverfahren besteht im Fall eines Tiefpasses aus folgenden Schritten:

1) Man definiere für das gegebene Toleranzschema eine Wunschfunktion $H_W(f)$, lege M fest und setze einfachheitshalber $\delta_D = \delta$ und $\delta_S = \frac{1}{K}\delta$.

2) Man wähle schätzungsweise (M+2) Frequenzen $0 \leq f_o \leq f_1 \leq \ldots \leq f_{M+1} \leq 0{,}5$, an denen der Approximationsfehler

$$E(f_i) = H_W(f_i) - \sum_{n=0}^{M} a_n \cos(2\pi n f_i) \quad , \quad i = 0, 1, \ldots , M+1$$

die Extremwerte $\pm\delta$ im Durchlaßbereich und $\pm\frac{1}{K}\delta$ im Sperrbereich alternierend annimmt. Hierbei seien f_D und f_S zwei aufeinanderfolgende Frequenzen; eine weitere Frequenz sei entweder $f = 0$ oder $f = 0{,}5$ und von den übrigen Frequenzen seien ein Teil im Durchlaßbereich und der Rest im Sperrbereich verteilt. Man stelle das folgende Gleichungssystem auf:

$$E(f_o) = \pm\delta, \quad E(f_1) = \mp\delta, \quad \ldots \quad , \quad E(f_L) = \delta, \quad E(f_{L+1} = f_D) = -\delta \; ,$$

$$E(f_{L+2} = f_S) = \frac{1}{K}\delta \; , \quad E(f_{L+3}) = -\frac{1}{K}\delta \; , \quad \ldots \quad , \quad E(f_{M+1}) = \pm\frac{1}{K}\delta \; .$$

Da die Vorzeichen von $E(f)$ an f_D und f_S festliegen, folgen die Vorzeichen von $E(f)$ an anderen Stellen wegen der erforderlichen Alternation zwangsläufig. Man erhält hierdurch (M+2) Gleichungen für die Unbekannte δ und für die (M+1) unbekannten Koeffizienten a_n.

3) Man löse das Gleichungssystem für δ. Falls δ den vorgeschriebenen Wert nicht überschreitet, ist die Approximationsaufgabe für die gewählte Systemordnung M gelöst. Die Einheitsimpulsantwort erhält man durch Lösung des Gleichungssystem für a_n. Zur Minimierung der Systemordnung wiederhole man das Verfahren mit einem kleineren Wert für M.

4) Falls δ den vorgeschriebenen Wert überschreitet, löse man das Gleichungssystem für die Koeffizienten a_n, stelle numerisch die (M-1) Extremstellen von $H_0(f)$ fest und wiederhole das Approximationsverfahren ab 2) mit diesen hier berechneten (M-1) Extremstellen und mit $f = 0$ oder $f = 0{,}5$ sowie mit f_S und f_D als neuem Satz von Stützstellen.

5) Man wiederhole den Iterationsschritt von 4) so oft, bis sich die Extremstellen von einem Iterationsschritt zum nächsten nicht mehr ändern. Für das trigonometrische Polynom $H_0(f)$ ergeben sich dann konstante Welligkeitsamplituden der Höhen δ im Durchlaßbereich und $\frac{1}{K}\delta$ im Sperrbereich. Falls δ den gewünschten Wert überschreitet, wiederhole man das Approximationsverfahren mit einer höheren Systemordnung.

Bild 6.13 veranschaulicht das Verfahren. Im ersten Iterationsschritt wird von den mit (o) gekennzeichneten Frequenzen ausgegangen; $H_o(f)$ erfüllt noch nicht das Toleranzschema. Im zweiten Iterationsschritt werden die Extremstellen von

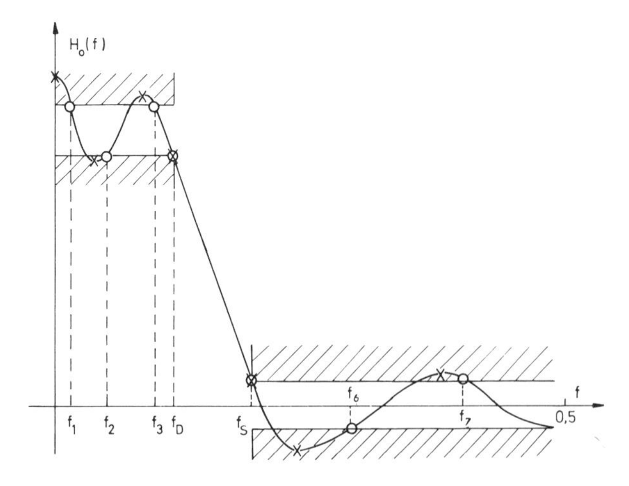

Bild 6.13: Zur TSCHEBYSCHEFF-Approximation eines Tiefpasses mit Hilfe trigonometrischer Polynome.

$H_o(f)$, gekennzeichnet mit (x), als neue Stützstellen herangezogen und geprüft, ob das Toleranzschema von dem sich hieraus ergebenden trigonometrischen Polynom erfüllt wird.

Im oben geschilderten Verfahren wird von vorgegebenen Werten für M, f_D und f_S ausgegangen und die minimale Durchlaßdämpfung δ ermittelt. Man kann auch nach Vorgabe von M, f_D und δ die minimale Sperrgrenzfrequenz f_S bestimmen. Das TSCHEBYSCHEFF-Verfahren nutzt den Spielraum eines Toleranzschemas optimal aus, erfordert jedoch einen relativ großen Rechenaufwand.

6.3 Netzwerkstrukturen und Auswirkungen der Wortlängenreduktion

In diesem Abschnitt werden einige Netzwerkstrukturen für nichtrekursive Systeme angegeben. Die Strukturen entsprechen verschiedenen Darstellungsarten der Systemfunktion. Es werden die Direktstruktur, die Kaskadenstruktur und die Frequenzabtaststruktur beschrieben. Weitere Strukturen ergeben sich e.g. durch die Transposition dieser Strukturen in [73] und [74] findet man eine ausführliche Untersuchung über verschiedene Strukturen nichtrekursiver Systeme.

6.3.1 Direktstrukturen

Aus der Polynomform der Systemfunktion eines nichtrekursiven Systems

$$H(z) = \sum_{k=0}^{N-1} h(k)\, z^{-k}$$

läßt sich unmittelbar die in Bild 6.14 a dargestellte Netzwerkstruktur angeben. Diese Struktur entspricht unmittelbar der diskreten Faltung (3.4).

Wegen der für die technische Realisierung erforderlichen Wortlängenreduktion bei den Koeffizienten erfährt die Übertragungsfunktion eines nichtrekursiven Systems mit der Direktstruktur Veränderungen, insbesondere im Sperrbereich, die auf Verschiebungen der Nullstellen der Systemfunktion zurückzuführen sind. Ein ursprünglich erfülltes Toleranzschema kann nach der Wortlängenreduktion verletzt werden. Da es zur Bestimmung der erforderlichen Minimalwortlänge der Koeffizien-

a)

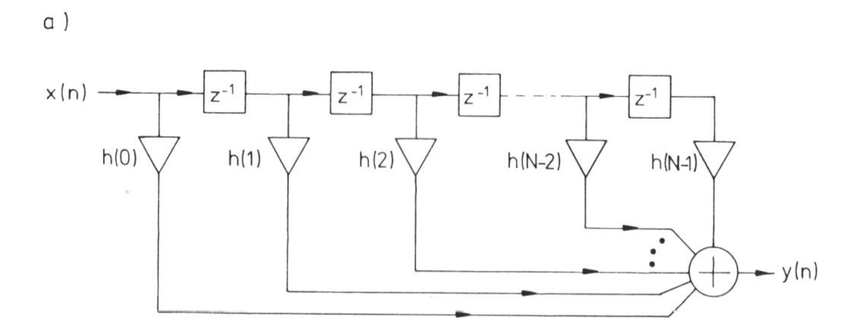

b)

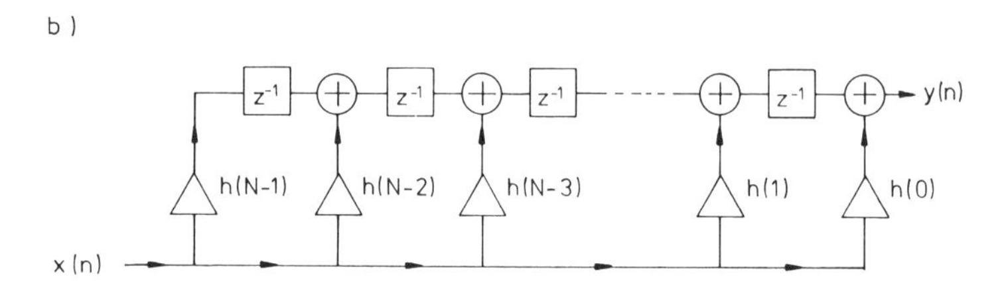

Bild 6.14: a) Direktstruktur nichtrekursiver Systeme und b) die entsprechende transponierte Struktur.

ten noch keine allgemeingültigen Beziehungen gibt, muß die Minimalwortlänge in jedem Anwendungsfall durch numerische Auswertung der Übertragungsfunktion mit verkürzter Koeffizientenwortlänge ermittelt werden. Eine Erhöhung der Systemordnung führt hier wie im Falle rekursiver Systeme zu einer entsprechenden Verkleinerung der notwendigen Minimalwortlänge.

Gültigkeit des Rauschmodells vorausgesetzt, ist die Varianz des Ausgangsrauschens δ_ϵ^2 bei der Direktstruktur gleich der Summe der Varianzen der N untereinander unkorrelierten Rundungsrauschen. Mit q als LSB-Wertigkeit eines Produkts folgt demnach für die Varianz des Ausgangsrauschens $\delta_\epsilon^2 = \frac{N}{12}\, q^2$.

Signalverzerrungen aufgrund von Zahlenbereichsüberschreitungen lassen sich vermeiden, indem man das Eingangssignal in geeigneter Weise skaliert. Für die Direktstruktur mit der ZKD ist nur ein einziger Skalierungsfaktor in bezug auf den Netzwerkausgang erforderlich. Als Skalierungsart kann man je nach Art des Eingangssignals eine der in Abschnitt 5.3.1 angegebene wählen.

Durch Transposition der Direktstruktur erhält man eine weitere in Bild 6.14b dargestellte Struktur.

6.3.2 Direktstrukturen mit linearem Phasengang

Die Einheitsimpulsantwort eines nichtrekursiven Systems mit linearem Phasengang ist entweder symmetrisch oder antisymmetrisch (cf. Abschnitt 6.1):

$$h(n) = \pm\, h(N-1-n) \quad .$$

In diesen Fällen erhält man für die Systemfunktion die Darstellung

$$H(z) = \sum_{n=0}^{\frac{N}{2}-1} h(n) \left(z^{-k} \pm z^{-(N-1-n)} \right)$$

für ein geradzahliges N und

$$H(z) = h\left(\frac{N-1}{2}\right) z^{-\frac{N-1}{2}} + \sum_{k=0}^{\frac{N-3}{2}} h(k) \left(z^{-k} \pm z^{-(N-1-k)} \right)$$

für ein ungeradzahliges N. Bilder 6.15a,b zeigen, den beiden obigen Darstellungsarten von H(z) entsprechend, zwei Direktstrukturen mit linearem Phasengang. Im Vergleich zu den Direktstrukturen von Bild 6.14 erfordern die Strukturen mit linearem Phasengang weniger Multiplikationen und verhalten sich demzufolge günstiger hinsichtlich des Rundungsrauschens als die Direktstrukturen. Um Signalverzerrungen aufgrund von Zahlenbereichsüberschreitungen zu vermeiden, müssen Skalierungsmaßnahmen bezüglich aller Addiererausgänge getroffen werden.

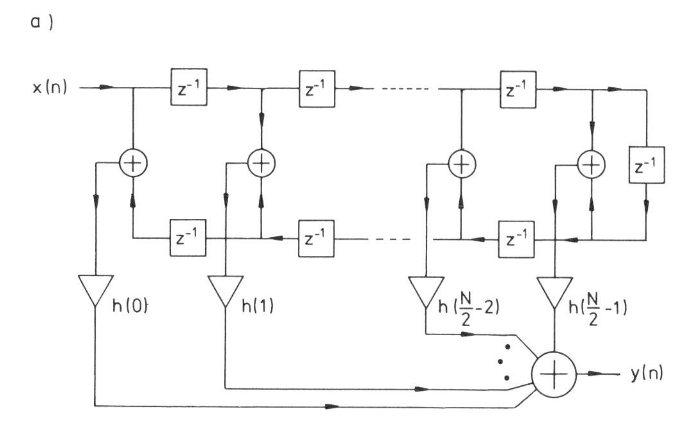

Bild 6.15: Direktstruktur nichtrekursiver Systeme mit linearem Phasengang a) für eine geradzahlige und b) für eine ungeradzahlige Ordnung N.

b)

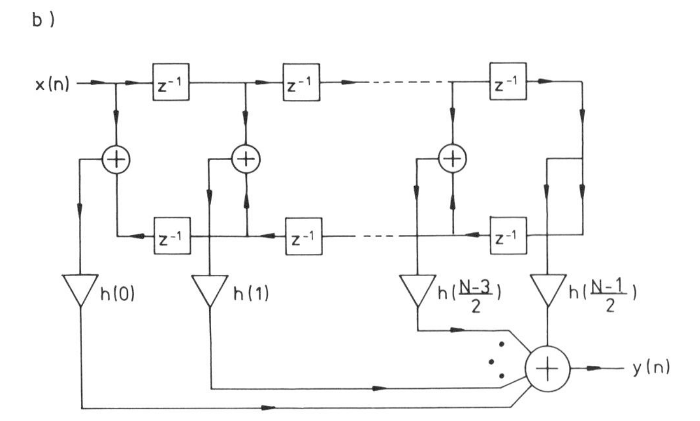

6.3.3 *Kaskadenstruktur*

Entsprechend der Produktform der Systemfunktion eines nichtrekursiven Systems

$$H(z) = \prod_{k=1}^{M} (a_k + b_k z^{-1} + c_k z^{-2})$$

erhält man die in Bild 6.16 dargestellte Kaskadenstruktur. Sie besteht aus Hintereinanderschaltung M nichtrekursiver Systeme 2. Ordnung. Jedes Teilsystem erfaßt i.a. ein konjugiert komplexes Nullstellenpaar von H(z). Teilsysteme 1. Ordnung werden als Spezialfälle Systeme 2. Ordnung berücksichtigt. Bei der Kaskadenstruktur mit linearem Phasengang läßt sich die Anzahl der Multiplikationen durch Zusammenfassung von Teilsystemen 2. Ordnung mit bezüglich des Einheitskreises spiegelbildlich liegenden Nullstellenpaaren zu jeweils einem Teilsystem 4. Ordnung reduzieren.

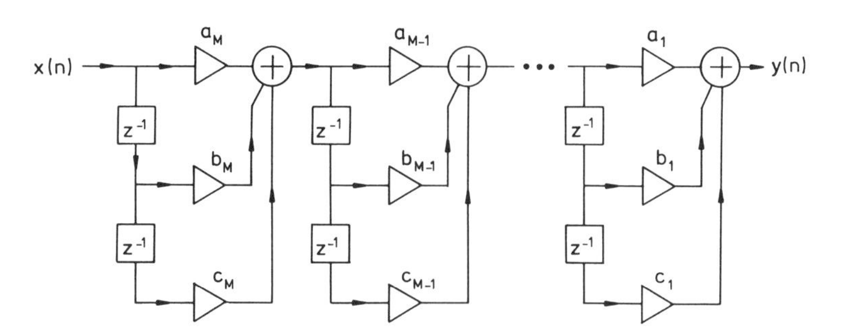

Bild 6.16: Kaskadenstruktur nichtrekursiver Systeme.

Bezüglich der Wortlängenreduktion bei Koeffizienten zeigt die Kaskadenstruktur mit linearem Phasengang im Vergleich zur entsprechenden Direktstruktur im Sperrbereich eine geringere, im Durchlaßbereich jedoch eine höhere Empfindlichkeit [72].

Das Ausgangsrauschsignal jedes Teilsystems wird von den folgenden Teilsystemen verarbeitet. Für die Varianz des Ausgangsrauschens eines jeden Teilsystems gilt

$$\delta_k^2 = \frac{3}{12} q^2$$

mit q als die LSB-Wertigkeit eines Produkts. Mit $H_k(z)$ als Systemfunktion eines k-ten Teilsystems erhält man für die Varianz des Ausgangsrauschens des Gesamtsystems

$$\sigma_\epsilon^2 = \frac{1}{4} q^2 \left(1 + \sum_{n=1}^{M-1} \left(\int_{-0,5}^{0,5} \prod_{k=1}^{n} |H_k(f)|^2 \, df \right) \right) .$$

Es ist ersichtlich, daß die Reihenfolge der Teilsysteme das Ausgangsrauschen beeinflußt. Hieraus ergibt sich eine Optimierungsmöglichkeit der Kaskadenstruktur hinsichtlich des Rundungsrauschens.

Zur Vermeidung von Signalverzerrungen infolge von Zahlenbereichsüberschreitungen muß das Eingangssignal bezüglich jeden Addiererausgangs in geeigneter Weise skaliert werden.

6.3.4 Frequenzabtaststruktur

Mit Hilfe von N äquidistanten Abtastwerten der Systemfunktion H(z) eines nichtrekursiven Systems auf dem Einheitskreis

$$H(k) = H(z)\Big|_{z = e^{j \frac{2\pi}{N} k}} , \quad k = 0, 1, \ldots , N-1$$

erhält man für H(z) die Darstellung (6.14)

$$H(z) = \frac{1}{N} (1 - z^{-N}) \sum_{k=0}^{N-1} \frac{H(k)}{1 - e^{j \frac{2\pi}{N} k} z^{-1}} .$$

Sie entspricht der Hintereinanderschaltung eines nichtrekursiven Teilsystems mit der Systemfunktion $(1 - z^{-N})$ und der Parallelschaltung von N rekursiven Systemen 1. Ordnung mit der Systemfunktion

$$H_k(z) = \frac{H(k)/N}{1 - z_{\infty k}\, z^{-1}} \;, \quad k = 0, 1, \ldots, N-1 \quad \text{mit} \quad z_{\infty k} = e^{j\frac{2\pi k}{N}} \;.$$

Die Teilsysteme besitzen Polstellen auf dem Einheitskreis. Aus Stabilitätsgründen verschiebt man die Polstellen geringfügig ins Innere des Einheitskreises, indem man $z_{\infty k} = a\, e^{j\frac{2\pi k}{N}}$, $a \lessapprox 1$ wählt. Bild 6.17 zeigt die entsprechende Netzwerkstruktur, deren Koeffizienten i.a. komplexwertig sind. Durch Zusammenfassung von jeweils zwei Termen mit konjugiert komplexen Abtastwerten der Systemfunktion erhält man eine Frequenzabtaststruktur mit reellen Koeffizienten, deren rekursiver Teil aus einer Parallelschaltung rekursiver Systeme 2. Ordnung besteht [32]. Hierdurch erfolgt eine Reduzierung der Anzahl der Multiplikationen.

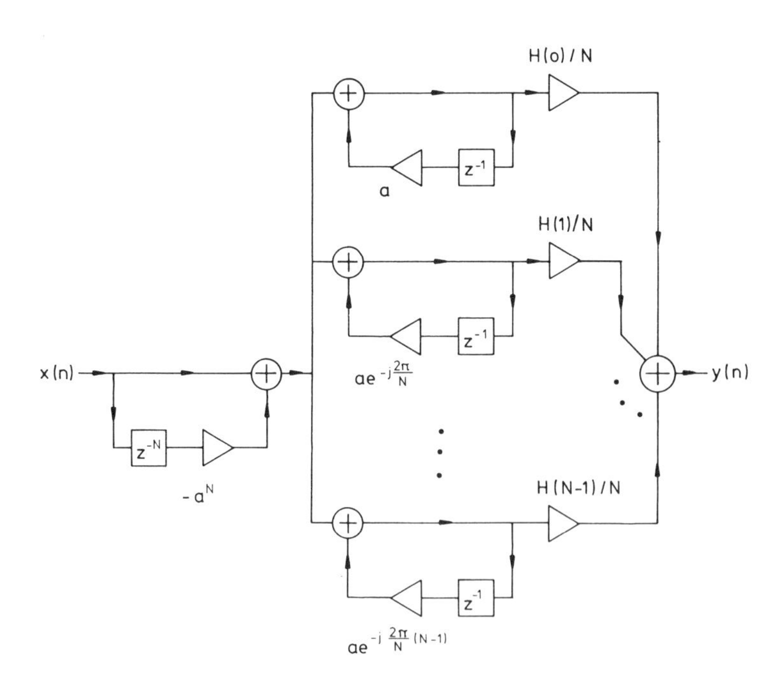

Bild 6.17: Frequenzabtaststruktur.

Die Frequenzabtaststruktur bringt Vorteile bei der Realisierung schmalbändiger selektiver Filter, weil bei ihnen viele Abtastwerte der Systemfunktion $H(k)$ gleich Null gesetzt und daher eine entsprechende Anzahl von Teilsystemen weggelassen werden können.

Bei der Frequenzabtaststruktur treten die gleichen Probleme bezüglich der begrenzten Wortlängen auf wie bei rekursiven Netzwerken, da sie rekursive Teilsysteme enthält. Insbesondere geht die Eigenschaft der absoluten Stabilität nichtrekursiver Systeme verloren.

6.4 Schnelle Faltung

Ein nichtrekursives System mit der Direktstruktur (Bild 6.14a) wertet die diskrete Faltung.

$$y(n) = \sum_{k=0}^{N-1} h(k)\, x(n-k) \tag{6.16}$$

direkt im Zeitbereich aus, wobei $h(n)$ die Einheitsimpulsantwort des Systems und $x(k)$, $k = 0, 1, \ldots , N-1$ einen Ausschnitt des Eingangssignals darstellen. Die Auswertung eines einzigen Werts des Ausgangssignals $y(n)$ erfordert N Multiplikationen. Eine Reduzierung der Anzahl der Multiplikationen erreicht man durch Auswertung der diskreten Faltung im Frequenzbereich mit Hilfe der schnellen FOURIER-Transformation (FFT), und zwar unter Anwendung des im folgenden erläuterten Faltungssatzes.

Faltungssatz der DFT: $x_1(n)$ und $x_2(n)$, $n = 0, 1, \ldots , N-1$, seien zwei Signale endlicher Länge und $x_{1p}(n)$, $x_{2p}(n)$ zwei durch periodische Fortsetzung von $x_1(n)$ bzw. $x_2(n)$ entstehende periodische Signale der Periode N. $X_1(k)$, $X_2(k)$, $k = 0, 1, \ldots , N-1$ seien die DFT-Koeffizienten von $x_1(n)$ bzw. $x_2(n)$: $X_1(k) \bullet\!\!-\!\!\circ\, x_1(n)$, $X_2(k) \bullet\!\!-\!\!\circ\, x_2(n)$.

Die inverse DFT, angewendet auf das Produkt $X_3(k) = X_1(k)\, X_2(k)$, ergibt nach Aussage des Faltungssatzes der DFT die Folge

$$x_3(n) = \sum_{k=0}^{N-1} x_{1p}(k)\, x_{2p}(n-k) \quad , \quad -\infty \leq n \leq \infty$$

$$= x_{1p}(n) \circledast x_{2p}(n) \tag{6.17}$$

$x_3(n)$ entsteht durch Faltung der periodischen Signale $x_{1p}(n)$ und $x_{2p}(n)$. Die Beziehung (6.17) wird als zyklische Faltung von $x_1(n)$ und $x_2(n)$ bezeichnet [3]. Zur Unterscheidung hiervon wird die Beziehung (6.16) oft lineare diskrete Faltung zweier Signale genannt. Bild 6.18 verdeutlicht den Unterschied der linearen und der zyklischen Faltung anhand eines Beispiels. Die Signale $x_1(n)$ und $x_2(n)$ besitzen die Länge N = 8, und für $n \leqq 0$, $n \geqq 8$ nehmen sie den Wert Null an (Bild 6.18a). Die lineare Faltung ergibt ein Signal der Länge N = 16 (Bild 6.18b). Das Ergebnis der zyklischen Faltung hängt von der Periode der Signale $x_{1p}(n)$ und $x_{2p}(n)$ ab. Mit der Periode 12 weicht das Ergebnis der zyklischen von dem der linaren Faltung teilweise ab (Bild 6.18c) und mit der Periode 16 gibt die zyklische Faltung innerhalb einer Periode exakt das Ergebnis der linearen Faltung wieder (Bild 6.18d). Die zyklische Faltung ist in den Bildern 6.18c,d durch $\circledast$ symbolisiert.

Der Faltungssatz der DFT kann unter Benutzung der FFT zu einer indirekten Realisierung nichtrekursiver Systeme im Frequenzbereich angewendet werden [75]. Das Eingangssignal $x(n)$ wird hierzu in aufeinanderfolgende Segmente der Länge L,

$$x_m(n) = x(n + mL) \quad , \quad m = 0, 1, \ldots \quad , \quad n = 0, 1, \ldots , L-1$$

aufgeteilt. Die Systemantwort auf das Eingangssignal $x(n)$ erhält man durch Überlagerung der Systemantworten auf die einzelnen Segmente. Die Systemantwort $y_m(n)$ auf ein Segment $x_m(n)$ erhält man durch die lineare Faltung

$$y_m(n) = \sum_{k=0}^{N-1} x_m(k)\, h(n-k) \tag{6.18}$$

mit der Einheitsimpulsantwort $h(n)$ der Länge N. Die Gleichung (6.18) wird mit Hilfe der FFT unter Beachtung des Faltungssatzes der DFT ausgewertet: Zur Gewinnung der gewünschten linearen Faltung aus der dem Faltungssatz zugrunde liegenden zyklischen Faltung werden $h(n)$ und jedes Segment $x_m(n)$ zunächst mit Nullen auf die Länge $M = L + N$ aufgefüllt. Die so entstehenden Folgen $h'(n)$ und $x_m'(n)$ werden mit Hilfe der FFT in den Frequenzbereich transformiert. Die DFT-Koeffizienten von $x_m'(n)$ werden mit den nur einmal zu berechnenden DFT-Koeffizienten von $h'(n)$ elementenweise multipliziert,und das Ergebnis wird mit Hilfe der IDFT bzw. der inversen FFT wieder in den Zeitbereich zurücktransformiert. Die resultierenden Zeitsignale $y_m'(n)$, $m = 0, 1, \ldots$ sind zwar Ergebnisse jeweils einer zyklischen Faltung von $x_m'(n)$ mit $h'(n)$, sie entsprechen jedoch im Bereich $0 \leqq n \leqq M-1$ dem Ergebnis $y_m(n)$ der linearen Faltung von $x_m(n)$ mit $h(n)$. Die Ausgangsfolge $y(n)$ des Systems erhält man durch Überlagerung der Teilfolgen $y_m(n)$. Da diese die Länge $M = N + L$ haben, müssen bei der Überlagerung je zwei aufeinanderfolgende Teilfolgen um N Elemente überlappt werden.

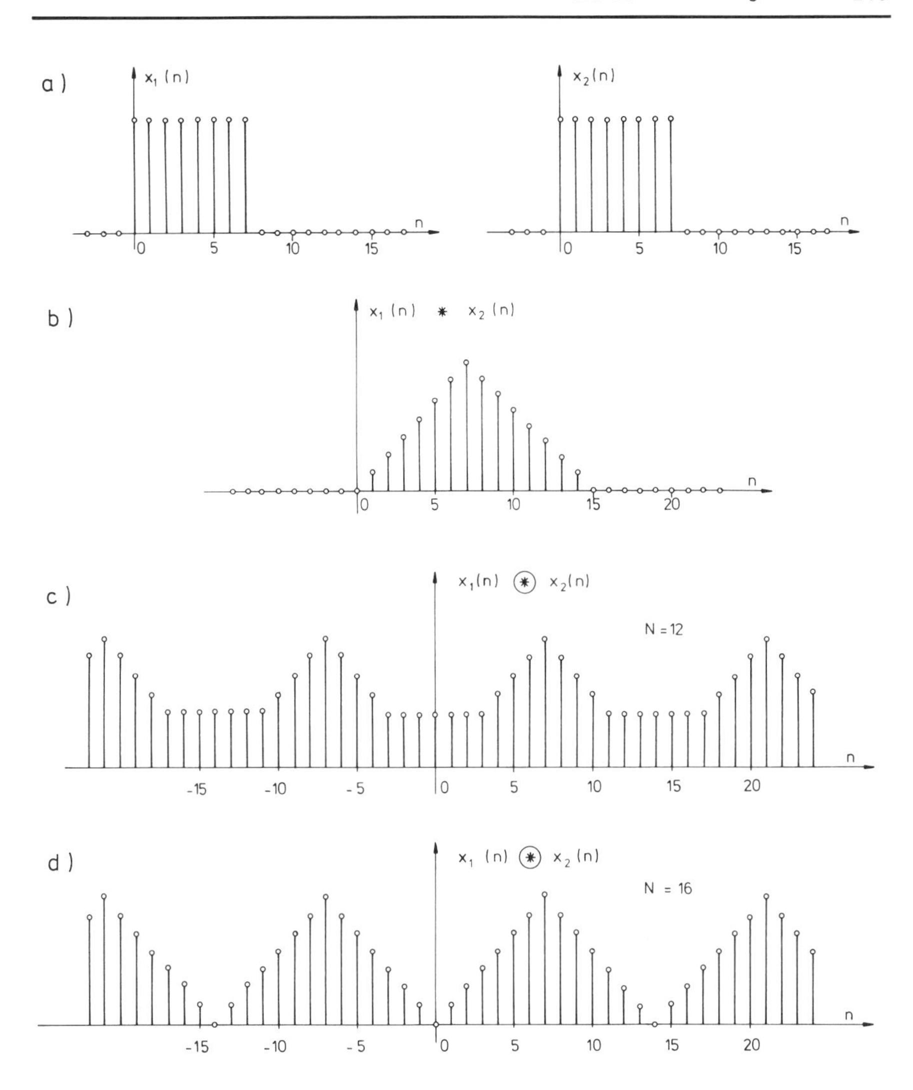

Bild 6.18: a) Zwei aperiodische Folgen, b) ihre lineare Faltung, c) ihre zyklische Faltung für $N = 12$, d) ihre zyklische Faltung für $N = 16$.

Das oben beschriebene Verfahren ist als schnelle Faltung bekannt. Hierbei erzielt man aufgrund der Anwendung der FFT eine von den Längen der Einheitsimpulsantwort und der Signalsegmente abhängige Verringerung der Multiplikationsanzahl im Vergleich zu der direkten Auswertung der diskreten Faltung. In [75] findet man eine Alternativlösung für die schnelle Faltung.

7. Realisierung digitaler Systeme

Zur Realisierung eines digitalen Systems bildet der Signalflußgraph bzw. das Blockschaltbild des zugehörigen Netzwerks den Ausgangspunkt. Sie enthalten Informationen über die Art und Reihenfolge der erforderlichen arithmetischen Operationen sowie über den Datentransfer im Netzwerk und können softwaremäßig (als Rechnerprogramme), hardwaremäßig (in festverdrahteter Form) oder teils software-, teils hardwaremäßig realisiert werden.

In diesem Kapitel wird zunächst die softwaremäßige Realisierung bzw. die Simulation digitaler Systeme mit Hilfe eines Universalrechners behandelt. Anschließend werden auf die hardwaremäßige Systemrealisierung eingegangen und einige (schaltungstechnische) Systemkomponenten beschrieben. Ferner werden verschiedene Betriebsarten in der Hardwarerealisierung, nämlich der Seriell-, der Parallel-, der Multiplex- und der Pipelinebetrieb behandelt. Durch Wahl einer günstigen Betriebsart oder durch Kombination mehrerer Betriebsarten erreicht man eine optimale Ausnutzung des Hardwareaufwands. Es folgt ein Abschnitt über den Einsatz von Mikroprozessoren, insbesondere der mikroprogrammierbaren, zur teils hardware-, teils softwaremäßigen Systemrealisierung und speziell zur Lösung von Steuerungsaufgaben. Schließlich wird die Hardwarerealisierung eines Systems mit der sog. verteilten Arithmetik behandelt, die im Vergleich zu den herkömmlichen Realisierungsarten den Vorteil aufweist, daß sie keine Multiplizierer benötigt und daher einen niedrigeren Realisierungsaufwand erfordert.

Die genannten Realisierungsarten unterscheiden sich hinsichtlich des Realisierungsaufwands, der Verarbeitungsgeschwindigkeit und des Flexibilitätsgrads. Für die Echtzeitverarbeitung ist die Universalrechner-Realisierung wegen der geringen Verarbeitungsgeschwindigkeit i. a. ungeeignet. Mit einer festverdrahteten Systemrealisierung erreicht man zwar sehr hohe Verarbeitungsgeschwindigkeiten, der Realisierungsaufwand steigt jedoch entsprechend an. Die Anwendung mikroprogrammierbarer Mikroprozessoren stellt eine günstige Kompromißlösung bezüglich des Hardwareaufwands und der Verarbeitungsgeschwindigkeit dar und zeichnet sich ferner durch einen hohen Grad an Flexibilität aus.

7.1 Rechnergestützte Simulation

Die Realisierung bzw. die Simulation eines digitalen Systems mit Hilfe eines Universalrechners eignet sich in Fällen, in denen das zu verarbeitende Signal in einem Speichermedium (Magnetband, Magnetplatte etc.) abgespeichert vorliegt (off-line-Betrieb). Digitale Systeme können hierbei unter Benutzung der relativ großen Wortlänge eines Universalrechners mit hoher Genauigkeit realisiert werden, so daß die Effekte der begrenzten Wortlängen hier i.a. keine Schwierigkeiten bereiten.

Die Simulation digitaler Systeme auf Universalrechnern eignet sich ferner zur Voruntersuchung von hardwaremäßig zu realisierenden Systemen mit endlichen Wortlängen, und zwar insbesondere in Hinblick auf verschiedene Effekte der begrenzten Wortlängen:

a) Nach der Wortlängenreduktion von Koeffizienten einer Systemfunktion muß geprüft werden, ob die Übertragungsfunktion des Systems mit den wortlängenreduzierten Koeffizienten das ursprünglich vorgegebene Toleranzschema noch erfüllt. Hierzu kann die Übertragungsfunktion mit dem wortlängenreduzierten Koeffizienten entweder aus den zugehörigen analytischen Beziehungen oder nach der Simulation des Systems im Zeitbereich in einem ausreichend dichten Frequenzraster ermittelt und auf die Erfüllung des Toleranzschemas geprüft werden.

b) Zur Untersuchung des Ausgangsrauschens, das durch Analog-Digital-Umsetzung (Quantisierungsrauschen) sowie durch Wortlängenreduktion von Produkten innerhalb eines digitalen Netzwerks (Rundungsrauschen) entsteht, kann man Beziehungen benutzen, die sich aus dem Rauschmodell des Netzwerks ergeben. Diese Beziehungen erfordern viele Rechenschritte und lassen sich am einfachsten mit Hilfe eines Rechners auswerten. Eine andere Möglichkeit hierzu ist die direkte Analyse des Ausgangsrauschens bei der Simulation des Systems im Zeitbereich.

c) Die Untersuchung eines digitalen Systems hinsichtlich Grenzzyklen und Überlaufsschwingungen erfordert in den meisten Fällen eine Simulation des Systems im Zeitbereich. Mit der Simulation kann die Entstehung derartiger Selbstschwingungen bei verschiedenen Eingangssignalen, Anfangsbedingungen, Zahlendarstellungen etc. geprüft werden.

Zwecks Simulation eines digitalen Systems im Zeitbereich kann man aus dem Blockschaltbild seines Netzwerks bzw. aus seiner Zustandsgleichung zunächst ein Flußdiagramm für ein entsprechendes Hauptprogramm ableiten. Mit dem Hauptprogramm läßt sich das System im Zeitbereich ohne Berücksichtigung der Effekte der begrenzten Wortlänge untersuchen.

Beispiel:

Für das in Bild 7.1a dargestellte rekursive System 2. Ordnung in der Direktstruktur II werde ein Flußdiagramm entworfen. Mit der Hilfsgröße w(n) kann das Netzwerk durch folgende zwei Differenzengleichungen beschrieben werden:

$$w(n) = x(n) + a_1 w(n-1) + a_2 w(n-2) \quad ,$$

$$y(n) = b_0 w(n) + b_1 w(n-1) + b_2 w(n-2) \quad .$$

Für die Eingangsgröße x(n), die Ausgangsgröße y(n) und die Zustandsgrößen w(n), w(n-1) und w(n-2) werden der Reihenfolge nach die Variablen X, Y, W_0, W_1 und W_2 gewählt. Bild 7.1b zeigt das entsprechende Flußdiagramm. Die Zustandsvariablen W_1 und W_2 sind zu Anfang des Programms gleich Null gesetzt. Man könnte auch von anderen Anfangsbedingungen ausgehen. Das Programm wertet die Systemgleichung N mal aus. Anhand dieses Programms läßt sich e.g. die Einheitsimpulsantwort des Systems ermitteln, indem man hier $x(n) = \delta(n)$ einsetzt.

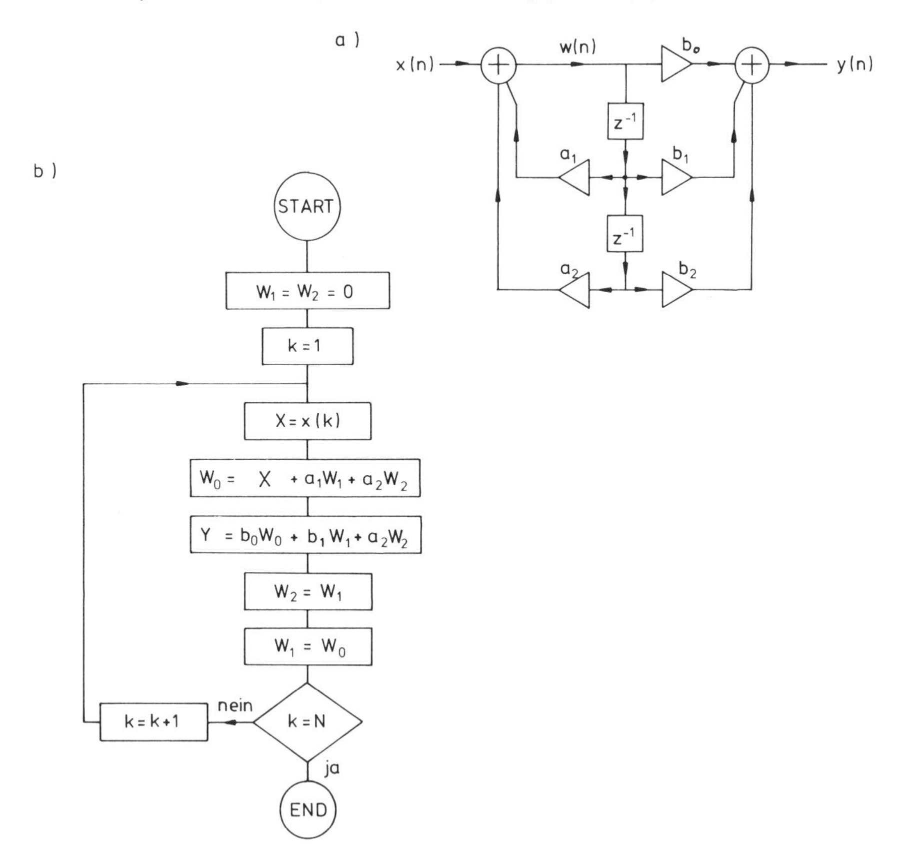

Bild 7.1: a) System 2. Ordnung in der Direktstruktur II, b) Flußdiagramm zur Simulation des Systems von a).

Zur Berücksichtigung der Effekte der begrenzten Wortlängen im Hauptprogramm können Operationen, die mit der Wortlängenbegrenzung zusammenhängen, e.g. die Analog-Digital-Umsetzung, die verschiedenen binären Zahlendarstellungen für die Zustandsgrößen, die Überlaufscharakteristiken der Additionen sowie die verschiedenen Arten der Wortlängenreduktion von Produkten (Runden, Abschneiden), softwaremäßig simuliert und als Unterprogramme eingesetzt werden. Eine Möglichkeit der Simulation der Effekte der begrenzten Wortlänge besteht in der direkten Darstellung der eingehenden Größen als BOOLsche Größen und der softwaremäßigen Nachbildung der zur Durchführung der arithmetischen Operationen erforderlichen logischen Operationen. Dieser Weg erfordert jedoch oft einen zu hohen Rechenaufwand. Ein günstigerer Weg ist die Simulation der genannten Operationen im Dezimalsystem. Hierbei werden die eingehenden binären Größen unter Beachtung der gewählten Zahlendarstellung sowie der Wortlängenbegrenzung als (gebrochene) Dezimalzahlen dargestellt und die Eigenschaften der gewählten Zahlendarstellung und der Arithmetik softwaremäßig realisiert. Dieses Verfahren wird im folgenden näher beschrieben [76].

Die Simulation der Analog-Digital-Umsetzung der wertkontinuierlichen Eingangsgröße $x(n)$ sowie die Simulation der Binärdarstellung der wertkontinuierlichen Koeffizienten erfolgt mit dem gleichen Befehlssatz, da sowohl das Eingangssignal als auch die Koeffizienten in einem Rechner i.a. als Dezimalzahlen vorliegen. Die VBD einer gebrochenen Dezimalzahl d $(|d| < 1)$ mit w bits für den Betrag und der LSB-Wertigkeit 2^{-w} erhält man mit der Anweisungsfolge

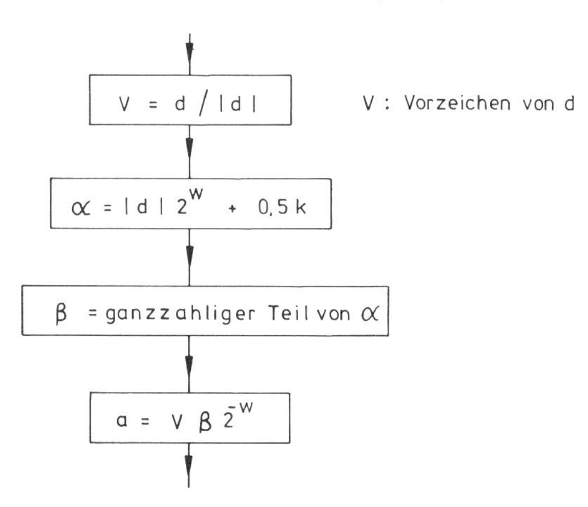
V = d / | d |
V : Vorzeichen von d
α = | d | 2^w + 0,5 k
β = ganzzahliger Teil von α
a = V β 2^-w

$k = 1$ entspricht der Rundung und $k = 0$ dem Abschneiden von d auf die Wortlänge w in der VBD. a ist zwar wieder eine Dezimalzahl, entspricht jedoch in ihrem Wert exakt der gewünschten VBD der Zahl d.

Das Zweierkomplement a_2 einer Dezimalzahl d $(|d| < 1)$ mit der Gesamtwortlänge $w + 1$ und der LSB-Wertigkeit 2^{-w} erhält man aus der VBD von d, hier mit a bezeichnet, durch eine Abfrage hinsichtlich des Vorzeichens von a und eine weitere Anweisung, die der Bildungsvorschrift der ZKD entspricht,

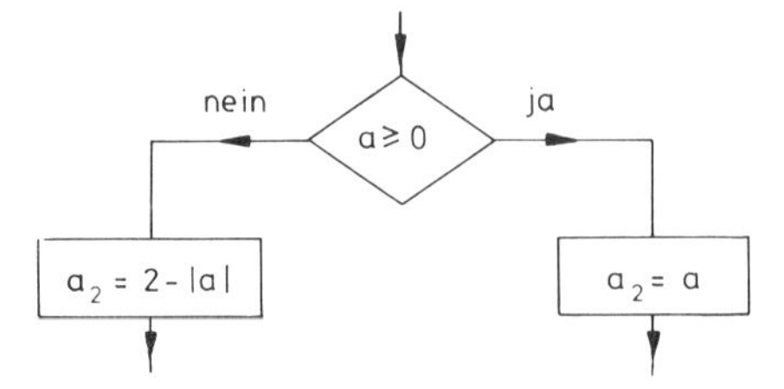

Die Umwandlung einer Zweierkomplementzahl a_2 mit $|a| \leq 1$ in die entsprechende Vorzeichen-Betrag-Zahl a erhält man wie folgt:

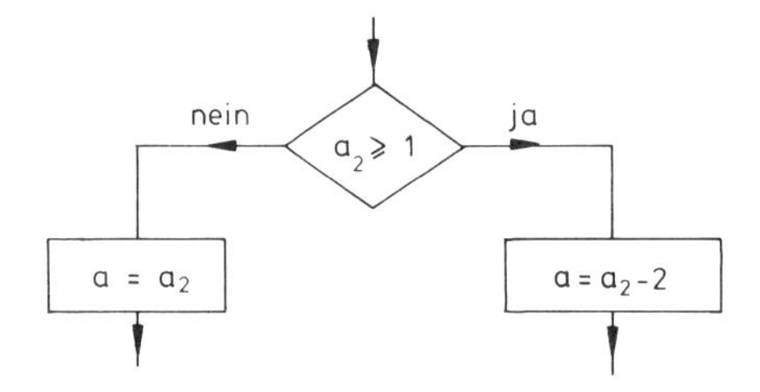

Die Simulation der binären Darstellung des Eingangssignals sowie der Koeffizienten eines Netzwerks sollte am Anfang eines Simulationsprogramms in der oben geschilderten Weise erfolgen.

Die im Laufe des Programms auftretenden Additionen und Subtraktionen zweier Zahlen in der VBD werden in der für Dezimalzahlen üblichen Weise ausgeführt. Unter Verwendung der ZKD für alle eingehenden Größen kommen nur Additionen vor. Die Simulation der Überlaufscharakteristik der Addition zweier Zahlen in der VBD erhält man wie folgt:

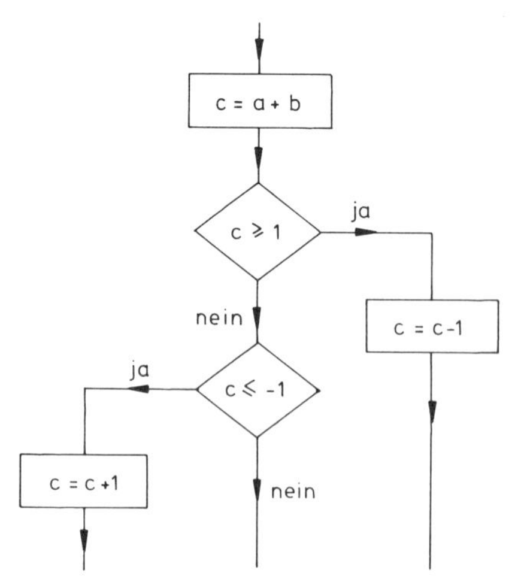

Im Falle der Addition zweier Zweierkomplementzahlen $c_2 = a_2 + b_2$ kann die Überlaufskennlinie der ZKD dadurch simuliert werden, daß nach Auftreten eines Überlaufs bei c_2, i.e. $c_2 \geq 2$, die Zahl 2 von c_2 abgezogen wird:

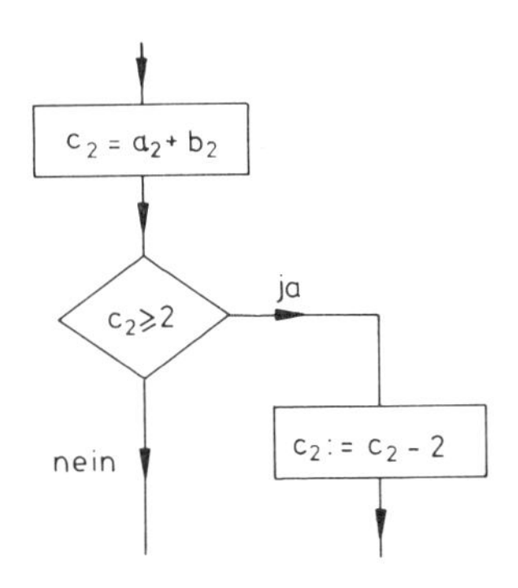

Die Multiplikation zweier Zahlen in der VBD erfolgt in der für Dezimalzahlen üblichen Weise. Das Produkt zweier Zahlen in der ZKD erhält man am einfachsten, indem man die Zahlen zunächst in Vorzeichen-Betrag-Zahlen umwandelt, die Multiplikation ausführt und das Produkt wieder in Zweierkomplementzahlen zurückverwandelt. Falls eine Zahl größer als eins ist, muß das Produkt auf einen möglichen Überlauf untersucht werden.

Die Operation der Wortlängenreduktion eines Produkts p zweier Vorzeichen-Betrag-Zahlen durch Rundung oder Abschneiden kann durch die bereits oben angegebene Anweisungsfolge zur Simulation der VBD einer Dezimalzahl mit einer endlichen Wortlänge simuliert werden. Man ersetze dort d durch das ungerundete Produkt p und setze für w und q die Wortlänge bzw. die LSB-Wertigkeit des wortlängenreduzierten Produkts sowie je nach Art der Wortlängenreduktion $k = 1$ für die Rundung oder $k = 0$ für das Abschneiden ein. Falls das Produkt eine Zweierkomplementzahl ist, muß es vor der Rundung zunächst in eine Vorzeichen-Betrag-Zahl umgewandelt werden. Das Abschneiden des Produkts wird jedoch direkt durchgeführt.

Mit der Simulation der Wortlängenreduktion von Produkten lassen sich das Rundungsrauschen sowie die Entstehung von Grenzzyklen und mit der Simulation der Überlaufscharakteristik bei Additionen Überlaufsverzerrungen und Überlaufsschwingungen bei verschiedenen Anfangswerten, Signalformen und Arithmetiken untersuchen.

7.2 Hardwarerealisierung

Zur hardwaremäßigen Realisierung eines digitalen Netzwerks werden, wie in Bild 7.2 dargestellt, im wesentlichen folgende Einheiten benötigt:

a) arithmetische Bausteine, e.g. Addierer, Subtrahierer, Multiplizierer und Baueinheiten, die in Zusammenhang mit der speziell gewählten Zahlendarstellung stehen, e.g. Zweierkomplementbildner, Überlaufdedektoren für die ZKD oder VBD etc.,

b) Koeffizientenspeicher (üblicherweise ROM) und Zustandsspeicher (RAM oder Schieberegister),

c) Steuereinheiten, die innerhalb einer Abtastperiode die erforderlichen Steuersignale zur Ausführung einer Folge von arithmetischen und logischen Operationen liefern. Im Gegensatz zu den arithmetischen Einheiten und Speichern, die allgemein verfügbare und systemstrukturunabhängige Bausteine sind, hängen die Steuereinheiten von der Struktur des zu realisierenden Netzwerks ab. Da sie also für jedes System neu entworfen werden müssen, beansprucht ihre Entwicklung einen erheblichen Teil der Gesamtentwicklungszeit. Durch Anwendung von Mikroprozessoren zur Realisierung einer Steuereinheit erreicht man einen hohen Grad an Flexibilität; dies gilt insbesondere für mikroprogrammierbare Mikroprozessoren.

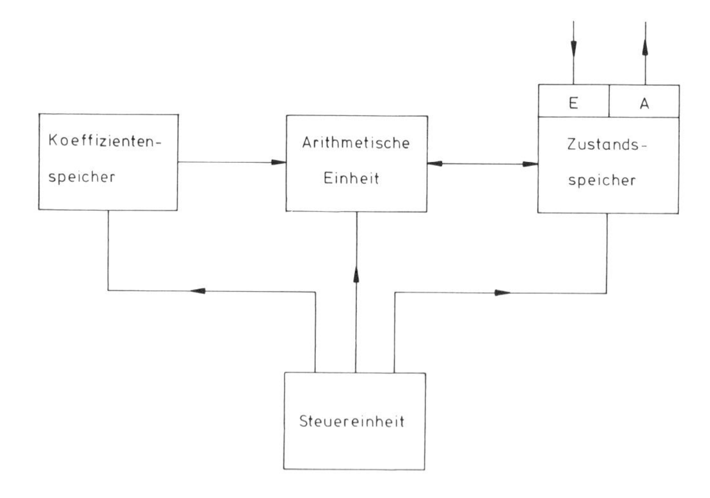

Bild 7.2: Hauptfunktionseinheiten eines digitalen Systems.

Im folgenden werden einige arithmetische Systemkomponenten sowie verschiedene Realisierungsmöglichkeiten von Steuereinheiten näher beschrieben [77], [78], [79].

Mit der Wahl einer günstigen Technologie (CMOS, MOS, bipolar, ECL etc.) für die genannten Einheiten verfügt man bei einer gegebenen Netzwerkstruktur über Variationsmöglichkeiten bezüglich der Verarbeitungsgeschwindigkeit des Leistungsverbrauchs und der Realisierungskosten.

Es gibt Mikroprozessoren, die speziell zur digitalen Signalverarbeitung entwickelt worden sind und die alle oder mehrere der oben genannten Einheiten enthalten [80], [81]. Sie werden als Signalprozessoren bezeichnet. Ihre Funktionen werden mit Hilfe von Programmen festgelegt, die in mitintegrierten oder externen Speichern gespeichert werden. Da die Technologie, Architektur und internen Wortlängen der Signalprozessoren festliegen, sind ihre Anwendungsbereiche bezüglich der Verarbeitungsgeschwindigkeit und -genauigkeit entsprechend begrenzt. Mit Erhöhung des Integrationsgrads sind noch größere Fortschritte bei der Entwicklung neuer Signalprozessoren zu erwarten.

7.2.1 *Arithmetische Systemkomponenten*

A d d i e r e r : Zwei Arten von Addierern finden Anwendung: Seriell- und Paralleladdierer. Der Serielladdierer besteht im wesentlichen - cf. Bild 7.3a - aus einem Volladdierer und einem Ein-bit-Speicher (Flipflop), in Bild 7.3a mit T gekennzeichnet. Die Summanden (Eingänge A,B) werden bitweise seriell addiert und die Summe (Eingang S) erscheint ebenfalls seriell. Der Flipflop überträgt den Übertrag einer Bit-Addition nach einer Verzögerung um einen Takt auf die darauffolgende. Vor Beginn der Addition zweier Zahlen muß der Überlaufseingang C_e mit Hilfe des Reseteingangs zu Null gesetzt werden.

Ein Paralleladdierer entsteht aus der Parallelschaltung mehrer Volladdierer (Bild 7.3b). Da jede vollständige Bit-Addition den Übertrag der vorherigen Bit-Addition benötigt, kann bei Paralleladdierern die Addition zweier höherwertiger bits nicht vollständig ausgeführt werden, ehe die Additionen aller bits mit niedrigeren Wertigkeiten beendet sind. Durch Verwendung eines Übertragsgenerators (carry-look-ahead-Schaltung) läßt sich die hierdurch entstehende Verzögerung erheblich verkürzen; er besteht aus einer logischen Schaltung, die, der Bitkonfiguration der Summanden entsprechend, den erforderlichen Übertrag für alle Binärstellen erzeugt.

Die Addierer erfüllen die Aufgabe eines Subtrahierers, falls die Summanden in der ZKD dargestellt sind. In der VBD ist zur Subtraktion eine eigene Subtrahierschaltung erforderlich.

a)

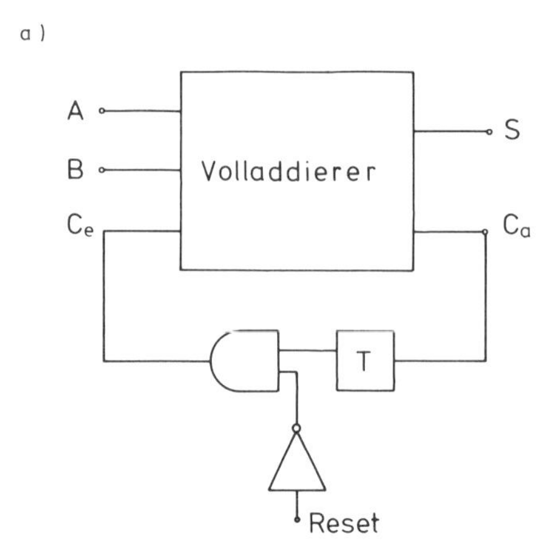

b)

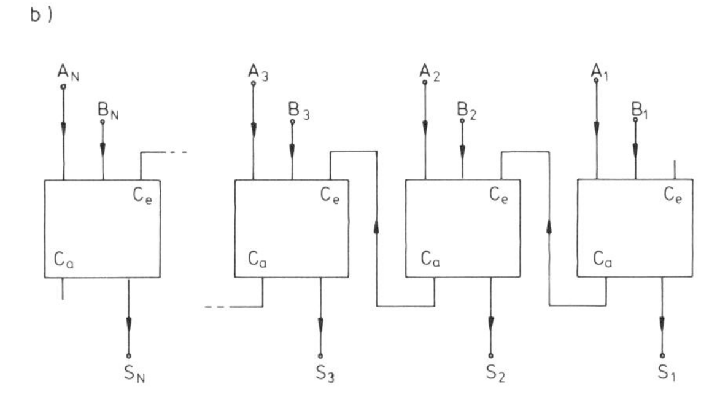

Bild 7.3: a) Serielladdierer, b) Paralleladdierer ohne Übertragsgenerator.

M u l t i p l i z i e r e r : Drei Multipliziererertypen werden kurz beschrieben: der Seriell-, der Parallel- und der Tabellenmultiplizierer.

Bei einem Seriellmultiplizierer liegt ein Operand parallel an, und der andere wird bitweise in den Multiplizierer hineingeschoben und nach der Regel der binären Multiplikation mit ersterem verknüpft. Bild 7.4 zeigt einen Seriellmultiplizierer, bei dem der Paralleloperand aus vier bits besteht. Mit den Wortlängen w_1 und w_2 für die Operandenbeträge erhält man das Produkt seriell mit $w_1 + w_2$ Takten. Nach Hineinschieben des seriell ankommenden Operanden mit der Wortlänge w_1 sind noch w_2 Takte erforderlich, während derer der serielle Eingang des Multiplizierers auf Null gehalten wird. Der Seriellmultiplizierer bildet das Produkt der Operandenbeträge. Das Produktvorzeichen erhält man mit Hilfe einer Exklusive-Oder-Schaltung aus den Operandenvorzeichen. Beim Seriellmultiplizierer verlängert die endliche Übertragsdurchlaufzeit die Multiplikationszeit. Dieser Nachteil wird beim sog. Pipelinemultiplizierer größtenteils beho-

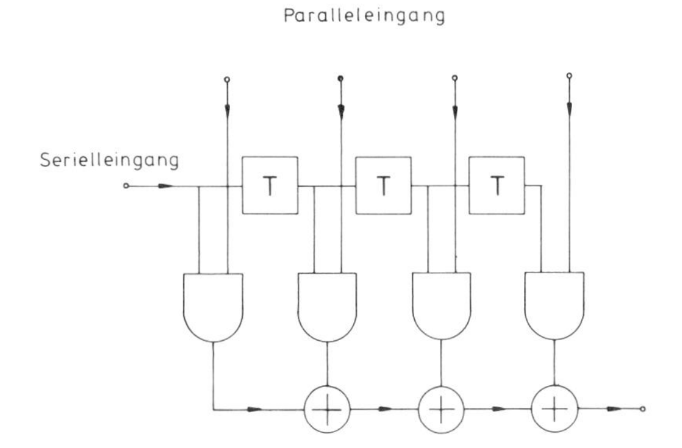

Bild 7.4: Beispiel eines Seriellmultiplizierers.

ben [77]. Mit Pipelinemultiplizierern kann man durch geringfügige Modifikationen auch Zahlen in der ZKD miteinander multiplizieren und außerdem das Produkt runden oder abschneiden.

Bei einem Parallelmultiplizierer liegen beide Operanden parallel an und werden mit Hilfe einer kombinatorischen Logikschaltung miteinander verknüpft. Parallelmultiplizierer bestehen aus Multiplizierzellen, für die es mehrere Vorschläge gibt [77]. Im Vergleich zu Seriellmultiplizierern sind sie schneller, jedoch schaltungstechnisch aufwendiger.

Ein Tabellenmultiplizierer besteht aus einem Speicher, in dem alle möglichen Produkte (evt. gerundet oder abgeschnitten) eines variablen Operanden mit einem anderen variablen oder festen Operanden abgespeichert sind. Beide Operanden oder nur der variable Operand im Falle eines festen zweiten Operanden werden als Adresse zum Einlesen des Produkts verwendet. Mit einem variablen Operanden der Wortlänge w und einem festen zweiten Operanden werden 2^w Speicherplätze benötigt und mit zwei variablen Operanden der gleichen Wortlänge 2^{2w} Speicherplätze, wobei Einsparungen von Speicherplätzen durch Ausnutzung von Symmetrien möglich sind. Mit Tabellenmultiplizierern erreicht man sehr kurze Multiplikationszeiten. Der Speicherbedarf wächst jedoch mit der Operandenwortlänge sehr schnell an.

Zweierkomplementer: Zur Zweierkomplementbildung einer in der VBD dargestellten negativen Binärzahl gibt es zwei Möglichkeiten:

1) Man invertiert den Betrag und addiert eine 1 an der LSB-Stelle hinzu.

2) Beginnend mit der LSB, läßt man alle Binärstellen bis einschließlich derjenigen, die zum ersten Mal den Wert 1 erhält, unverändert und invertiert alle nachfolgenden (höherwertigen).

Bild 7.5 zeigt die Schaltung eines Zweierkomplementers nach 2). Der D-Flipflop wird von Beginn der Zweierkomplementbildung mit dem Reseteingang R zurückgesetzt. Der Ausgang Q des Flipflops steuert einen invertierenden Ausgang $\overline{Q}$ und einen nichtinvertierenden Treiber mit jeweils einem Tri-state-Ausgang. Ausgehend von der LSB setzt die erste Binärstelle der Vorzeichen-Betrag-Zahl mit dem Wert 1 den D-Flipflop. Durch die UND-Verriegelung bleibt der Flipflop in diesem Zustand. Die darauffolgenden Binärstellen erscheinen invertiert am Ausgang.

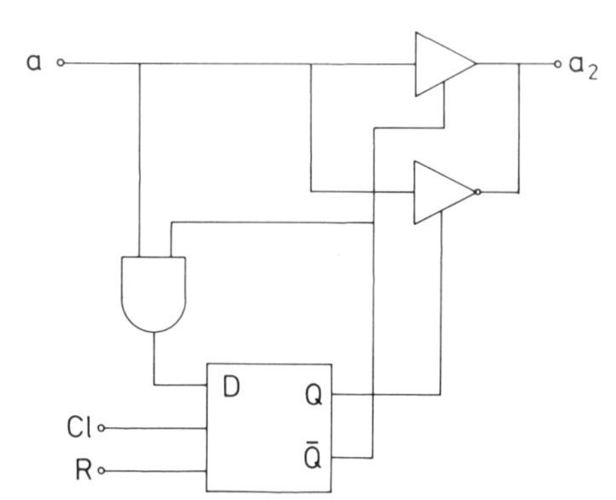

Bild 7.5: Zweierkomplementer.

Überlaufdetektor und -korrigierer: Die nichtlineare Überlaufscharakteristik der ZKD kann bei einem rekursiven System im Falle von Zahlenbereichsüberschreitungen zu Überlaufsschwingungen führen. Dies läßt sich bei Systemen 2. Ordnung in der Direktstruktur I und II vermeiden, indem man die Überlaufskennlinie der ZKD zu einer Überlaufskennlinie mit Sättigung abändert. Die Korrektur der Überlaufscharakteristik zur Vermeidung von Überlaufsschwingungen ist nur bei Addierern erforderlich, deren Ausgänge vom rekursiven Teil des Systems verarbeitet werden. Bild 7.6a zeigt ein rein rekursives System 2. Ordnung. mit zusätzlichen, schematisch dargestellten Einheiten zur Korrektur der Überlaufskennlinie. Das Register R hält den Ausgang des Addierers A_1 fest. Die Detektoren D_1 und D_2 signalisieren den Auftritt eines Überlaufs am Ausgang der Addierer A_1 und A_2, falls bestimmte Kombinationen der Eingangs- und Ausgangsvorzeichenbits der Addierer auftreten. Sie zeigen außerdem an, ob ein positiver oder negativer Überlauf auftritt.

Die Korrekturschaltung C leitet den Inhalt des Schieberegisters weiter, falls keine Überläufe vorkommen oder falls Überläufe mit einander entgegengesetzten Vorzeichen auftreten. Im letzten Fall kompensieren sich die Überläufe, und die Summe am Ausgang von A_1 bleibt im linearen Bereich der Überlaufskennlinie. Eine Korrektur ist in diesem Fall nicht erforderlich. Falls ein Überlauf oder zwei Überläufe gleicher Vorzeichen auftreten, gibt die Korrekturschaltung im Falle eines positiven Überlaufs die größte darstellbare positive Zahl und im Falle

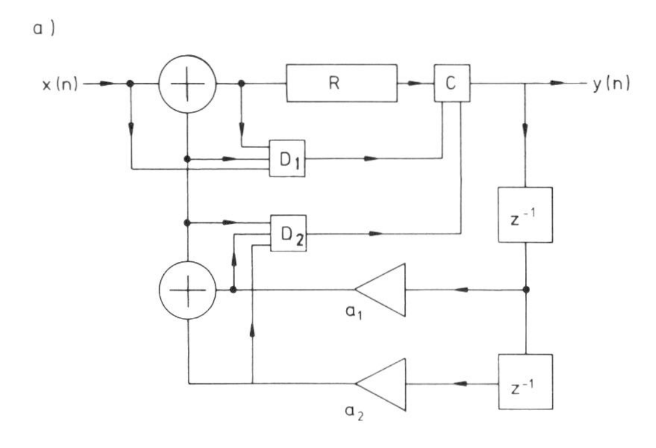

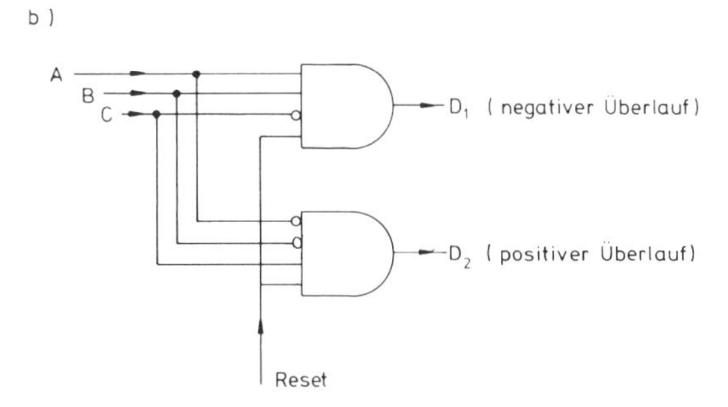

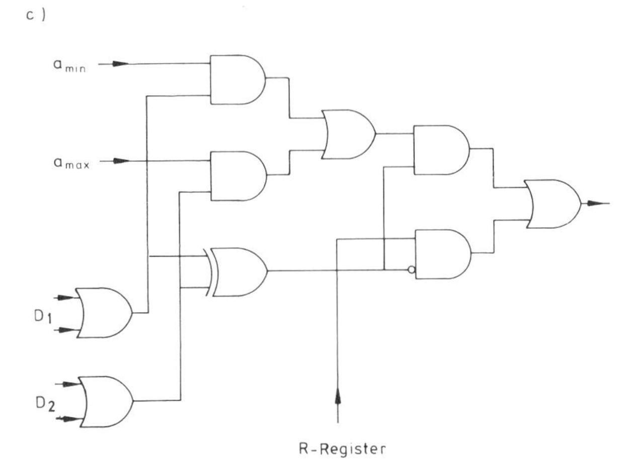

Bild 7.6: a) System 2. Ordnung mit Überlaufsdetektoren (D) und einem Überlaufskorrigierer (C), b) Schaltung eines Überlaufsdetektors, c) Schaltung eines Überlaufskorrigierers.

eines negativen Überlaufs die betragsmäßig größte darstellbare negative Zahl weiter. Bilder 7.6b,c zeigen je eine detaillierte Schaltung für D und C [77]. Die Eingänge A und B des Überlaufdetektors werden an die Eingänge eines Addierers und der Eingang C an den Ausgang desselben Addierers angeschlossen.

7.2.2 *Seriell-, Parallel-, Multiplex- und Pipelinebetrieb*

Zur Erfüllung unterschiedlicher Anforderungen bei der Realisierung eines digitalen Systems, insbesondere bezüglich des Hardwareaufwands und der Verarbeitungsgeschwindigkeit, bieten sich verschiedene Betriebsarten an, nämlich der Parallel-, Seriell-, Multiplex- und Pipelinebetrieb. Diese Betriebsarten finden sowohl bei rekursiven als auch bei nichtrekursiven Systemen Anwendung. In der Praxis wird ein minimaler Realisierungsaufwand durch Kombinationen der genannten Betriebsarten erreicht.

Parallelbetrieb: Zur Verdeutlichung betrachte man das in Bild 7.7 dargestellte Blockschaltbild eines rekursiven Systems 2. Ordnung in der Direktform II. Die Steuereinheit ist hier nicht eingezeichnet. Die rechteckigen Blöcke stellen Speicherelemente dar und die kreisförmigen arithmetische Baueinheiten, nämlich Addierer und Multiplizierer.

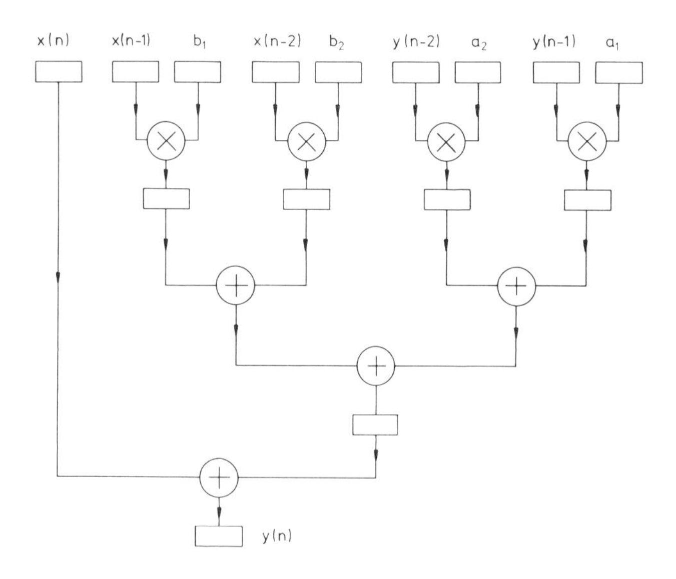

Bild 7.7: Blockschaltbild eines Systems 2. Ordnung mit der Direktform I im Parallelbetrieb.

Im reinen Parallelbetrieb werden die Zustandsgrößen und die zugehörigen Koeffizienten den Parallelmultiplizierern wortweise und parallel übertragen. Die Produkte werden ebenfalls wortweise und parallel den Paralleladdierern übergeben. Die eingezeichneten Verbindungslinien zwischen den Blöcken bestehen aus einer der jeweiligen Wortlänge entsprechenden Anzahl von Leitungen.

Der Parallelbetrieb zeichnet sich aus durch

a) hohe Verarbeitungsgeschwindigkeit,
b) einfache Ablaufsteuerung und
c) hohen Schaltungsaufwand.

Seriellbetrieb: Im Seriellbetrieb werden die Zustandsgrößen jeweils seriell, i.e. bitweise, verarbeitet. In Bild 7.7 bestehen die Verbindungslinien zwischen den Zustandsspeichern und den Multiplizierern jeweils aus einer Leitung. Man verwendet hier Seriellmultiplizierer und Serielladdierer. Feste Koeffizienten liegen ständig an den Paralleleingängen der Multiplizierer an, variable Koeffizienten werden wortweise und die zugehörigen Zustandsgrößen bitweise den Multiplizierern übertragen. Die seriell gebildeten Produkte werden bitweise zu den Ein-Bit-Addierern transferiert und seriell addiert. Merkmale des Seriell-Betriebs im Vergleich zum reinen Parallelbetrieb sind

a) niedrigerer Schaltungsaufwand bei arithmetischen Einheiten,

b) aufwendigere Steuereinheit,

c) Zweitakt-Betrieb: Worttakt (Abtastfrequenz) und Bittakt; letzterer kann je nach der Wortlänge der Zustandsgrößen und Koeffizienten sehr viel höher als der Worttakt sein und daher i.a. einen niedrigeren Worttakt, i.e. eine langsamere Verarbeitungsgeschwindigkeit, als im Parallelbetrieb erreichbar ist, bedingen.

Multiplexbetrieb: Durch Mehrfachausnutzung eines Systems oder von Teilen eines Systems kann oft eine beachtliche Reduzierung des Hardwareaufwands erzielt werden. Bei digitalen Systemen werden folgende Arten des Multiplexbetriebs angewandt.

a) Recheneinheitmultiplex

Bei diesem Multiplexbetrieb wird eine arithmetische Einheit, deren Rechenzeit wesentlich kürzer ist als der Systemtakt (Abtastperiode), e.g. ein schneller Multiplizierer zur Durchführung mehrerer gleichartiger Operationen innerhalb einer Abtastperiode mehrfach ausgenutzt. Im Blockschaltbild von Bild 7.7 würden also die vier vorhandenen Multiplizierer durch einen einzigen ausreichend schnellen Multiplizierer und die vier Addierer durch einen einzigen Addierer

(Akkumulator) ersetzt. Die Zustandsgrößen und die zugehörigen Koeffizienten würden dann mit Hilfe von Multiplexern ausgewählt, paarweise in die Operandenregister des Multiplizierers eingegeben und miteinander multipliziert. Eine andere Möglichkeit zur Auswahl der Operanden ist die Verwendung von Registern mit Tri-state-Ausgängen für die Zustandsgröße und Koeffizienten. Diese Register werden mit dem Multiplizierer und dem Akkumulator an ein gemeinsames Bussystem angeschlossen. Bild 7.8 zeigt schematisch eine derartige Anordnung. Die Zustandsgrößen und zugehörigen Koeffizienten werden jeweils durch Adressierung ausgewählt, in die Operandenregister des Multiplizierers geladen und die Produkte im Akkumulator akkumuliert. Der Datenverkehr nach außen erfolgt über die Ein- und Ausgangsregister. Diese Anordnung kann sowohl zur Realisierung rekursiver als auch nichtrekursiver Systeme verwendet werden. Beim Recheneinheitmultiplex wird die Zahl kostensteigender Recheneinheiten reduziert, der Steuerungsaufwand jedoch erhöht.

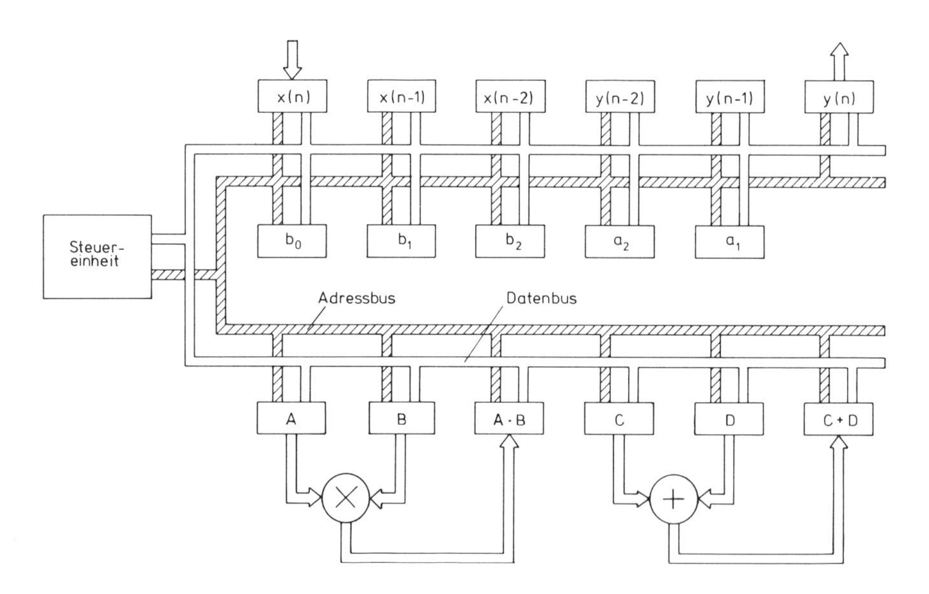

Bild 7.8: Recheneinheitmultiplex.

b) Kanalmultiplex

Ein digitales System kann, wie in Bild 7.9 veranschaulicht, zur Verarbeitung mehrerer Signale aus verschiedenen Kanälen mit gleicher Abtastfrequenz verwendet werden, falls die Verarbeitungszeit des Systemalgorithmus vielfach kürzer ist als die Abtastperiode.

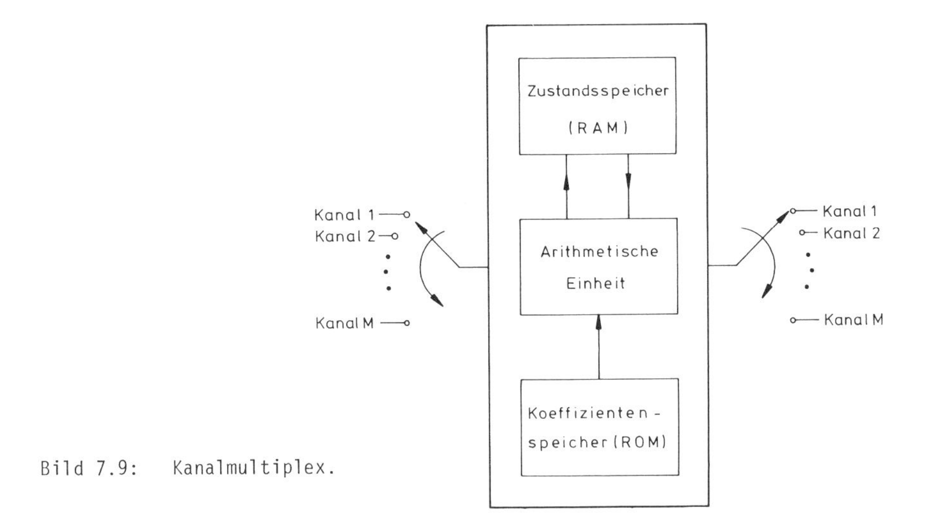

Bild 7.9: Kanalmultiplex.

Bei M Kanälen muß das System M mal höhere Verarbeitungsgeschwindigkeiten besitzen als im Falle eines einzelnen Kanals. Das System wird nacheinander in die einzelnen Kanäle eingeschaltet. Die zu jedem Kanal gehörenden Zustandsgrößen werden aus einem Zustandsspeicher (RAM) eingelesen und nach der Verarbeitung wieder unter gleichen Adressen dorthin zurückgelegt. Die Koeffizienten eines Systems sind in einem ROM abgespeichert. Zur Adressierung der einzelnen Kanäle kann man diese mit Tri-state-Ausgängen versehen und mit dem System an einen gemeinsamen Adress- und Datenbus anschließen.

c) Systemmultiplex

Die Übertragungseigenschaft eines bereits realisierten Systems läßt sich relativ einfach variieren, indem man lediglich seine Koeffizienten entsprechend ändert. Man kann so einem in einen Signalkanal eingefügten System bei gleichbleibendem Aufwand unterschiedliche Übertragungsfunktionen zuweisen. In dieser Weise lassen sich adaptive Systeme realisieren.

Man kann den Systemmultiplex mit dem Kanalmultiplex kombinieren, e.g. bei der Verarbeitung mehrere Kanäle mit Hilfe von Systemen mit unterschiedlichen Übertragungsfunktionen. In einem solchen Fall besteht der Koeffizientenspeicher aus einem RAM. Ferner kann man den Aufwand an arithmetischen Einheiten durch den Recheneinheitmultiplexbetrieb reduzieren. Mit Erhöhung des Multiplexgrads erhöht sich jedoch der Steuerungsaufwand.

Der Systemmultiplex findet Anwendung bei der Realisierung digitaler Systeme, die sich aus Teilsystemen gleicher Struktur zusammensetzen, e.g. bei Systemen mit Kaskaden- oder Parallelstruktur. Man realisiert schaltungstechnisch i.a. ein Teilsystem 2. Ordnung und betreibt dieses Teilsystem zur Realisierung eines Systems höherer Ordnung im Multiplexbetrieb [82].

Pipelinebetrieb: Beim Pipelinebetrieb wird ein Verarbeitungsprozeß in aufeinanderfolgende Teilprozesse zerlegt und durch eine geeignete Ablaufsteuerung dafür gesorgt, daß kein Teilsystem, das einen Teilprozeß zu verarbeiten hat, sich zeitweise im Wartezustand befindet, sondern daß alle Teilsysteme ständig in Betrieb bleiben. Zur Veranschaulichung zeigt Bild 7.10 ein aus drei kaskadierten Teilsystemen bestehendes System. Ohne die Pipeline-Technik wird mit der Verarbeitung eines neuen Signalwerts x(n) erst dann begonnen, wenn die Verarbeitung des unmittelbar davorliegenden Abtastwerts x(n-1) von allen Teilsystemen vollständig abgeschlossen ist. Im Pipelinebetrieb verarbeitet das erste Teilsystem einen neuen Signalwert x(n) sofort nach Verarbeitung des davorliegenden Signalwerts x(n-1), während das zweite Teilsystem mit der Verarbeitung des zu x(n-1) gehörenden Ausgangswerts des ersten Teilsystems beschäftigt ist. Damit erreicht man eine Erhöhung der Verarbeitungsgeschwindigkeit des Gesamtsystems. Zur Aufrechterhaltung des Pipelinebetriebs ist, wie in Bild 7.10 dargestellt, eine Zwischenspeicherung der Ausgangssignale der Teilsysteme in den sog. Pipelineregistern PR 1 und PR 2 erforderlich. Die Pipeline-Technik kann auch bei der Realisierung einzelner Teilsysteme sowie arithmetischer Einheiten angewendet werden. Dem Vorteil der gesteigerten Verarbeitungsgeschwindigkeit des Pipelinebetriebs steht jedoch der Nachteil des erhöhten Steuerungsaufwands gegenüber.

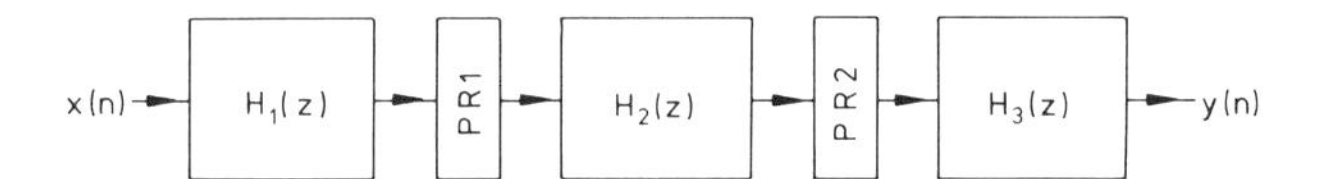

Bild 7.10: Zur Erklärung des Pipelinebetriebs.

7.2.3 *Festverdrahtete und mikroprogrammierbare Steuereinheiten*

Die Steuereinheit hat, wie in Bild 7.2 schematisch angedeutet, die Aufgabe, die erforderlichen Steuersignale an andere Einheiten des Systems zu liefern, damit die notwendigen Operationen zu festgelegten Zeitpunkten und Reihenfolgen erfolgen. Der Realisierungsaufwand einer Steuereinheit hängt von vielen Faktoren ab, e.g. von der Netzwerkstruktur, der Betriebsart, dem Grad des Multiplexbetriebs etc.. Der Parallelbetrieb erfordert i.a. einen geringeren Steuerungsaufwand als der Seriellbetrieb. Der Steuerungsaufwand erhöht sich mit zunehmendem Grad an Mehrfachausnutzung (Multiplexbetrieb).

Die Steuereinheit kann in der festverdrahteten Form als kombinatorische und sequentielle logische Schaltung aufgebaut werden. Ein Impulsplan für die erforderlichen Steuersignale liefert die Grundlage für die BOOLschen Funktionen der zu entwerfenden logischen Verknüpfungsschaltungen. Ein Taktgeber mit ausreichend hoher Taktfrequenz, ein Zähler und eine Decodierschaltung bilden die wesentlichen Teile der Steuereinheit. Die einzelnen Steuersignale können durch geeignete Verknüpfungen der Zählerausgänge gebildet werden (Bild 7.11). Der Nachteil dieser Realisierungsart von Steuereinheiten besteht darin, daß bei einer Änderung der Netzwerkstruktur der Impulsplan für die Steuersignale und daher die Steuereinheit evt. neu entworfen werden müssen.

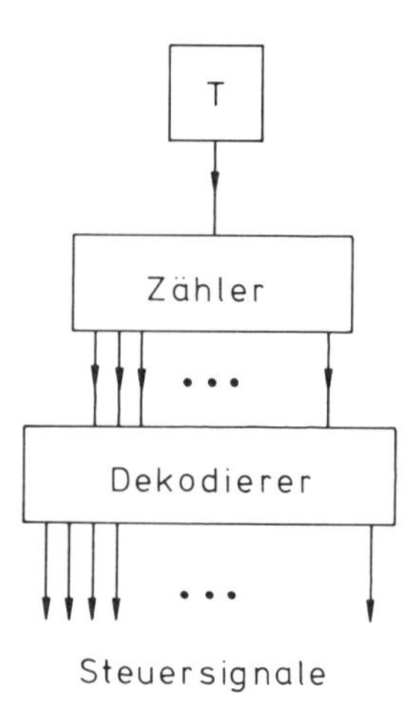

Bild 7.11: Festverdrahtete Steuereinheit.

Eine änderungsfreudigere Realisierungsart von Steuereinheiten läßt sich durch Anwendung von Mikroprozessoren erreichen. Hierbei werden im einfachsten Fall die Ein- und Ausgänge sowie die Steuereingänge aller Einheiten (arithmetischer Einheiten, Koeffizienten- und Zustandsspeicher, Ein- und Ausgabeeinheiten) gemeinsam an den Daten- und Adressbus eines Mikroprozessors angeschlossen (Bild 7.12). Eine arithmetische Einheit besteht u.a. aus einem schnellen Multiplizierer und einem Akkumulator. Die Steuerung wird dann mit Hilfe eines Programms für den Mikroprozessor ausgeführt. Eine Änderung der Netzwerkstruktur erfordert hier i.a. lediglich eine Änderung des Programms. Die Mikroprozessor-Realisierung der Steuereinheit zeichnet sich durch hohe Flexibilität und relativ einfache Programmierbarkeit aus. Die Benutzung von Mikroprozessoren mit fester Wortlänge und festem Befehlssatz hat allerdings folgende Nachteile:

a) Die interne Wortlänge des Netzwerks ist ohne Verlust an Verarbeitungsgeschwindigkeit nicht beliebig wählbar, sondern kann stets nur ein Vielfaches der Mikroprozessorwortlänge betragen.

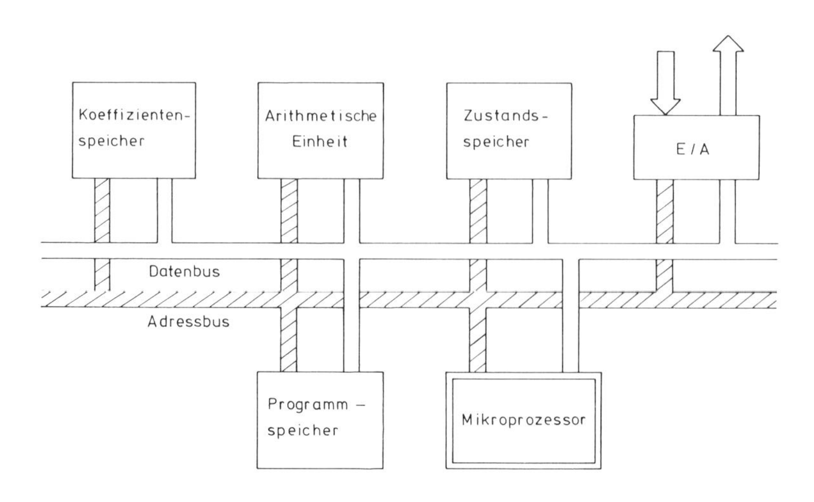

Bild 7.12: Mikroprozessor als Steuereinheit.

b) Der generell anwendbar gehaltene Befehlssatz eignet sich nicht zur geschwindigkeitsoptimalen Steuerung spezieller Systemstrukturen.

c) Der indirekte Datentransfer vom Speicher über den Mikroprozessor zur arithmetischen Einheit und umgekehrt verlangsamt die Verarbeitungsgeschwindigkeit erheblich.

Es gibt viele Variationsmöglichkeiten für die Grundstruktur von Bild 7.12. Zur Erhöhung der Verarbeitungsgeschwindigkeit kann man e.g. zwischen den einzelnen Einheiten direkte Verbindungswege vorsehen [83].

Durch Anwendung mikroprogrammierbarer Steuereinheiten lassen sich die oben aufgeführten Nachteile der Mikroprozessoren mit festem Befehlssatz größtenteils beseitigen [84], [85]. Eine mikroprogrammierbare Steuereinheit besitzt in der einfachsten Form den in Bild 7.13a dargestellten Aufbau. Der Anwender stellt die für eine spezielle Systemstruktur erforderlichen Steuersignale als Bitmuster (Steuerwort) dar. Die Steuerworte werden in der vom Anwender festgelegten Reihenfolge in einem Mikroprogrammspeicher abgespeichert. Der Ausgang eines Zählers, angesteuert vom Taktgeber T, wird als Adresse für den Mikroprogrammspeicher zum Auslesen der Steuerworte benutzt. Ein oder mehrere Steuerworte steuern die Ausführung einer bestimmten Operation (arithmetischen Operation oder Datentransfer) durch zugehörige Einheiten.

Mit der einfachen Steuereinheit von Bild 7.13a sind prinzipiell keine Adresssprünge, weder bedingte noch unbedingte, möglich, die aber bei vielen Steuerungsaufgaben notwendig sind (Unterprogrammtechnik). Zur Realisierung von

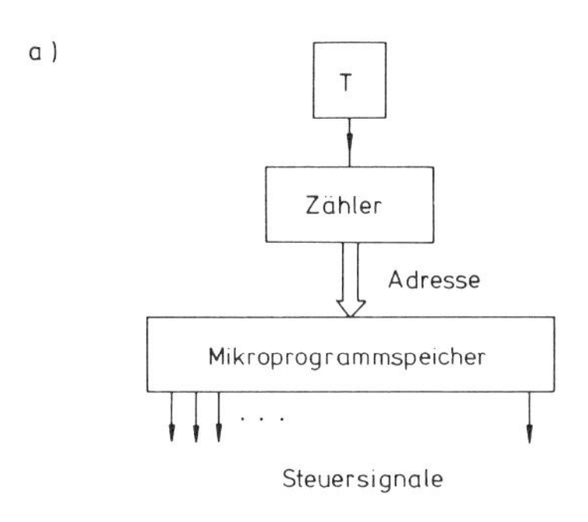

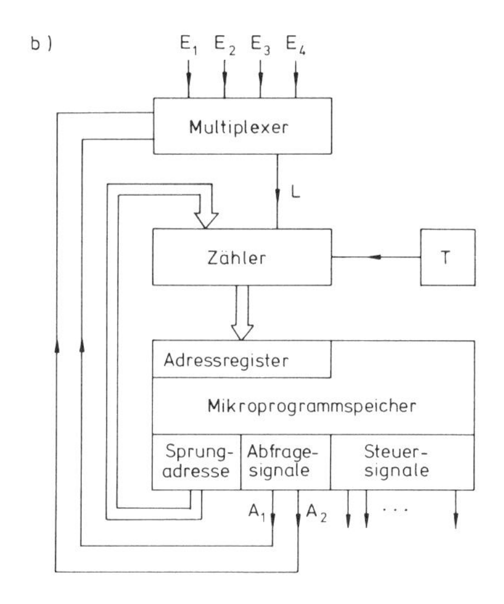

Bild 7.13: a) Einfache mikroprogrammierbare Steuereinheit, b) Mikroprogrammierbare Steuereinheit mit einer Möglichkeit für Adresssprünge.

Adresssprüngen ist eine Erweiterung der Grundstruktur erforderlich. Ein Beispiel für eine wesentlich leistungsfähigere Steuereinheit ist in Bild 7.13b dargestellt. Sie kann, dem Zustand der Multiplexereingänge E_1, E_2, E_3, E_4 entsprechend, Adresssprünge ausführen. Die in Mikroprogrammspeichern gespeicherten Steuerworte enthalten außer den Steuersignalen für die Systemkomponenten ein Feld für die Sprungadressen und ein Feld für zwei Abfragesignale A_1 und A_2. Mit den Abfragesignalen wird jeweils ein Eingang des Multiplexers abgefragt. Dem Zustand des abgefragten Eingangs entsprechend lädt der Multiplexer den Zähler mit dem Ladesignal L mit der Sprungadresse. Das Mikroprogramm wird beim nächsten Takt ab jener Adresse fortgesetzt. In dieser Weise ist die Unterprogrammtechnik realisierbar. Der ohne Mikroprogrammspeicher verbleibende Teil der Steuereinheit wird als Adressierer (Sequenzer) bezeichnet. Bild 7.14 zeigt schematisch die Anwendung einer mikroprogrammierbaren Steuereinheit in einem

DSV-System. Abhängig vom Zustand der Steuersignale, die aus anderen Einheiten kommen - hier aus der arithmetischen Einheit -, wird der sequentielle Ablauf des Programms unterbrochen und von einer anderen Adresse fortgesetzt.

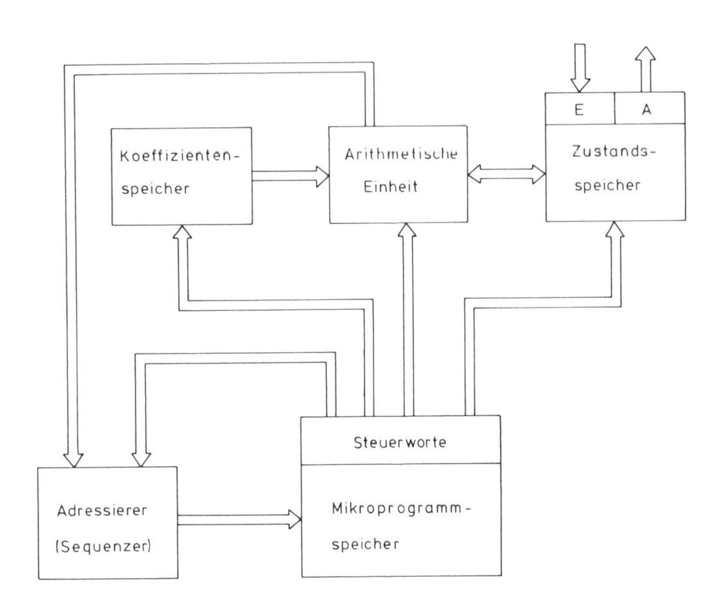

Bild 7.14: Einsatz einer mikroprogrammierbaren Steuereinheit zur Steuerung eines digitalen Systems.

Eine mikroprogrammierbare Steuereinheit läßt sich prinzipiell aus einzelnen integrierten Bauteilen zusammensetzen. Es gibt jedoch bereits eine Reihe vollintegrierter kaskadierbarer Adressierer in Form von bit-slice-Mikroprozessoren [85]. Durch die Mikroprogrammtechnik erreicht man einen hohen Grad an Flexibilität; deswegen eignet sie sich insbesondere zur Ablaufsteuerung beim Multiplexbetrieb.

7.3 Systemrealisierung mit verteilter Arithmetik

Bei der Realisierung digitaler Filter ist der Multiplizierer ein wichtiger kostenbestimmender Faktor. Mit Vergrößerung der Operandenwortlängen und Erhöhung der Verarbeitungsgeschwindigkeit steigt der Multiplizieraufwand erheblich. In diesem Abschnitt wird eine Realisierungsart für digitale Systeme beschrieben, die keine Multiplizierer benötigt [86], [87].

Man betrachte die Differenzengleichung eines Systems 2. Ordnung

$$y(n) = b_o x(n) + b_1 x(n-1) + b_2 x(n-2) + a_1 y(n-1) + a_2 y(n-2) \qquad (7.1)$$

Als Zahlendarstellung sei die ZKD, für die Eingangs-, Ausgangs- und alle Zustandsgrößen die Wortlänge w (einschließlich des Vorzeichenbits) und die LSB-Wertigkeit $2^{-(w-1)}$ angenommen. Die genannten Größen haben somit die Darstellung

$$x_2(n-k) = \sum_{i=0}^{w-1} \alpha_{ki} 2^{-i} \quad , \quad y_2(n-k) = \sum_{i=0}^{w-1} \beta_{ki} 2^{-i} \quad \text{mit} \quad k = 0, 1, 2,$$

wobei der Index 2 auf die ZKD hinweist. α_{ki} und β_{ki} sind die Werte der i-ten Binärstelle von $x_2(n-k)$ bzw. $y_2(n-k)$ und nehmen den Wert 0 oder 1 an. Für die Zweierkomplementzahlen $x_2(n-k)$, $y_2(n-k)$ erhält man im Dezimalsystem:

$$x(n-k) = -\alpha_{ko} + \sum_{i=1}^{w-1} \alpha_{ki} 2^{-i} \quad , \quad y(n-k) = -\beta_{ko} + \sum_{i=1}^{w-1} \beta_{ki} 2^{-i} \qquad (7.2)$$

Man setze (7.2) in (7.1) ein:

$$y(n) = -b_o \alpha_{oo} + \sum_{i=1}^{w-1} b_o \alpha_{oi} 2^{-i} - b_1 \alpha_{1o} + \sum_{i=1}^{w-1} b_1 \alpha_{1i} 2^{-i}$$

$$- b_2 \alpha_{2o} + \sum_{i=1}^{w-1} b_2 \alpha_{2i} 2^{-i} - a_1 \beta_{1o} + \sum_{i=1}^{w-1} a_1 \beta_{1i} 2^{-i}$$

$$- a_2 \beta_{2o} + \sum_{i=1}^{w-1} a_2 \beta_{2i} 2^{-i} \quad .$$

In allen Summen tauchen bei den Summanden die Faktoren 2^{-i}, $i = 1, 2, \ldots, w-1$ auf. Nach Ausklammerung dieser Faktoren aus den entsprechenden Summanden erhält man:

$$y(n) = -(b_o \alpha_{oo} + b_1 \alpha_{1o} + b_2 \alpha_{2o} + a_1 \beta_{1o} + a_2 \beta_{2o})$$

$$+ \sum_{i=1}^{w-1} (b_o \alpha_{oi} + b_1 \alpha_{1i} + b_2 \alpha_{2i} + a_1 \beta_{1i} + a_2 \beta_{2i}) 2^{-i} \quad .$$

Die Ausdrücke in den runden Klammern sind bei festen Koeffizienten b_o, b_1, b_2, a_1, a_2, eine Funktion von fünf binären Variablen α_{oi}, α_{1i}, α_{2i}, β_{1i}, β_{2i}. Mit der Bezeichnung

$$C(\alpha_{oi}, \alpha_{1i}, \alpha_{2i}, \beta_{1i}, \beta_{2i}) = b_o \alpha_{oi} + b_1 \alpha_{1i} + b_2 \alpha_{2i} + a_1 \beta_{1i} + a_2 \beta_{2i} \tag{7.3}$$

erhält man

$$y(n) = -C(\alpha_{oo}, \alpha_{10}, \alpha_{20}, \beta_{10}, \beta_{20}) + \sum_{i=1}^{w-1} C(\alpha_{oi}, \alpha_{1i}, \alpha_{2i}, \beta_{1i}, \beta_{2i}) \, 2^{-i} \tag{7.4}$$

Die Funktion C(•) enthält fünf binäre Argumente (Binärstellen der Eingangs- und der Zustandsgrößen) und kann daher $2^5 = 32$ verschiedene Werte annehmen, die sich nach (7.3) ermitteln lassen. Den Ausgangswert y(n) erhält man nach (7.4), indem man den zu der i-ten Binärstelle (i = 1, 2, ... , w-1) gehörenden C-Wert mit 2^{-i} multipliziert, alle diese Produkte summiert und schließlich den zum Vorzeichenbit gehörenden C-Wert von der Summe subtrahiert.

Einen praktisch günstigeren Weg zur Auswertung von (7.4) erhält man, indem man diese Gleichung wie folgt umschreibt:

$$y(n) = -C_o(\cdot) + \left(C_1(\cdot) \dots \left(C_{w-2}(\cdot) + C_{w-1}(\cdot)\, 2^{-1}\right) 2^{-1}\right) 2^{-1} \quad , \tag{7.5}$$

wobei die Indizes 1, 2, ... , w-1 die Ordnung der entsprechenden Binärstellen und der Index 0 das Vorzeichenbit repräsentieren. Die Multiplikation von $C_i(\cdot)$ mit 2^{-i} wird somit auf eine sukzessive Multiplikation mit 2^{-1} zurückgeführt, die ihrerseits jeweils durch eine einfache Schiebeoperation ausgeführt werden kann. In (7.5) treten zur Auswertung von y(n) lediglich Schiebeoperationen und Akkumulationen auf. Die beschriebene Realisierungsart eines digitalen Systems wird als Realisierungsart mit verteilter Arithmetik bezeichnet.

Bild 7.15 zeigt ein Blockschaltbild für die praktische Ausführung eines digitalen Systems 2. Ordnung mit der verteilten Arithmetik. Die Größen x(n), x(n-1), x(n-2), y(n-1) und y(n-2) befinden sich in den seriellen Schieberegistern SR 1, SR 2, SR 3, SR 4 und SR 5. Der ROM enthält die C-Werte. Die Eingangs- und Zustandsgrößen werden gleichzeitig, beginnend mit der LSB, bitweise aus den Schieberegistern herausgeschoben. Die Ausgänge der Schieberegister sind an den Adresseingängen des ROM angeschlossen, in dem die C-Werte abgespeichert sind. Nach Erscheinen der i-ten bits von x(n), x(n-1), x(n-2), y(n-1) und y(n-2) am Eingang des ROM erscheint an dessen Ausgang der zugehörige C-Wert. Der C-Wert

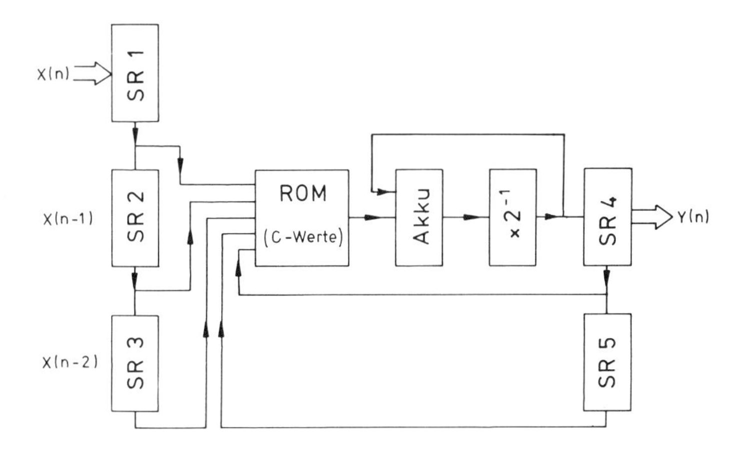

Bild 7.15: Realisierung eines Systems 2. Ordnung mit verteilter Arithmetik.

wird zum Inhalt des Akkumulators hinzuaddiert und der Akkumulatorinhalt anschließend mit 2^{-1} multipliziert (Schiebung um ein bit nach rechts). Bei einer festen Akkumulatorwortlänge wird der Akkumulatorinhalt bei der Schiebung an der LSB-Stelle abgeschnitten. Für alle Binärstellen außer für das Vorzeichenbit wird die geschilderte Operation nacheinander durchgeführt. Der zum Vorzeichenbit gehörende C-Wert wird schließlich ohne Schiebung von der Summe abgezogen. Dies geschieht, indem man entweder vor der Akkumulation das Zweierkomplement des C-Wertes bildet oder indem durch die Vorzeichenbits ein anderer Bereich des ROM adressiert wird, in welchem alle C-Werte mit entgegengesetzten Vorzeichen abgelegt sind.

In der Praxis stellt die Zugriffszeit des ROM den bestimmenden Faktor für die Verarbeitungsgeschwindigkeit dar. Die Verarbeitungsgeschwindigkeit läßt sich durch Parallelbetrieb (mehrere Akkumulatoren und ROM) erhöhen [86]. Durch Einsatz eines RAM statt eines ROM für die C-Werte läßt sich das System auch mehrfach ausnutzen, indem man jeweils einen anderen Satz von C-Werten in den RAM lädt.

Hinsichtlich der Effekte der begrenzten Wortlängen verhalten sich Strukturen mit verteilter Arithmetik anders als die mit konventioneller Arithmetik. Hierbei spielen zum einen die Wortlängenreduktionen bei den C-Werten eine Rolle und zum anderen die Wortlängenreduktionen bei der Akkumulation. In vielen Fällen bringt die verteilte Arithmetik im Vergleich zu der konventionellen Vorteile hinsichtlich des Rundungsrauschens. In [88] findet man eine ausführliche Untersuchung über das Rundungsrauschen von Systemen mit verteilter Arithmetik. Bezüglich der Grenzzyklen und Überlaufsschwingungen liegen noch keine Ergebnisse vor.

Die verteilte Arithmetik kann sowohl für rekursive als auch für nichtrekursive Systeme beliebiger Ordnung angewendet werden. Der Speicherbedarf für die C-Werte steigt jedoch exponentiell mit der Systemordnung. Deswegen ist eine Zerlegung eines Systems höherer Ordnung in Teilsysteme niedrigerer Ordnung vorteilhafter. Zur Ablaufsteuerung in der Realisierungsart mit der verteilten Arithmetik finden Mikroprozessoren und mikroprogrammierbare Steuereinheiten Anwendung [89], [90].

Literaturverzeichnis

1. Im Text erwähnte Literatur

[1] HELMS, H. D.; KAISER, J. F.; RABINER, L. R.: Literature in Digital Signal Processing. 2. Aufl., New York 1975.

[2] SCHÜSSLER, H. W.: Digitale Systeme zur Signalverarbeitung. Berlin - Heidelberg - New York 1973.

[3] OPPENHEIM, A. V.; SCHAFER, R. W.: Digital Signal Processing. Englewood Cliffs 1975.

[4] RABINER, L. R.; GOLD, B.: Theory and Application of Digital Signal Processing. Englewood Cliffs 1975.

[5] LACROIX, A.: Digitale Filter. München - Wien 1980.

[6] PRATT, W. K.: Digital Image Processing. New York 1978.

[7] BLESSER, B.A.: Digitization of Audio: A Comprehensive Examination of Theory, Implementation and Current Practice. Journal of the Audio Engineering Society 26 (1978), S. 739-771.

[8] HOESCHELE, D.: Analog-to-Digital, Digital-to-Analog Conversion Technique. New York 1968.

[9] SPEISER, A. P.: Digitale Rechenanlagen. 2. Aufl., Berlin - Heidelberg - New York 1967.

[10] STEIN, M. L.; MUNRO, W. D.: Introduction to Machine Arithmetic. London 1971.

[11] LACROIX, A.: Gleitkomma-Realisierung eines rekursiven digitalen Filters zur Anwendung als Sprachsynthetisator. In SCHÜßLER, W. (Hg.): Signalverarbeitung - Signal Processing. Erlangen 1973, S. 394-401

[12] PAPOULIS, A.: Signal Analysis. New York 1977.

[13] BRACEWELL, R. M.: The Fourier-Transformation and its applications. New York 1965.

[14] ACHILLES, D.: Die Fourier-Transformation in der Signalverarbeitung. Berlin - Heidelberg - New York 1978.

[15] JERRY, A. J.: The Shannon Sampling Theorem - Its Varions Extensions and Application: A Tutorial Review. Proc. IEEE 65 (1977), S. 1565-1596.

[16] COOLEY, J. W.; TURKEY, J. W.: In Algorithm for the Machine Calculation of Complex Fourier Series. Math. Computation 19 (1965), S. 279-301.

[17] GENTLEMANN, W. M., SANDE, G.: Fast Fourier Transforms - for Fun and Profit. Fall Joint Computer Conference 1966, AFIPS Proc. 29 (1966), S. 563-578.

[18] MESCHKOWSKI, H.: Differenzengleichungen. Göttingen 1959.

[19] CHOW, Y.; CASSIGNOL E.: Linear Signal-Flow Graphs and Applications. New York 1962.

[20] CROCHIERE, R. E.; OPPENHEIM, A. V.: Analysis of Linear Digital Networks. Proc. IEEE 63 (1975), S. 581-595.

[21] LÜCKER, R.; THIELMANN, H.: Strukturorientierte Matrizendarstellung zur Analyse und Synthese linearer zeitdiskreter Netzwerke. Archiv der Elektronik und Übertragungstechnik AEÜ-31 (1977), S. 26-32.

[22] BENETT, W. R.: Spectra of Quantized Signals. Bell System Technical Journal 27 (1948), S. 446-472.

[23] LIU, B.; VAN VALKENBURG, M. E.: On Roundoff Error of Fixed-Point Digital Filters Using Sign-Magnitude Truncation. IEEE Trans. on Circuit Theory CT-19 (1972), S. 536-537.

[24] UNBEHAUEN, R.: Systemtheorie. München 1969.

[25] VICH, R.: Z-Transformation - Theorie und Anwendung. Berlin 1964.

[26] BURRUS, C. S.; PARKS, T. W.: Time Domain Design of Recursive Digital Filters. IEEE Trans. on Audio and Electroacoustics AU-18 (1970), S. 137-141.

[27] UNBEHAUEN, R.: Synthese elektrischer Netzwerke. München 1972.

[28] BOSSE, G.: Einführung in die Synthese elektrischer Siebschaltungen mit vorgeschriebenen Eigenschaften. Stuttgart 1963.

[29] RUPPRECHT, W.: Netzwerksynthese. Berlin 1972.

[30] CHRISTIAN, E.; EISENMANN, E.: Filter Design Tables and Graphs. New York - London - Sydney 1966.

[31] SAAL, R.: Handbuch zum Filterentwurf. Berlin - Frankfurt 1979.

[32] GOLD, B.; RADER, C. M.: Digital Filter Design Techniques in the Frequency Domain. Proc. IEEE 55 (1967), S. 149-171.

[33] CONSTANTINIDES, A. G.: Spectral Transformations for Digital Filters. Proc. IEE 117 (1970), S. 1585-1590.

[34] UNBEHAUEN, R.: Zur Synthese digitaler Filter. Archiv der Elektronik und Übertragungstechnik AEÜ-24 (1970), S. 305-313.

[35] STEIGLITZ, K.: Computer-Aided Design of Recursive Digital Filters. IEEE Trans. on Audio and Electroacoustics AU-18 (1970), S. 123-129.

[36] DECZKY, A. G.: Synthesis of Recursive Digital Filters Using the Minimum P-Error Criterion. IEEE Trans. on Audio and Electroacoustics AU-20 (1972), S. 257-263.

[37] RABINER, L. R.; GRAHAM, N. Y.; HELMS, H. D.: Linear Programming Design of IIR Digital Filter with Arbitrary Magnitude Function. IEEE Trans. on Acoustics, Speech and Signal Processing ASSP-22 (1974), S. 117-123.

[38] KAISER, J. F.: Digital Filters. In KUO, F. F.; KAISER, J. F. (Hg.): System Analysis by Digital Computer. New York 1966, Chapter 7.

[39] DEHNER, G. F.: Ein Beitrag zum rechnergestützten Entwurf rekursiver digitaler Filter minimalen Aufwands. In SCHÜSSLER, H. W. (Hg.): Ausgewählte Arbeiten über Nachrichtensysteme, Nr. 23. Erlangen 1976.

[40] RAGAZZINI, J. R.; FRANKLIN, G. F.: Sampled Data Control Systems. New York 1958.

[41] AGARWAL, R. C.; BURRUS, C. S.: New Recursive Digital Filter Structures Having Very Low Coefficient Quantization and Round-Off Noise. IEEE Trans. on Circuits and Systems CAS-22 (1975), S. 921-927.

[42] JACKSON, L. B.: On the Interaction of Round-Off Noise and Dynamic Range in Digital Filters. Bell Systems Technical Journal 49 (1970), S. 159-184.

[43] AUENHAUS, E.: On the Design of Digital Filters with Coefficients of Limited Wordlength. IEEE Trans. on Audio and Electroacoustics AU-20 (1972), S. 206-212.

[44] LÜDER, E.; HUG, H.; WOLF, W.: Minimizing the Round-Off Noise in Digital Filters by Dynamic Programming. Frequenz 29 (1975), S. 211-214.

[45] LIU, B.; PELED, A.: Heuristic Optimization of the Cascade Realization of Fixed-Point Digital Filters. IEEE Trans. on Acoustics, Speech and Signal Processing ASSP-23 (1975), S. 464-473.

[46] JACKSON, L. B.: Round-Off Noise Analysis for Fixed Point Digital Filters Realized in Cascade or Parallel Form. IEEE Trans. on Audio and Electroacoustics AU-18 (1970), S. 107-122.

[47] FETTWEIS, A.: Digital Filter Structures Related to Classical Filter Networks. Archiv der Elektronik und Übertragungstechnik AEÜ-25 (1971), S. 79-89.

[48] SEDLMEYER, A.: Structure for Wave Digital Filters and Their Real Time Realization on an Minicomputer. Dissertation, Ruhr Universität 1974.

[49] CONSTANTINIDES, A. G.: Alternative Approach to Design of Wave Digital Filters. Electronic Letters 10 (1974), S. 59-60.

[50] LAWSON, S. S.; CONSTANTINIDES, A. G.: A Method for Deriving Digital Filter Structures from Classical Filter Network. Proc. IEEE Int. Symp. on Circuits and Systems, Boston 1975, S. 170-173.

[51] CLAASEN, T. A. C. M.; MECKLENBRÄUKER, W. F. G.; PEEK, J. B. H.: Effects of Quantization and Overflow in Recursive Digital Filters. IEEE Trans. on Acoustics, Speech and Signal Processing ASSP-24 (1976), S. 517-529.

[52] JACKSON, L. B.: An Analysis of Limit Cycles due to Multiplication Rounding in Recursive Digital (Sub)-Filters. Proc. 7. Allerton Conf. on Circuit and System Theory 1969, S. 69-78.

[53] PARKER, A. R.; HESS, S. F.: Limit-Cycle Oscillations in Digital Filters. IEEE Trans. Circuit Theory CT-8 (1971), S. 687-697.

[54] CLAASEN, T.; MECKLENBRÄUKER, W. F. G.; PEEK, J. B. H.: Frequency Domain Criteria for the Absence of Zero-Input Limit Cycles in Nonlinear Discrete-Time Systems, with Application to Digital Filters. IEEE Trans.on Circuits and Systems CAS-22 (1975), S. 232-239.

[55] BUTTERWECK, H. J.: Suppression of Parasitic Oszillations in Second-Order Digital Filters by Means of a Controlled Rounding. Archiv für Elektronik und Übertragungstechnik AEÜ-29 (1975), S. 371-374.

[56] BÜTTNER, M.: A Novel Approach to Eliminate Limit Cycles in Digital Filters with a Minimum Increase in the Quantization Noise. Proc. IEEE Int. Symp. on Circuits and Systems, München 1976, S. 291-294.

[57] FETTWEIS, A.: Pseudopassivity, Sensitivity and Stability of Wave Digital Filters. IEEE Trans. on Circuits Theory CT-19 (1972), S. 668-673.

[58] FETTWEIS, A.; MEERKÖTTER, K.: Suppression of Parasitic Oscillation in Wave Digital Filters. IEEE Trans. on Circuits and Systems CAS-22 (1975), S. 239-246 u. 575.

[59] BÜTTNER, M.: Untersuchungen über Grenzzyklen in digitalen Filtern. Dissertation, Universität Erlangen-Nürnberg 1977.

[60] EBERT, P. M.; MAZO, J. E.: TAYLOR, M. G.: Overflow Oscillations in Digital Filters. Bell System Technical Journal 48 (1969), S. 2999-3020.

[61] WILLSON, A. N.: Some effects of Quantization and Adder Overflow on the Forced Response of Digital Filters. Bell Systems Technical Journal 51 (1972), S. 863-887.

[62] RABINER, L. R.; KAISER, J. F.; HERMANN, O.; DOLAN, M. T.: Some Comparisons between FIR und IIR Digital Filters. Bell System Technical Journal 53 (1974), S. 305-331.

[63] RABINER, L. R.; SCHAFER, R. W.: On the Behavior of Minimax Relative Error FIR Digital Differentiators. Bell System Technical Journal 53 (1974), S. 333-361.

[64] RABINER, L. R.; SCHAFER, R. W.: On the Behavior of Minimax FIR Digital Hilbert Transformers. Bell System Technical Journal 53 (1974), S. 363-390.

[65] HARRIS, F. J.: On the Use of Windowfunctions for Harmonic Analysis with the Discrete Fourier Transform. Proc. IEEE, Vol. 66 (1978), S. 51-83.

[66] PARZEN, E.: Mathematical Considerations in the Estimation of Spectra. Technometrics, VOL. 3 (1961), S. 167-190.

[67] KAISER, J. F.: Nonrecursive Digital Filter Design Using the I_o-sinh Window Function. Proc. IEEE, International Symp. on Circuits and Systems 1974, S. 20-23.

[68] RABINER, L. R.; SCHAFER, R. W.: Recursive and Nonrecursive Realizations of Digital Filters Designed by Frequency Sampling Techniques. IEEE Trans. on Audio and Electroacoustics AU-19 (1971) S. 200-207.

[69] RABINER, L. R.; SCHAFER, R. W.: Correction to Recursive and Nonrecursive Realizations of Digital Filters Designed by Frequency Sampling Techniques. IEEE Trans. on Audio and Electroacoustics AU-20 (1972), S. 104-105

[70] RABINER, L. R.: Linear Program Design of Finite Impulse Response (FIR) Digital Filters. IEEE Trans. on Audio and Electroacoustics AU-20 (1972), S. 280-288.

[71] PARKS, T. W.; McCLELLAN, J. H.: Chebyshev Approximation for Nonrecursive Digital Filters with Linear Phase. IEEE Trans. on Circuit Theory CT-19 (1972), S. 189-194.

[72] HERRMANN, O.; RABINER, L. R.; CHAN, D. S. K.: Practical Design Rules for Optimum Finite Impulse Response Low Pass Filters. Bell System Technical Journal 52 (1973), S. 769-799.

[73] SCHÜSSLER, H. W.: On Structures for Nonrecursive Digital Filters. Archiv der Elektronik und Übertragungstechnik AEÜ-26 (1972), S. 255-258.

[74] HEUTE, U.: Über Realisierungsprobleme bei nichtrekursiven Digitalfiltern. Ausgewählte Arbeiten über Nachrichtensysteme Nr. 20, hrsg. von H. W. Schüssler. Universität Erlangen - Nürnberg 1975.

[75] STOCKHAM, T. G.: High Speed Convolution and Correlation. 1966 Spring Joint Computer Conference, AFIPS Proc. 28 (1966), S. 229-233.

[76] ULRICH, U.: Simulation von Digitalfiltern mit Hilfe von Großrechnern. Archiv für Elektronik und Übertragungstechnik AEÜ-28 (1974), S. 81-86.

[77] FREENY, S. L.: Special Purpose Hardware for Digital Filtering. Proc. IEEE 63 (1975), S. 633-648.

[78] JACKSON, L. B.; KAISER, J. F.; McDONALD, H. S.: An Approach to the Implementation of Digital Filters. IEEE Trans. on Audio and Electroacoustics AU-16 (1968), S. 413-421.

[79] ALLEN, J.: Computer Architecture for Signal Processing. Proc. IEEE 63 (1975), S. 624-633.

[80] HOFF, M. E.; TOWNSEND, M.: Single-Chip N-MOS Microcomputer Processes Signals in Real Time. Electronics 52 (1979), March 1, S. 105-110.

[81] BLASCO, R. W.: V-MOS Chip Joins Microprocessor to Handle Signals in Real Time. Electronics 52 (1979) August 30, S. 131-138.

[82] ECKHARDT, B.; WINKELKEMPER, W.: Ein Beitrag zum Schaltungsentwurf digitaler Filter für den Tonfrequenzbereich. Nachrichtentechnische Zeitschrift NTZ-27 (1974), S. 2-10.

[83] ALLEN, P.J.; HOLT, A. G.: Alternative Multiplication Configuration in Mikroprocessor-Based Digital Filters. Electronic Letters 15 (1979), S. 481-482.

[84] IBRAHIM, D.: Designing Digital Sequence Controllers with Mikroprogramming Techniques. Electronic Engineering (1980), S. 41-51.

[85] BODE, A.: Strukturen, Mikroprogrammierung und Anwendung von Bitslice-Mikroprozessoren, eine Einführung. Nachrichten Elektronik 10 (1979), S. 327-332.

[86] PELED, A.; LIU, B.: A New Hardware Realization of Digital Filters. IEEE Trans. on Acoustics, Speech and Signal Processing ASSP-22 (1974), S. 456-462.

[87] BÜTTNER, M.; SCHÜSSLER, H. W.: On Structures for the Implementation of the Distributed Arithmetic. Nachrichtentechnische Zeitschrift NTZ-29 (1976), S. 472-477.

[88] KAMMEYER, K. D.: Analyse des Quantisierungsfehlers bei der verteilten Arithmetik. Ausgewählte Arbeiten über Nachrichtensysteme Nr. 29, hrsg. von H. W. Schüssler. Universität Erlangen - Nürnberg 1979.

[89] FARHANG-BOROUJENY, B.; HAWKINS, G. J.: Study of the Use of Microprocessors in Digital Filtering. Computer and Digital Techniques 2 (1979), S. 169-176.

[90] WOODWARD, M. E.: Microprogrammable Digital Filter Implementation Using Bipolar Microprocessors. Microelectronics Journal 19 (1979), S. 23-31.

2. Ergänzende Literatur

ADAMS, J.W.; WILLSON, Jr., A.N.: A new Approach to FIR Digital Filters with Fewer Multipliers and Reduced Sensitivity, IEEE Trans. Circuits Systems 30, 1983, S. 277-283.

AHMED, N.; NATARAJAN, T.: Discrete-Time Signals and Systems, App.62, Reston, Va.1983.

ALIPHAS, A.; NARAYAN, S.S.; PETERSON, A.M.: Finding the Zeros of Lineare Phase FIR Frequency Sampling Digital Filters, IEEE Trans. Acoust., Speech, Signal Process., ASSP-31, 1983, S. 729-734.

AMIT, G.; SHAKED, U.: Small Roundoff Noise Realization of Fixed-Point Digital Filters and Controllers, IEEE Trans. Acoust., Speech Signal Process., 1988, S. 880-891.

ANSARI, R.; LIU, B.: A Class of Low-Noise Computationally Efficient Recursive Digital Filters with Applications to Sampling Rate Alterations, IEEE Trans. Acoust., Speech, Signal Process., ASSP-33, 1985, S. 90-97.

ANSARI, R.; LIU, B.: Efficient Sampling Rate Alteration Using Recursive (IIR) Digital Filters, IEEE Trans. Acoust., Speech, Signal Process., ASSP-31, 1983, S. 1366-1373.

ANTONIOU, A.: Digital Filters: Analysis and Design, McGraw-Hill 1979.

ANTONIOU, A.: New Improved Method for the Design of Weighted-Chebyshev, Nonrecursive, Digital Filters, IEEE Trans. Circuits Systems CAS-30, 1983, S. 40-750.

ARJMAND, M.; ROBERTS, R.A.: On Comparing Hardware Implementation of Fixed Point Digital Filters, IEEE Circuits Syst. Mag., 1981, S. 2-8.

ARJMAND, M.; ROBERTS, R.A.: On Comparing Hardware Implementations of Fixed Point Digital Filters, IEEE Circuits Syst., 1981, S. 2-8.

BARNES, C.W.: A Parametric Approach to the Realization of Second-Order Digital Filters Sections, IEEE Trans. Circuits Systems CAS-32, 1985, S. 530-539.

BARNES, C.W.: On the Design of Optimal State-Space Realization of Second-Order Digital Filters, IEEE Trans. Circuits Systems CAS-31, 1984, S. 602-608.

BARNES, C.W.; LEUNG, S.: The Normal Lattice - a Casade Digital Filter Structure, IEEE Trans. Circuits Systems CAS-29, 1982, S. 393-400.

BARNES, C.W.; SHINNAKA, S.: Block-Shift Invariance and Block Implementation of Discret-Time Filters, IEEE Trans. Circuits Syst., CAS-27, 1980, S. 667-672.

BELLANGER, M.: Digital Processing of Signals, Theory and Practice, Wiley, New York 1984.

BEVNENUTO, N.; FRANKS, L.E.; HILL, Jr., F.S.: On the Design of FIR Digital Filters with Powers-of-Two Coefficients, IEEE Trans. Commun., COM-32, 1984, S. 1299-1307.

BHASKAR RAO, D.V.: Analysis of Coefficient Quantization Errors in State-Space Digital Filters, IEEE Trans. Acoust., Speech, Signal Process., ASSP-34, 1986, S. 131-138.

BOMAR, B.; HUNG, J.C.: Minimum Roundoff Noise Digital Filters with some Power-of-Two Coefficients, IEEE Trans. Circuits Syst., CAS-31, 1984, S. 833-840.

BOMAR, B.W.: New Second-Order State-Space Structures for Realizing Low Roundoff Noise Digital Filters, IEEE Trans. Acoust., Speech Signal Process., ASSP-33, 1985, S. 106-110.

BOWMAR, B.W.; HUNG, J.C.: Minimum Roundoff Noise Digital Filters with some Powers-of-Two Coefficients, IEEE Trans. Circuits Syst., CAS-31, 1984, S. 833-840.

CHANG, T.L.: On Low-Roundoff Noise and Low-Sensitivity Digital Filter Structures, IEEE Trans. Acoust., Speech, Signal Process., ASSP-29, 1981, S. 1097-1080.

CHANG-FUU CHEN, Implementing FIR Filters with Distributed Arithmetic, IEEE Trans. Acoust., Speech Signal Process., ASSP-33, 1985, S. 1318-1321.

CHOTTERA, A.T.; JULLIEN, G.A.: A Linear Programming Approach to Recursive Digital Filter Design with Linear Phase, IEEE Trans. Circuits Syst., CAS-29, 1982, S. 139-149..

CORTELAZZO, G.; LIGHTNER, M.R.: Simultaneous Design in both Magnitude and Group-Delay of IIR and FIR Filters Based on Multiple Criterion Optimization, IEEE Trans. Acoust., Speech Signal Process. ASSP-32, 1984, S. 949-967.

CROCHIERE, R.E.; RABINER, L.R.: Interpolation and Decimation of Digital Signals - A Tutorial Review, Proc. IEEE 69, 1981, S. 300-331.

CROCHIERE, R.E.; RABINER, L.R.:Multirate Digital Signal Processing, Prentice-Hall, Englewoods Cliffs, NJ 1983.

DEMBO, A.; MALAH, D.: Generalization of the Window Method for FIR Digital Filter Design, IEEE Trans. Acoust., Speech Signal Process., ASSP-32, 1984, S. 1081-1083.

ELLIOT, D.F.; RAO, K.R.: Fast Transforms-Algorithms, Analyses and Applications, New York 1982.

FETTWEIS, A.: Wave Digital Filters: Theory and Practice, Proc. IEEE, 1986, S. 270-327.

GRENEZ, F.: Design of Linear or Minimum Phase FIR Filters by Contrained Chebyshev Approximation, Signal Process., 1981, S. 325-332.

HIGGINS, W.E.; MUNSON, Jr., D.C.: Noise Reduction Strategies for Digital Filters: Error Spectrum Shaping Versus the Optimal Linear State-Space Formulation, IEEE Trans. Acoust. Speech, Signal Process. ASSP-30, 1982, S. 963-972.

HIGGINS, W.E.; MUNSON, Jr., D.C.: Optimal and Suboptimal Error Spectrum Shaping for Cascade-Form Digital Filters, IEEE Trans. Circuits Systems CAS-31, 1984, S. 429-437.

JACKSON, I.B.; LINDGREN, A.G.; KIM, Y.: Optimal Synthesis of Second-Order State-Space Structures for Digital Filters, IEEE Trans. Circuits Syst., vol.CAS-26, 1979, S. 149-153.

JACKSON, L.B.; LINDGREN, A.G.; KIM, Y.: Optimal Synthesis of Second-Order State-Space Structures for Digital Filters, IEEE Trans. Circuits Systems 26, 1979, S. 149-153.

JING, Z.; FAM, A.T.: A New Scheme for Designing IIR Filters with Finite Wordlength Coefficients, IEEE Trans. Acoust., Speech, Signal Process., ASSP-34, 1986, S. 1335-1336.

JING, Z.; FAM, A.T.: A new Structure for Narrow Transition Band, Lowpass Digital Filter Design, IEEE Trans. Acoust. Speech, Signal Process. 32, 1984, S. 362-370.

JUNG, M.T.: Methods of Discrete Signal and System Analysis, McGraw-Hill, New York 1982.

KAMP, Y.; WELLEKENS, C.J.: Optimal Design of Minimum Phase FIR Filters, IEEE Trans. Acoust., Speech, Signal Proc. 31, 1983, S. 922-926.

KAMP, Y.; WELLEKENS, Ch.J.: Optimal Design of Minimum-Phase FIR Filters, IEEE Trans. Acoust., Speech, Signal Process., ASSP-31, 1983, S. 922-926.

KAWAMATA, M.; HIGUCHI, T.: A Systematic Approach to Synthesis of Limit Cycle-Free Digital Filters, IEEE Trans. Acoust., Speech, Signal Process., ASSP-31, 1983, S. 212-214.

KAWAMATA, M.; HIGUCHI, T.: A Systematic Approach to Synthesis of Limit Cycle-Free Digital Filters, IEEE Trans. Acoust., Speech, Signal Process., ASSP-31, 1983, S. 212-214.

KAWAMATA, M.; HIGUCHI, T.: On the Absence of Limit Cycles in a Class of State-Space Digital Filters which Contains Minimum Noise Realizations, IEEE Trans. Acoust., Speech, Signal Process., ASSP-32, 1984, S. 928-930.

KAWAMATA, M.; HIGUCHI, T.: Synthesis of Limit Cycle-Free State-space Digital Filters with Minimum Coefficient Quantization Error, Int. Symp. Circuits Syst., Newport Beach 1983, S. 827-830.

KODEK, D.; STEIGLITZ, K.: Comparison of Optimal and Local Search Methods for Designing Finite Wordlength FIR Digital Filters, IEEE Trans. Circuits Syst., CAS-28, 1981, S. 28-32.

KODEK, D.M.: Design of Optimal Finite Wordlength FIR Digital Filters Using Integer Programming Techniques, IEEE Trans. Acoust., Speech, Signal Process., ASSP-28, 1980, S. 304-307.

KODEK, D.M.: Design of Optimal Finite Wordlength FIR Digital Filters Using Integer Programming Techniques, IEEE Trans. Acoust., Speech, Signal Process., ASSP-28, 1980, S. 304-308.

KODEK, D.M.: Design of Optimal Finite Wordlength FIR Digital Filters Using Integer Programming Techniques, IEEE Trans. Acoust., Speech, Signal Process., ASSP-28, 1980, S. 304-308.

LAWRENCE, V.B.; SALAZAR, A.C.: Finite Precision Design of Linear Phase FIR Filters, Bell Syst. Tech. J., 1980, S. 1575-1598.

LEE, T.P.; TITS, A.L.: The Design of Digital Filters Using Interactive Optimization, IEEE Trans. Circuits Syst., CAS-30, 1983, S. 821-824.

LIANG, J.K.; DE FIGUEIREDO, R.J.P.: An Efficient Iterative Algorithm for Designing Optimal Recursive Digital Filters, IEEE Trans. Acoust., Speech, Signal Process., ASSP-31, 1983, S. 1110-1120.

LIM, Y.C.; PARKER, S.R.: FIR Filter Design over a Discrete Power-of-Two Coefficient Space, IEEE Trans. Acoust., Speech, Signal Process., ASSP-31, 1983, S. 583-591.

LIM, Y.C.; PARKER, S.R.; CONSTANTINIDES, A.G.: Finite Wordlength FIR Filter Design Using Integer Programming over a Discrete Coefficient Space, IEEE Trans. Acoust., Speech, Signal Process., ASSP-30, 1982, S. 661-664.

LIM, Y.Ch.; PARKER, S.R.: FIR Filter Design over a Discrete Powers-of-Two Coefficient Space, IEEE Trans. Acoust., Speech, Signal Process., ASSP-31, 1983, S. 583-590.

MAHANTA, A.; AGARWAL, R.C.; DUTTA RAY, S.C.: FIR Filters Structures having Low Sensitivity and Roundoff Noise, IEEE Trans. Speech, Signal Process. ASSP-30, 1982, S. 913-920.

MARQUES DE SA, J.P.: A New Design Method of Optimal Finite Wordlength Linear Phase FIR Digital Filters, IEEE Trans. Acoust., Speech, Signal Process., ASSP-31, 1983, S. 1032-1034.

MIAN, G.A.; NAINER, A.P.: A fast Procedure to Design Equiripple Minimum-Phase FIR Filters, IEEE Trans. Circuits Systems 29, 1982, S. 327-331.

MIAN, G.A.; NAINER, A.P.: On the Performance of Optimum Linear Phase Low-Pass FIR Digital Filters under Impulse Response Coefficient Quantization, IEEE Trans. Acoust., Speech, Signal Process., ASSP-29, 1981, S. 928-932.

MILLS, W.L.; MULLIS, C.T.; ROBERTS, R.A.: Low Roundoff Noise and normal Realization of Fixed-Point IIR Digital Filters, IEEE Trans. Acoust. Speech, Signal Process. 29, 1981, S. 893-903.

MILS, W.L.; MULLIS, C.T.; ROBERTS, R.A.: Low Roundorff Noise and Normal Realizations of Fixed Point IIR Digital Filters, IEEE Trans. Acoust., Speech Signal Process., ASSP-29, 1981, S. 893-903.

MITRA, D.; LAWRENCE, V.B.: Controlled Rounding Arithmetics, for Second-Order Direct-Form Digital Filters, that Eliminate all Self-Sustained Oscillations, IEEE Trans. Circuits Systems CAS-28, 1981, S. 894-905.

MITRA, S.K.; FADAVI-ARDEKANI, J.: A New Approach to the Design of Cost-Optimal Low-Noise Digital Filters, IEEE Trans. Acoust., Speech, Signal Process., ASSP-29, 1981, S. 1172-1176.

MULLIS, C.T.; ROBERTS, R.A.: An Interpretation of Error Spectrum Shaping in Digital Filter Structures, IEEE Trans. Ascoust., Speech Signal Process. ASSP-30, 1982, S. 1013-1015.

MUNSON, Jr., D.C.: On Finite Wordlength FIR Filter Design, IEEE Trans. Acoust., Speech Signal Process., ASSP-29, 1981, S. 329.

MUNSON, Jr., D.C.; LIU, B.: Low-Noise Realizations for Narrowband Recursive Digital Filters, IEEE Trans. Acoust., Speech Signal Process. ASSP-28, 1980, S. 41-54.

NAKAMURA, S.; MITRA, S.K.: Design of FIR Digital Filters Using Tapped Cascaded FIR Subfilters, Circuits, Syst. Signals Process., 1982, S. 43-56.

NAKAMURA, S.; YASUDA, S.; MITRA, S.K.: An Approach to the Realization of a Programmable FIR Digital Filter, IEEE Trans. Acoust., Speech Signal Process., ASP-33, 1985, S. 741-744.

NAKAYAMA, K.: A Discrete Optimization Method for High-Order FIR Filters with Finite Wordlength Coefficients, Proc. ICASSP'82, 1982, S. 484-487.

NAKAYAMA, K.: A Discrete Optimization Method for High-Order FIR Filters with Finite Wordlength Coefficients, IEEE Trans. Acoust., Speech, Signal Process., ASSP-35, 1987, S. 1215-1217.

NAKAYAMA, K.: A Discrete Optimization Method for High-Order FIR Filters with Finite Wordlength Coefficients, Proc. ICASSP'82, 1982, S. 484-487.

NISHIMURA, S; HIRANO, K.; PAL, R.N.: A New Class of very low Sensitivity and low Roundoff Noise Recursive Digital Filter Structures, IEEE Trans. Systems CAS-28, 1981, S. 1151-1157

NUTTALL, A.H.: Some Windows with very good Sidelobe Behavior, IEEE Trans. Acoust., Speech, Signal Process., ASSP-29, 1981, S. 84-91.

REYER, St.E.; HEINEN, J.A.: Quantization Noise Analysis of a General Digital Filter, IEEE Trans. Acoust., Speech, Signal Process., ASSP-29, 1981, S. 883-891.

SARAMAKI, T.: A Class of Linear-Phase FIR Filters for Decimation, Interpolation and Narrow-Band Filtering, IEEE Trans. Acoust., Speech, Signal Proc. 32, 1984, S. 1023-1036.

SARAMAKI, T.: A Class of Linear-Phase FIR Filters for Decimation, Interpolating and Narrow-Band Filtering, IEEE Trans. Acoust. Speech Signal Process ASSP-32, 1984, S. 1023-1036.

SARAMÄKI, T.: A Class of Linear-Phase FIR Filters for Decimation, Interpolation and Narrow-Band Filtering, IEEE Trans. Acoust., Speech Signal Process., ASSP-32, 1984, S. 1023-1036.

SARAMÄKI, T.; NEUVO, Y.: Digital Filters with Equiripple Magnitude and Group Delay, IEEE Trans. Acoust., Speech Signal Process., ASSP-32, 1984, S. 1194-1200.

SARAMÄKI, T.; NEUVO, Y.: Efficiently Realizable Digital Filter Transfer Functions, Proc. IFAC Symp. Theory Appl. Digital Contr., Session 19, 1982, S. 19-25.

SARAMÄKI, T; NEUVO, Y.; SAARINEN, T.: Equal Ripple Amplitude and Maximally Flat Group Delay Digital Filters, IEEE Int. Conf. Acoust., Speech, Signal Process., 1981, S. 236-239.

STEPAN, M.: New Algorithm for Optimal Quantised Linear Phase FIR Filter Design, EUSIPCO-80, Short Commun. Poster Dig., Lausanne 1980, S. 39-40.

VAIDYANATHAN, P.P.: Efficient and Multiplierless Design of FIR Filters with very sharp Cutoff via Maximally Flat Building Blocks, IEEE Trans. Circuits Systems 32, 1985, S. 236-244.

VAIDYANATHAN, P.P.: On Error-Spectrum Shaping in State-Space Digital Filters, IEEE Trans. Circuits Systems CAS-32, 1985, S. 88-92.

VAIDYANATHAN, P.P.: Optimal Design of Linear-Phase FIR Digital Filters with very Flat Passbands and Equiripple Stopbands, IEEE Trans. Circuits Systems CAS-32, 1985.

VAIDYANATHAN, P.P.; MITRA, S.K.: Low Pass-Band Sensitivity Digital Filters: A Generalized Viewpoint and Synthesis Procedures, Proc. IEEE, 1984, S. 404-423.

VAIDYANATHAN, P.P.; MITRA, S.K.: Low Passband Sensivity Digital Filters: A Generalized Viewpoint and Synthesis Procedures, Proc. IEEE 72, 1984, S. 404-423.

VAIDYANATHAN, P.P.; MITRA, S.K.: Passivity Properties of Low Sensivity Digital Filter Structures, IEEE Trans. Circuits Systems, 1985, S. 217-224.

VAIDYANATHAN, P.P.; MITRA, S.K.: Passivity Properties of Low Sensivity Digital Filter Structures, IEEE Trans. Circuits Syst., CAS-32, 1985, S. 217-224.

VAIDYANATHAN, P.P.; MITRA, S.K.: Very Low-Sensitivity FIR Filter Implementation Using Structural Passivity Concept, IEEE Trans. Circuits Syst., CAS-32, 1985, S. 360-364.

VAIDYANATHAN, P.P.; MITRA, S.K.; NEUVO, Y.: A new Approach to the Realization of Low Sensivity IIR Digital Filters, IEEE Trans. Acoust. Speech, Signal Process. 33, 1985, S. 90-97.

VAIDYNATHAN, P.P.; MITRA, S.K.; NEUVO, Y.: A New Approach to the Realization of Low-Sensitivity IIR Digital Filters, IEEE Trans. Acoust., Speech, Signal Process., ASSP-34, 1986, S. 350-360.

WEBSTER, R.J.: On Qualifying Windows for FIR Filter Design, IEEE Trans. Acoust., Speech, Signal Process., ASSP-31, 1983, S. 237-240.

YAN, G.T.; MITRA, S.K.: Modified Coupled-Form Digital-Filter Structures, Proc. IEEE 70, 1982, S. 762-763.

ZEMAN, J.; LINDGREN, A.G.: Fast Digital Filters with Low Roundoff Noise, IEEE Trans. Circuits Syst., CAS-28, 1981, S. 716-728.

Sachregister